图 1-1　华盛顿鸟瞰图

资料来源：http://www.nipic.com

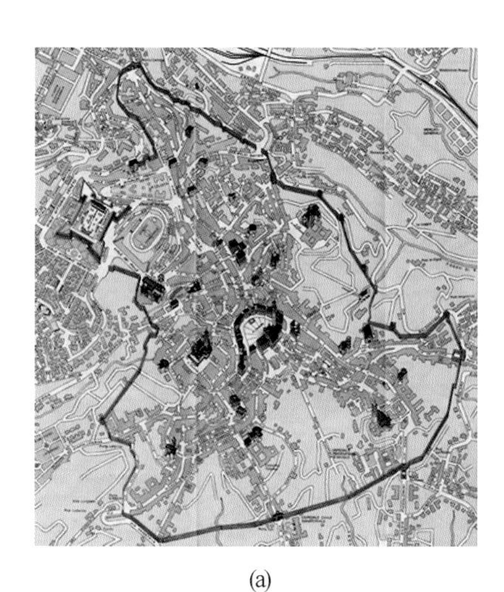

(a)　　(b)

图 1-14　意大利著名城市锡耶纳——中世纪原型城市

（a）锡耶纳平面图；（b）锡耶纳坎波广场

图 2-22　德国柏林 K 城住宅区——随机性与多样性的体现

图 3-21　空间、环境的塑造——良好的地面生态环境十空中步行系统

资料来源：上海市虹桥商务核心区城市设计

图 3-25　加拿大渥太华连续性开放空间

资料来源：http://ditu.google.cn;http://soso.nipic.com

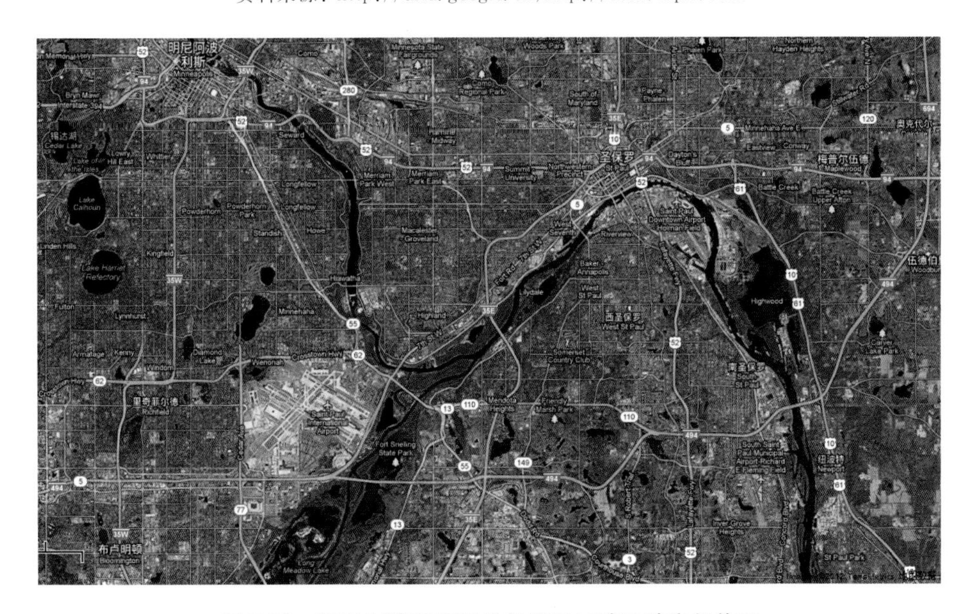

图 3-28　明尼阿波利斯和圣保罗双子城开放空间体系

资料来源：http://ditu.google.cn

图 5-7　香港维多利亚湾全景

资料来源：http://www.nipic.com

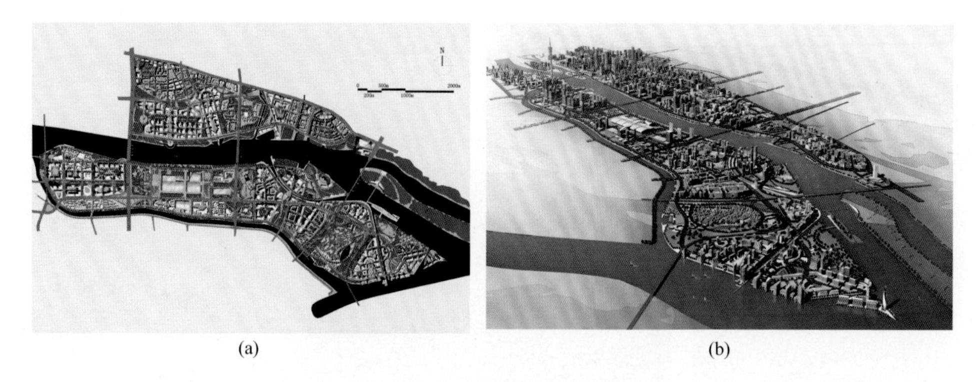

(a)　　　　(b)

图 5-16　广州琶洲-员村地区城市设计方案之一

(a) 城市设计总平面图；(b) 规划区整体鸟瞰图

资料来源：http://www.upo.gov.cn/pages/news/bjxw/2008/512.shtml

(a)

(b)　　　　(c)

图 5-25　发达国家(地区)CBD

(a) 巴尔的摩 CBD；(b) 香港 CBD 夜景；(c) 新加坡 CBD 夜景

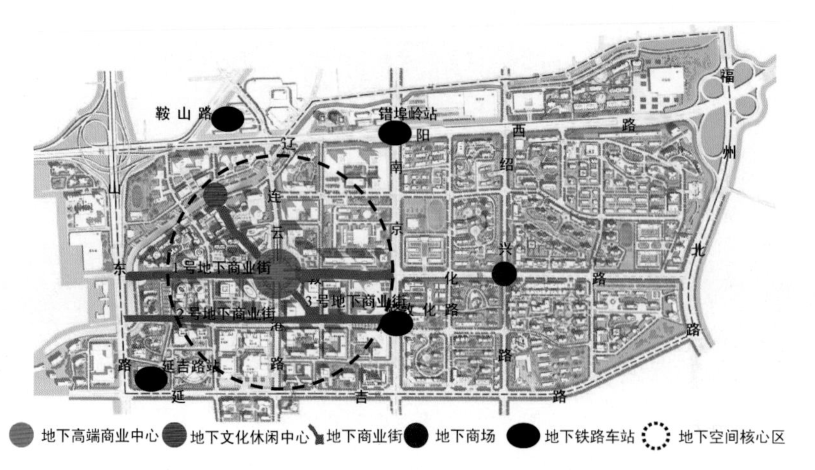

图 5-27　青岛中央商务区地下空间布局分析

图 6-17　大连星海广场

资料来源：http://www.nipic.com/

图 6-18　圣马可广场祥和的步行空间

图 7-16　曲线型的伦敦摄政街

资料来源：http://hjqs.tuchong.com

图 7-34　巴黎香榭丽舍大街平面及鸟瞰图

(a)

(b)

(c)

图 7-37　旧金山花街街景

(a) 旧金山花街的仰望街景；(b) 旧金山花街的俯视街景，远处为罗姆巴德大街；
(c) 旧金山花街局部街景

资料来源：http://soso. nipic. com;资料来源：http://bbs. photolive. com. cn;
资料来源：http://soso. nipic. com

图 9-12　横滨"未来港湾 21 世纪"城市设计全景鸟瞰图

资料来源：http://www.nipic.com/show/1/74/5175764k94269a0b.html

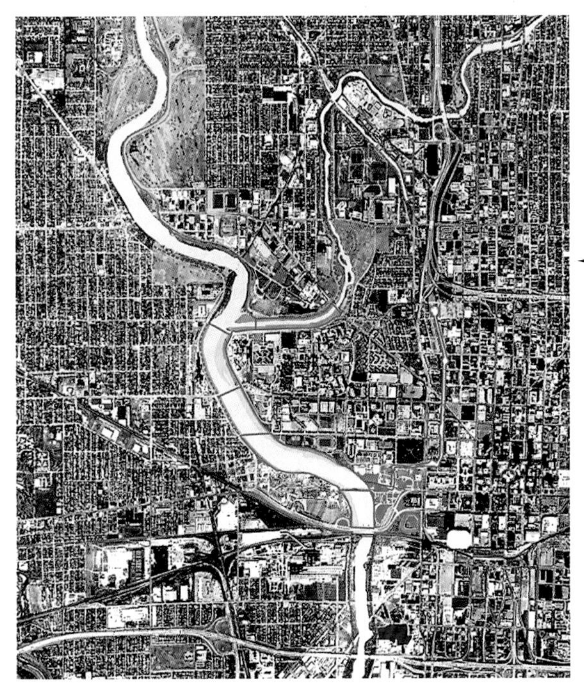

↑ 改造后的老华盛顿街桥

←规划总平面图

↓ 从中央水渠北部延伸段看城市中心

图 9-33　印第安纳波里斯中心区河滨改造工程

河滨公园全景
河滨公园内的露天剧场
露天剧场的晚间音乐会

图 9-35 惠灵河滨公园

图 9-36 港区与圣地亚哥城

图 9-37 港区的圆形码头

城市设计

赵景伟　岳艳　祁丽艳　张玲　尹得举　编著

清华大学出版社
北京

内 容 简 介

本书全面讲述了城市设计的基本理论和设计方法，内容包括：城市设计概论，城市设计的基础理论，城市设计的层次与类型，城市空间要素及技术分析，城市设计的原则、程序、工作内容、成果及实施管理，城市形态设计及城市公共空间的构成与组合，城市中心区空间设计，城市广场空间设计，城市街道空间设计，城市步行空间设计，城市滨水空间设计，城市历史地段保护与更新设计，城市绿地、城市居住区、城市综合体等其他典型空间的设计，城市设计的分析方法等。

本书可作为高等学校建筑学专业城市设计教材，也可作为城市规划、风景园林、城市地理等专业的教学参考书。

图书在版编目(CIP)数据

城市设计/赵景伟等编著. —北京：清华大学出版社，2013(2024.7 重印)
ISBN 978-7-302-32771-4

Ⅰ. ①城… Ⅱ. ①赵… Ⅲ. ①城市规划—建筑设计—教材 Ⅳ. ①TU984

中国版本图书馆 CIP 数据核字(2013)第 130829 号

责任编辑：赵益鹏
封面设计：傅瑞学
责任校对：赵丽敏
责任印制：丛怀宇

出版发行：清华大学出版社
网　　址：https://www.tup.com.cn，https://www.wqxuetang.com
地　　址：北京清华大学学研大厦 A 座　　邮　　编：100084
社 总 机：010-83470000　　邮　　购：010-62786544
投稿与读者服务：010-62776969，c-service@tup.tsinghua.edu.cn
质量反馈：010-62772015，zhiliang@tup.tsinghua.edu.cn
印 装 者：涿州市般润文化传播有限公司
经　　销：全国新华书店
开　　本：185mm×260mm　　**印　张**：26.5　　**插　页**：4　　**字　　数**：643 千字
版　　次：2013 年 8 月第 1 版　　**印　　次**：2024 年 7 月第 8 次印刷
定　　价：75.00 元

产品编号：052167-04

序

“城市设计”是全国高等学校城市规划学科专业指导委员会确定的城市规划本科专业的10门核心课程之一。在即将出版的《城乡规划本科指导性专业规范》中，建议的授课知识点包括：城市设计在城市规划中的地位与作用，城市设计的基本理论与方法，城市公共空间的设计等。编写《城市设计》教材，是一项专业建设的大工程。

2013年新春伊始，山东科技大学的赵景伟老师走进我的办公室，将他们编写的《城市设计》教材初稿交我审阅，并嘱作序。至3月中旬，一份由赵景伟老师与岳艳老师以及来自山东、河南多所高校十余位教师共同编写的高校教材——《城市设计》，已全部完成。阅读全书，能清楚体会到作者力求准确表述现代城市设计理念的孜孜追求。该书包括了城市设计基本概论、基础理论、技术方法、工作原则与程序、设计成果与管理等内容，并将有关城市中心区、城市广场、街道空间、历史地段、居住区、绿地，以及综合体等典型城市空间要素的设计方法介绍给读者，适用于高等学校建筑学、城乡规划学、风景园林学、人文地理学等专业的教学与参考。

回想20世纪80年代初，我刚到清华大学建筑系读城市规划专业研究生时，接触的第一本外国文献，就是从导师手中接过的 *The Image of The City*。此后，又聆听了 *Design of Cities* 一书的作者，美国 Edmund N. Bacon 教授来京举办的学术报告。1984年，吴良镛教授和朱自煊教授与美国麻省理工学院的 John de Monchaux 院长和 Kevin Lynch 教授商讨了两校合作办学的计划。1985年夏，由 MIT 城市研究与规划系主任 Gary Hack 教授带队的美国研究生班第一次来到清华园，启动了一个全新的合作模式——清华-MIT 城市设计暑期教学班，迄今已走过28年历程。

什么是“城市设计”？作为一个跨学科的主题，一个自改革开放之初就引入中国的舶来品，其概念和定义始终处于一种被多专业不同解释所包裹的混沌之中。事实上，城市设计可以涵盖所有与建成环境(Built Environment)相关的专业，包括城市规划、风景园林、建筑设计、民用和市政工程等。作为学校的教师，我们应该告诉同学的是：城市设计是一种以人居环境为对象，以建筑空间的组织和优化为目的，运用多学科方法，对包括人、自然和社会因素在内的城市形体空间和环境所进行的设计工作。城市设计的灵魂就是为人民服务。

记得 Gary Hack 教授在指导中美研究生共同进行的城市设计方案时曾说过：我们所有的方案都试图去调解一个关键的两难困境(Dilemma)，就是如何既不破坏形成每一地区富有魅力的历史文化环境特色，又能充分发挥其潜力。从这个意义上说，如何运用不同发展方针形成新的发展区并使其保持原有地区的特色，应是城市设计面对未来发展的一个重要政策。

以上是我的一点感想和认识，写在这里，以为序。

毛其智

2013年6月，写于清华园

前　言

城市设计主要从人的角度出发，更多地强调公共空间的品质，以城市街道空间为基本元素，不断地引导土地的开发。城市设计的目标是改进人们的生存空间的环境质量和生活质量，其设计思想体现在社会学、建筑学、经济学、心理学、生态学等各学科领域中。与城市规划相比，城市设计更侧重于城市的物质空间形体艺术和人的知觉心理，城市规划的各个阶段中都包含城市设计的内容。

城市设计是一门正在不断发展和完善中的学科，自从1957年"城市设计"作为课程科目出现于美国宾夕法尼亚大学以来，世界各国许多院校的相关专业已经陆续开设城市设计课程。本教材结合全国高等学校城市规划专业城市设计课程的教学要求，在编写中突出了建筑学专业与城市规划专业在课程上的差异性和城市设计基本原理的讲授，合理安排了理论、方法和案例分析教学的内容，增加了城市设计各种要素的技术分析，着重强调了各种典型城市空间的设计理论与设计方法。

本教材共分12章。第1～4章主要讲述城市设计基本理论与方法，主要内容包括：城市设计的概念、定义、基本特征，城市设计的层次与类型，城市设计与相关学科的关系，城市设计的历程；城市设计的基础理论；国内外城市设计的经验，城市要素的技术分析，各种要素的特征及应用；城市设计的原则、程序、工作内容、成果及实施管理。第5～12章主要阐述各种典型城市空间的设计理论与方法，主要内容包括：城市中心区空间设计；城市广场空间设计；城市街道空间设计；城市步行空间设计；城市滨水空间设计；城市历史地段的保护与更新设计以及城市绿地、城市居住区和城市综合体等典型空间的设计。

本教材的编写内容力求做到深入浅出，做到该详细处一定不能精简，该精简处一定不要繁琐，尽可能将相对系统和完备的城市设计知识加以介绍。教材中引入了一些学者对现代城市设计理论及方法的一些相关研究成果，期望能扩展读者的研究兴趣和研究方向。为便于读者进行总结和进一步分析思考，本教材在每章最后设有思考题与习题。

本教材在编写过程中参考了大量的文献和图文资料（含互联网资料），书中未能一一列出，在此谨对所有文献和图文资料的作者或机构表示感谢。

本书由赵景伟、岳艳、祁丽艳、张玲、尹得举编著，各章编写人员如下：山东科技大学岳艳、河南科技大学方岩（第1章、第2章），滨州学院张茜茜、青岛理工大学张安安（第3章），青岛理工大学祁丽艳、蒋正良（第4章），山东科技大学赵景伟（第5章），山东科技大学程立诺（第6章），山东科技大学张晓玮（第7章），河南科技大学方岩（第8章），山东科技大学代朋（第9章），河南科技大学尹得举（第10章），青岛理工大学琴岛学院张玲（第11章），山东科技大学张婧、青岛理工大学田华(第12章)。

本教材得到了清华大学毛其智教授的悉心审阅,并提出宝贵意见,在此表示衷心的感谢!

本教材在编写过程中得到了清华大学出版社的大力支持与帮助,在此表示感谢!

由于时间仓促,编者水平有限,书中难免存在疏漏之处,望读者批评指正。

编　者

2013年5月

目　录

第1章

城市设计概述

1.1 城市设计的概念

城市设计在人类历史的进程中一直是诸多空间研究者的重要课题。自从人类自觉地建设城市起，就开始进行城市设计。但是一直到19世纪50年代，城市设计课程才广泛地进入欧美国家的大学，“城市设计师”和“城市设计”成为崭新的名词普遍为世人所认知。

任何国家和社会的改革战略中一般都包括改善空间质量和生活环境的问题。我国在20世纪80年代初开始提出城市设计的课题。从1986年起，国家自然科学基金委员会、建设部和国家教委先后将城镇环境设计定为重点科研项目。这表明，我国城市设计的观念和方法正酝酿着整体上的突破。然而，由于缺乏系统的理论指导，在具体实践中仍存在着不少误区，因此有必要对城市设计的概念以及相关问题进行深入的探索和研究。

由于城市系统的复杂性，在其建设和发展过程中，中外学术界对城市设计的理论与实践的研究也是多种多样的，城市设计的定义、内涵等亦尚无定论，具有代表性的观点主要有以下几个。

埃里希·屈恩表述的观点最为中肯：城市设计在需要讨论时间和未来的问题时，是世界观的表达；在需要塑造形式时，是艺术；在需要贯彻执行的时候，是政治；在需要进行研究时，是科学。

凯文·林奇(Kevin Lynch)从城市的社会文化结构、人的活动和空间形体环境相结合的角度提出：“城市设计的关键在于如何从空间安排上保证城市各种活动的交织”，进而应“从城市空间结构上实现人类形形色色的价值观之共存”[1]。他还提出了以下并不总是相互独立的观点：①城市多因大都市的多样性、新奇性、生动性和高度的相互作用而受到人们的喜爱；②城市应该表现并加强社会和世界的本质，最重要的是象征意义、文化内涵、历史渊源和独特的风格习惯；③当前对城市职能的合理清晰的表述是基本的范畴，人们喜欢把城市当作一个巨大的、复杂的、趣味性的专用工具；④城市是获得权利与利益的工具，是人类掠夺、占有、分配资源的竞争场所；⑤城市实质上是一个受到人们控制的不断发展变化的系统，其主要因素是市场、职能、空间通信网络和决策过程[2]。

培根(E. D. Bacon)认为，城市设计主要考虑建筑周围或建筑之间的空间及相应要素，如风景或地形所形成的三维空间的规划布局和设计。城市设计与有限的室外空间有关，因而

---

[1] LYNCH K. A Theory of Good City Form[M]. MIT Press, 1977.

[2] [美]凯文·林奇. 城市形态[M]. 林庆怡，陈朝晖，邓华，译. 北京：华夏出版社，2001.

涉及城市规划、建筑、土木工程、风景设计和行为科学[1]。

《中国大百科全书》是这样定义城市设计的："对城市形体环境所进行的设计。一般是指在城市总体规划指导下，为近期开发地段的建设项目而进行的详细规划和具体设计。城市设计的任务是为人们各种活动创造出具有一定空间形式的物质环境，内容包括各种建筑、市政公用设施、园林绿化等方面，必须综合体现社会、经济、城市功能和审美等各方面的要求，因此也称为综合环境设计"[2]。

吴良镛的观点是，城市设计既是一门相对独立的学科，又是"从土地利用和交通规划到建成城市环境这个规划全过程中的组成部分，城市规划上的许多决定最终都与城市设计相关"。城市设计是对城市环境形态所做的各种合理处理和艺术安排，它并不仅仅局限于详细规划的范围，而是在城市总体规划、分区规划和详细规划中都体现[3]。而且城市设计广泛地涉及到"城市社会因素、经济因素、生态环境、实施政策和经济决策等"，它的目的是"使城市能够建立良好的'体形秩序'或称'有机秩序'"[4]。

王建国认为，城市设计是指人们为某特定的城市建设目标所进行的，对城市外部空间和形体环境的设计和组织。正是城市设计塑造的这种空间和环境，形成了整个城市的艺术和生活格调，建立了城市的品质和特色[5]。

金广君指出，城市设计以城市形体环境为研究对象，并基于这样的假设：尽管城市规模庞大、内容繁杂，但仍可以是被设计的，其发展变化也能够被人左右。只有经过良好设计的城市，才能满足人们各种各样的活动需要，才有适居的生活环境，甚至包括不同时间和季节下的环境[6]。

孙骅声认为，城市设计的手段多种多样，包括规划设计手段对市民的使用、停留与交往，交通及活动路线，街道广场与绿化，整体与局部的景观，建筑物的组群关系，声光热与小气候的处理；建筑设计手段主要体现在室内外空间的结合、空间组合与建筑造型、色彩与质感的运用，以及光影及明暗的安排等方面；艺术和美术手段诸如对协调与对比、主体与陪衬、高潮与低潮、韵律与节奏、典型与一般、透视与错觉的运用，以及对雕塑与壁画的布置和创作等；其他方面包括广告与路标、天然光与人工光的利用等。通过多种手段的结合使城市环境达到满足使用功能及精神功能的要求，使市民与环境具有融洽协调的关系，保持并发展城市的优秀风貌，局部环境与整体环境相得益彰，各实体构成部分(建筑、绿化、街道、广场、雕塑和小品等)的关系比较协调、合理并具有特色[7]。

虽然以上对于城市设计的理解有不同的角度，但城市设计是规划师、设计师使用多种手段，以改进、优化和提高城市生活质量为目的，对城市未来环境景观进行塑造的过程却是不言而喻的。

综上所述，本书认为：城市设计主要涉及中观和微观层面上的城镇建筑环境建设，是以

---

[1] [美]E. N. 培根. 城市设计[M]. 黄富厢，朱琪，译. 北京：中国建筑工业出版社，1989.

[2] 中国大百科全书(建筑、园林、城市规划卷)[M]. 北京：中国大百科全书出版社，1988：72.

[3] 吴良镛，毛其智. 我国城市规划工作中的几个值得研究的问题[J]. 城市规划，1987(6)：24.

[4] 吴良镛. 历史文化名城的规划结构、旧城更新与城市设计[J]. 城市规划，1983(6)：1～12.

[5] 王建国. 城市设计[M]. 2版. 南京：东南大学出版社，2004.8.

[6] 金广君. 国外现代城市设计精选[M]. 哈尔滨：黑龙江科学技术出版社，1995.11.

[7] 孙骅声. 对城市设计的几点思考[J]. 城市规划，1989(1)：18.

提高人们的生活质量、城市环境质量和景观艺术水平为目标，以城市文化特色展示为特征，通过控制城市环境三维空间的形成来贯彻城市规划思想，关注并研究城市规划布局、城市面貌、城镇功能以及城市公共空间的一门学科。

1.2　城市设计的基本特征

工业革命前的城市建设都是以城市设计为途径的，因为古代人们始终是以物质形态的城市为对象进行规划的，在此把它们归结为传统城市设计，它有以下几点特征。

(1) 主导思想和价值观是“物质形态决定论”与“精英高明论”，即认为个别智者的规划设计或统治者的力量可以驾驭城市。方案本身凭直觉想象，生硬且缺乏灵活应变的可能。

(2) 把整个城市看成是规模扩大的建筑设计，在方法上，多用建筑师惯用的设计手段，缺乏与其他学科的交流和互补，未对城市建设形成系统的认识。

(3) 在抽象层次上涉及人的价值、居住条件等有关问题，但对城市社区中不同价值观的存在、不同文化(特别是亚文化圈)和不同委托人的需求认识不足。

实际上，这是一种用城市三维形体环境设计的途径来取代城市规划的一种尝试和努力，但这是不可能实现的。事实上，第二次世界大战以后人们对城市建设所关注的问题，已经与祖辈们所考虑的大相径庭，对和平、人性及良好环境品质的渴求成为世界性的诉求。与此同时，科技的发展、人类实际需要和人类生理适应能力三者之间也出现了种种不协调的现象。因此，现代城市设计实质上就是在城市环境建设方面减少直至消除这些不协调现象的调节途径，其所运用的技术和方法，所涉及的旁系学科范围远远超出了传统城市设计，可以说现代城市设计是一项综合性的城市环境设计，并具有以下主要特征。

(1) 在主导思想上，现代城市设计是一个多因子共存互动的随机过程，可以作为一种干预手段对社会产生影响，但不能从根本上解决城市的社会问题。

(2) 在对象上，多是局部的城市空间环境，远远超出了传统的空间艺术范畴，以满足人的物质、精神、心理、生理和行为规范等方面的需求为设计目的，追求舒适和有人情味的空间环境。它所关心的是具体的、活生生的人，而不是抽象的人。

(3) 在方法上，以跨学科为特点，注重综合性和动态弹性，体现为一种城市建设的连续决策过程，并常由某个组织机构驾驭。客观认识自身在城市建设中的层次和有效范围，承认与城市规划和建筑设计的相关性，但不主张互相取代。

设计成果不再只是一些漂亮的方案图，而是图文并茂，并汲取综合规划中的一些成果形式(如文字说明、统计表格和曲线等)。有时，图纸只是表达城市建设中未来可能的空间形体安排，文字说明、背景陈述、开发政策、管理准则和设计导则在成果中占有比图纸更加重要的地位。

1.3　城市设计与相关学科的关系

1.3.1　城市设计的相关学科及其学科定位

城市设计是在相关学科领域内发展起来的，在其实践活动中始终强调学科间的密切联系，而且随着城市设计含义的丰富，其本身也与越来越多的相关专业和学科实现了交融与合作。

环境规划和设计的过程大致可分为区域规划、城市规划、城市设计和建筑设计四个阶段。这四个阶段相互关联，每一阶段的成果是下一阶段分析的依据，而下一阶段的成果又是对上一阶段的执行和反馈，城市设计是这个关系链中的重要一环。

1. 城市规划主要体现为一种资源调配的过程

更具体地说，城市规划是对土地使用、交通和市政设施网络的组织，目的是使城市有效运作并且创造有序而宜人的环境。作为对资源的调配，规划是一种政府行为，规划周期可长达 20 年，并涵盖大片的城市和农村区域。实施性规划的相对周期较短，一般为 5～10 年，范围涉及城镇的局部。

2. 区域规划是城市规划的延伸

区域规划覆盖一个更大的范围，是着重处理城市与城市之间、城市与周边地区之间资源调配关系和空间发展的战略性规划。

3. 建筑学是关于建筑设计与建造的学科

作为职业来说，建筑学往往有特定的业主、特定的基地且实施的周期较短。建筑学与城市规划的知识范畴彼此交叉，并没有清晰的界限。城市设计正处于这两者的交叉点上，主要对建筑和规划之间的冲突进行协调。比如说，建筑设计具有内聚性，往往仅局限于作为设计对象的建筑物本身，而对周边区域的问题不加关注或无力介入；而规划决策又往往难以落实到空间形态层面上来，因此容易导致建成的城市环境效果不佳。城市设计的发展搭建了建筑学与城市规划之间的桥梁，使执业者能从一个新的角度考察城市发展的问题。

一般来说，城市设计被认为是从建筑学和城市规划专业中分离出来的学科，因此与这两门学科有密切的联系。为进一步理解城市设计的学科地位，有必要理清与它们二者之间的相互关系。

1.3.2 城市设计与城市规划的关系

城市设计和城市规划都是控制、引导并创造城市物质形态的学科，两者共同处理在城市空间中的各种物质要素及其组合关系。关于城市设计与城市规划的关系，我们应从历史演化的纵向维度上进行系统的阐释，以获得更全面的认识。

1. 古代城市规划与城市设计的关系

工业革命前，城市规划和城市设计基本上是一回事，并附属于建筑学。城市的设计者往往也是建造者，能够较好地控制、把握空间，因而城市规划和城市设计几乎与城市的历史同样悠久。世界各国不同时期都有优秀的城市规划和设计的范例，体现了古代城市规划和设计如何满足当时的社会经济发展水平、技术条件、生活环境、人的活动和心理需要。

2. 现代城市规划与城市设计的形成

事实上,城市规划理论从一开始就分化出综合规划和形体规划两种不尽相同的发展方向,经过半个世纪的实践和发展,它们分别演化成今天的现代城市规划与现代城市设计。

18 世纪工业革命以后,现代城市规划学科逐渐发展成为一门独立的学科。一方面,新技术和新材料的应用、新的社会生产关系的建立以及新型交通和通信工具的发明,产生了新的城市功能和运转方式;另一方面,随着城市化进程的加速,社会结构和体制产生巨变,近代市政管理体制建立并逐步完善,进而使现代城市规划应运而生。

现代城市规划在发展的初期包含了城市设计的内容。面对工业化带来的诸多城市问题,人们自觉地运用城市设计的手法,希望通过对物质环境的改善来解决问题。伴随着现代城市规划运动中一系列新的理论探索与实践活动(例如田园城市、邻里单位和新城建设等),城市规划对物质空间的设计活动承袭了传统的形态设计法则,同时也积累了不少有益的经验。

20 世纪 60 年代,集密的高层建筑群,既产生了不良的小气候,又构成了丑陋的轮廓线。而城市更新运动对城市内在的环境品质和文化内涵重视不够,使得城市中心进一步衰退,不少历史文化遗产受到威胁与破坏。面对城市中出现的新矛盾,人们开始积极利用现代工程技术和经济力量提供的强大物质基础,重新塑造城市空间形态。因而,作为传统城市规划和设计的延伸,现代城市设计经历了与城市规划一起脱离建筑学、现代城市规划学科独立形成以及城市设计学科自身发展这一系列过程,并成为一个正在完善和发展的研究领域。到 20 世纪 70 年代,城市设计已经作为一个单独的研究领域在世界范围内确立起来,并具有了相对独立的基本原理和理论方法。

3. 城市设计在我国城市规划体系中的位置

城市规划和城市设计都具有整体性和综合性的特点,而且都涵盖多学科交叉的领域,两者的研究对象、基本目标和指导思想也大概一致。虽然城市规划和城市设计都有悠久的历史,但现代城市规划发展历史更长,并具有比较全面的理论基础以及相对完善的技术方法和管理体系,制度化程度也较高;而现代城市设计的理论和方法还在探索中,技术手段也在不断地发展,没有形成完整的体系,制度化程度也相对较低。城市规划和城市设计都关注经济、社会和环境等要素,但城市规划考虑的问题更加广泛、全面,而城市设计则以研究物质形体环境为主,主要从三维空间出发来考虑问题。城市规划的本质是对未来的预测、计划和控制,社会和政策属性很强,在法律体系中占据一定地位,一经批准就具有法定性;而城市设计虽然也有控制和引导作用,但设计与创造是其主要特征,在体制上大多依附于城市规划而存在。

由于各国的政治、法律和社会体制的不同,城市规划体制也有较大差异,由此引起的城市设计与城市规划的关系也不尽相同。在我国的城市规划体系中,城市设计依附于城市规划体制,主要是作为一种技术方法而存在的。在《城市规划基本术语标准》(GB/T 50280—1998)中,城市设计被定义为“对城市体形和空间环境所做的整体构思和安排,贯穿于城市规划的全过程”。城市设计问题从 20 世纪末开始引起重视,我国城市规划界认为,在编制城市规划的各个阶段,均应运用城市设计的手法,综合考虑自然环境、人文因素和居民生产、生活的需要，对城市环境作出统一规划，提高城市的环境质量、生活质量和城市景观的艺术水平。在这个关系的前提下，城市规划和城市设计共同作用，保障城市的健康发展，城市设计为城市规划的深化和落实提供了重要的政策保障和实施手段。

从规划实施的角度来看，城市设计是城市规划的组成部分，从城市规划与开发的初期就要考虑城市设计问题。在具体的城市设计工作中，建筑师比较注重最终物质形式的结果，而规划师大多从城市发展过程的角度看待问题，城市设计师介乎这双重身份之间，城市设计的实践则介乎建筑设计和城市规划之间。

具体来说，城市设计和城市规划同样以城市空间为研究对象，同样以建构良好的城市空间秩序为目标。城市规划的主要任务是确定城市性质、规模和用地功能布局，偏重于土地的使用和基础设施的安排。虽然城市规划对三维的城市空间形态有所忽视，但用地布局、路网结构等规划要点都涉及或直接决定了空间形态。因此，不存在绝对二维的城市规划，只是存在对三维形态研究态度和研究方法上的不足而已。城市规划所处理的空间范围较城市设计大，城市规划工作的空间尺度，不仅超越城市中的分区，还涉及城市的整体构成、城市与周边其他城市和乡村的关联。城市规划工作经常需要考虑城市在更大范围中的定位，此处所指更大范围可以指城市群、省和国家，甚至国际政经网络。

城市设计的主要处理对象是“城市的一部分”。常见的情形是，城市设计工作被镶嵌在更大范围、更长期的城市规划工作之中。当城市规划将城市区域中的各种主要机能区域（商业区、住宅区、文教区、自然或历史保存区等）予以选址之后，城市设计专业便得以接手城市规划未能更为详细处理的工作——在各个特定区块之中建立空间组织，使之与其所属建筑体量的整体结构相协调。另外，城市规划与城市设计的工作者，都需要面对相当广泛的社会、文化、实质空间规划设计议题，其差别主要在于对象、尺度和程度等方面。城市设计不需要在相互冲突的城市机能之间决定城市内各分区的土地使用问题，因为这是城市规划的核心工作。城市设计工作者比城市规划工作者较少涉入城市政策制定的政治过程。

事实上，我国的城市规划对于城市设计有一定的控制作用，大多数详细规划或多或少地包含了城市设计的某些内容。如在建筑设计阶段，“要在总平面布置及重点空间安排、围合体造型等方面做出设计”[1]。控制性详细规划指定的关于建筑形体的一些指导性指标，以及总体规划中的一些分项，要做城市总环境及各主要区域综合环境的设计，如城市景观和城市风貌的规划，都类似于城市设计的工作。目前我国的城市设计主要关注城市空间的物质属性，忽视了其社会、心理属性以及城市开发的过程。城市设计的真正作用应该是在研究方法上弥补现行城市规划的不足，与城市规划的功能性偏重相对应，偏重于改进人们生存空间的环境质量和生活质量，注重研究人的知觉心理和空间形体艺术，结合社会、经济发展的功能性目标，完善规划控制的方法和依据。不过，不同的社会背景、地域文化传统及时空条件会产生不同的城市设计的途径和方法。

1.3.3 城市设计与建筑设计的关系

城市设计与建筑设计共同影响城市的建设与创新。在此过程中，建筑设计的创作性特征是显而易见、无可否认的。同时，建筑设计的社会性和技术性特征也是客观具体的。建筑

[1] 孙骅声. 对城市设计的几点思考[J]. 城市规划，1989(1)：18.

作品在建成后可能成为城市中凝固的音乐或艺术品，但是其建设的过程却是具体的经济技术过程，涉及许多限制性要求，在建成后被使用的过程也具有具体的社会特征。

作为现代城市规划的母学科——建筑学，一直有关注城市的传统。但是，自从城市规划与建筑学分离以来，建筑学的理论和实践就逐渐抛弃有关城市空间形成的基于土地的本质特性，而专注于对建筑形式与功能的美学追求。经过长期的发展和积累，建筑学科在建筑社会学、环境心理学、建筑文化学和人体工效学等领域建立了比较成熟的学科基础，具有深入地研究、分析建筑与社会以及建筑与人的关系的能力，这些都为城市设计提供了丰富的理论和方法资源。

就研究对象而言，城市设计所面对的变量比建筑设计多。一般城市设计的工作范围涉及都市交通系统、邻里认同、开放空间与行人空间组织等，需要顾及的因素还包含城市气候和社会等。变量众多使得城市设计的内容较为复杂，另外加上实现城市设计方案所必需的漫长过程，其结果是城市设计方案与实现成果之间充满着高度的不确定性。事实上，由于城市设计涉及因素的复杂性，城市设计的手段较为间接，不像建筑设计可以对个别建筑物进行直接掌控。因此，城市设计这门专业所应用的工具和策略与建筑设计差异极大。

城市设计处理的空间与时间尺度也远比建筑设计大。它处理街区、社区、邻里，乃至整个城市(虽然当代城市设计很少达到整个城市的范围，除非城市规模较小)的空间，其实现的时程多半设定在 15～20 年。相对于建筑设计仅需处理单一土地范围内的建筑工作、建筑物完工至多需要 3～5 年，城市设计在时间和空间方面有着相当大的尺度差异。

总的来说，建筑设计侧重于基地范围内建筑形体的详细处理，包括使用功能、内外空间、三维造型、体量、材料和色彩等，对基地以外的城市空间的考虑较少，这既有设计要求、资料条件等方面的客观原因，更有设计思维和方法的主观原因。另外，建筑设计是向业主或开发商提供的一种服务，实现私人利益的首要性往往限制了对公共利益的深入考虑。相对而言，城市设计具有显著的公共政策性质，以整体、综合的观点考察城市中的建筑，并为政府实施开发、控制和设计的公共干预行为提供依据，在利益代表和工作方法等方面均有别于建筑设计。

1.4 城市设计的层次与类型

1.4.1 城市设计的层次

城市设计的内容和范围非常广泛，包含从整个城市的空间形态到局部的城市地段，如市中心、广场、公园、街道、居住社区、建筑群乃至单幢建筑和城市细部景观，特别是上述要素之间相互关联的空间环境。通常将城市设计的对象范围分为三个层次，即大尺度的区域——城市级城市设计、中尺度的分区级城市设计和小尺度的地段级城市设计。

1. 区域——城市级的城市设计

城市与城市相互依存，城市与周边地区更是密不可分。城市的成长是通过区域规划来实现的，因此从区域背景下研究城市整体层面上的设计问题是十分必要的，这也就是我们通常所讲的总体规划阶段的城市设计。

这一阶段的主要工作对象是城市建成区环境，它着重研究在城市总体规划前提下城市形体结构、城市景观体系、开放空间和公共人文活动空间的组织。其研究内容包括市域范围的生态、历史、文化在内的用地形态、空间结构、空间景观、道路格局、开放空间体系和艺术特色乃至城市天际轮廓线、标志性建筑布局等内容。其设计目标是为城市规划各项内容的决策和实施提供一个基于公众利益的形体设计准则，有时，它还可以指定一些特殊的地区和地段进行进一步的设计研究，其成果具有政策和导则为主、空间形态考虑为辅的特点。在操作中，区域——城市级的城市设计一般与规划过程相结合，成为总体规划的一个分支。美国、法国、澳大利亚和日本等许多国家的城市规划中实施的"三维空间景观控制规划"或"城市风景规划"就与这一层次的城市设计密切相关(见图 1-1)。

图 1-1　华盛顿鸟瞰图(见彩图)
资料来源：http://www.nipic.com

根据《不列颠百科全书》的观点，这一层次的城市设计应考虑的主要问题是地区政策和新居民点的设计，前者包括土地使用、公共设施、绿地布局以及交通和公用事业系统，后者包含了一些新城、城市公园和成片的居住社区。

在实践中，区域——城市层次的城市设计应在城市总体规划指导下工作，主要考虑以下几点。

(1) 每个城市都有各自的特色，这在总体规划确定的城市性质中得到集中的反映。如历史文化名城西安、风景旅游城市桂林、工业城市抚顺和港口城市连云港等城市的性质不同，其环境特色、文化氛围和建筑形象也不同。城市设计应该反映这种由城市性质的差异所带来的各具特色的城市环境。

(2) 城市规模的大小也会给城市设计带来不同的设计理念。如小城市就不宜过分追求"长高了，变大了"，而应强调城市的亲切、舒适、文化内涵和适居性；大城市则应追求一定的多元和综合功能、社会开放性及国际形象。

(3) 城市的发展方向和经济实力也会直接或间接地反映在具体的城市设计中。

(4) 从人类发展的总体趋势看，这一层次的城市设计必须充分考虑城市发展的可持续性问题。1992 年，我国政府已经在国际可持续发展的纲领性文件——《里约宣言》上签字，并将可持续发展确定为基本国策。因此，在城市设计领域贯彻这一国策就应倡导绿色城市的思想理念。具体来说有以下两条原则。

① 做好生态调查，并将其作为一切城市开发工作的重要参照。对重大建设项目实施环

境影响报告与审批制度，做到根据生态原则来利用土地和开发建设，协调好城市内部结构与外部环境的关系，在空间利用方式、强度、结构和功能配置等方面与自然生态系统相适应。

② 城市开发建设应充分利用特定的自然资源和条件，实现人工系统与自然系统和谐共存，形成科学、健康、合理、完美而富有个性的城市格局。

城市及其周边地形、地貌景观和其他自然环境资源，可以为城市带来富有个性的风格特点，所以这些资源常常是城市设计师所倾心利用的素材。如果我们在设计中有意识地结合地形，并把它作为城市的有机组成部分，就可以塑造出城市独有的特征和个性。历史上许多著名城市的发展建设大都与其所在的地域特征密切结合，通过艺术性的创造建设，既使城市满足功能要求，又使原来的自然景色更加完美，进而形成城市的艺术特色和个性。

具体做法包括，拍摄城市及其周边地区的连续航空遥感照片，并进行分析研究，现场踏勘记录下设计中可能被强调的有利地形及保存完好的植被、水流和山谷等自然要素，“不仅要保存具有田园特征的土地，而且要利用地形的整个形态和格局，把它作为城市设计的骨架”[1]。在这个基础上，再进行下一层次的城市设计，就会心中有数，就能将城市形体环境与自然景观形态更好地结合起来。不仅如此，不同生物、自然和气候条件的差异对城市形态格局及建筑风格、社会文化和人们的生活方式也有极大的影响。

同时，城市重人工程建设应注意保护生物多样性和自然景观格局，以及由此引起的城市景观形态的变化。在自然环境中，山、水、植被、土壤、河流、海岸及人工修筑的道路等都有各自的布局系统，而这些都是区域——城市级城市设计必须关注的领域，并不是局部范围的城市设计内容所能涵盖的。这一点在我国以往的城市建设领域中研究较少。例如，以往的城市道路建设往往切断自然景观中生物迁移、觅食的路径，破坏了生物生存的生态境地，割裂了各自然单元之间的连接。为此，法国在近些年的高速公路建设中，为保护自然鹿种，通过在它们经常出没的重要地段和关键点建立隧道和桥梁来保护过往的鹿群，从而降低道路对生物迁徙的阻隔作用。日本兵库县淡路岛一高速干道的建设方案中，还对建设可能引起的城市形态及景观特质的改变进行了充分的调查研究，保留了一些今天仍然起确定方位作用的历史标志点，赢得了当地居民的理解和支持。因此，必须认识到生态性和经济性从长远看是一致的。

创造一个整体连贯而有效的开放绿地系统也是非常重要的。虽然现今许多城市在城中或市郊建立了动物园、植物园和自然保护区，但建设的人为影响改变了生物群体的原有生态习性。同时，以往的规划设计只注重服务半径和面积指标，使开放绿地空间只能处于安排好的建筑、道路等“见缝插绿”的配角位置，因而不能在生态上相互作用而形成一个有效的绿地系统。为此，我们应在动物园、植物园、自然保护区及野生动、植物群落之间建立暂息地和完整的迁徙廊道，结合城市开放空间体系及相关的“绿道”和“蓝道”的设计，将被保护的动植物和野生生物群体联系起来。

2. 分区级城市设计

1）对象和内容

分区级城市设计主要涉及城市中功能相对独立、环境相对完整的街区。其目标是，基于城市总体规划确定的原则，分析该地区对于城市的价值，保护该地区的自然环境，强化人造

---

[1] ［英］吉伯德．市镇设计［M］．程里尧，译．北京：中国建筑工业出版社，1983．

环境的特点和开发潜能，建立并提供适宜的操作技术和设计程序。此外，通过分区级的设计研究，又可指明下一阶段优先开发实施的地段和具体项目，操作中可与分区规划和详细规划结合进行。

分区级城市设计的主要内容集中在以下几点：

(1) 与区域——城市级城市设计对环境整体考虑所确立的原则进行了衔接；

(2) 旧城和历史街区的改造、保护及更新整治；

(3) 功能相对特别的领域，如城市中心区、商业中心、具有特定主导功能的历史街区、大型公共建筑(如城市建筑综合体、大学校园、工业园区和世界博览会)的规划设计安排等。

2) 城市生态要素的考虑

在生态要素方面，分区级城市设计重点需处理的是综合并妥善处理好新的和原有的城市生态系统的关系，建立一种新型生态优先的城市。

必须与城市总体规划及更大范围的城市环境建设框架和指导原则协调一致，以确保城市设计目标和方向的准确性。以生态要素及其网格体系为例，如作为“蓝道”的河川流域、作为“绿道”的开放空间和城市步行体系，在实施过程中，源与本、点与面、上与下、前与后的关系都要分析清楚。再如城市道路的断面、线型、动态景观的创造和欣赏等也是这一层次城市设计需要关注的问题。在一座城市中，如果将其机动车道路、自行车专用道及步行道各自观赏的城市景观都设计处理好，那么它的环境一定非常赏心悦目。

3) 城市历史要素的考虑

城市形体环境中的时空梯度是永恒存在的。城市设计大都与旧城改造相关，尤其是在分区层次上。从20世纪60年代末开始，由民间倡导和推动的历史文化遗产保护运动已经普遍进入政府关注的视野，并得到了可观的经济资助，一时间城市更新和旧城改造蔚然成潮。著名的案例有民间自建完成的旧金山吉拉德利广场和洛杉矶的珀欣广场，由政府推动完成的西雅图先锋广场，波士顿的芬涅尔厅与昆西市场，北京菊儿胡同四合院环境改造等(见图1-2～图1-5)。

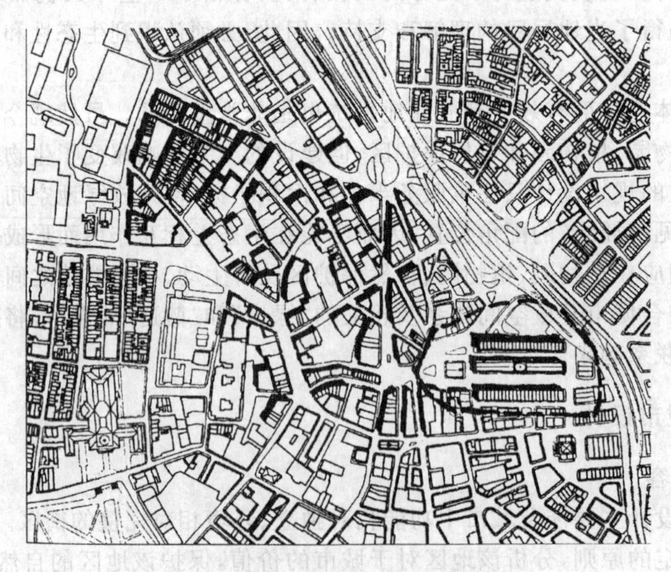

图1-2 波士顿昆西市场(虚线框内)

资料来源：王建国.现代城市设计理论和方法[M].南京：东南大学出版社，2001.1

图 1-3　波士顿昆西市场

资料来源：http://image.baidu.com

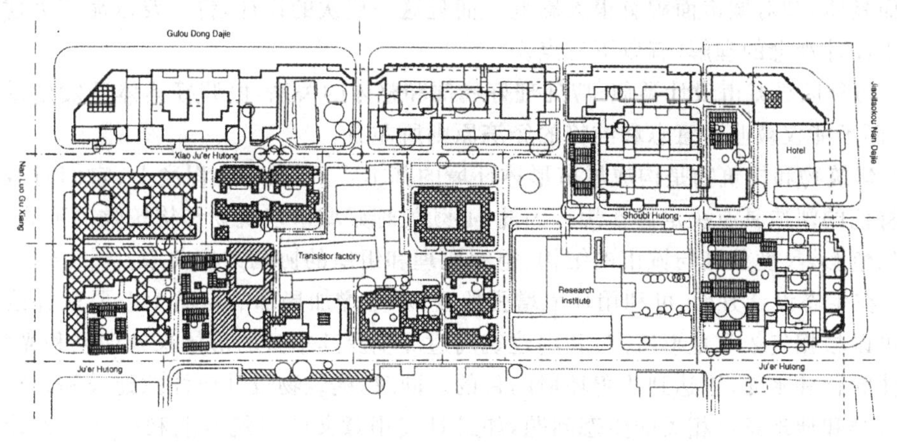

图 1-4　北京菊儿胡同改造总图

资料来源：http://image.baidu.com

图 1-5　北京菊儿胡同

资料来源：http://image.baidu.com

旧城更新改造对自然环境质量、文化环境质量和生态景观质量都会产生一系列的影响。这种影响既可以是积极的，也可以是消极的。近30年来，旧城改造中那种一切推倒重建的做法已经逐渐被取消，欧美部分国家又重新评价旧建筑在旧城改造中的意义，并认为旧建筑是一种现成可以利用的能源。同时，人们还普遍认识到，城市新旧并存及渐进生长方式有其存在的优点和必然性。要注意保护目前仍维系完好的社区生态结构，尤其是居住区，保护城市历史文化的延续性。实施中应保证一定的居民回迁率，改造中应做到有形和无形并重，在改善居住自然生态条件(如增加绿化和基础设施、降低建筑密度和居住密度)的同时，也应注意保护原有的睦邻关系和社区特点。

3. 地段级城市设计

地段级城市设计是最常见的城市设计内容，主要指建筑设计和特定建设项目的开发，如街景、广场、交通枢纽、大型建筑物及其周边外部环境的设计。这一尺度的城市设计虽然比较微观而具体，却对城市面貌有很大影响。而且这一层次的设计，将主要依靠广大建筑师自身对城市设计观念的理解，有以下三点。

(1) 与分区级城市设计类似，应处理好局部和整体的关系，协调好具体开发建设中的各方利益，而不能仅被业主意志和纯粹的经济原则所左右。

(2) 建筑物和构筑物是构成城市形体环境的基本要素，在一定程度上，它们对城市景观和环境特色的塑造具有决定性作用。因此，必须处理好城市建筑物和构筑物的形式、空间组织、风格、色彩、尺度及其与城市的结构、空间肌理和组织的协调共生关系。

(3) 在生态设计方面，可利用环境增强原理，尽量增加局部的自然生态要素并改善其结构。如可以根据气候和地形特点，利用建筑周边环境及其本身的形体来处理风和光影关系，组织立体绿化和水面，以达到改善环境的目的。同时，建筑物设计应注意建设和运行管理中与特定气候和地理条件相关的生态问题，如最具实用意义的建筑节能和被动式设计。热带气候和寒带气候对城市建筑的能源消耗费用影响极大，前者在夏季大量能源被用作建筑物的制冷，而后者则大量能源被用于冬季取暖。为此，在寒带城市就可以利用被动式节能技术(如使用太阳能)，并通过城市设计安排好高大建筑物与道路的布局，避免形成不利风道，降低空气流通速度。建筑及环境应有丰富多样的用色，因为寒带城市的冬天在视觉上往往非常单调。而在热带和亚热带地区设计建筑物时就不应使用大面积的玻璃幕墙，以避免能源的过度消耗，减少光污染。目前有些城市已经制定了相关法规禁止或控制大片玻璃幕墙在建筑中的使用。同时，热带城市也应运用被动式设计原理，充分利用太阳能，注意主导风向和绿化布置，创造荫庇面积(如骑楼和连廊)，尽量设计可渗透雨水的生态地(路)面，保护景观水面以蒸发降温。

1.4.2 城市设计实践的三种类型

美国著名学者唐纳德·爱坡雅(D. Appleyard)在概括美国1960—1980年的城市设计实践经验时，曾根据这些实践开展的不同取向和专业性质，将城市设计划分为三种类型：开发型、保存型和社区型。每一类的实践工作都有其不同的社会经济背景、动机以及工作内容。这种大致的分类对概括总结我国今天的城市设计实践的开展和推进有一定的启示。当然，实际的城市设计项目，往往是它们三者的结合。如美国丹佛市中心区城市设计、我国上海静安寺地区城市设计、广州市传统中轴线城市设计和南京城东干道城市设计等项目都涵盖了上述两种或三种类型的内容。

1. 开发型城市设计

开发型城市设计是指城市中大面积的街区和建筑开发、建筑和交通设施的综合开发、城市中心开发建设及新城开发建设等大尺度的发展计划,它的目的在于维护城市环境整体性的公共利益,提高市民生活的空间环境品质。开发型城市设计的实施通常是在政府组织的管理、审议中实现的。

2. 保存型城市设计

保存型通常与具有历史文脉和场所意义的城市地段相关,它注重城市物质环境建设的内涵和品质,而非仅仅是只强调外表的增加和改变的一般房地产开发。

在美国,历史遗产保存运动已经普遍地争取到政府对城市文化与景观特色的重视,因而各地方政府均顺应民意要求,将编列历史古迹、建设城市标志物、划定历史地段作为城市建设和城市设计的基本策略。随着联合国伊斯坦布尔“人居二”会议的召开,“可持续发展”的意义已经超越了资源与环境,历史文化的可持续性也成为人居环境可持续发展的不可分割的重要方面。当今世界各国普遍重视的旧城更新改造和历史地段保护就属此类城市设计,成功案例也不少(见图 1-6)。

图 1-6 北京中轴景观

资料来源:http://image.baidu.com

3. 社区型城市设计

社区型城市设计主要是指居住社区的城市设计。这类城市设计更注重人的生活要求,强调社区参与。其中,最根本的是要设身处地地为用户,特别是用户群体的使用要求、情感心理和生活习俗着想,并在设计过程中向社会学习,做到公众参与。在实践中,社区设计是通过咨询、公众聆听、专家帮助以及各种公共法规条例的执行来实现的,设计师由此可以掌握社区真实的需要,从实质上推进良好社区环境的营造,进而实现特定的社区文化价值。

1.5 城市设计历程简述

研究历史的目的在于把握发展演变的脉络，研究历史是理解现在的钥匙。任何学科中的理论都是对该领域中普遍规律的反映，并且采取理论的形式来把握研究对象和研究方法的普遍规律性。理论的核心并不仅仅在于所揭示的现象及其结果，更在于揭示这些理论的过程。也就是说，要把握的是理论考虑问题的方式及其内在的思维方式。历史能够在一定程度上反映出当时的任务与事件，对当今的发展与研究具有借鉴意义。

1.5.1 18世纪末之前的城市设计

1. 古希腊时期的城市设计

约公元前800年，古希腊人建立城邦，实施民主政治。希腊信奉多神教，强调人神同性，这种浓厚的人本主义特性对希腊包括城市建设在内的各方面发展影响极大。古希腊是西方文明的发祥地，是西方思想体系的源头，在哲学、文学、艺术和史学等领域都诞生过许多伟大的思想家和不朽的作品。

在古希腊的诸多公共建筑以及建筑群中，最为显著的特征是追求人的尺度、人的感受以及同自然环境的协调，没有非常明确的强制性人工规划，体现的是人本主义与自然主义的有机结合，最具有代表性的是雅典卫城。雅典卫城的建筑布局、自然环境及景观环境堪称西方古典建筑群体组合的最高艺术典范。

卫城建在一个陡峭的山冈上，仅西面有一通道盘旋而上。建筑物分布在山顶上一处约280m×130m的天然平台上。卫城的中心是雅典城的保护神雅典娜的铜像，主要建筑是膜拜雅典娜的帕特农神庙，建筑群布局自由，高低错落，主次分明。无论是身处其间或是从城下仰望，都可看到较完整的丰富的建筑艺术形象。帕特农神庙位于卫城最高点，体量最大、造型庄重，其他建筑则处于陪衬地位。卫城南坡是群众活动中心，有露天剧场和长廊，全盛时期的雅典还曾进行大规模的城市公共建筑兴建，如剧场、俱乐部、旅店和体育场等，以营造更趋积极完善的公共生活氛围。希波战争结束以后，雅典人重新建造了宗教圣地与城市公关活动的中心——卫城。卫城在西方建筑史中被誉为建筑群体组合艺术中的一个极为成功的实例，特别是在巧妙地利用地形方面更为杰出(见图1-7)。

就在希腊城市以自由发展的精神演绎激情四射的城市生活的同时，哲学家们开始思索以理性与秩序建立城市，柏拉图(Plato)是其中的代表。柏拉图在《理想国》(The Republic)描绘出了一幅理想的乌托邦的画面，他认为国家应当由哲学家来统治。柏拉图的理想国中的公民划分为卫国者、士兵和普通人民三个阶级。卫国者是少部分管理国家的精英，他们可以被继承，但是其他阶级的优秀儿童也可以被培养成卫国者，而卫国者的后代也有可能被降到普通人民的阶级。卫国者的任务是监督法典的制定和执行情况。为达到该目的，柏拉图有一套完整的理论。他的理想国要求每一个人在社会上都有其特殊功能，以满足社会的整体需要，但是在这个国家中，女人和男人有着同样的权利，存在着完全性的平等。政府可以为了公众利益撒谎，每一个人应该去做自己分内的事而不应该打扰到别人。他们强调的是居民的阶层与地位划分，坚持通过职业分工重组城市秩序。

(a) (b) (c) (d)

图 1-7 雅典卫城

(a) 雅典卫城遗址鸟瞰图；(b) 雅典卫城平面；(c) 雅典卫城遗址(一)；(d) 雅典卫城遗址(二)

资料来源：(a),(b) http://image.baidu.com;(c),(d) http://soso.nipic.com

公元前 5 世纪的法学家希波丹姆斯(Hippodamus)在希波战争后的城市规划建设中，提出了一种深刻影响西方两千余年的关于城市规划形态的重要思想——一种显现强烈人工痕迹的城市规划模式。希波丹姆斯因此被誉为“西方古典城市规划之父”。他遵循古希腊哲理，探求几何与数的和谐，强调以棋盘式的路网作为城市骨架并构筑明确、规整的城市公共中心，以求得城市整体的秩序和美。

在历史上，希波丹姆斯模式被大规模应用于希波战争后城市的重建与新建，后来古罗马大量的营寨城，古希腊的海港城市米利都城(Miletus)、普南城等都是这一模式的典型代表，只是后者因呆板地寻求理性秩序而走向形式上的典雅而成为失败品。

2. 古罗马时期的城市设计

在古罗马时期，为突出体现政治、军事力量，城市设计强调街道布局，引进了主要和次要干道的概念，公共建筑被作为街道的附属因素。城市广场采用轴线对称、多层纵深布局，发展了纪念性的设计观念。古罗马时期的城市建设极大地满足了少数统治者物质享受和追求虚荣心的需要，从根本上忽视了城市的文化精神功能(见图 1-8)，其特征主要体现在以下几个方面。

(1) 世俗化：代表崇高精神寄托的神庙建筑已经退居其次，公共浴池、斗兽场、宫殿和剧场等建筑大量出现。

(2) 军事化：修建坚固的城墙、大跨度的桥梁和远程输水道等战略设施。

(3) 君权化：城市公共建筑布局、城市中心广场群乃至整个城市的轴线体系都投射出王权至上的理性与绝对的等级、秩序感，象征着君权神圣不可侵犯。

图 1-8 古罗马城市遗迹

资料来源：http://soso.nipic.com

(4) 强烈的实用主义态度：城市规划追求的不是精神与自然、宇宙的和谐，而是与现实生活范围内的种种“现实”利益相关。

(5) 凸显永恒的秩序思想：娴熟运用轴线对称、对比强调和透视手法等，建立起整体而壮观的城市空间序列，从而体现出罗马城市规划中强烈的人工秩序思想。

(6) 彰显繁荣与力量的大比例模数方法：世俗建筑的恢弘与奢华。

古罗马的营寨建设，如北非城市提姆加德(Timgad)，基本继承了希波丹姆斯的格网系统：垂直干道丁字相交，交点旁为中心广场，全城道路均为方格式，街坊形成相同的方块，主干道起讫处设凯旋门，彼此之间以柱廊相连，形成雄伟的街景(见图 1-9)。提姆加德建于公元 100 年，最初只是古罗马奥古斯都军队沿着奥雷斯山区北部地区建立的一系列哨所之一。后来，罗马帝国特拉让皇帝命令在此地建立城市，并命名为提姆加德。城市在抵御奴米底亚人的入侵上也起过重大作用，经过几个世纪的繁荣期，城市最终被柏柏尔人毁坏。1881 年发现此城遗址。城区拥有正方形围墙和垂直方向的设计，以及两条穿越城市的交叉道路，是美妙绝伦的罗马式城市设计。

图 1-9 古罗马城市提姆加德遗迹

资料来源：http://www.ishanshui.com/index.php/archives/scape/id/1149

鉴于古罗马城市设计与城市建设的高度发展，古罗马御用建筑师维特鲁威(Vitruvius)在公元 1 世纪，总结了当时的建筑经验后写成《建筑十书》(公元前 27—公元前 14 年)，共十篇，对自古希腊以来的城市、建筑实践进行总结，并在继承古希腊哲学思想的基础上，提出了城市建设的理论纲领与理想的城市模式。其内容包括：希腊、伊特鲁里亚和罗马早期的建筑创作经验，从一般理论、建筑教育，到城市选址、选择建设地段、各种建筑物设计原理、建筑风格、柱式以及建筑施工和机械等。这是世界上遗留至今的第一部完整的建筑学著作。维特鲁威最早提出建筑的三要素——“实用、坚固、美观”，首次谈到了把人体的自然比例应用到建筑的丈量上，并总结出了人体结构的比例规律。在维特鲁威所绘制的理想城市方案中，平面为八角形，城墙塔楼的间距不大于弓箭射程，便于防守者从各个方面阻击攻城者。城市道路网为放射环形系统，为了避强风，放射道路不直接对着城门。在城市中心设广场，广场的中心建庙宇(见图 1-10)。这套思想成为西方工业化以前有关城市建设的基本原则，并对其后文艺复兴时期的西方城市设计者有着重要的影响。

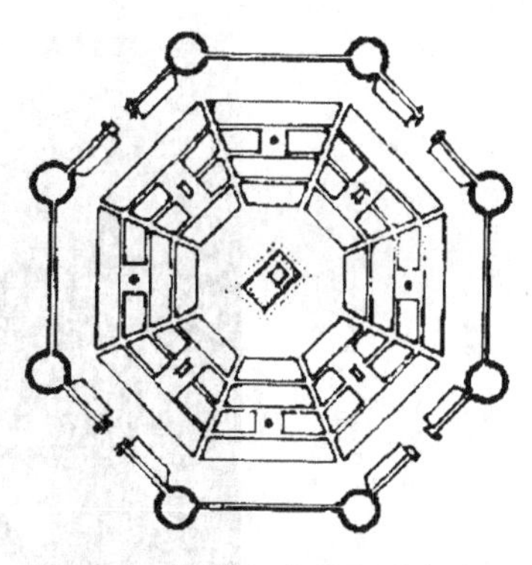

图 1-10　维特鲁威理想城市平面

从整体而论，古罗马的城市建设是在继承希腊、亚洲和非洲等地区已有成就的基础上，结合民族自身特点发展起来的，并在建设活动与规模、空间层次形体组合和工程技术等方面达到一个新的高峰。但是，与物质条件简陋却拥有充实城市文明的古希腊相比，古罗马从根本上忽视了城市的文化与精神功能，没有创造出健康的城市生活与城市文化，忽视了城市环境所应具有的锻炼人、塑造人的特征需求。

3. 中古时期伊斯兰国家的城市设计

公元前 7 世纪左右，随着伊斯兰教的诞生与传播，阿拉伯半岛崛起一个地跨欧亚非三大洲的阿拉伯帝国。该帝国以西亚为中心，以游牧方式而诞生，影响东欧、西亚、南亚、北非，世界著名的伊斯兰文化由此逐步发展起来。

由于长期以来在沙漠、草原地区的游牧生活，伊斯兰信徒——穆斯林们对于由建筑构成的城市定居方式并不在意。不过，出于军事防御的需要以及满足统治阶级追求享乐安逸的目的，或为国家骆驼商队的出行提供便利，他们在继承中、近东地区古代城市设计概念的基础上，结合自身的伊斯兰文化，建造出大大小小的一批城镇，如西班牙安达卢西亚自治区内格拉纳达省的省会格拉纳达(Grenada)(见图 1-11)、土耳其伊斯坦布尔(Istanbul)(见图 1-12)、伊拉克首都巴格达(Baghdad)、伊朗中部城市伊斯法罕(Isfahan)(见图 1-13)、西班牙南部城市哥多巴等。

(a)

(b)

图 1-11　西班牙安达卢西亚自治区内格拉纳达省的省会格拉纳达

(a) 格拉纳达阿尔罕布拉宫；(b) 格拉纳达市中心的 Triunfo 花园

资料来源：http://image.baidu.com

中古时期伊斯兰国家的城市设计主要体现出以下特征：

图 1-12 土耳其伊斯坦布尔

图 1-13 伊朗中部城市伊斯法罕：清真寺为城市或社区中心，市政广场建设也紧贴其前方

资料来源：http://soso.nipic.com

(1) 以古兰经为蓝本进行建设，崇尚水丰草茂、充满自然的气息，城市设施较少；

(2) 以建设军事堡垒为目的，并不主张固定的城市建设；

(3) 最初并没有明确的城市设计思想，城市空间秩序以集群式的社区为中心展开——清真寺是核心；

(4) 城市建设成果有厚重的城墙、架空的输水管道和砖砌的街灯等。

4. 中世纪欧洲的城市设计

罗马帝国后期，欧洲社会普遍缺乏劳动热情，物质生产匮乏，财富挥霍无度，奴隶起义迭起,终于在公元 476 年为北方的日耳曼人摧毁,欧洲社会从此进入了长达千余年的中世纪[1]。

中世纪城市主要可分为三种类型:①要塞型,即罗马帝国遗留下来的军事要塞居民点,其后发展成为新的社区和适于居住的城镇;②城堡型,主要从封建主的城堡周围发展起来,周围设有教堂或修道院,教堂附近的广场成为城市生活的中心;③商业交通型,主要兴起于公元 10 世纪前后。经过约 5 个世纪的经济凋零,西欧社会出现了普遍的生产力恢复与经济繁荣,手工业与商业活动活跃起来,于是在一些处于交通要道位置的节点,包括早期的要塞与城堡,出现了人口的聚集与城市的复苏,以商人、手工业者和银行家为主体的市民阶层通过各种斗争取得"城市自治"的契机,城市建设获得长足的发展,如巴黎、威尼斯、佛罗伦萨、热那亚、比萨和锡耶纳等。

锡耶纳建立于公元前 29 年,位于意大利南托斯卡纳地区,距离佛罗伦萨南部大约 50km,建在阿尔西亚和阿尔瑟河河谷之间基安蒂山三座小山的交汇处(见图 1-14)。锡耶纳的防御工事带有塔楼,适应了地势并将其历史中心围绕起来。坎波广场是城市的中心,位于三座小山的交汇点以及三条大道的交叉点,这构成了"Y"字形的城市布局。锡耶纳是一座独特的中世纪城市,保留了其特色与性质,真正影响了中世纪的艺术、建筑和城市的规划。刘易斯·芒福德(Lewis Mumford)在《城市发展史——起源、演变和前景》一书中,这样评价:"除了建筑物强调垂直性这一特性外,它是一切时代的历史性城市的原型,坚固的城堡,环城的城墙,威严的城门,一切具备。""在 16 世纪大地图册出现之前很久,中世纪的艺术常常描绘城市,有的是亲切的一瞥,有的是全貌景色,这说明,他们把城市当作一件艺术品,对城市出自内心地关心。"中世纪城市整体之美并非巧合与自发,而是经过"努力、斗争、监督和控制而取得的"。芒福德把这一现象称为"有机规划":"有机规划并不是一开始就有个预先定下的发展目标;它是从需要出发,随机而遇,按需要进行建设,不断修正,以适应需要,这样就日益变得连贯而有目的性,以至能产生一个最后的复杂的设计,这个设计和谐而统一,不次于事先制定的几何形图案。锡耶纳这类城市最能说明这种逐步发展到完善的过程。"

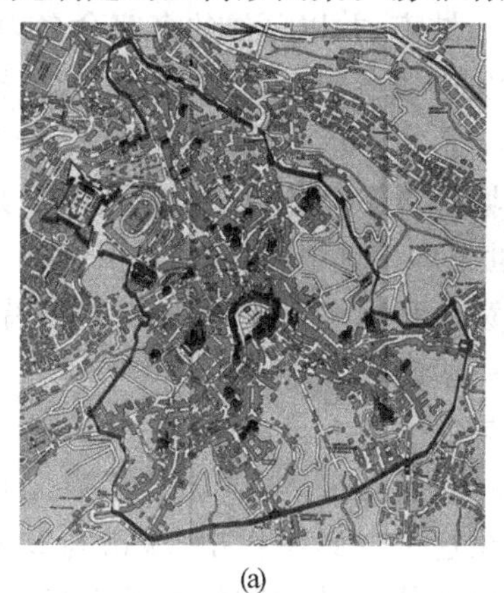
(a)

(b)

图 1-14　意大利著名城市锡耶纳——中世纪原型城市(见彩图)

(a) 锡耶纳平面图;(b) 锡耶纳坎波广场

---

[1] 文艺复兴时期的学者,对之前 1000 多年里欧洲文化倒退痛心疾首。因而取了"黑暗年代"、"中世纪"的名字。也就是指古典时期(古希腊罗马)到文艺复兴时期之间的时间段(476 年西罗马灭亡作为开端,至 1453 年奥斯曼土耳其攻占君士坦丁堡),根本不算个名字,体现了欧洲学者认为中世纪毫无建树,都没什么可拿来命名的。

这一时期，城市设计表现的主要特征有以下几方面：通过自下而上的途径形成，规模比前期缩小很多；城市形象设计取得了巨大成就；根据地形，赋予城市特色；广场建设得到更多重视和展现；弯曲的街道建设及商住结合的形式丰富了城市景观；城市选址更加重要（充分利用地貌地形，河湖水系），空间布局更加自由。

5. 文艺复兴时期的城市设计

文艺复兴是指13世纪末在意大利各城市兴起，以后扩展到西欧各国，于16世纪在欧洲盛行的一场思想文化运动。文艺复兴带来一段科学与艺术革命时期，揭开了近代欧洲历史的序幕，被认为是中古时代和近代的分界。

"人文主义"是文艺复兴思想体系的核心，在这种与中世纪禁欲、清苦的宗教思想迥然而异的新思潮引领下，社会生活发生了变化，城市面貌也随之呈现出意气风发的新气象。教会、宫殿等中世纪欧洲城市空间中的主体元素地位开始下降，代表着新兴资产阶级成长的府邸、大厦、行会等新建筑越来越占据城市的中心位置，同时，满足各种世俗生活、学习的场所也日渐增多。如著名的威尼斯圣马可广场，经过几百年的持续建设，教堂四周先后出现了总督府、市场和图书馆等世俗建筑；而在佛罗伦萨，市中心主要由市政厅与广场组成，教堂则被彻底地抛在了一边。

15世纪，在意大利文艺复兴时期发现了维特鲁威的《建筑十书》遗稿。莱昂·巴蒂斯塔·阿尔伯蒂（Leon Battista Alberti，1404—1472）、伊尔·菲拉雷特（Filarete，1400—1465）、文琴佐·斯卡莫齐（Vincenzo Scamozzi，1548—1616）等人师法维特鲁威，发展了理想城市理论。阿尔伯蒂1452年所著《论建筑》一书，从城镇环境、地形地貌、水源、气候和土壤等着眼，对合理选择城址以及城市和街道等在军事上的最佳形式进行了探讨。

阿尔伯蒂之后的意大利建筑师倾向于一种完美主义的理想城市理论。菲拉雷特著有《理想的城市》一书，他认为应该有理想的国家、理想的人、理想的城市。1460—1465年间，菲拉雷特为米兰公爵弗朗切斯科·斯福尔扎设计了一个城市，并以公爵的名字命名为"斯福钦达"（Sforzinda）。这是一个想象的城市，城市的设计完全遵循几何学的准则，其结构是对称的，城墙呈16边形，有8个角，整个城市的形状如同一个八角星（见图1-15）。由于菲拉雷特设计的这个城市过于理想化，他的设计方案并没有应用到15世纪的意大利城市改造中。这一理想的方案只是在意大利之外的城市，如阿姆斯特丹、哥本哈根产生了一些影响。

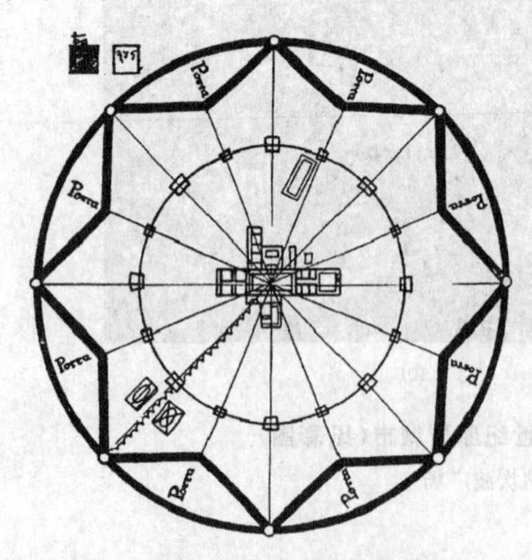

图1-15 菲拉雷特的理想城市（Plan of the Ideal Town of Sforzinda）

建筑师文琴佐·斯卡莫奇（Vincenzo Scamozzi，1548—1616）在16世纪80年代设计出一个理想城市的方案。他在这个方案中提出，城市与其各个部分的关系就好比人体与其四肢的关系那样，而街道则是城市的动脉（见图1-16）。1593年威尼斯人根据斯卡莫奇的设计，在乌迪内（Udine）附近建造了一座防御型的卫城——帕尔马诺瓦城（Palma Nova）（见图1-17）。这座城市呈典型的星形，城墙有18条边和9个角，城市的街道布局以城市中心广场为圆心，布置为规则的放射状，从城市中心通向城墙。城市有 3 道城门，每道城门间隔 6 条边，平均分布在城墙的 3 个内角。从城市的鸟瞰图来看，这是典型的放射状星形，与菲拉雷特提出的理想城市极其相似。从实际功能来看，帕尔马诺瓦城是一座军事要塞，它担负着保卫威尼斯共和国的重要作用，尤其是保护威尼斯免受来自陆地的威胁。直到今天，这个小城基本上保持了最初的面貌(见图 1-18)。

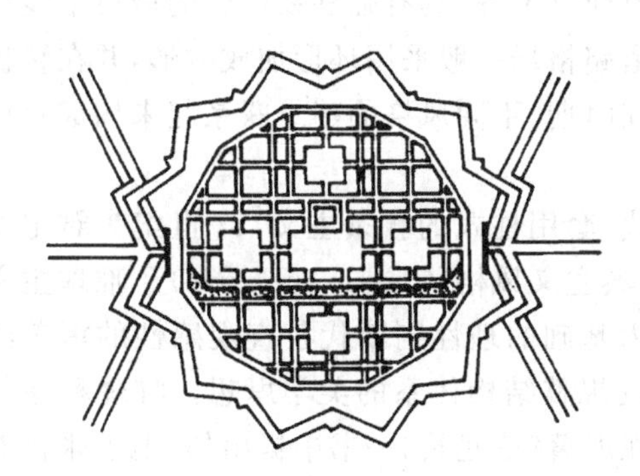

图 1-16　斯卡莫奇理想城市平面示意图

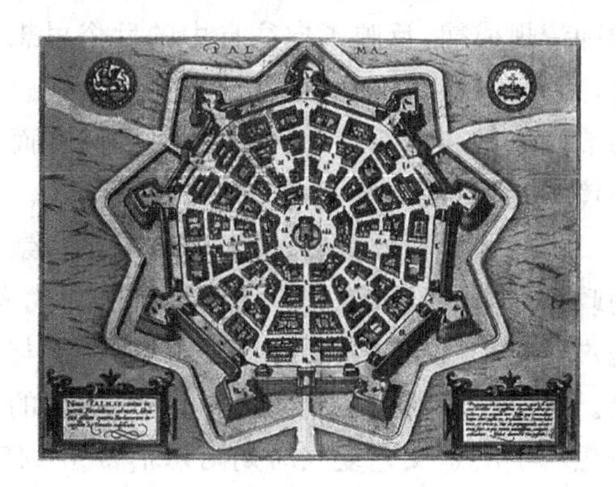

图 1-17　帕尔马诺瓦城平面图

图 1-18　帕尔马诺瓦城的卫星图片，与原设计非常接近

资料来源：根据谷歌地图整理

在城市建设过程中，文艺复兴时期的建筑师并没有一味抄袭古希腊、古罗马时期的经典做法，而是在深入研究其设计思想的基础上，结合新的环境条件加以变化，形成一系列以视觉美学为原则，对后世空间设计具有相当实用价值的处理技巧。如帕拉迪奥(A. Palladio)研究发现古罗马建筑群之所以壮丽的原因主要在于尽可能地让主体建筑从背景中凸显出来，所以其设计的建筑物常常采用令人吃惊的庞大柱式，让人在很远的地方就产生强烈的视觉冲击。

从时间角度看，城市局部地段的建设常常无法毕其功于一役，一件作品的完成往往需要几代人的努力。对此，文艺复兴时期的设计师们似乎早有默契，自觉地尊崇整体美学的艺术法则，强调作品是集体协调的结果，例如罗马圣彼得教堂(Basilica di San Pietro in Vaticano)、威尼斯圣马可广场等。

一般认为，文艺复兴早期的城市建设在总体上是有分寸与恰到好处的。然而，从 16 世纪中叶开始，随着贵族在城市的复辟以及天主教反改革运动的兴起，文艺复兴的人文主义思想在设计领域出现两种新的艺术倾向。

一种是通过不安定的形体、出人意料的起伏转折等矫揉造作的手法产生特殊视觉效果的手法主义，并在17世纪被天主教会利用形成巴洛克风格(Baroque Style)。巴洛克风格打破了对古罗马建筑理论家维特鲁威的盲目崇拜，也冲破了文艺复兴晚期古典主义者制定的种种清规戒律，反映了向往自由的世俗思想。通过建立整齐、具有强烈秩序感的城市轴线系统，来强调城市空间的运动感和序列景观。城市道路格局一般采用环形加放射形，并在转折的节点处用高耸的纪念碑来作为过渡，从而将不同时期、不同风格的建筑联系起来构成整体环境，如教皇西斯塔五世时期的罗马改建。

另一种是不顾地点、环境等因素盲目崇拜古代、套用柱式的教条主义，17世纪为君主专制政体利用并发展成为以法国学院派为代表的古典主义风格(Classicism Style)。唯理主义是古典主义风格的主要特征，强调以几何与数学为基础的理性判断代替直观感性的审美经验。所以在欧洲的古典主义园林中，更多的是体现规整结构体系的美学思想。唯理秩序的思想和手法是文艺复兴时期阿尔伯蒂于1452年在所著《论建筑》一书中提出的，他主张自然地形应服从于人工造型的规律，强调轴线和主从关系，追求抽象的对称与协调，寻求构图纯粹的几何关系和数学关系，突出表现人工的规整美，试图“以艺术的手段使自然羞愧”。后期，设计师们将古典园林中规整、平直的道路系统和圆形交叉点的美学潜力移植到城市空间体系中，以路易十四改建巴黎的规划设计最为典型。

虽然巴洛克风格与古典主义风格在理念上有所差异，但在城市设计领域，这两种风格是相互渗透、相互影响、难以剥离区分的，它们的本质都在于通过壮丽、宏伟而有秩序的空间景观去反映统治阶级中央集权的端庄豪华与不可动摇。这种混合式的城市设计风格的典型表现为：强烈的城市轴线、几何发散的平面布局与大尺度的规整绿化；宽阔笔直的大道串接遍布城市的若干重要节点，节点中央设置象征帝王荣誉与权力的公共建筑与构筑物；大道两侧的建筑，无论是府衙、医院，还是商场、宿舍，毫无例外地采用统一的立面标准与退缩尺寸。

自诞生以来，尽管“巴洛克+古典主义”的城市设计思想与实践一直遭到后来的现代主义等思想的强烈批判，被指责“将城市的生活内容从属于城市的外表形式，造成与经济损失同样高昂的社会损失”，但其依然被誉为西方城市设计史中最重要的成就之一，影响广泛而深远。无论是同期进行的1790年的华盛顿规划、1853年的巴黎改建，还是后期完成的圣彼得堡、东京、芝加哥、新德里、柏林和堪培拉等国际化大都市规划，都不难发现它的印记。直到今天，这种思想也在一直影响着无数的设计师，尤其是具备权力与财力的城市官员。

1.5.2 中国古代的城市设计

中国古代的城市规划建设，理论丰富、实物广泛、形制特殊，具有很高的价值。中国最古老的规划思想早在城市诞生之前就已经孕育。随着社会政治、思想和文化的发展，古代城市规划思想得到充实和完善。中国古代城市规划思想的发展过程可以分为“先秦多样化”和“两汉之后一统局面形成”这两个阶段[1]。

秦以前，由于生产能力很低，夏代基本尚未形成较大的城市，但是夏代的治水、天文观

---

[1] 汪德华.中国城市设计文化思想[M].南京：东南大学出版社，2009.1.

察、农业生产和初级建设活动，为殷商、西周的城市兴起和规划思想的形成积累了物质基础。商代是我国最早形成城市雏形的时代，由于生产力水平低下等原因，这一时期还未形成较规则的城市规划方法。到了西周，受《周礼》的影响，周公建成了洛邑，产生了最初的规划理论和方法。我国早期城市规划思想的起源，并非夏、商、周一脉相承，而是在殷商与周的交替之际出现了重大的转型，并促成了中国历史上有代表性的以《周礼》为核心的城市规划体制的产生❶。

西周城市作为宗法分封政体和礼制社会组织的一个部分，进入政治制度的序列，较之前代城市单纯的暴力工具形象，升华到了一个新的层次。《周礼·考工记》中记载西周王城制度："匠人营国，方九里，旁三门。国中九经九纬，经涂九轨，左祖右社，前朝后市，市朝一夫。"这就建立了我国早期政治型城市的一种典范。一套营国制度对许久以来营都建邑的经验作了阶段性的总结，制定了各级城邑严谨而规范的模式(见图 1-19)，成为历朝封建城市规划设计的基本依据，如"旁三门"、"宫城居中"、"前朝后市"和"左祖右社"等。

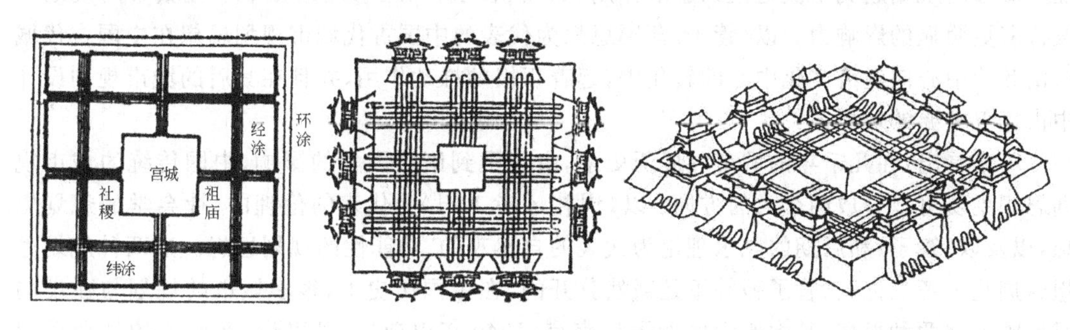

图 1-19　营国制度图解

《周礼·考工记》的这些理论一直影响着中国古代城市的建设，很多大城市，特别是政治性城市都是按照这种理论修建的。其中，最典型的案例是唐朝的长安和北京城(元代和明清时期)，清晰的街坊结构和笔直的街道，以及城墙和城门无不反映了《周礼·考工记》中"礼"的思想。可以说，《周礼·考工记》中的营国制度是以礼制思想为出发点，要求在"礼"的主导下形成营国秩序，形成完整有序的城市网络，呈现理性的空间序列❷。

东周包括春秋和战国时代，是政治思想极为活跃、战争频繁的时代，列国都城采用了大小城制度，反映了"筑城以卫君，造郭以守民"的要求。从东周各诸侯国的政治、经济和思想等方面看，东周是我国古代城市规划思想发展的多样化时代。"自商至西周，随着奴隶制的巩固，我们可以看到城市规划思想诞生前后，由崇尚占卜鬼神到遵循《周易》、《周礼》等系统的奴隶制思想的转变。而自西周至东周则可以看到，随着封建制度替代奴隶制度的激烈社会变动，周代维护奴隶制的规划思想受到各霸主国家的挑战，城市规划思想从而向多样化转变。"

礼制思想虽然占据着中国传统文化的主导地位，但是非礼制的思想也一直存在，持这种思想的代表人物当数春秋时代著名的思想家管子。《管子》一书全面精辟地讲述了古代有关城市选址、城市发展与经济发展关系、城市规模的确定、城市居民组织形式、城市用地功能划

❶ 文超祥.论西周城市规划思想的起源[J].规划师，2007(10)：90～92.

❷ 苏畅，周玄星.《管子》与《周礼》营国思想比较[J].华中建筑，2008(12)：147～150.

分、城市道路网布局、城市水源、城市排水以及地图运用、地形勘察等几乎所有古代城市规划中的重要领域。《管子》成书于战国时期，是后人假托管仲所作的政治名著。该书在很多方面对《周礼》进行了否定。在城市规划领域，《管子》主张从实际出发，不重形式，不拘一格，要“因天才，就地利”，不为封建宗法与礼制制度所约束。所以，“城郭不必中规矩，道路不必中准绳”。同时，在城市与山川等环境因素的关系上，《管子》也提出“凡立国都，非于大山之下，必于广川之上。高毋近旱而水用足。低毋近水而沟防省”(《立政篇》)。《管子》的整个城市规划思想及其在临淄城的成功实践，是我国最早期的城市整体规划的理论[1]。《管子》营国思想不是空泛的纯理论，可以说对临淄城的最后成形有着无可替代的影响[2]。

《管子》是中国古代城市规划思想发展史中一本革命性的著作，其意义是打破了城市单一的周制布局模式，从城市功能出发，确立了理性思维和使自然环境和谐的准则，其影响极为深远，对后世风水理论的形成和发展有着重要的作用。如果《周礼·考工记》对中国政治性大城市的规划起到了决定性的影响作用，那么《管子》和风水理论在中小型城市的规划中发挥着更明显的影响力。以《管子》营国思想为代表的中国古代城市规划思想在中国古代城市由政治中心向经济文化中心的转化中，起着积极的推动作用，并且在其后的城市规划设计中占据着重要的地位。

不难看出，在几千年的城市发展历史中，由于受到诸多因素的影响，中国传统的城市规划思想主要可以分成两个大的方向：以《周礼·考工记》为代表的伦理的、社会学的规划思想，以及以《管子》和后期的风水理论为代表的自然观的、功能性的规划思想。这两种规划思想(《周礼·考工记》、《管子》)并不是截然分开的，在中国历史上，很多城市的规划与建设同时反映了这两种思想，其中典型的例子如南京(1949年以前)。可以说，在西方的规划思想传入或者闯入中国之前，这两种思想一直统治着中国的城市规划，共同造就了一个又一个富于个性的城市。中国古代城市规划思想的基础是古代哲学，糅合了儒、道、法等各家思想，最鲜明的特点是讲求天人合一，道法自然。中国古代城市规划的形态特征也体现了对“天人合一”、“知行合一”、“情景合一”即“真”、“善”、“美”的理性主义进行追求的思想，以及“强烈的整体意识”和“特有的空间组合观念(院落套院落)”。

在建筑布局设计上，中国的传统建筑以群体组织关系见长，体现出社会组织关系。在轴线设计上，以南北纵轴线为重要布局，以东西横轴线为辅助轴线。以中轴线为中心，按照轴线对称的方式进行设计，在不同坐标点上的建筑，直接体现出主人社会地位及等级的高低，轴线对称布局是中国传统儒家思想中等级观念及中庸思想物化的集中体现。

唐代之前的各个朝代的都城，虽也按照《周礼·考工记》中的要求进行城市布局，但执行得不是很严格。但其后的元大都、明清时期北京的城市规划和建设，则是严格按照《周礼·考工记》所描述的规划形式布局。这是因为儒家思想和道德规范在封建社会后期成为主宰社会的力量，不可逾越。尤其在宋代理学家朱熹之后，儒家的行为规范和道德标准愈加严格，具体体现在城市规划和建设方面则为通过城市的中轴线、建筑的空间序列和严整的城市布局体现森严的社会等级和伦理秩序[3]。

---

[1] 汪德华. 中国城市设计文化思想[M]. 南京：东南大学出版社，2009.1.

[2] 苏畅，周玄星.《管子》与《周礼》营国思想比较[J]. 华中建筑，2008(12)：147～150.

[3] 张健，马青. 中国古代城市规划的文化特点[J]. 规划师，2006(04)：89～90.

故宫的设计是儒家思想的典型体现，其庞大的建筑群落是中国最大的四合院，严格按照中国传统的儒家等级制度，主次分明地对布局进行设计，分为前朝后寝。在民居设计中，北方四合院的建筑设计依然遵循着这个设计原则。在四合院中，坐北朝南的房间为正房，供家族中长辈居住，充分体现了中国传统儒家思想中长幼尊卑的观念，东西两侧的配房才是晚辈的居住地及其他用途，坐标点成为个体在群体生活当中最显著的标记。

1.5.3 现代城市设计的产生

现代城市设计的理论思潮分为两个阶段[1]。第一阶段是从霍华德的田园城市开始，经过 20 世纪二三十年代的现代建筑运动的推进，以《雅典宪章》为代表，其实践活动主要集中在战后城市重建和快速发展阶段；第二阶段是自 20 世纪 50 年代末起，经过 Team 10、K. Lynch、J. Jacobs、C. Alexander 的努力，以《马丘比丘宪章》为代表，建立了新的规划思想和规划方法，这一阶段现在仍然在持续着。

工业革命以后，西方城市人口急剧膨胀与城镇蔓延生长的速度之快远远超出了人们的预期与常规手段的驾驭能力。大片的工业区、交通运输区、仓库码头区和工人居住区在城市中杂乱无章地分布，同时，市民居住条件日益恶化，贫民窟现象增多，疾病、灾害和犯罪的发生率不断上升，加之严重的交通拥堵与工业污染，城市生活日趋艰辛而难以忍受(见图 1-20)。

(a)

(b)

图 1-20 工业革命后城市状况

(a) 英国伯明翰——19 世纪工业城市；(b) 拥挤的伦敦大街

面对一系列的“城市病”，人们逐渐认识到，有规划的设计对于一个城镇的发展十分必要，只有通过整体的设计才能摆脱城镇发展现实的困境。20 世纪乌托邦的社会理想对于城市设计思潮产生了强烈的影响。马德尼波尔(A. Madanipour)论及 20 世纪城市设计的三大思潮：城市主义(Urbanism)、反城市主义(Anti-urbanism)、微城市主义(Micro-urbanism)。

城市主义思想以现代主义和后现代主义思潮为代表，主要集中在城市空间的形成和改造；反城市主义思想的目的是放弃城市地区，拓殖乡村地区；微城市主义思想则以英国新城和美国新城市主义为例，将城市主义和反城市主义的思潮结合在一起。马德尼波尔认为，这三类城市设计思潮都是对乌托邦思想的响应。

在这种以乌托邦的社会理想为基础的城市设计思潮中，霍华德(E. Howard)、柯布西耶

---

[1] 刘宛. 城市设计理论思潮初探[J]. 国外城市规划，2004(4)：40～45.

(L. Corbusier)、赖特(F. L. wright)等的思想是极具代表性的。辩护式规划、防卫空间等思想反映了用物质形式解决社会问题的理想。这些城市设计思想表达出对社会政治秩序、阶层、种族、性别等社会问题的特别关注。

20 世纪 20 年代末应运而生的新建筑运动,以工业化为背景,冲破了传统的设计观念。以柯布西耶为代表的现代主义者主张通过功能秩序解决复杂的现代城市问题,并考虑社会的进步和大多数人的基本生理、生活需求。

1933 年,《雅典宪章》分析了现代工业城市的弊病,提出了为人们建立健康的、有人情味的、优美的城市环境。传统城市设计思想开始向重视经济、社会、立法的现代城市规划思想过渡。但是,现代建筑与"国际风格"在追求城市功能效率的同时,忽视了城市历史文化传统,城市中出现了大面积的毫无特色的消极空间,城市建设缺少对人的关怀,同时出现城市中心区的衰落。

近代至第二次世界大战期间的城市设计思想探索如表 1-1 所示。

表 1-1　近代至第二次世界大战期间的城市设计思想探索

类别	名称与代表人	主要思想	影　响
人本主义	田园城市 霍华德 (E. Howard)	城市应兼有城乡两者的特点,规模适度、协调共生,既具有高效能与适度活跃的城市生活,又兼有环境清新、美丽如画的乡村特色	提出一套完整的城市体系,对其后的有机疏散、卫星城等理论有重要影响
理性主义	线形城市 玛塔 (A. S. Mata)	在尊重结构对称与留有余地的前提下,城市空间要素要依循一条高速度、高运量的交通轴线集聚并向两端无限延伸	对西方城市分散主义思想有一定影响
	工业城市 戈涅 (T. Garnier)	从大工业发展的需求出发进行城市布局,将城市各种用途用地进行明确划分,使其各得其所	一定程度上影响着柯布西耶的集中主义城市与《雅典宪章》中的城市功能分区思想
	光辉城市 柯布西耶 (L. Corbusier)	城市必须通过技术手段体现其集聚功能,在合理的城市内部密度分布与高效立体的交通体系支撑下,高层建筑是适应人口集中、避免用地紧张、提供充足阳光绿地的良好手段	为第二次世界大战以后西方国家及发展中国家广泛采用,强烈影响了许多城市的新建与重建
自然主义	广亩城市 赖特 (F. L. Wright)	消灭大城市,代之以完全分散的、低密度的半农田式社团	导致西方国家的新城运动,成为欧美中产阶级郊区化运动的根源
	有机疏散 沙里宁 (E. Saarinen)	将传统城市拥挤在一起的形态在合适的区域分解为若干集中单元,并将这些单元组织为有关联的点,彼此间用绿化隔离	对改善欧美大城市功能与空间结构起了重要作用
形态研究	空间艺术 西特 (Sitte)	强调关注人的尺度、环境的尺度与人的活动以及他们的感受,从而建立丰富多彩的城市空间	让城市环境容纳人的个性,其主张对欧美设计界产生广泛的影响

资料来源:王建国.城市设计[M].北京:中国建筑工业出版社,2009.9

这些探索,糅合着文艺复兴晚期的"巴洛克"思想,对西方近代城市建设产生了重要的影响。但是,就价值观而言,上述主张基本是遵循"建设形体决定论"的。设计师们从城乡协调、回归自然、有序分区等不同的视角,力求寻找出一套与工业时代相匹配的城市总体物质环境设计的理论与方案。多年以后,人们发现这种价值观只是一种美好的"英雄"情节,实践效果收效甚微。19 世纪奥斯曼的巴黎改建计划、朗方的华盛顿规划设计，20 世纪印度昌迪加尔、巴西巴西利亚和许多新城的设计建成，都标志着这种规划设计思想的整体实现。然而，缺少社会根基的城市躯壳与真实的居民生活却是格格不入，人们逐渐认识到如果城市设计只是追求平面、形体上的超凡构图，而缺少对经济、文化和社会等环境因素的思考，其做法只是把一种陌生的形体强加到有生命力的社会之上，其实践是在强有力的政治和经济手段干预下完成的，其结果对于被迫接受的市民来说是不公平的。

第二次世界大战结束以后，第三产业的大规模兴起导致欧美发达国家进行经济结构调整，许多城市因此遭遇再次发展的良好时机。但是，由于当时的城市设计仍然依循形体决定论的建设思路，重视外显的建设规模和速度，忽视内在的环境品质和内涵，在经历"城市更新"运动之后，城市环境非但没有得到实质性的改善，反而进一步衰退，大批历史文化遗产遭到破坏，中高薪阶层向郊区迁出的"郊区化"势头有增无减。

20 世纪 60 年代以来，如何进行城市设计再次受到人们的重视，各种方法、理论纷纷呈现，一套在目标、方法、内容等方面更趋完善的现代城市设计体系逐步发展起来(见表 1-2)。

表 1-2 现代城市设计探索

年代	代表人物	主题	主要内容	主要涉及学科
1955	Team 10	人际结合	城市形态必须从生活本身的机制中发展而来，城市和建筑空间是人们行为方式的体现	建筑学
1960	林奇 K. Lynch	城市意象	通过城市形象使人们对空间的感知融入到城市文脉中去	社会学、心理学 行为学、建筑学
1961	雅各布斯 J. Jacobs	城市多样性	城市是复杂而多样的，必须尽可能错综复杂并且相互支持，以满足多种要求	社会学
1965	达维多夫 P. Davidoff	倡导性规划与多元主义	探讨决策过程与文化模式，指出通过过程机制保证不同社会集团尤其是弱势团体的利益	社会学
1966	亚历山大 C. Alexander	城市并非树形	城市生活并非简单的树形结构，而是很多方面交织在一起，相互重叠的半网状结构	社会学
1969	迈克哈格 L. McHarg	设计结合自然	人工环境建设必须与自然环境相适配	生态学、环境学
1969	阿恩斯泰恩 S. Arnstein	市民参与的阶梯	指出公众参与的不同层次与实质	政治学、管理学、社会学
20 世纪 60 年代	丹下健三、黑川纪章等	新陈代谢	强调建筑与城市过去、现在、将来的共生，即文化的共生	建筑学
20 世纪 60 年代	西蒙 H. A. Simon	有限理性	在有限理性条件下的目标决策	管理学、计算机科学
1972	哈维 D. Harvey	社会公正	按照人民福利的特定内容考虑城市建设政策的制定与实施	政治学、社会学
1978	柯林·罗 C. Rowe	拼贴城市	城市的生长、发展应该是由具有不同功能的部分拼贴而成的	社会学

续表

年代	代表人物	主题	主 要 内 容	主要涉及学科
1978	培根 E. D. Bacon	城市设计	在路上运动是市民城市经历的基础,找出这些活动,有助于设计一种普遍的城市理想环境	建筑学、心理学、行为学
20 世纪 70 年代	卡斯特尔等 M. Castells	新马克思主义	城市规划设计的本质更接近于政治,而不是技术或科学	社会学、政治学、经济学
1981	巴奈特 J. Barnett	都市设计概论	城市设计不是设计者笔下浪漫花哨的图表模型,而是一连串城市行政的过程	建筑学、政治学经济学、社会学
1987	雅各布斯 J. Jacobs	城市设计宣言	城市设计的新目标在于:良好的都市生活,创造和保持城市肌理,再现城市生命力	社会学
1991	卢原义信	隐藏的秩序	城市中貌似胡乱布置背后存在的隐藏的秩序是城市生活空间适合生活的根本原因	建筑学
20 世纪 80—90 年代	因斯等 J. E. Innes	联络性规划	改变设计人员被动提供技术咨询和决策信息的角色,运用联络互动的方法达到参与决策的目的	社会学
20 世纪 90 年代	赞伯克等 E. Zyberk	新城市主义	强调以人为中心的设计思想,努力重塑多样化、人性化、有社区感的生活氛围	建筑学、交通学
20 世纪 90 年代	兰德宁等 P. N. G. lendenning	精明增长	通过城市可持续的、健康的增长方式,使城乡居民中的每个人都能受益	社会学、建筑学

资料来源:王建国. 城市设计[M]. 北京:中国建筑工业出版社,2009. 9

总之,在第二次世界大战以后,欧美及日本的许多学者和建筑师对城市设计的各个方面进行了广泛的研究,发表了大量的论著,提出了许多新的思想。尽管这些思想对城市设计的定义,包括其目的、方法、范围和重点都不尽相同,但有一点是共同的,即城市是为居民建立的,城市居民是城市生活的主人。城市设计不仅要为他们提供安全、有利健康、方便、舒适的物质与精神生活环境,确保生活的私密性和社会活动的愉快性;而且必须考虑城市环境(空间、风貌、形象)给人的感受,包括文脉的、时空的、文化的、心理的、审美的……,提高城市环境的质量,形成具有美感、时代感和整体感的城市空间。

思考题与习题

1. 谈谈你对城市设计概念的认识。
2. 分析说明城市设计的学科地位。
3. 城市设计经过哪些发展历程?
4. 中国古代城市设计的特点是什么?
5. 现代城市设计理论在哪些方面强调了对人的尊重与关怀?
6. 不同阶段城市设计特征形成的主要因素是什么?

第2章 现代城市设计的基础理论

城市设计的思想萌芽可以追溯至19世纪末、20世纪初，这段时期人类文化的巨大变革影响到社会的各个方面，包括城市规划。从工业革命开始到第二次世界大战结束的这段时间是城市设计理论飞速发展、走向成熟的时期，在此期间社会形态的频繁更替，社会思潮的不断改变，导致城市设计模式发生多次演变。

2.1 早期城市设计理论概述

在城市的发展过程中，任何一个城市的产生、演变和发展都会明显地打上政治、经济和宗教的烙印。所以，早期重要的城市设计理论不仅仅是技术层面的构思，而更多的是与当时社会的政治、经济和思想有着相当密切的联系。这些设计理论都是建立在当时的社会物质的基础上，以当时的社会思潮为主导，通过对城市物质形态的规划，试图寻找一种理性的城市形态。

18世纪工业革命后，近现代的西方城市空间环境和物质形态发生了深刻变化。工业革命导致世界范围的城市化，大量人口向城市集中，促使城市规模不断扩大，城市居住、就业和环境等问题相继产生。同时，近现代城市功能的革命性发展，以及新型交通工具和通信工具的运用，使得近现代城市形体环境和空间尺度有了很大的改变，城市社会有了更大的开放程度。城市自发蔓延和生长的速度之迅速超出了人们的预期，甚至超出了人们采用常规手段驾驭的能力。为解决这些矛盾，规划设计师们着手从不同的角度去寻找答案，并先后从不同的视角提出了针对性的城市规划思想和理论。

对城市设计思想的早期探索概括起来可分为三个流派。

(1) 强调城市分散的人本主义，以田园城市、卫星城、广亩城市及线性城市等理论为代表。

(2) 主张利用先进工业技术强化城市集中的机械理性设计思想，以光辉城市、工业城市等为代表。

(3) 倡导遵循城市发展规律，实行有机疏散的设计思想，以有机疏散理论为代表。

2.1.1 田园城市

英国学者霍华德(E. Howard)是现代城市建设史上一位划时代的人物，他针对现代社会中出现的城市问题(城市规模、布局结构、人口密度、绿带等)，于1898年提出了带有先驱性的“田园城市”规划理论。这是一个比较完整的城市规划思想体系，它不单纯是对后工业革命时代社会问题及思潮的反映，更是采取一种通过改变物质环境来缓解社会问题的积极态度，其理论基础是通过改变城市形态格局来推进社会深层改革，构建一个以社会公平与民主为核心，与政治经济体制密切相关的新型理想社会结构。它并不只限于形态设计和对最佳人口规模的研究，还附有图解和确切的经济分析。自 20 世纪初以来这一理论对现代城市规划思想起了重要的启蒙作用，也对世界很多国家的城市规划产生很大的影响。可以说，它对现代城市规划学科的建立起到了重要的作用，今天的规划界一般都把霍华德“田园城市”理论的提出作为现代城市规划的开端(见图 2-1)。

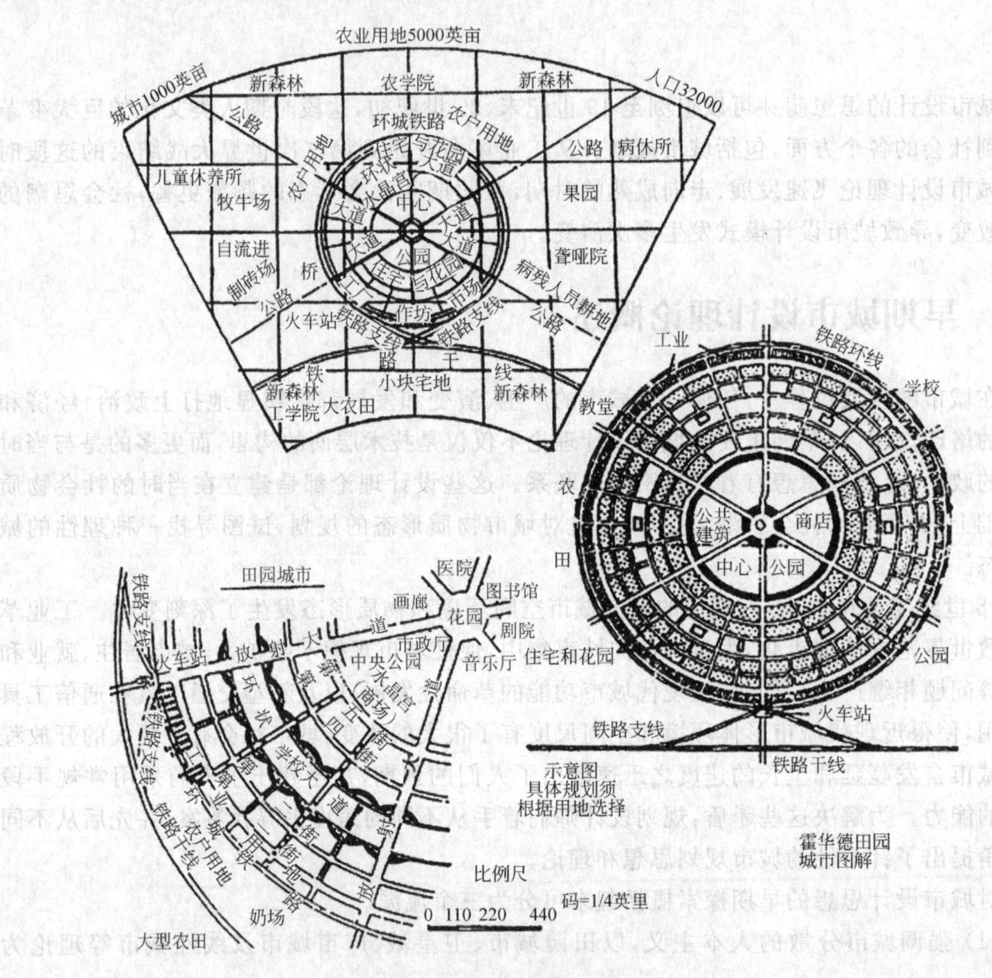

图 2-1 霍华德构思的城市组群

资料来源：童林旭. 地下空间与城市现代化发展[M]. 北京：中国建筑工业出版社，2005

霍华德经过调查，写就了《明天——一条引向真正改革的和平道路》(Tomorrow：a Peaceful Path towards Real Reform)，渴望彻底改良资本主义的城市形式，指出了工业化背景下城市所提供的生产生活环境与人们所希望的环境存在矛盾，大城市与自然环境之间的关系相互疏远。霍华德认为，城市无限制发展与城市土地投机是资本主义城市灾难的根源，他建议限制城市的自发膨胀，并将城市土地归辖于城市的统一机构。该书当时并没有引起社会的重视，1902 年他又以《明日的田园城市》(Garden City of Tomorrow)为名再版后，迅速引起了欧美各国的普遍关注,影响极为广泛。

“田园城市”理论的要点是:①人口规划不超过 3 万人;②永久地保留空旷地带,用于发展农业,并成为城市的组成部分;③城市应有相当的绿地以维持生态平衡;④制定城市规划,合理利用土地并加强管理,如预留社区发展用地,市政府永远拥有城市土地的所有权和管理权,土地可以出租给私人使用等;⑤拥有维持人口就业和生活的能力;⑥安排好社会服务设施。田园城市理论的目的是规划建设一种具有开放的乡村特色、低建筑与低人口密度的组团式的生态花园城市。霍华德提出,为减少城市的烟尘污染,必须以电为动力源。他还设想将若干个田园城市围绕中心城市构成城市组群,并称之为“无贫民窟无烟尘的城市群”。

霍华德于 1899 年组织成立田园城市协会,宣传他的主张。1903 年,他在距伦敦东北 64km 的地方购置土地,建立了第一座田园城市——莱彻沃斯(见图 2-2,图 2-3)。1920 年,他又在距伦敦西北约 36km 的韦林开始建设第二座田园城市。田园城市的建立引起社会的广泛重视,欧洲各地纷纷效仿。

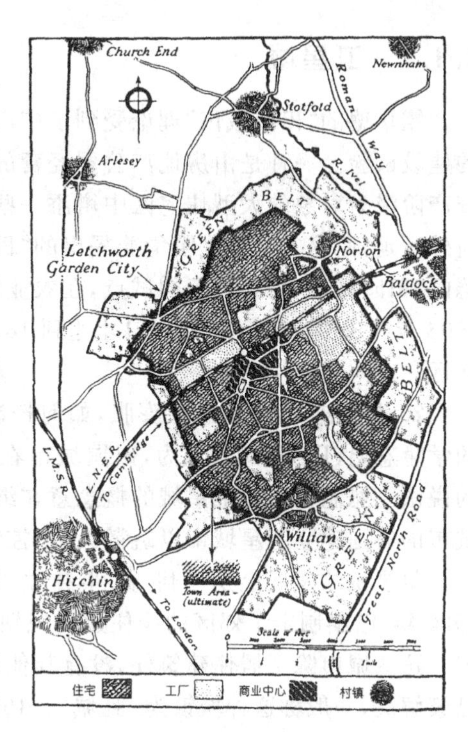

图 2-2　莱彻沃斯平面图

资料来源:洪亮平.城市设计历程[M].北京:中国建筑工业出版社,2002

图 2-3　莱彻沃斯鸟瞰图

资料来源:洪亮平.城市设计历程[M].北京:中国建筑工业出版社,2002

霍华德的规划思想第一次打破了城市和乡村在空间和形态上截然对立的旧观念,他的土地公有、城乡一体、维护生态平衡及合理利用土地等观点直到今天仍具有积极的现实意义,对世界各国的城市规划与设计产生了深远的影响。

2.1.2 卫星城

霍华德的“田园城市”理论受到了广泛的关注，并在英国出现了两种以“田园城市”为名的建设试验。一种是由房地产公司经营的、位于市郊的，只是袭取“田园城市”之名在以中小资产阶级为对象的大型住宅区中增添一些花坛和绿地，显然此试验又将促进大城市无序地向外蔓延，而这本身就是霍华德提出的“田园城市”理论所要解决的问题；另一种是根据霍华德的“田园城市”思想进行的试点，在农业城区建立孤立小镇，自给自足。例如，莱彻沃斯自1903年建成到1917年，其人口才达到18 000人，说明其吸引力较弱，与霍华德的理想相距甚远。

20世纪初，大城市恶性膨胀，如何控制及疏散大城市人口便成为突出的问题。霍华德的学生恩温(R. Unwin)认为，田园城市在形式上犹如行星周围的卫星，因此使用了卫星城的说法。恩温提出的卫星城的概念意在继续推行霍华德的思想，后来进一步发展成为在大城市的外围建立卫星城市以疏散人口、控制大城市规模的理论。

卫星城的发展经历了卧城、半独立卫星城和独立卫星城(新城)等发展阶段。1912—1920年，巴黎制定了郊区的居住建设规划，试图在离巴黎16km的范围内建立28座居住城市。这些城市除了居住建筑外，没有其他生活服务设施，居民的生产工作和文化生活尚需去巴黎解决，一般称这种城镇为“卧城”。1918年，芬兰建筑师伊利尔·沙里宁与荣格受私人开发商的委托，为赫尔辛基新区明克尼米-哈格制定了一个17万人口的扩张方案。虽然该方案缺乏政治经济的背景分析和考虑，远远超出了当时财政经济和政治处理能力，仅使一小部分得以实施，但这类卫星城镇不同于“卧城”，除了居住建筑外，还设有一定数量的工厂、企业和服务设施，使一部分居民就地工作，另一部分居民仍去母城工作。沙里宁的这一方案推动了微型车的进一步发展，这样的城镇因为对母城仍有较大的依赖性而被称为“半独立卫星城”。

不论是“卧城”，还是半独立的卫星城镇，在疏散大城市的人口方面并无显著的效果，所以不少人又进一步探讨大城市的合理发展方式。由于欧洲不少城市在第二次世界大战中受到不同程度的破坏，所以在进行重建规划时，郊区普遍地新建了一些卫星城市，这第三代的卫星城实质上是独立的新城。英国在这方面做了很多工作，1928年阿伯克隆比主持大伦敦规划，提出大城市的人口疏散应该从大城市地区的工业及人口分布的规划着手解决，计划通过在外围建设新的卫星城镇将中心区人口减少60%。这些卫星城镇的独立性较强，城市规模比第一代和第二代卫星城大，并进一步完善了城市公共交通和公共服务设施，而且有一定的工业设施，居民的日常生活及工作基本上可以就地解决。这类卫星城镇也叫做“独立卫星城”或者“新城”。新城的概念更强调其相对独立性，它基本上是一定区域内的中心城市，为其周围的地区服务，并且与中心城市发生相互作用，成为城镇体系中的一个组成部分，对涌入大城市的人口起到一定的截流作用。这样，建立新的卫星城镇的思想便开始与地区的区域规划联系在一起，第一批先建造了哈罗、斯特文内奇等8个卫星城镇，吸收了伦敦市区500多家工厂和40万居民。目前英国已有40多个这样的卫星城镇。

1924年，在阿姆斯特丹召开的国际城市会议提出：建设卫星城是防止城市规模过大和不断蔓延的一个重要方法。从此，卫星城市便成为一个国际上通用的概念。这次会议明确提出了卫星城市的定义：卫星城是一个经济上、社会上和文化上具有现代城市性质的独立城市单位，但同时又是从属于某个大城市的派生产物。

2.1.3　广亩城市

1930 年，美国建筑大师赖特（F. L. Wright）在一次演讲中首先提出他的“广亩城市”思想。1932 年，他在著作《消失的城市》中完整地叙述了广亩城市的设想，主张把城市分化到农村之中。他的口号是让“每一个美国的男人、女人和孩子们有权拥有一英亩土地，让他们在这块土地上生活、居住，并且每个人至少有自己的汽车”❶（见图 2-4）。

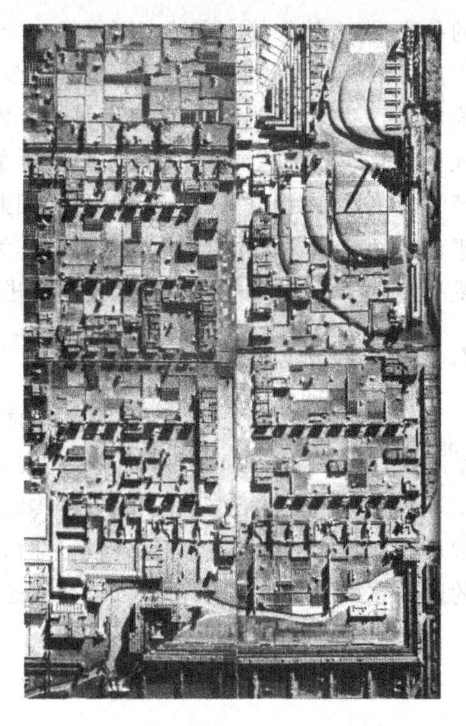

图 2-4　广亩城市模型鸟瞰图

资料来源：洪亮平. 城市设计历程[M]. 北京：中国建筑工业出版社，2002

“广亩城市”思想表达的是一种自给自足的经济模式。赖特对广亩城市这样设想：城市在以英亩为模数单位的面积上发展，1400 户为上限。在这样的分散式的城市中，应利用直升机作为交通工具，同时还应有穿越城区的架空干道以及高速单轨铁路。架空干道的宽度可容纳 10 辆小汽车和 2 辆卡车，干道下面是连续的仓库（见图 2-5）。城市道路为 1mile（1mile＝1609. 344m）见方的网格式布置，其间还有相隔 0. 5mile 的次一级道路和更次一级的街巷。主要道路交叉口都设有车站，路边布置商业、市场和汽车旅馆。中心区基本上是由 1-3acre（1acre＝4046. 856m^2）亩的独院组成，建筑均为住户自己建造的、形式多样的美国风格住宅，城市外层为私人手工业工场、工人住宅、果园和植物园。工业用地布置在城市边缘区。在湖泊、山地等风景优美的地方布置娱乐、休憩、文化、体育、卫生和宗教等设施。供水和动力线都埋设在地下，城市中还配有广播、电视和电信系统。

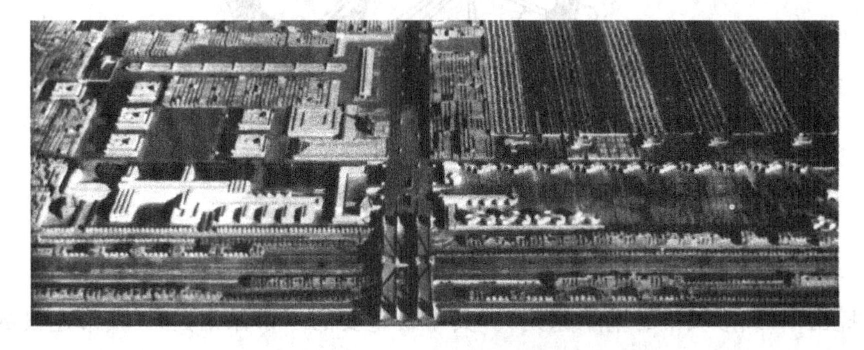

图 2-5　广亩城市：立体交叉的快速路系统

资料来源：洪亮平. 城市设计历程[M]. 北京：中国建筑工业出版社，2002

---

❶　项秉仁. 赖特[M]. 北京：中国建筑工业出版社，1992. 2.

广亩城市将没有劳力过剩，也不会变成消费城市。在这里，人们各尽其能，他们所做的事多数是为自己谋福利。这个城市经济上的独立取决于每个人的劳动和有限的消费❶。

面对大城市的危机，广亩城市没有通过寻求城市规划和设计的方法来解决，而是寄希望于消解城市。如果说霍华德对大城市的评价带有消费的、小资产阶级的性质，具有改良主义的色彩，那么赖特的广亩城市则更像一个农村合作社，完全退回到了一种小农经济的状态。广亩城市没有大型组织和大型企业，也没有城市中心，从本质上说是否定了大城市的经济模式，立足于城市的消亡，主张瓦解城市。实际上，广亩城市比田园城市更加远离实际，虽然进入乡村的城市从居住条件和环境质量上的确得到了改善，但是这种思想忽视了城市发展的经济规律，更忽视了人的社会性要求，因此必然停留在乌托邦的空想层面。"广亩城市"的设想对实际城市规划的影响不大，当然，作为一种抽象的城市规划理念，它对现存城市提出了挑战，对于现代城市规划也有一定的促进作用。

2.1.4 线形城市

19 世纪末铁路交通得到了大规模的发展，铁路线将城市之间、城市内部及周边地区联系起来，改善了城市地区的交通状况，促进了城市的进一步发展。在这样的背景下，西班牙工程师索里亚·玛塔(A. S. Mata)于 1882 年提出了线形城市理论。按照玛塔的想法，传统的从核心向外扩展的城市形态已经过时，它们只会导致城市更加拥挤，卫生更加恶化，在新的运输方式的影响下，城市将依赖交通运输线组成城市的网络(见图 2-6)。

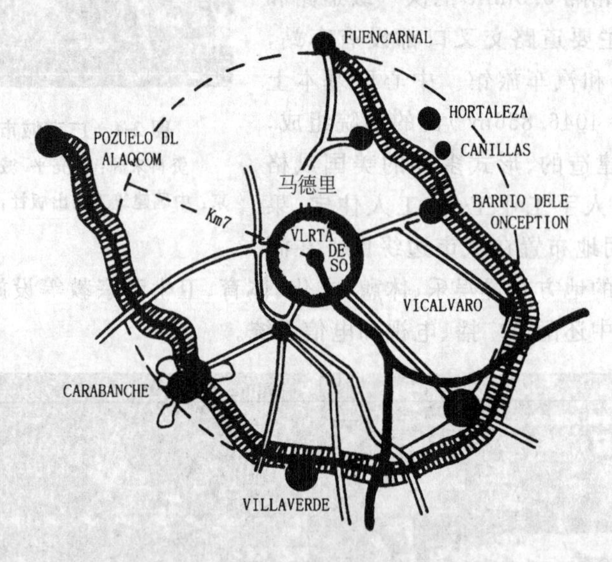

图 2-6 玛塔规划的线形城市方案

资料来源：洪亮平. 城市设计历程[M]. 北京：中国建筑工业出版社，2002

玛塔提出了"线形城市的基本原则"。其中最重要的一条原则是："城市建设的一切其他问题，均以城市运输问题为前提。"最符合这条原则的城市结构就是使城市中的人从一个

❶ 项秉仁. 赖特[M]. 北京：中国建筑工业出版社，1992.2.

地点到其他任何地点在路程上耗费的时间最少，既然铁路是最安全、高效和经济的交通工具，城市理所当然是沿着铁路线形分布。

线形城市就是沿交通运输线布置的长条形的建筑地带，“只有一条宽 500m 的街区，要多长就有多长——这就是未来的城市”。城市不再是分散的点，而是由一条铁路和道路干道相串联的、连绵不断的城市带，这个城市甚至可以贯穿整个地球，城市中的居民既可以享受城市型的设施，又不脱离自然(见图 2-7)。

线形城市理论在当时是一种全新的城市组织模式，其最独特的贡献在于实现了城市的功能分区和适度分离，以最先进的交通方式加强城市各部分之间的联系，并且为城市的继续发展提供了广阔的空间(见图 2-8)。

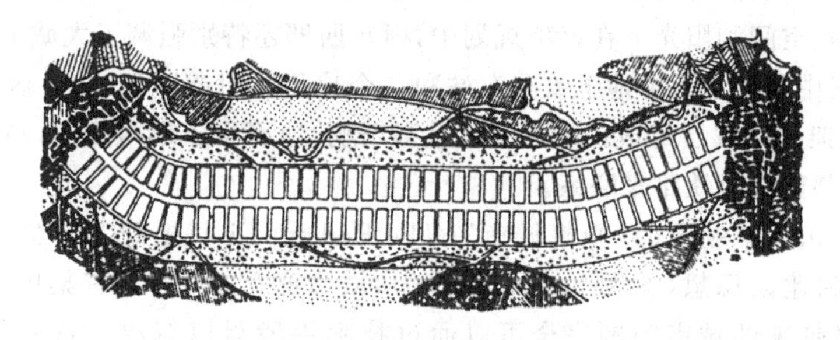

图 2-7 线形城市平面图

资料来源：洪亮平. 城市设计历程[M]. 北京：中国建筑工业出版社，2002

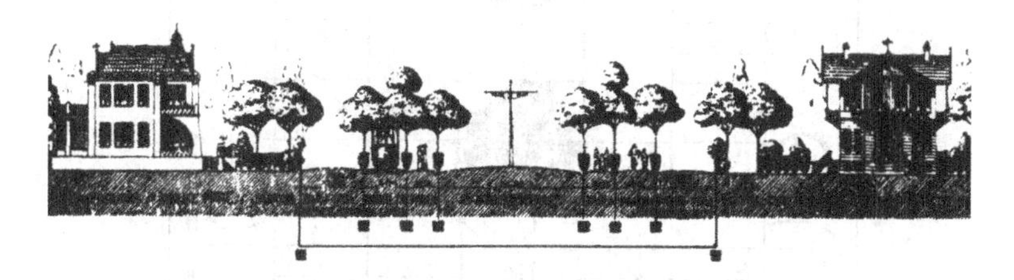

图 2-8 线形城市主街横断面

资料来源：洪亮平. 城市设计历程[M]. 北京：中国建筑工业出版社，2002

2.1.5 光辉城市

法国建筑师柯布西耶在关于现代城市发展的基本走向上与霍华德的“田园城市”设想完全不同。霍华德希望通过新建城市来解决大城市中所出现的问题，柯布西耶则反对分散或消解城市，而是希望通过对现存城市尤其是大城市本身内部的改造，使这些城市能够重新适应发展的需要。这是两种截然相反的思路。从根本上来说，柯布西耶的一切设想都立足于对大城市的积极拥护，他认为自己的主张其实是把乡村搬进城市，而霍华德则是把城市搬进乡村。柯布西耶写于 1922—1925 年的《城市化》一书直接反对霍华德的观点，他说“从社会方面看，田园城市是某种麻醉剂：它软化集体智慧、主动性、机动性和意志力；它把全人类的能量喷成最不定型的细沙粒……”，“若你想缩小人民的视野，就让我们从事田园主义化吧！若是相反，就努力扩大他们的眼界并赋予他们以力量随时代前进，那我们就着手规划，着手集中吧”。尽管他也承认大城市的发展危机，但是对大城市的发展和技术的进步充满激情，是大城市的忠实捍卫者。他认为城市中心的集聚是不可避免的，而且对于各种事业来说聚合是必要的。而且,他认为城市的拥挤问题可以通过提高密度来解决,并积极主张通过技术的改造帮助大城市寻找出路。

1922年柯布西耶出版了《明天的城市》(The City of Tomorrow)一书,阐述了他从功能和理性主义角度出发对现代城市的基本认识,以及从现代建筑运动的思潮中引发的关于现代城市规划的基本构思。

该构思认为,城市的中央为中心区,除了必要的各种机关、商业和公共设施以及文化和生活服务设施外,还有将近40万人居住在24栋60层高的摩天大楼中,高楼周围有大片的绿地,建筑仅占用地的5%;再外围是环形居住带,有60万居民住在多层连续的板式住宅内;最外围是200万居民的花园住宅。该规划的中心思想是提高市中心的密度,改善交通,提供充足的绿地、空间和阳光。在该项规划中,柯布西耶还特别强调了大城市交通运输的重要性。他在方案中规划了一个地下铁路车站和一个出租飞机起降场;中心区的交通干道由地下、地面和高架道路三层组成:地下用于重型车辆,地面用于市内交通,高架道路用于快速交通;市区和郊区通过铁路来联系。

柯布西耶1931年制定的"光辉城市"(The Radiant City)规划方案集中体现了他的现代城市规划和建设思想(见图2-9)。他认为,城市必须集中,只有集中的城市才有生命力,由于拥挤带来的城市问题完全可以通过技术手段得以解决。这些技术包括以下几点。

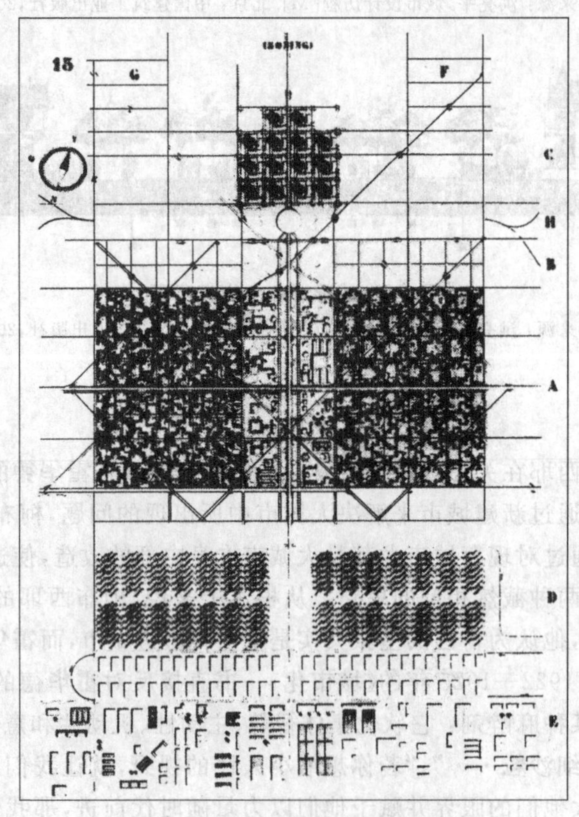

图2-9 光辉城市规划总平面

资料来源:洪亮平.城市设计历程[M].北京:中国建筑工业出版社,2002

1）采用大量的高层建筑来提高密度

高层建筑是柯布西耶心目中象征工业社会的图腾，是“人口集中，避免用地日益紧张，提高城市内部效率的一种极好的手段”。高层建筑的形式能够腾出许多空间用作绿化，使居住环境得以改善，而且摩天大楼的形象能够很好地反映时代精神。

2）新型、高效的城市交通系统

这种系统由地铁和人车完全分离的高架道路结合起来，建筑物的底层全部架空，地面层由行人支配，屋顶设花园，地下通地铁，距地面 5m 高处设汽车运输干道和停车场（见图 2-10，图 2-11）。

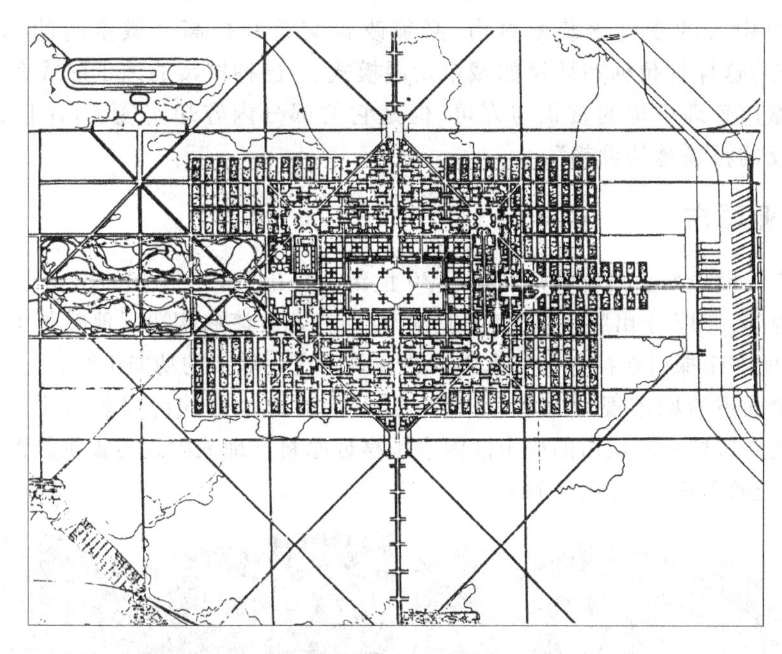

图 2-10　伏瓦生规划（Plan Vosin for Paris，1925 年）

资料来源：洪亮平．城市设计历程[M]．北京：中国建筑工业出版社，2002

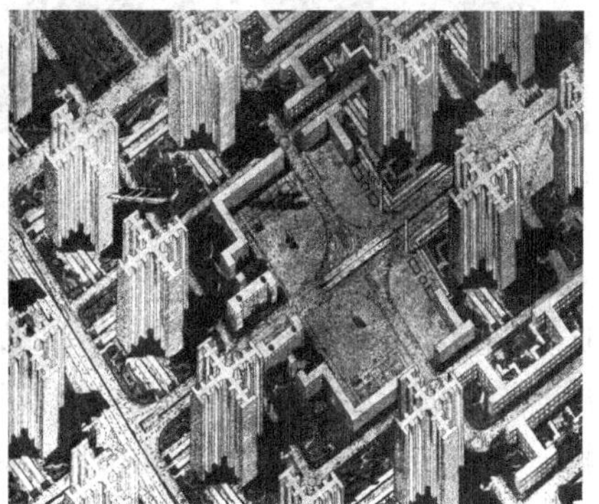

图 2-11　伏瓦生规划模型鸟瞰图

柯布西耶的上述设想充分体现了他对现代城市规划的一些基本问题的探讨。通过这些探讨，理性功能主义的城市思想逐步形成，并集中体现在由他主持撰写的《雅典宪章》（1933 年）之中。他指出，城市规划的目的是解决居住、工作、游憩与交通四大活动的正常进行，这体现了理性功能主义的城市规划思想，深刻地影响了第二次世界大战后世界的城市规划和建设活动。

霍华德与柯布西耶提供了两种截然不同的规划思维模式。霍华德希望通过分散的手段来解决城市的空间与效率问题，显然，柯布西耶则希望通过对过去城市尤其是大城市本身的内部改造，使城市能够适应社会发展的需要。他认为，只有集中的城市才有生命力，由于拥挤带来的城市问题，完全可以通过采用大量的高层建筑来提高密度，建立高效率的城市交通系统等技术手段得到解决。他的目标是：在机器社会里，应该根据自然资源和土地情况重新进行规划和建设，其中要考虑到阳光、空间和绿色植被等问题，“必须通过提高城市中心的密度来疏解城市，必须改善交通并提高开敞空间的总量”。霍尔(Hall，2001 年)这样评价柯布西耶的城市发展模式：“这种城市的纯正形式在现实中始终得不到任何城市管理机构的赏识与许可，但是它的部分内容却实现了，并且其深远影响堪比与之相反的霍华德的设想”。

2.1.6 工业城市

工业城市的设想是法国建筑师戈涅于 20 世纪初提出的，并于 1904 年在巴黎展出这一方案的详细内容，1917 年出版了名为《工业城市》的专著。该书阐述了他关于工业城市的具体设想，其目的在于探讨在社会和技术进步的背景下现代城市的功能组织。

这是一个假想的城市规划方案，城市位于山岭起伏地带的河岸斜坡上，人口规模为 35 000 人，“建立这样一座城市的决定性因素是靠近原料产地或附近有提供能源的某种自然力量，或便于交通运输。”(见图 2-12)

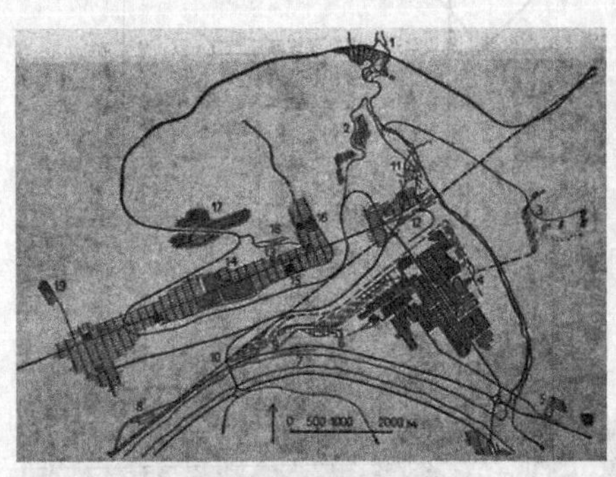

“工业城市” 方案

“工业城市”景观—— 高炉 (1901—1904年)

图 2-12 戈涅的工业城市

在这个城市中，戈涅布置了一系列的工业部门，其中包括铁矿、炼钢厂、机械厂、造船厂和汽车厂等，在大坝上设发电站。这些工厂被安排在河口附近，下游是主干河道，便于进行水上运输。城市中的其他用地布置在日照条件良好的高地上，沿着一条通往工业区的道路展开。

戈涅的工业城市方案摆脱了传统城市规划尤其是学院派城市规划方案的束缚，不再追求气魄、大量运用对称和轴线放射的手法。在城市空间的组织中，他更注重各类设施本身的要求和与外界的相互关系，例如，高炉尽可能远离居住区，而让纺织厂靠近居住区。这使各类用地按照功能划分得非常明确，使它们各得其所。“这些基本要素(工厂、城镇和医院)都相互分隔以便于各自的扩建”，这是工业城市设想的一个基本的思路。这一思想直接孕育了《雅典宪章》所提出的功能分区的原则，对于解决当时城市中工业、居住混杂而带来的种种弊端具有积极意义。

2.1.7　有机疏散

针对大城市过分膨胀所带来的各种“弊病”，伊利尔·沙里宁认为，卫星城确实对治理大城市问题有一定的作用，但并不一定需要另建新城，还可以通过城市发展及其布局的重构、进行有机疏散来达到同样的目的。他在《城市——它的成长、衰败与未来》(The City: Its Growth, Its Decay, Its Future)一书中提出了对城市发展及其布局结构进行调整的有机疏散的思想。有机疏散的思想，并不是一个具体的或技术性的指导方案，而是对城市发展的哲理性思考，是在吸取了大量理论和实践经验的基础上，对欧洲和美国的一些城市发展中的问题进行调查研究与思考后得出的结论。

沙里宁认为，一些大城市一边向周围迅速地扩展，同时其内部又会出现他称之为“瘤”的贫民窟，而且贫民窟也不断蔓延。这说明城市是一个不断成长和变化的机体。城市建设是一个长期的缓慢的过程，城市规划是动态的。城市与自然界的其他生物一样，都是有机的集合体，“有机秩序的原则是大自然的基本规律，所以，这条原则也应当作为人类建筑的基本原则”。他用对生物和人体的认识来研究城市，认为城市由许多“细胞”组成，细胞间有一定的间隙，有机体通过不断地细胞繁殖而逐步生长，它的每一个细胞都向邻近的空间扩展，这种空间是预先留出来供细胞繁殖之用，这种空间使有机体的生长具有灵活性，同时又能保护有机体(见图 2-13)。他认为对待城市的各种“病”要像对待人体的各种病一样，有些病靠吃药、动点小手术是不行的，要动大手术，就是要从改变城市的结构和形态做起。

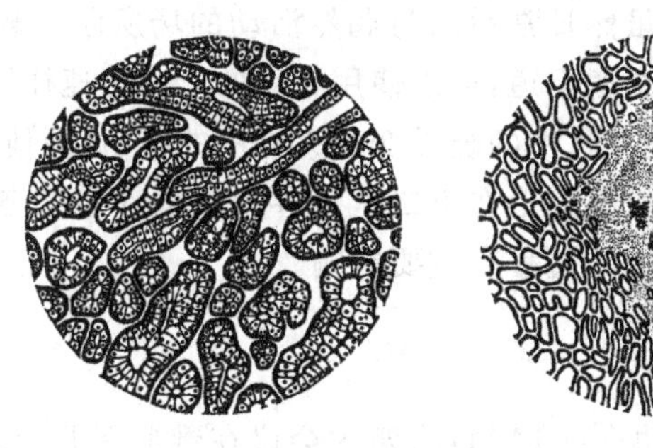

图 2-13　细胞组织的“有机秩序”：健康的与衰亡的

在这种思想的指导下，他全面考察了中世纪的欧洲城市和工业革命后的城市建设状况，分析了“有机城市”的形成条件和在中世纪的表现及其形态，揭示了现代城市出现衰败的原因，从而提出了城市全面改建的对策(见图 2-14)。

他将城市交通要道视为动脉和静脉，将街区内的道路视为毛细血管，并认为街道交通拥挤对城市的影响与血液不畅对人体的影响一样，动脉和静脉等组成输送大量物质的主要线路，毛细血管则起着局部的输送作用。输送的原则是简单明了的，输送物直接送达目的地，并不通过与它无关的其他器官，而且流通渠道的尺度是根据运量的多少而确定。按照这种原则，他认为应该把联系城市主要部分的快车道设在带状绿地系统中，也就是说把高速交通集中在单独的干线上，使其避免穿越和干扰住宅区等需要安静的场所。

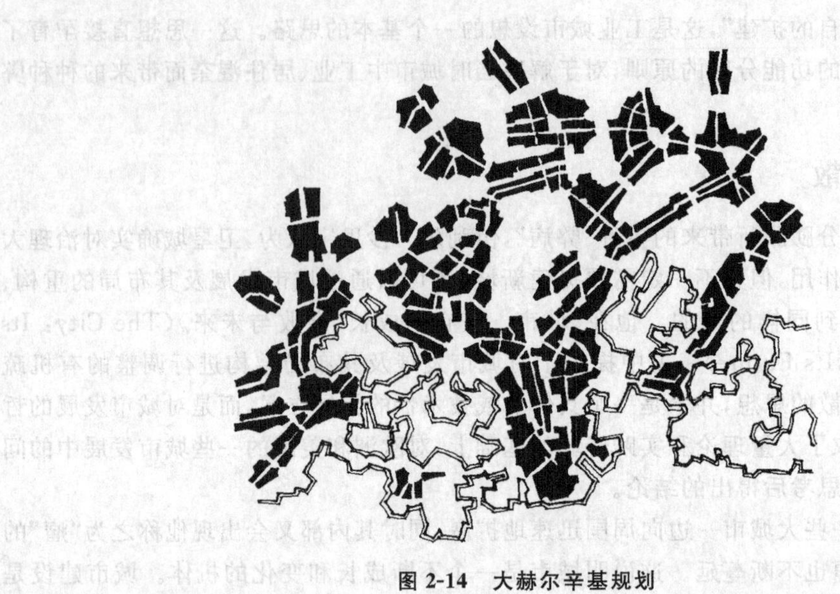

图 2-14 大赫尔辛基规划

沙里宁认为个人的日常生活应以步行为主,并应充分发挥现代交通手段的作用,还认为并不是现代交通工具使城市陷于瘫痪,而是城市的机能组织不善,迫使在城市工作的人每天耗费大量时间和精力作往返旅行,造成城市交通拥挤堵塞。

有机疏散的两个基本原则是:第一,把个人日常生活和工作即沙里宁称为"日常活动"的区域,作集中的布置;第二,不经常的"偶然活动"的场所,不必拘泥于一定的位置,可作分散的布置。日常活动尽可能集中在一定的范围内,使活动需要的交通量减到最低程度,并且不必都使用机械化的交通工具。虽然日常活动与偶然活动的场所距离较远,但因为在日常活动范围外缘绿地中设有通畅的交通干道,可以使用较高的车速迅速往返。

沙里宁认为,以往的城市是把有秩序的疏散变成无秩序的集中,而他的思想可以把无秩序的集中变为有秩序的疏散。有机疏散论在第二次世界大战后对欧美各国的新城建设、旧城改建以及大城市向城郊疏散扩展的过程有重要影响。

2.1.8 雅典宪章

1933 年 8 月,国际现代建筑协会(CIAM)第四次会议在雅典召开,会议的主题是"功能城市"。会上通过了由柯布西耶亲自起草的《城市规划大纲》,后来被称作《雅典宪章》。《雅典宪章》依据理性主义的思想方法,对当时城市发展中普遍存在的问题进行了全面分析,其核心是提出功能主义的城市规划思想[1],指出城市规划的目的是解决居住、工作、游憩与交通四大活动的正常进行,集中地反映了"现代建筑学派"尤其是柯布西耶的观点,是一部现代城市规划的纲领性文件。

《雅典宪章》指出,城市的种种矛盾是由大工业生产方式的变化和土地私有引起的,城市应按全民意志进行规划,要将城市与其周围影响地区作为一个整体来研究,每个城市都应该有一个城市设计方案,并与区域计划、国家计划整个地配合起来。这一宪章中还创造性地提

[1] 张京祥.西方城市规划思想史纲[M].南京:东南大学出版社,2005.

出城市功能分区的思想，针对当时大多数城市无计划、无秩序发展出现的问题，尤其是工业和居住混杂导致的卫生、交通和居往环境问题，提出了居住、工作、交通和游憩四大功能分区。

居住是城市的第一个活动，居住的主要问题是城市中心区人口密度太大、生活环境质量差、缺乏开敞空间和绿化、公共服务设施欠缺、住宅配型不合理、房屋沿街建造容易遭受灰尘噪声和臭味的侵扰及日照不良等。因此，《雅典宪章》建议住宅区应该采用最好的地段，规定城市不同地段使用不同人口密度的改进方法，把住宅区设计成安全、舒适、方便、宁静的邻里单位。

工作的主要问题是工作地点未能按照各自的功能在城市中作适当的配置；工作地点与居住地点距离过远；在上下班时间，车辆过分拥挤等。因此，《雅典宪章》建议在确定工业地带时，须考虑到各种不同工业彼此间的关系，以及它们与其他不同功能地区间的关系。

游憩的主要问题是缺乏空地面积及位置不适中。因而《雅典宪章》建议新建住宅区应预留出空地作为建造公园、运动场及儿童游戏场之用；在人口稠密的地区，清除破败的建筑物改作游憩用地；应利用城市附近自然风景优美的河流、海滩、森林和湖泊等作为广大群众假日游憩之用。

交通的问题在于传统的街道系统不能适应现代交通工具和交通量的需要，需要修改；街道狭窄、交叉口过多和交通拥挤导致车祸频发；街道大多未能按照不同的功能加以区分；铁路线成为城市发展的阻碍等。《雅典宪章》建议设计新的街道系统，各种街道应根据不同的功能分成交通要道、住宅区街道、商业区街道和工业区街道等，并根据交通统计资料确定道路宽度；街道上的行车速率，须根据其街道的特殊功用以及该街道上行驶车辆的种类而决定；各种建筑物，尤其是住宅建筑应以绿带与行车干路隔离。

《雅典宪章》对传统城市设计思想和方法进行了重大的改革，其中的一些理论建立在适应生产及科学技术发展给城市带来变化的基础之上，敢于向传统的理论和陈旧的观念提出挑战[1]。它打破了过去城市规划追求图面效果和空间气氛的惯例，忽视城市主要构成要素的局限，从城市中人的活动和土地使用功能出发，对城市规划所涉及的内容进行了合理有益的探索[2]，从而引导城市规划向重视经济、社会、立法和科学的方向发展。该宪章对解决当时城市中的矛盾起到了重要作用，其中的一些基本理论、观点和建议对当代的城市规划与城市设计还有着深远的影响。

2.2　马丘比丘宪章

1977 年 12 月，国际建筑协会在秘鲁首都利马的马丘比丘山召开国际学术会议，讨论城市问题。会议以《雅典宪章》为出发点，总结了 1933 年以来尤其是第二次世界大战后的城市发展及城市规划思想、理论和方法的演变，深刻洞悉城市发展中存在的问题，并提出对策，发

---

[1] 吴志强，李德华. 城市规划原理(第四版)[M]. 北京：中国建筑工业出版社，2010.

[2] 仇保兴. 19 世纪以来西方城市规划理论演变的六次转折[J]. 规划师，2003，19：5～10.

表了《马丘比丘宪章》，树立了城市规划的第二座里程碑❶。

该宪章指出，城市发展面临着新的挑战，人们对城市规划也提出了新的要求，《雅典宪章》中的一些指导思想已不能适应当前形势的发展变化，因此需要进行修正和补充。围绕着《雅典宪章》所包含的概念，《马丘比丘宪章》依次阐述了城市与区域、城市增长、分区概念、住房问题、城市运输、城市土地使用、自然资源与环境污染、文物和历史遗产的保存和保护、工业技术、设计与实施以及城市与建筑设计共11方面的主张❷。

在城市与区域方面，《马丘比丘宪章》首先肯定了《雅典宪章》的相关原则，并根据席卷世界的城市化过程中反映出的城市与其周围区域之间基本的动态的统一性，认为规划过程应包括经济计划、城市规划、城市设计和建筑设计；同时，提出"区域与城市规划是个动态过程"的观念，这一动态过程，不仅要包括规划的制定，也要包括规划的实施，这一过程应当能适应城市这个有机体的物质和文化的不断变化；并在城市与建筑设计方面提出独特的意见：近代建筑的主要问题已不再是纯体积的视觉表演，而是创造人们能生活的空间，要强调的已不再是外壳而是内容，不再是孤立的建立，不是看它有多美、多讲究，而是注重城市组织结构的连续性，应当将那些失掉了相互依赖性和相互联系性，并已失去其活力和含义的组成部分重新统一起来。

关于分区概念，《马丘比丘宪章》对《雅典宪章》中"没有考虑城市居民的人与人之间关系，结果使城市患了贫血症，在那些城市里建筑物成了孤立的单元，否认了人类的活动需要流动的、连续的空间这一事实"予以批评，并提出"不应当把城市当作一系列的组成部分拼在一起来考虑，而必须努力去创造一个综合的、多功能的环境。"

在住房问题上，《马丘比丘宪章》指出："与《雅典宪章》相反，我们深信人的相互作用与交往是城市存在的基本根据。城市规划与住房设计必须反映这一现实。"

关于城市运输，《马丘比丘宪章》修改了《雅典宪章》把私人汽车看作现代交通主要因素的观点，进而提出"公共交通是城市发展规划和城市增长的基本要素"，"将来城区交通的政策显然应当是使私人汽车从属于公共运输系统的发展"。

《马丘比丘宪章》还提出了公众参与规划的问题，指出城市规划必须建立在各专业设计人员、城市居民以及公众和政治领导人之间不断的互相协作配合的基础上，在规划的过程中要让广大的市民尤其是受到规划影响的市民参加规划的编制和讨论，规划部门要听取各种意见并且要将这些意见尽可能地反映在规划决策之中，成为规划行动的组成部分。

2.3 城市设计三种理论研究方法

2.3.1 图底关系理论

"图底分析"是现代城市设计中处理错综复杂的城市空间结构的基本方法之一，最早由罗杰·特兰西克在《寻找失落空间》(Finding Lost Space)(1986年)一书中提出❸。埃维加·鲁宾发现，一个视知觉通常可以分为两个部分，即图形和背景。图形通常成为注意的中心，看起

❶ 仇保兴. 19世纪以来西方城市规划理论演变的六次转折[J]. 规划师，2003，19：5～10.

❷ 王育. 重读《马丘比丘宪章》[J]. 北京城市学院学报，2010，3：5～10.

❸ 黄亚平. 城市空间理论与空间分析[M]. 南京：东南大学出版社. 2002.

来被一个轮廓包围着，具有物体的特性，并被看成一个整体；其余部分则为背景，缺乏细部，往往处于注意的边缘，背景不表现为一个物体（见图 2-15～图 2-17）。

图 2-15　巴黎图底关系分析

资料来源：王建国．现代城市设计理论和方法[M]．南京：东南大学出版社，2001

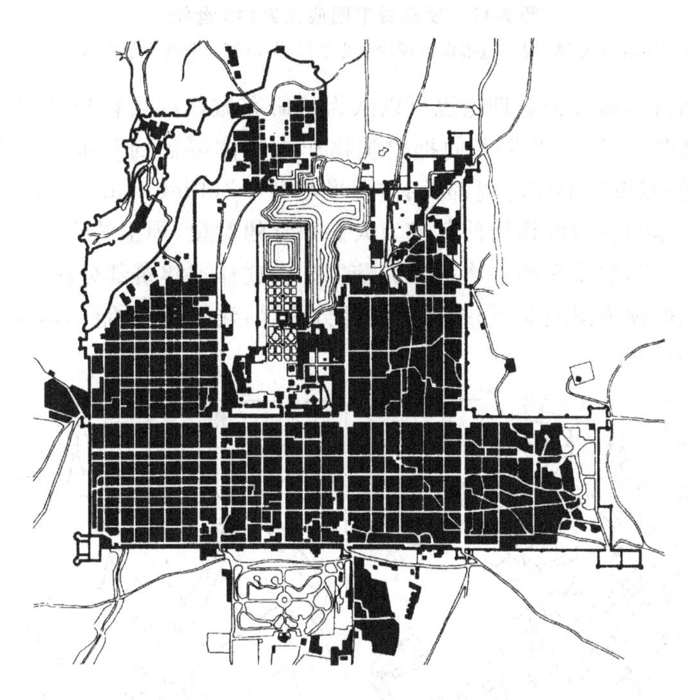

图 2-16　齐普尔城图底关系

资料来源：王建国．现代城市设计理论和方法[M]．南京：东南大学出版社，2001.1

在知觉场中，图形倾向于轮廓更加分明、更加完整和更好的定位，具有积极、扩展、企图控制和统治整体的强烈倾向，而背景则因缺少组织和结构而显得不那么确定，表现得消极、被动，处于从属和被支配地位。

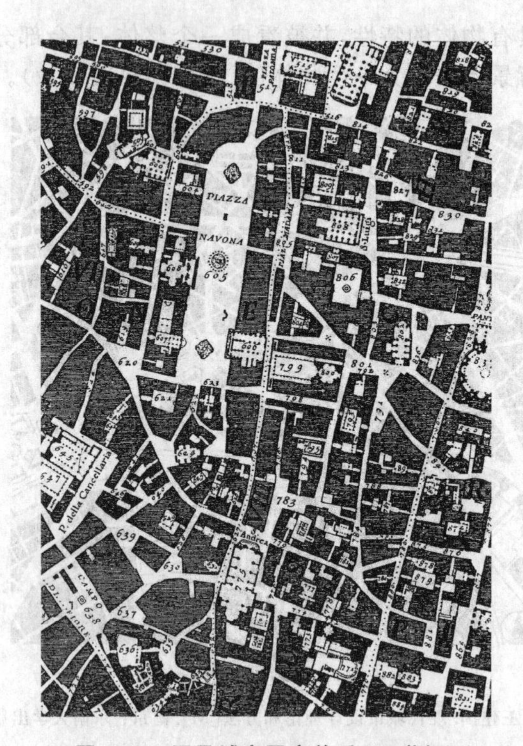

图 2-17　罗马城市图底关系(18 世纪)

资料来源：王建国.现代城市设计理论和方法[M].南京：东南大学出版社,2001.1

就城市规划而言,图底关系理论也可以认为是研究城市的虚体空间与实体空间之间存在规律的理论(见图 2-18)。如果我们把建筑物作为实体覆盖到开敞的城市空间中加以研究,可以发现,任何城市的形体环境都具有“图形与背景”(Figure and Ground)的关系,在城市环境中,建筑形体的主导性作用使其成为人们知觉的对象,周围的空间则被忽视。成为对象的建筑被称为“图”,被模糊的事物被称为“底”。像这样把建筑部分涂黑,把虚空间部分留白,而形成的图就被称为图底关系;把虚空间部分涂黑,建筑部分留白,形成的图被称为图底关系反转(见图 2-19)。

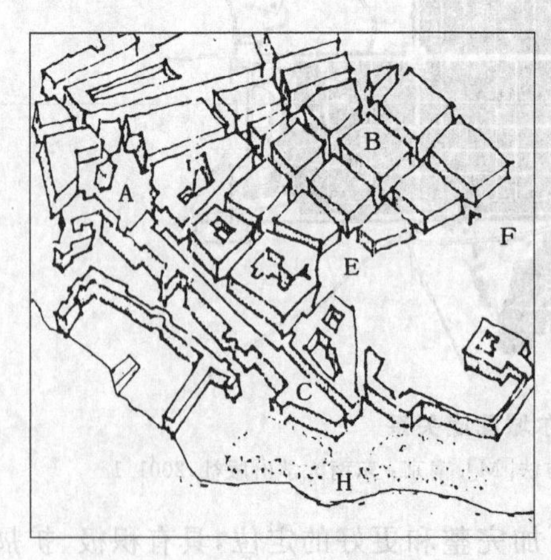

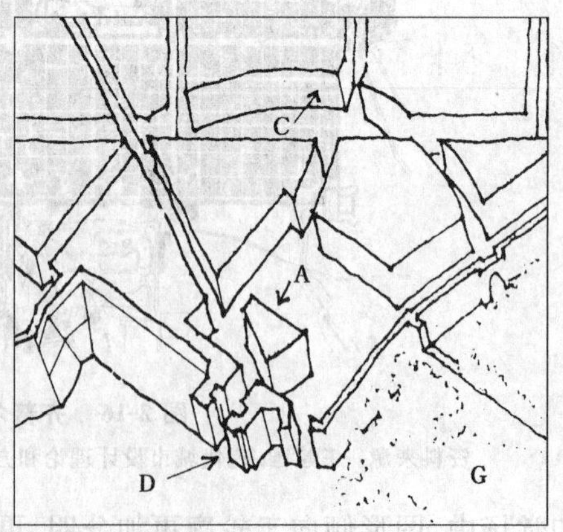

图 2-18　城市实体与空间的关系

资料来源：王建国.现代城市设计理论和方法[M].南京：东南大学出版社,2001.1

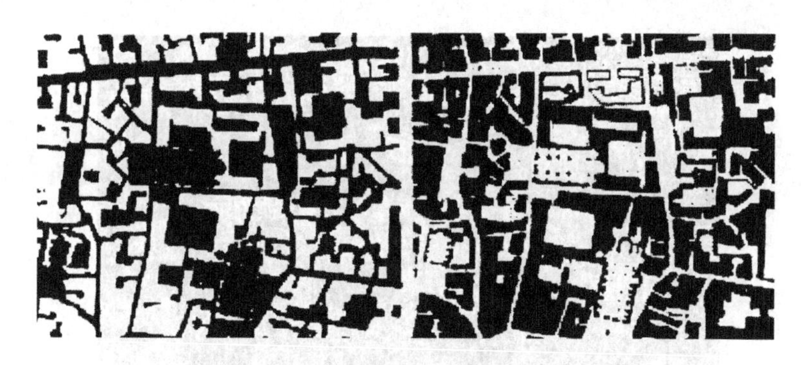

图 2-19　城市空间的图底关系反转

资料来源：段汉明. 城市设计概论[M]. 北京：科学出版社，2006

借助图底关系分析方法，可以发现城市或城市局部地段的结构组织及其肌理特征，明确空间界定的范围，不同等级空间的组织效果等(见图 2-20)。在城市空间设计过程中，通过对城市物质空间结构组织的分析，明确城市形态的空间结构和空间等级，并通过比较不同时段内城市图底关系的变化，分析出传统与现代城市的对比以及城市建设的动向(见图 2-21，图 2-22)。

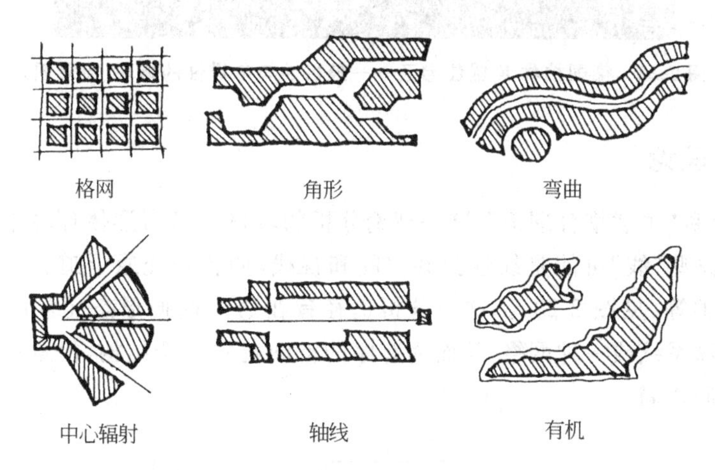

图 2-20　城市空间"图底"组合方式

资料来源：王建国. 现代城市设计理论和方法[M]. 南京：东南大学出版社，2001.1

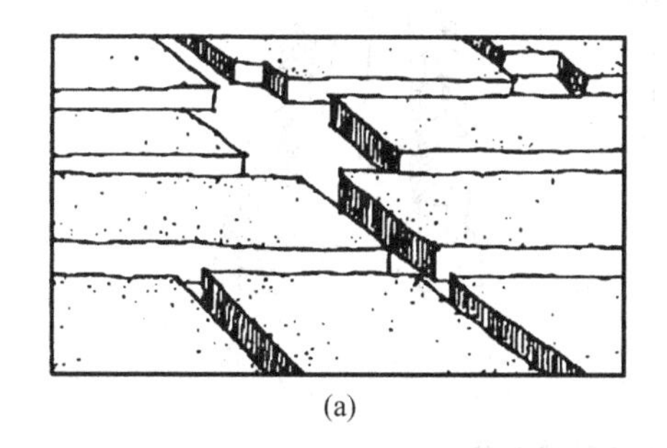

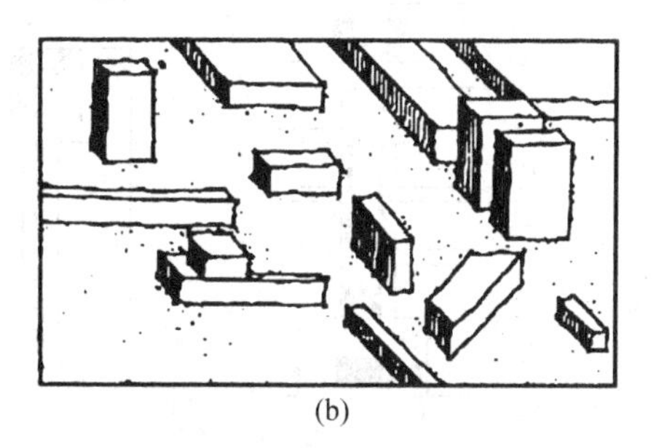

图 2-21　传统城市与现代城市空间形态比较

(a) 传统城市；(b) 现代城市

资料来源：王建国. 现代城市设计理论和方法[M]. 南京：东南大学出版社，2001.1

图 2-22 德国柏林 K 城住宅区——随机性与多样性的体现(见彩图)

2.3.2 联系理论

联系理论又称“关联耦合理论”，这一理论分析的客体是城市形体环境中各构成元素之间联系的“线”，这些“线”可能是线性公共空间和视线，如各种交通干道、人行通道、序列空间、视廊和景观轴等(见图 2-23)。这一分析途径旨在通过挖掘形态元素的组合规律及动因，组织一种关联系统或一种网络，从而为有序的空间建立一个结构，但重点是循环流线的图式，而不是空间格局。

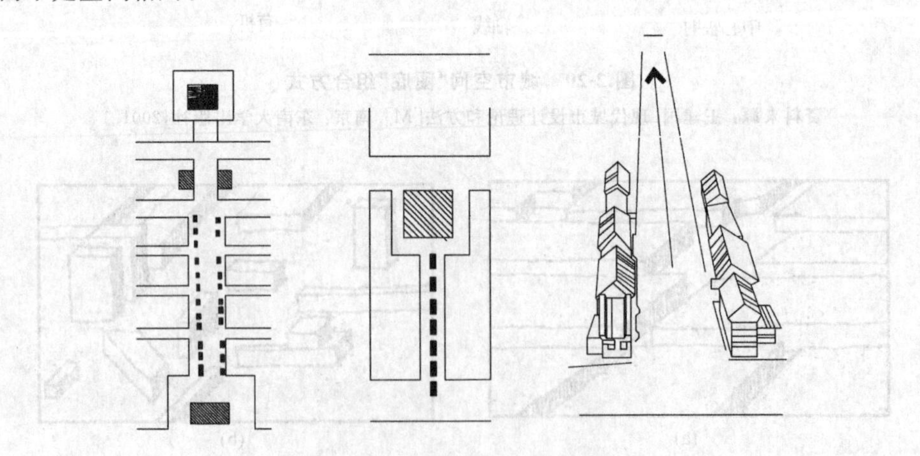

图 2-23 几种道路轴线分析

资料来源：王建国. 现代城市设计理论和方法[M]. 南京：东南大学出版社，2001. 1

关联耦合秩序的建立可分为两个层次，即物质层面和内在动因。在物质层面上，关联耦合表现为用“线”将客体要素加以组织和联系，从而使彼此孤立的要素之间产生关联，并共同形成一个“关联域”；由于“线”的连接与沟通作用，关联域也就使原来彼此不相干的元素形成一种相对稳定的有序结构，从而建立了空间秩序，如城市空间中各种轴线的运用(见图 2-24)。从内在动因看，通常不仅仅是联系线本身，更重要的是线上的各种“流”，包括人流、物质流、交通流、能源流和信息流等在内的组织作用，将空间要素联系成为一个整体。

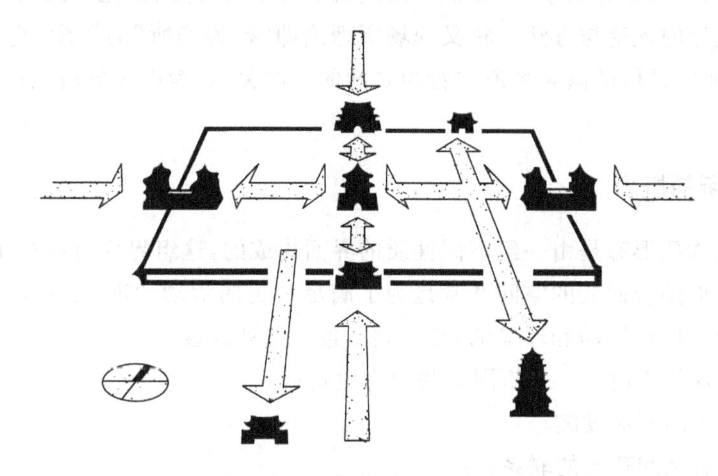

图 2-24　西安古城景观轴分析

资料来源：王建国. 现代城市设计理论和方法[M]. 南京：东南大学出版社，2001. 1

联系理论为建立城市空间秩序提供了一条主导性思路，它将“关系”、“关联”的重要性置于城市空间构成的首要地位，不仅为理解城市空间结构组织提供了理论框架与分析原则，同时也为在此基础上恢复、挖掘和创造和谐、统一的空间，并为达到新结构与原有结构、内部结构及外部结构的有机统一提供了思路(见图 2-25)。

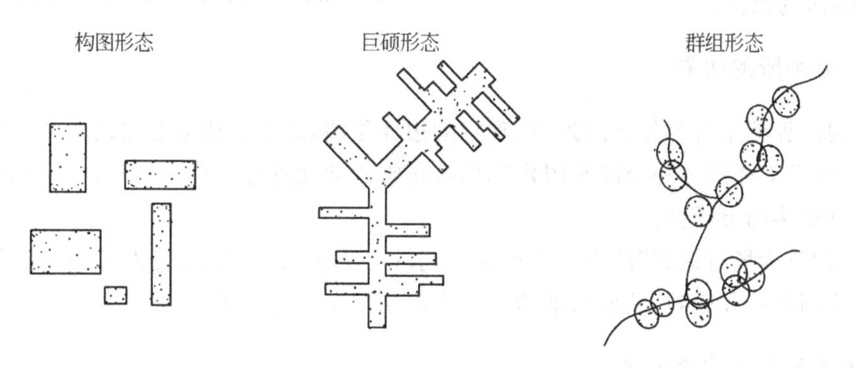

图 2-25　三种关系耦合形态

资料来源：王建国. 现代城市设计理论和方法[M]. 南京：东南大学出版社，2001. 1

2.3.3　场所理论

行为科学在环境设计中取得的重要进展之一是巴克等人建立的行为场所的概念。与传统实验心理学的方法不同，巴克等人用现场追踪观察的方法来研究人的外显行为，并且将人的行为模式与物质场所联系起来作为整体来研究，为进一步突破“环境决定论”作出了贡献。

所谓“场所”，是指包含了物质因素和人文因素的生活环境，是建筑环境的另一种表达方式，代表了第二次世界大战以来追求以人为中心的建筑主流。只有当物质的实体和空间表达了特定的文化、历史和人的活动并使之充满活力时，才能称之为场所。

场所理论可以分为广义的和狭义的两个层次。广义的场所理论是以建筑及城市设计的专业人员为主体，借助于旁系学科，分析不同建筑场所中的历史、文化和人的活动等因素，探求城市与建筑设计的理论与方法。狭义的场所理论即“行为场所”的概念，它是以心理学及行为学为主体，研究具体的微观场所与行为之间的对应关系，为广义场所理论提供科学的理论基础。

1. 行为场所的概念

建筑环境的物质形态是由一组不同性质的界面构成的，这组界面可以是单一的，也可以是复合的。由界面围合而成的空间通常是为了满足一定的活动功能，是包含了行为流线的活动系统。行为场所是活动和环境的稳定结合，包含下列因素：

(1) 重复出现的活动——一组固定的行为模式；

(2) 一个特定的环境设施；

(3) 上述两者之间适当的联系。

一般来说，相同的物质场所在不同的时间发生不同的行为，将成为数个行为场所。一个固定的行为模式可能包括许多同时发生的行为：

(1) 明显的感情行为；

(2) 解决实际问题的行为；

(3) 人与人之间的相互作用；

(4) 物体的操作。

2. 行为场所的边界

场所的边界就是行为停止的地方，理想的边界是墙，阻止了相互通过的行为。在一些建筑空间中，常常需要以各种分隔来限定和保障正常的活动进行。行为场所的划分，应该比行为本身具有更多的灵活性。

巴克用“行为场所调查”的方法来区别不同的行为场所，其目的是为了理解一组行为之间的相互作用和外部联系，从而采取恰当的手段来限定和划分场所的边界。

3. 活动系统与调查技术

环境中不同层次的行为场所相互联系，形成了满足各种活动的系统。活动系统反映了在各种限制条件下(通常包括收入、文化和竞争等)人们的动机、价值观和习惯。建筑设计的基础工作之一，就是要了解和分析现存的和潜在的各种活动。活动系统的调查技术一般有时间表法、调查法以及起始研究法等。这些调查技术的使用范围可以从单幢的建筑到整个城市。

时间表法主要用来记录一个人或团体在一定时间(一天、两天等)、特定的场合内所发生的周期性的活动，从而得出一组行为场所。

调查法是用简单的观察方法来描述特定时间内人们的所有活动。巴克曾研究了一个男孩在一天内的全部行为，从而证实了在一些地方总是存在着持续不变的行为模式。

时间表法和调查法一般需要投入较多的时间和人力。所以，在实际工作中往往采取一些相对简单的方法，比如通过对行为起始的研究，得到行为模式的开始和结束情况。

4. 行为场所对个体行为的影响

不同结构和模式的环境满足不同人的行为，这具体取决于人的素质、竞争意识和参与某种行为的花费和收益。公共行为场所作为一个整体，比单独的行为环境具有更大的强制性。人们也常常调整环境使之更适应人的行为模式。当一种物质环境无法调整时，则会进行重新建设。

5. 场所的适宜性和灵活性

场所的适宜性取决于环境与行为结合的紧密程度，同时要考虑相同的环境中行为模式的变化，由此就对建筑提出了灵活性和可调节性设计的问题。

霍尔于 1966 年提出三种基本的空间类型，即固定空间、半固定空间和非正式空间。固定空间是指由固定的构件围合而成的环境（如墙、门窗、走道和建筑群等）。半固定空间是由一些可移动的物体围合而成的环境，可以通过不同的布置方法来适应变化着的行为模式。非正式空间是指由人的活动而形成的环境，一般发生在两人或两人以上，随着活动的持续而存在。这种划分空间的概念提醒建筑师在设计时应针对不同的行为模式来确定空间的类型，并采取适当的建筑布局，在环境的适宜性和灵活性之间作出恰当的方案。

6. 活动系统中的个体差异

近二十年来，城市空间中对个体差异的研究主要关心如下几个方面：

(1) 不同社会阶层在特定场合中的差异；

(2) 人生不同阶段所表现出的差异；

(3) 年轻人和老年人的差异及儿童玩耍场地的不同；

(4) 不同文化的差异；

(5) 面向残疾人的无障碍设计；

(6) 个性差异的研究。

关于文化差异的研究得到多方面的关注。因为在所有差异研究中，文化所包含的范围最广泛，且影响也最大。

图底关系理论、联系理论和场所理论都试图探寻城市空间形态要素间的某种构图关系及相关的结构组织方式。特兰西克将其归纳为三种关系，即形态关系（图、底分析）、拓扑关系（关联耦合）与类型关系（场所理论）。可以说这三种关系在结构上的明确组织与确立，是建立一定的空间秩序与相应的视觉秩序的基础和前提（见图 2-26）。

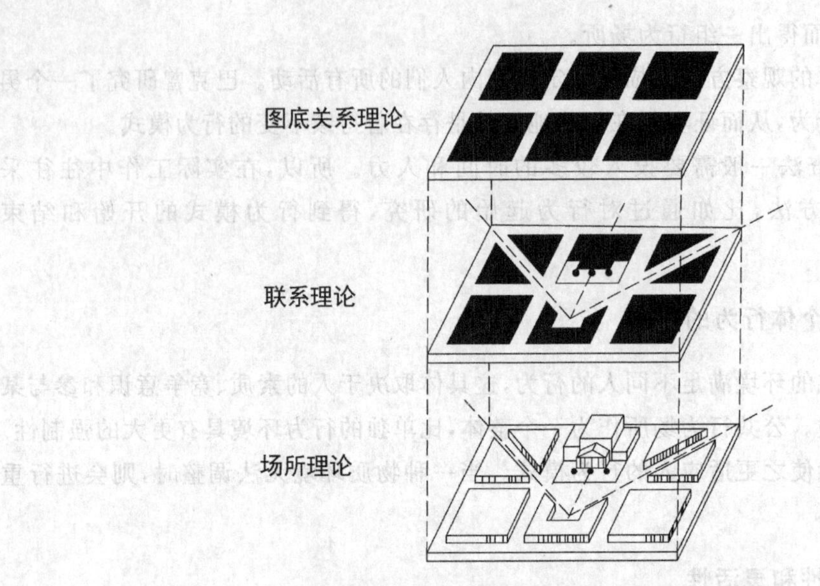

图 2-26 特兰西克的三种城市空间分析方法

资料来源：段汉明.城市设计概论[M].北京：科学出版社，2006

2.4 城市意象理论

城市意象理论是借助于认知心理学和格式塔心理学方法的城市分析理论，其分析结果直接建立在居民对城市空间形态和认知图式综合的基础上。1960 年凯文·林奇在这一领域推出了开拓性的研究成果。

1. 意象

意象原是一个心理学术语，是认知主体在接触过客观事物后，根据感觉来源传递的表象信息，在思维空间中形成的有关认知客体的加工形象，在头脑里留下的物理记忆痕迹和整体的结构关系。城市意象理论认为，人们对城市的认识及形成的意象，是通过对城市的环境形体的观察来实现的。城市形体的各种标志是供人们识别城市的符号，人们通过对这些符号的观察而形成感觉，从而逐步认识城市本质。

2. 贡献

贡献使认知地图和意象概念运用于城市空间形态的分析和设计，并且使人们认识到城市空间结构不仅是凭客观物质形象和标准，而且要凭人的主观感受来判定。

3. 方法

方法是为了达到认知目的而采取的手段，通常有以下几种：

(1) 请人默画城市意象和简略地图；

(2) 面谈或书面描述；

(3) 做简单模型。

被测试者要达到一定数量以便对调查内容进行归纳、概括，找出心理意象与实际环境的关系。

认知意象还对城市空间环境提出了两个基本要求：易认识性(Legibility)和可意象性(Imaginability)。前者是后者的保证，但并非所有易识别性的环境都能导致可意象性。

4. 城市意象五要素

路径(Path)、边界(Edge)、区域(District)、节点(Node)、标志(Landmark)等五要素，为设计者与使用者的沟通提供了更为明确的依据。通过对城市意象的调查，可以了解使用者对环境的认知、感受和评价，为设计的人性化提供了前提(见图 2-27)。

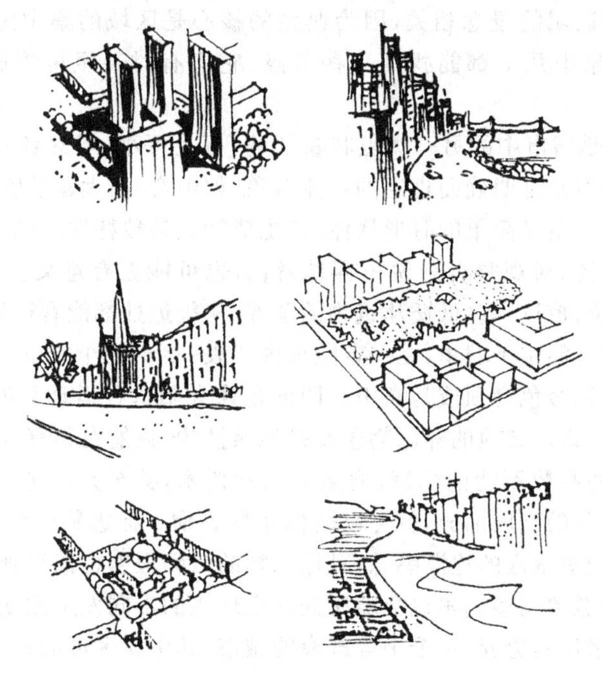

图 2-27　凯文·林奇的意象五要素——路径、边界、区域、节点、标志

资料来源：[美]凯文·林奇.城市形态[M].林庆怡，陈朝晖，邓华，译.北京：华夏出版社，2001

(1) 路径。路径是观察者习惯、偶然或是潜在的移动通道，如街道、小巷和运输线。对许多人来说，它是意象中的主导元素，人们正是在路径上移动的同时观察着城市，其他的环境元素也是沿着路径展开布局，因此与之密切相关。

(2) 边界。边界也是线性要素，但不会被作为路径使用，同时将区域之间区分开来，也可能是接缝，沿线的两个区域相互关联，衔接在一起。“边”常由两个区的分界线(如河岸、铁路、围墙和栅栏)所构成。边界往往在视觉上引人注目，但是难以穿越。这些边界元素虽然不像道路那般重要，但对许多人来说它在组织特征中具有重要作用，尤其是它能够把一些普通的区域连接起来，比如一个城市在水边或是城墙边的轮廓线。

(3) 区域。区域是城市里一个中等或较大的组成部分，是二维的面状空间。通常观察者有进入的感觉，或者在肌理、空间、形式、用途、细节、象征、居民、管理和地形等方面有某些共同的能够被识别的特征。这些特征通常可以从内部确认，从外部也能看到并可以用来作为参照。在一定程度上，大多数人都是使用区域来组织自己的城市意象，不同之处在于是把道路还是把区域放在主导地位，这一点似乎因人而异，而且与特定的城市有关。

(4) 节点。节点是参照点，是观察者能够由此进入的具有战略意义的点，以及来往行程的集中点。节点首先是交叉点，交通线路中的休息站，道路的交叉或汇聚点，从一种结构向另一种结构的转换处；也可能仅仅是特定功能或形态特征的集中点，由于是某些功能或物质特征的浓缩而显得十分重要，比如街角的集散地或是一个围合的广场。某些集中节点成为一个区域的中心和缩影，其影响由此向外辐射，它们因此成为区域的象征，被称为核心。主要的节点往往既是集中点也是交叉点，既有功能也有形态意义。当然，许多节点具有连接和集中两种特征，节点与道路的概念相互关联，因为典型的连接就是指道路的汇聚和行程中的事件。节点同样也与区域的概念相关，因为典型的核心是区域的集中焦点和集结的中心。无论如何，在每个意象中几乎都能找到一些节点，它们有时甚至可能成为占主导地位的特征。

(5) 标志。标志是城市中的另一类点状参照物，可大可小，观察者只是位于其外部，而并未进入其中。标志通常是明确而肯定的具体对象，如山峦、高大建筑物和构筑物等。

标志物通常是一个定义简单的有形物体，其主要特点是独特性。同背景相比，它有着清楚的形式和显著的位置，对观察者来说更容易辨认，也可能更有意义。有些标志物相距很远，通常从不同的方位，掠过一些低矮建筑物的顶部，从很远处都能看得见，形成一个环状区域内的参照物。它们可能位于城里，在一定距离内代表一个不变的方向，这也就是它所具有的实际意义，比如孤塔、金色穹顶或是高山。即便是像太阳这种运动足够缓慢、规律的移动点，也可以用来作标志物。其他的标志物主要是地域性的，只能在很有限的范围或特定的道路上才能看到，比如那些数不清的标牌、商店立面和树木，甚至是门把手之类的城市细部。只要它们是观察者意象的组成部分，就可以被称作标志物。标志物经常被用作确定身份或结构的线索，随着人们对旅程的逐渐熟悉，对标志物的依赖程度也似乎越来越高。

特定客观事物的意象类型偶尔也会随所处观察环境的不同发生改变。快速路对司机来说是道路，而对行人来说是边界；一个中等规模的城市，其中新区可能是一个区域，而对于整个大都市地区来说，它只能是一个节点。

在现实中，上述分析的元素类型都不会孤立存在。区域由节点组成，由边界限定范围，通过道路在其间穿行，并在区域内散布一些标志物，元素之间有规律地相互重叠穿插。如果说我们的分析是从对基础材料分门别类开始的话，那么它最终必将重新统一成一个整体意象。

城市意象理论开创了城市设计中认知心理学的新领域，通过人的认知地图和环境意象来分析城市空间形式，强调城市结构和环境的易识别性及可认知性，并认为城市设计必须基于市民对城市环境的易识别性，使城市结构清晰、个性突出，而且为不同层次和不同个性的人所共同接受。这一理论还提供了居民参与设计的独特途径，它从市民环境体验出发的工作方法使城市设计摆脱了高高在上的姿态，切实深入到普通人当中，真正体现了“人本主义”的设计原则。

城市意象理论仅适用于小城市或大城市中某一地段的空间结构研究，当评价规模过大时，五要素就显得单薄了。这一方法的局限性还在于忽略了历史、文化、社会和功能的影响，其结果难免会带有主观偏见。

2.5 “视觉有序”理论

城市空间环境的“视觉有序”理论，是现代城市设计学科形成的重要基础之一，是由卡米洛·西特最早提出的。他倡导人性化的规划方法，并对反映日常生活的平常事物、建筑和城市抱有很大兴趣，他的城市设计思想在他1889年出版的《城市建设艺术》著作中得到了集中体现。他系统地调查、分析了欧洲古代城市建设的历史遗产及其艺术价值。针对当时城市建设的状况，西特充分认识到基于统计学和政策导向的城市规划与基于视觉美学的城市设计之间存在的分歧，他认为：“建造城镇时，不仅必须给居民以保护，而且应给居民以快乐，为了达到后一目的，城镇建设除了技术问题外，还有艺术问题。”他主张将城市设计建立在对于城市空间感知严格分析的基础上，并通过大量的典型实例考察与研究，总结归纳出一些现代建设的“视觉艺术”准则与设计规律。

西特认为，中世纪城市建设遵循了自由灵活的方式，城镇的和谐主要来自建筑单体之间的相互协调，广场和街道通过空间的有机围合形成整体统一的连续空间，并且指出这些原则是欧洲中世纪城市建设的核心与灵魂。这些原则具体体现在以下几方面。

(1) 广场与建筑和纪念物之间的整体性、边界的围合性、广场中心的开敞性、尺度的适宜性以及形态的不规则性是古代城市广场设计所遵循的共同原则。

(2) 大型建筑物一般退后布置，喷泉一般位于广场的边缘，以保持广场的开敞性。

(3) 古代广场通过采用大量巧妙的设计手法减少开口，从而达到边界封闭的艺术效果。

(4) 古代广场的尺度与周边建筑之间有着内在和谐的比例关系，并且广场与广场之间有着巧妙的组合关系。

西特将当时流行的所谓“现代体系”(即矩形体系、放射体系和三角形体系)与古代城市公共广场设计进行对比分析后指出：现代城市公共广场一般把建筑物或纪念物不加考虑地置于广场中心，造成了广场与建筑的割裂；广场四通八达的开口方式使得广场支离破碎；采用“现代体系”形成的广场是各种矛盾空间的组合，由于缺乏空间的整体性，使人们实地很难感受到其“对称”的构图，而且“对称”构图的滥用还造成广场空间的单调与乏味。同时，他还尖锐地指出所有这些问题的根源主要是因为现代城市设计者违背了古老的空间设计艺术原则。

关于在现代城市中运用艺术原则进行建设的可能性，西特认为城市的发展不可避免，社会的进步将会导致人们需求的变化，不可能也没有必要完全效仿古代的城市建设。他通过对几个采用古代原则改建的设计实例进行分析，证明艺术原则完全可以运用于现代城市建设，同时通过对“现代体系”的改进，可以创造出具有高度艺术水准的城市空间。

西特的城市设计思想主要体现在批判了当时盛行的形式主义的刻板模式，总结了中世纪城市空间艺术的有机和谐特点，倡导了城市空间与自然环境相协调的基本原则，揭示了城镇建设的内在艺术构成规律。他的这些城市设计理论与方法有力地促进了“城市艺术”学科领域的形成与发展。尽管西特的城市设计思想对他的家乡——维也纳的重建影响甚微，但在欧洲乃至世界范围内的许多地方产生了广泛而深远的影响。其《城市建设艺术》自出版后被翻译成多种语言，“西特学派”在当时的欧洲亦逐渐形成，并对许多年轻建筑师和规划师产生了积极影响。正如伊利尔·沙里宁指出：“我一开始就受到西特学说的核心思想的启蒙，所以在我以后几乎半世纪的建筑实践中，我从没有以一种预见构想的形式风格来设计和建造任何建筑物，……通过他的学说，我学会了理解那些自古以来的建筑法则。”

2.6“城市多样性”思想[1]

简·雅各布斯是一个作家、思想家和行动主义者。1952年在负责报道城市重建计划的过程中，她逐渐对传统的城市规划观念产生了质疑，并于1961年写了《美国大城市的死与生》一书，其观点对当时美国有关都市复兴和城市未来的争论产生了持久而深刻的影响。

雅各布斯通过对人的行为的观察和研究，提出城市空间应和城市生活与城市形态相一致，城市规划应当以增进城市生活为目的。她驳斥在物质空间决定论基础上形成的城市规划为伪科学，猛烈抨击了现代主义的功能分区思想。其思想主要包括以下几个方面。

1）城市多样性

她认为“多样性是城市的天性”，城市是人类聚居的产物，城市需要尽可能错综复杂并且相互支持的功能，来满足人们的生活需求。

现代城市规划理论贬低了高密度、小尺度街坊和开放空间的混合使用，从而破坏了城市的多样性。而所谓功能纯化的地区如中心商业区、市郊住宅区和文化密集区，实际都是机能不良的地区。

挽救现代城市的首要措施是必须认识到城市的多样性与空间的混合利用（Mixed-use）之间的相互支持。

2）街道的意义

街道和广场是形成城市骨架的最基本要素，决定了城市的基本面貌。如果街道看上去有趣，那么城市看上去也是有趣的。

街道不仅仅只有交通功能，街道的生命力来源于街道生活的多样性：街区中要有混合起来的主要用途；大多数的街道必须较短，也就是说街道的数目和拐弯转角的机会必须很多；街区中必须混有不同状态的建筑，包括相当大比例的老房子；必须有足够密度的人口的集聚。

3）对大规模计划的批判

大规模改造计划缺少弹性和选择性，排斥中小商业，这必然会对城市的多样性产生破坏，是一种“天生浪费的方式”。“必须改变城市建设中资金的使用方式”，“从追求洪水般的剧烈变化到追求连续的、逐渐的、复杂的和精致的变化”。

雅各布斯通过对纽约和芝加哥等美国大城市的深入考察，提出都市结构的基本元素以及它们在城市生活中发挥功能的方式，挑战了传统的城市规划理论，使人们对城市的复杂性和城市应有的发展取向加深了理解，也为评估城市的活力提供了一个基本框架。

---

[1] ［加］简·雅各布斯．美国大城市的死与生［M］．金衡山，译．南京：译林出版社，2006.8.

2.7 拼贴城市[1]

《拼贴城市》由柯林·罗和弗瑞德·科特合著而成。这是一部对现代城市规划和设计理论进行哲学式批判的著作。书中所描述的工业化国家正在"现代城市"中受煎熬,那里的城市规划和设计师正在试图找回失去的世界。

城市在本质上是多元与复杂的,作者将拼贴理解为一种根据肌理引入实体或者根据肌理产生实体的方法。一个均质的城市只会变得索然无味,矛盾和冲突才是构成城市的现实基础。从人性的角度出发,城市可以是将各种异质风格组织在内的一种结构,古今中外皆是如此。所以,城市不应以均质的面貌出现,而应以拼贴的方式出现,以此形成一种片段的统一。城市规划是在由历史的记忆和渐进的城市积淀所产生出来的城市背景上进行,所以,我们的城市是不同时代的、地方的、功能的和生物的东西叠加起来的。如果我们的建筑师和规划师是在已有城市结构背景下做设计,那么,他们都是在"拼贴"城市。当然,"拼贴"是一种城市设计方法,它寻求把过去的与未来的统一在现实之中。

拼贴城市理论的核心是和谐。按照结构主义大师列维·斯特劳思的说法,和谐存在于结构和事件之间、必然性和偶然性之间、内部的和外部的之间。所以,拿什么来拼贴城市并非随心所欲,而是受到整个城市结构的控制。

2.8 自然生态设计理论

迈克哈格(L. McHarg)在《设计结合自然》一书中将生态学应用在城市设计中,是自然生态设计理论的主要代表人物之一。在本书中,迈克哈格在城市社区设计与自然环境的结合,以及探寻科学的生态规划方法方面,为城市设计建立了一个新基准。

迈克哈格的基本观点如下。

(1) 人类对自然的责任。要创造一个善良的城市,而不是一个窒息人类灵性的城市,就需同时选择城市和自然,缺一不可。两者虽然不同,但相互依赖,能同时提高人类生存的条件和意义。

(2) 将自然价值观带到城市设计中,大自然为城市发展提供机会和限制条件。

(3) 美是建立于人与自然环境长期的交往而产生的复杂和丰富的反映。

(4) 多方面地研究人和环境的关系,把人和自然要素结合起来考虑规划设计的问题,并用"适应"作为城市和建筑等人造形态评价和创造的标准。

(5) 把重点放在"结合"上,充分利用自然提供的潜力,表现人类的合作与生物的伙伴关系。

迈克哈格的生态设计方法主要有以下几点。

自然过程规划。视自然过程为资源,对有价值的风景特色、地质情况和生物分布情况进行逐一分析,并表示在一系列图上,通过叠图找出具有良好开发价值又满足环境保护要求的地域。

---

[1] [美]柯林·罗,弗瑞德·科特.拼贴城市[M].童明,译.北京:中国建筑工业出版社,2003.

生态因子调查。首先调查土地信息，包括原始信息和派生信息的收集。

生态因子的分析综合。先对各种因素进行分析分级，构成单因素图；再根据具体要求用叠图技术进行叠加或计算机技术归纳出各级综合图。

规划结果表达。生态规划的结果是土地适宜性分区，每个区域都能揭示规划区的最优利用方法，如保存区、保护区、开发区。这要求在单一土地利用基础之上进行土地利用集合研究，也就是共存的土地利用或多种利用方式研究，通过矩阵表分析两者利用的兼容度，绘在现存和未来的土地利用图上，成为生态规划的成果。

思考题与习题

1. 谁提出了城市空间环境的“视觉有序”理论？这对现代城市设计学科的形成起到了哪些作用？

2. 凯文·林奇在《城市意象》中提出了哪五大城市景观组成因素？

3. 柯布西耶的现代城市理论的核心思想是什么？

4. 自然生态城市设计理论的代表人物有哪些？请查阅相关资料分别阐述他们的设计理论。

5. “城市多样性”思想的核心内容有哪些？

第3章

城市设计的要素

3.1 国外城市设计经验

3.1.1 设计要素

“城市中一切看到的东西，都是要素”(吉伯德)。城市物质形态中那些付诸于视觉的内容，如建筑、广场、街道、公园、环境设施、公共艺术、建筑小品和花木栽植等都属于城市空间的要素。

美国的城市设计在理论与实践上都取得了令人瞩目的成就，对城市要素的认识既有理论的指导，也有实践经验的总结。

H.雪瓦尼把城市设计要素分为八种❶：土地使用(Land Use)、建筑形式和体量(Building Form and Massing)、交通与停车(Circulation and Parking)、开放空间(Open Space)、步行系统(Pedestrian Ways)、活动支持(Activity Support)、标志(Signage)和保护(Preservation)，主要为功能要素。

而M.索斯沃斯则通过对美国1972—1989年间的40个城镇和一个岛屿所进行和编制的70个城市研究和城市设计方案的考察，总结城市设计的要素为：土地利用与交通，建筑、街景和室外空间，社会与经济因素，使用者的感受和行为，自然因素和历史场所。索斯沃斯给出的设计要素主要来自于美国城市设计实践的调研结果。

虽然以上的设计要素不能涵盖美国现代城市设计的要素，但是基本反映了现代城市设计的关注重点：土地使用、交通组织(特别是步行系统)、公共空间、历史场所、标志和经济社会因素等。

英国大部分城市主要面临着保护传统街区和特色的问题，因此城市设计的要素主要针对传统街区制定规定性内容，而且审核一般采用个案的审议方式，其审核要素包括：

(1) 关于建筑形态设计基准的形态、规模、体量、特征、高度、材质和细部；

(2) 有关建筑物与周边环境协调关系，如屋檐线、沿街立面、历史文脉、街道格局、历史的平面布置格局(类型)、城市景观、历史的开发过程及统一感、连续性和格调等；

(3) 关于平面布局形态的常规审查，如日照、采光和通风等。

日本城市创造的要素控制分为“硬件”和“软件”两个部分❷。

---

❶ H.雪瓦尼.都市设计程序[M].谢庆达，译.台湾：创兴出版社，1988.

❷ 刘武君.从“硬件”到“软件”——日本城市设计的发展、现状与问题[J].国外城市规划，1991，4：2～11.

日本的城市创造所分的“硬件”，包括二十个课题要素：展望台(Observation Hill)、标志性建筑(Landmark)、水边(Water Front)、中心公园(Central Park)、公园式道路(The Mall)、街景(Town Scope)、舒适的商业街(Shopping Mall)、广场(Plaza)、街角(Town Corner)、林阴道(Avenue)、散步道(Promenade)、历史性(History)、纪念性(Memorial)、街道小品(Street Furniture)、路标(Sign)、水(Water)、艺术品(Art)、立面(Façade)、趣味(Fun)和照明(Lighting)。

日本的城市创造所分的“软件”，主要是以下七个方面：社会组织系统、工作环境(就业)、生活环境(方便、愉快的日常生活)、市民自身(市民意识的培养、好的城市环境)、事件、制止不宜建设项目的系统和对具体项目进行综合管理的系统。

表3-1总结了美国、英国、日本三个国家的城市设计要素的比较，与美国和日本的实践相比，英国较少考虑城市设计的社会属性，如城市空间的公共领域，比较注重景观环境的塑造以及历史建筑的保护和更新，而美国和日本都从物质和非物质两个方面要素进行了考虑。

表3-1 国外城市设计要素比较

国家	大类		中类
美国	土地使用		类型、功能布局、交通布局
	交通组织		交通量、交通源、人行系统、车行系统、停车泊位
	建筑形式		类型、形式、体量、高度、色彩、材质
	公共空间		公共空间：街道景观、社区特色、广场、室外空间
			公共活动：使用者的行为与感受
			视觉控制：视廊、标志中心、高度控制
	公共服务设施		公共设施分布、公共交通
	保护与更新		历史价值和建筑设计价值的建筑物和场地
	自然因素		地形、地貌、气候、防灾、空气质量
	经济-社会因素		人口、经济活动、人的关系
英国	土地使用		性质、区位、强度
	道路组织		人行系统、车行系统、停车泊位
	保护与更新		对历史建筑的保护、更新，历史的开发过程连续性和格调
	建筑形式		规模、体量、特征、高度、材质、细部；对邻近景观的影响
	公共空间		空间界面、街道格局、视觉景观
	绿化景观		原有树木、植物配置、景观设计
日本	物质系统	道路组织	公园式道路，林阴道，散步道，路标
		建筑形式	标志性建筑，立面
		公共空间	展望台，水边，中心公园，街景，舒适的商业街，广场，街角，历史性、纪念性，水，艺术品，趣味，街道小品
		照明	功能照明、景观照明
	非物质系统	社会-经济-文化	社会组织系统，就业环境，生活环境，市民意识的培养，好的城市环境
		事件	各种公共活动
		管理	制止不宜建设项目的系统，对具体项目进行综合管理的系统

资料来源：祁丽艳制

3.1.2 管制方式

美国城市设计管制方式涵盖了控制、引导和策略三种,但是主要以引导为主。如中观层面上,在区划控制的基础上衍生出的城市设计控制,其主旨在于有效地控制城市形象、环境质量等难以量化的因素,以弥补区划控制对这方面控制的不足。并将区划中硬性标准无法控制的内容,通过导则条文与审查人员和公众对项目内容的审查评定予以控制。

在实践中,城市设计控制往往会采用规定性和绩效性导则相结合的方式,分别适用于不同的控制元素。诺贝尔经济学奖获得者西蒙教授(H. A. Simon)曾对上述两种方式的管制原理进行过比较,并指出对事件进行描述有两种方法,"一是状态描述,二是过程描述。状态描述是规定管制的基本特征,规定性导则往往限定设计采用的具体手段,如确定建筑的高度、体量、色调和材质等。而绩效管制主要采用过程描述的形式,按照作用的方式刻画事物,提供产生具有希望特征的事物的方法"[1](见表 3-2)。

表 3-2 绩效性导则与规定性导则内容比较

规定性导则	绩效性导则
停车场地必须位于建设场地后部的 1/2 区域;混合使用的建筑底层玻璃率必须在 40%~60%之间;注:玻璃率(glass wall ratio)指一定范围内玻璃与外墙面的面积比值	停车场应通过绿化、墙体或其他构筑物遮蔽的形式减少对过往行人的视觉影响;混合性建筑应根据功能变化在立面处理上采用不同的玻璃率,如较小的玻璃率适用于居住功能单元,较大的玻璃率适用于商业功能单元

在美国普遍认同的观点是,尽可能多地采用绩效性的设计导则,确保达到设计控制目标但不限制具体手段,除非地区特征(如历史保护地区的文脉特征)表明采取规定性的设计导则是必要的、合理的和可行的。美国城市设计成果的一个重要特点是,更具有"制约功效以外的教育职能"[2],如著名的旧金山住宅设计导则、波特兰中心城市设计指南等。

城市设计成果的"产品"与"过程"属性决定了其不仅应提供设计控制构思,同时应提供城市的开发政策和开发策划。充分利用设计资源转化为杠杆作用,充分利用市场经济规律,对投资提供实质性的奖励与控制,提高希望行为的发生频率,降低不希望行为的出现可能。美国在这方面取得了显著的成绩,资金策略(经费援助、赋税/租地价减免与信贷支持)、开发权转移和连带开发等一系列手段,亦成为调节个体开发与社会整体发展之间偏差以及确保运作过程顺利实现的重要策略性措施。

3.2 我国城市设计要素概述

3.2.1 设计要素

编制城市设计成果的理论逻辑是通过对城市公共价值域要素的研究,提出有效的导控设计要素和相应的设计原则,以提高城市建设环境品质。那么,需要针对哪些要素进行设计和制定原则呢?我国学者针对中国的特色提出了具有针对性的设计要素(见表 3-3)。

---

[1] 高源. 美国现代城市设计运作研究[M]. 南京:东南大学出版社,2006.10.

[2] LANG J. Urban Design: The American Experience[M]. New York: Van Nostrand Reinold,1994.

表 3-3 我国城市设计要素

学者	大类	中类
徐思淑 周文化❶	用地性质	混合利用区、特殊功能区、有条件开发区、群集建设区、鼓励性建设区
	建筑布置、形式和体量	用地大小、覆盖率、后退红线、居住密度、建筑物的高度与体量、尺度、比例、质地、色彩和风格等
	交通与停车	道路层级,步行街区,人车分流与交接,结合地形、美学要求
	公共活动场地	街道、广场、绿地、公园、水体、庭院、运动场,建筑综合体内的中庭、室内街道、屋顶花园
	使用活动组织	创造多样的活动空间
	环境指标	绿化、小品设施、标志、广告、照明
王建国❷	建筑形态及其组合	建筑体量、高度、容积率、外观、沿街后退、风格、材料
	土地使用	土地的使用格局、交通流线和停车、活动密度、用途、基础设施
	开敞空间	自然风景、硬质景观、公园、娱乐空间
	步行街区	标志性景观(雕塑、喷泉),建筑立面,橱窗,广告招牌,游乐设施,街道小品,街道照明,植物配置和特殊的活动空间如街头艺术活动区域等
	使用活动	行为支持、公共性空间的连续性与综合性
	交通与停车	人行系统、车行系统、停车泊位、道路的视觉要素
	保护与改造	具有的社会价值与经济价值,对城区、街坊、组群、单体的层级保护体系
	标志	标志物
段汉兴❸	土地使用	修正
	城市形态结构	主要轴线、重要节点、建筑高度分布、城市轮廓线、城市标志、城市控制点
	城市景观	公园、公共绿地、广场等要素布局,视廊、视点、视域等视线组织分布,确定道路、街道等结构性城市景观的设计意向
	建筑形态	建筑体量,沿街后退、高度、界面、色彩等
	道路交通	道路交通组织及重要道路和街道的断面,确定停车场、公交站点等的分布;组织步行系统
	环境艺术	公共艺术品位置、性质,街道家具的内容、设置原则和形式指导,户外广告、招牌等的基本要求及夜景照明的设计原则
	重要节点	位置、类型、构思、要求
	市民活动	活动支持
	公共开放空间	公共开放空间的位置、面积、性质、归属,活动的内容和设施安排,公共开放空间和公共交通、步行区域的关系

❶ 徐思淑,周文华.城市设计导论[M].北京:中国建筑工程出版社,1991.11.

❷ 王建国.现代城市设计理论和方法[M].南京:东南大学出版社,2001.1.

❸ 段汉兴.城市设计概论[M].北京:科学出版社.2006.1.

续表

学者	大类	中类
金广君[1]	建筑体量和形式	体量、形式、容量
	土地使用	开发强度、经济性、基础设施
	公共空间	街道、广场、公共绿地、河流、建筑物公共外部空间
	使用活动	必要活动、选择活动、社交活动
	交通与停车	人车分流、多种停车方式、交通体系、步行体系
	保护与改造	地方文化、风俗民情,保护历史建筑、不同时期的优秀建筑、历史街区、历史景观特色,周边的景观控制
	标志与标牌	道路指示牌、广告、宣传牌、牌匾、灯箱
	步行区	步行街、步行广场、人行天桥、人行地道、步行空间
陈纪凯[2]	开放空间	广场、公园绿地、商业步行街、滨水区
	停车与交通	车辆交通、步行交通、道路交通设施设计、停车
	标志与视廊	历史古迹、建筑物、构筑物、自然条件、环境设施;视觉走廊、景观视廊
	街道空间	尺度、曝光面、断面形式、照明方式
	建筑群体	尺度、形式、材质、色彩、停车出入口、照明
庄宇[3]	形态结构	功能分区、主要轴线、重要节点、道路网格、空间布局、城市轮廓线
	城市景观	划定自然景观区、明确景观要素、结构性景观,视廊、视域控制
	建筑形态	体量、沿街后退、高度、界面、色彩、材质、风格,地标
	公共开放空间	广场、街道等的位置、面积、性质、权属,设施安排
	市民活动	旅游、观赏、休憩、文体活动、节庆观礼的场所、分布领域及路线组织
	道路交通	交通组织、公交站点、停车场,主要道路的断面、界面及性质
	步行系统	步行街、广场、界面
	环境艺术	公共艺术品、环境小品,广告、招牌标识
	重要节点	位置、类型、构思、要求
	土地使用	修正
扈万泰[4]	城市特色	考虑区位环境和文化传统,在具体地段内研究特色关系
	城市景观	各地块建筑高度控制,标志建筑,景观性质,景观走廊,落实具体的形体要素
	空间结构	微观关系(核心、入口、景观、轴线),建筑与空间图底关系,位置范围
	绿化与广场	位置范围、类别系统,具体要素控制内容

[1] 金广君.图解城市设计[M].北京:中国建筑工业出版社,2010.8.
[2] 陈纪凯.适应性城市设计:一种实效的城市设计理论及应用[M].北京:中国建筑工业出版社,2004.1.
[3] 庄宇.城市设计的运作[M].上海:同济大学出版社,2004.5.
[4] 扈万泰.城市设计运行机制[M].南京:东南大学出版社,2002.1.

续表

学者	大类	中　类
扈万泰[1]	街道与交通	道路等级，分类，车、人、自行车、机动车流线、站点、场地、消防通道，步行、垂直交通
	功能区域	地段内不同功能区环境评价；问题及潜能；各地块功能优化与组织
	人的活动	解决具体地段内的活动场所问题
	重点内容深入设计	对各地块进行形体意象试做，进行三维表现；提出形体实现的具体步骤与策略
	建筑单体控制	红线控制，退线控制，出入口控制，开发强度控制，广场、绿地，高度控制，体型控制

3.2.2 管制方式

在理论研究中，城市设计的成果表达形式主要有以下三种代表观点：王建国根据国内外城市设计实施操作的经验，认为城市设计成果主要包括政策法令(Policy)、设计规划(Plan)和设计导则(Guidelines)三类；金广君认为城市设计成果应以图示为主，文字为辅。图示成果是对文字成果在三个向度上的具体描绘，包括平面尺寸、体量大小和空间控制范围等图则以及一系列意向性的设计和透视图；文字成果包括设计政策、设计导则和设计计划。陈纪凯在其适应性城市设计理论中认为成果应以文本和图则两部分为好。文本包括适应性的设计政策、适应性的准则和设计说明；图则是将城市设计内容用图形文字和数据表达，以便对城市用地空间环境进行全覆盖的控制管理。

综上所述，国内外的城市设计要素基本包含着一些共同的组成要素，可以归纳为建筑形态、土地使用、开放空间、步行街区以及交通与停车等。

3.3 城市设计要素的技术分析

3.3.1 设计要素的内涵

城市设计以城市空间肌理为研究对象，以公共价值域为作用范围，因此明确空间要素、控制要素和设计要素的构成及不同，才能有效地实现城市设计的公共干预，同时在理论研究和实践中充分凸显城市设计的学科特征。

城市设计主要关注城市空间肌理，尤其是对城市空间形态和特征的描述，随时代、地域、地段性质的不同而有所变化。空间肌理主要表现为建筑群及其形成的空间，可目睹触摸的街坊、道路广场和建筑等；而其中同时蕴含着无形的但可以感知的内容，如生活习惯、风俗民情、行为道德、礼仪风尚和文化宗教等。

空间要素涵盖了诸多有形以及无形的要素，但是城市设计的作用范围决定其更关注对涉及公共价值的要素进行控制，因此规划设计师需要从多专业角度出发，提炼出效用要素，实现城市设计的根本目标。这个过程体现了成果内在秩序建立过程中对规律的把握和认

[1] 扈万泰.城市设计运行机制[M].南京：东南大学出版社，2002.1.

识，也是技术成果建构的过程。

城市设计控制要素相对于空间要素涵盖面小，更具有时代的特征和地段的特色（见图3-1），主要涉及公共价值域内的要素，反映了城市设计公共干预的本质特征；而控制要素的效用则体现出设计主体对空间要素的把握和认识的能力。在控制要素中，一部分要素可以被设计表达而呈现，反映出成果的“产品”特征；另一部分要素则是对公共空间形成过程的控制引导，不能被设计所体现或通过设计的实现而体现的，充分反映了成果的“过程”特征。

图3-1　公共艺术品要素

资料来源：北京城市设计导则

因此，城市设计关注城市空间肌理而形成控制要素，尤其是根据城市形态和空间环境构成与发展的特征而确定的城市设计作用对象，更加注重对要素之间关系的归纳与总结，相比较于空间要素更具有时代特征和地段特色。

尽管人们确定城市控制要素的过程不尽相同，但是其步骤与环节的安排主要还是以人们分析事物的认识序列作为构架，“调查—分析—选择”的逻辑过程对一般城市设计要素的确定而言仍具有较强的概括能力，就过程本身来讲，可以认为是一般的程序化理论在城市设计领域内的具体化。基于系统规划理论的程序模式，本书将城市设计要素体系确定的全过程分为以下三个步骤（见图3-2）。

首先是控制要素形成过程。针对设计客体的基础信息，利益相关者提出针对性的问题，并转译为城市设计的要素；经过专业人员的提炼形成控制要素，强调要素的针对性和地段性的特点。

其次是阶段性要素形成过程。该过程主要是在初次形成的控制要素基础上，经过对未来城市发展需求的预测和整体形态的构想而形成的阶段性控制要素体系，强调要素的动态性和时代性特点。

最后是控制要素的修订过程。控制要素产生后需要通过对公众意愿的调查、听证会的举办等形式汲取公众的意见，同时积极响应专家评审意见，形成新的控制要素。

3.3.2　要素的设计原则

1. 遵循自然原则

所谓遵循自然，不仅指“道法自然”，更重要的是在设计过程中以“自然”为本色，以实用为本，在此基础上加以艺术的加工。遵循自然不单是指对自然形态的如实描写，而且还反映了设计者的思维是自然的、探求本质的。

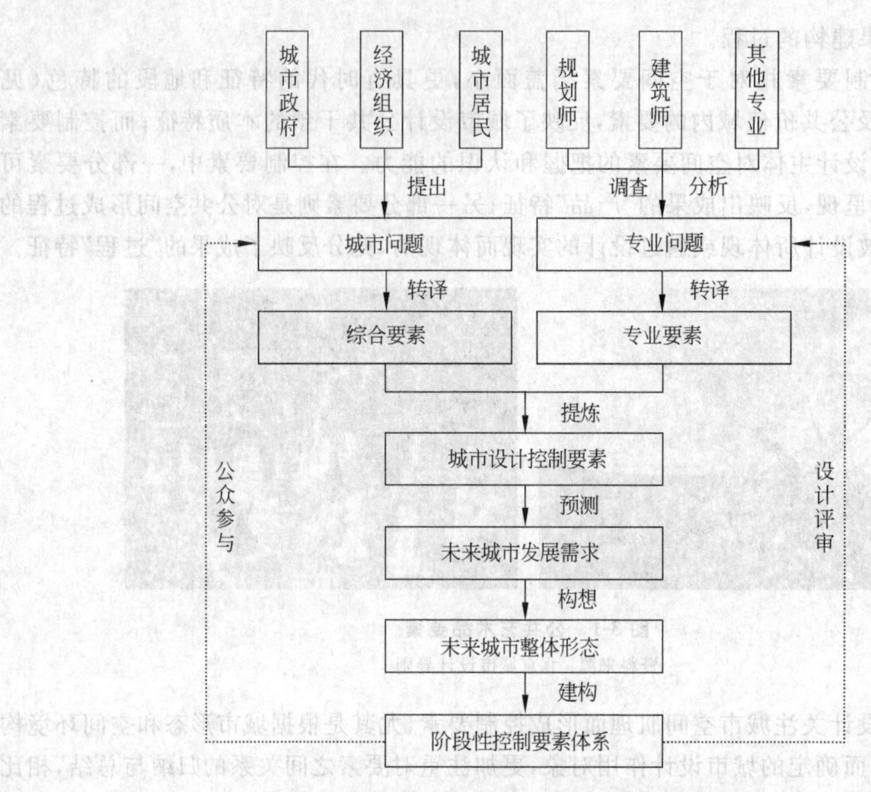

图 3-2　城市设计控制要素形成过程图(祁丽艳 制)

2. 整体着眼,系统控制的原则

把握整体性的内涵,一方面,要跳出设计客体的地段限制,从城市发展的整体战略考量研究对象,反映出宏观的设计要求;另一方面,不能孤立地针对设计范围内的每个个体要素,逐一做出明细的要求,而是应越出个体层面,将研究对象看成处于一定联系中的整体,找出主要矛盾和次要矛盾,区别对待。依据现代系统论的"整体着眼、部分着手"的整体定律,透过局部要素把握各种关系的组合、联接和渗透,使环境品质得到基本的保障。

3. 要素控制的科学、合理原则

现代城市设计强调"非设计"过程属性,不能以艺术创作和简单的设计经验代替要素控制的理性原则。在有限理性的弹性控制范围内,加强控制要素技术的研究,在科学的原则指导下进行实现要素的合理控制。

4. 前瞻性原则

城市设计实践的根本目的是对未来城市公共价值域形成过程的控制,作为公共干预依据的设计成果的操作性是建立在控制要素在该动态过程中所具有的前瞻性的基础上。前瞻性反映了设计主体对城市发展规律的认识和对城市设计学科规律的把握能力。

5. 强化重点,突出特色的原则

具有生命活力的公共空间才是公众所需要的,是设计所希望达成的目标,城市设计在建立普适性的城市公共空间环境建设的条件下，更重要的任务是突出地段的特色，营建人们所需要的生命活力，并针对地段性的空间肌理要素进行提炼、升华。

6. 美学原则

美学是现代城市公共价值域的范畴，作为公共干预的重要审核内容，美学控制主要是基于相容的协调原则。现代城市设计具有两大典型特征，一方面侧重各种关系的组合、联接和渗透，是一种整合状态的系统设计；另一方面又具有艺术创作的特征，以视觉秩序为媒介，容纳历史与文化，表现时代精神与地方性，并结合人的感知经验，建立起具有整体结构性特征、易于识别的城市意象和氛围，两者缺一不可。

3.3.3 控制要素及其管制方式

1. 控制要素的分类

依据现阶段我国城市设计实践活动的开展和国外经验的借鉴，可将城市设计的控制要素体系分为功能要素、环境要素和社会与经济要素三类。

1) 功能要素

功能要素反映了从关注人的感受到关注物质环境的功能交接，反映了要素之间的功能关系；功能要素分类形成的体系是城市设计要素控制的基本逻辑框架，对空间肌理的基本控制的关系反映。

(1) 土地利用。城市设计侧重于土地使用的复合性、整体性和立体化的研究[1]。城市设计在实践中更加注重土地开发过程中土地使用的多样性，保证土地使用的活力；注重研究开发地块与城市更大范围内区块的关系，并从诸如公共空间系统、步行系统和景观系统等角度考量土地开发利用；注重同城市三维形态结合研究土地利用是城市设计最大的特点与优势，结合合理的空间意象推导相应的开发强度、建筑意向等，并将地上、地面和地下三维空间统筹考虑。

(2) 交通组织。"以人为本"是城市设计的根本原则，交通组织中侧重对交通流线和节点中步行交通的研究和系统的建立，并与城市功能空间有机结合，形成有机的、充满活力的城市空间，如加拿大蒙特利尔市中心的步行体系。

(3) 公共空间。城市公共空间一体化的设计和开发是当代城市设计研究的重心，主要包括了城市地面、地上和地下空间的一体化；城市外部空间与建筑空间的一体化；城市交通空间与其他城市公共空间的一体化。

(4) 建筑组群。建筑形态是影响城市空间形态的重要原因，从城市设计角度理性提出建筑组群相互依存关系的设计原则，以此确定建筑高度、体量、材质和色彩等。

2) 环境要素

环境要素包括自然环境要素和物理环境要素。城市设计主要关注的自然环境要素有山水、小气候、主导风和热效应等；物理环境要素有声环境、光环境和热环境等。这些要素是城市环境品质提高的重要考核标准，可以直接作为量化标准对城市设计方案进行考核，如利用

---

[1] 王一．从城市要素到城市设计要素——探索一种基于系统整合的城市设计观，城市更新与设计研究[M]．北京：中国建筑工程出版社，2010.8.

对风环境的分析形成建筑控制的标准。

3）社会与经济要素

社会与经济要素包括社会组织系统、就业环境、人口变动、土地价值和商业活动等，是城市“软环境”提升的重要因素。比如在城市重要建设项目中，不仅对其物质要素进行控制，还应对其潜在的负面影响（如空气污染）和有利的社会经济效果（如增加就业）进行分析，通过评价报告对城市发展进行积极的引导。

环境要素、社会与经济要素是功能要素设计和控制的基础，功能要素控制体系的成功建构既源自于对环境要素和社会与经济要素的详尽分析与解读，又反过来促进环境品质的提高、社会的进步和经济的快速发展，三者互相依存。

2. 控制要素及其管制方式的确定

城市设计控制核心的工作是在尽量短的设计工作时间里，将城市中那些恒定的最重要的空间资源因素，从万变的可能性中分离出来，形成基本的管制方式——“刚性”的部分。同时，还需表现出相对的兼容性和宽容性——“弹性”的特征，只有这样才有可能在现实中具有足够的适用性和有效性。

借鉴国内外城市设计实践，在城市设计的控制要素分类基础上，提出城市设计的控制要素的内容及弹性建议（见表3-4）。

表3-4 城市设计成果的控制要素及其弹性

要素类型	大类		要点	指标性质
功能要素	Ⅰ土地利用	地块划分	红线面积、地块面积、最小地块面积等	A
		土地使用	土地主要性质、用途规定、相容性、交通出入口，设施配套等	A
		开发强度	建筑密度、容积率、绿地率、限高等	A
		功能布局	用地的优化与组织，功能安排与分区等	B
	Ⅱ交通组织	道路设计	红线位置、线型、断面、走向等	A
		静态交通	停车场地与停车泊位的位置、规模等	A
		人行步道	线路及设施，通廊、天桥、地下通道等	A
		公共交通	公交线路及附属设施，轨道交通等	B
		交通设施	标识、视觉要素等	B
	Ⅲ公共空间	公共开放空间	类型、性质、规模，周边建筑控制要求等	A
			硬质空间[1]、柔性空间，环境要求：绿化、小品、标识、铺地等	B
		街道开放空间	界面、沿路建筑高度、体量、贴红线建造要求等	A
			建筑入口和门厅分布、后退红线部分使用要求、绿化、建筑体型等	B
		活动支持	必要活动、选择活动、社交活动的空间策划等	B

[1] 硬质空间是指主要由人工物理要素形成的公共空间；柔性空间是指主要由人工天然要素或天然要素形成的公共空间。两者皆具有场所意义，相辅相成才能形成高品质的公共空间。

续表

要素类型	大类		要　点	指标性质
功能要素	Ⅳ建筑组群		后退红线、对角线长度、间距、高度等	A
			相邻建筑关系、风格、材质、形式、色彩、体量、玻璃率、出入口、内部交通组织、停车场地等	B
	Ⅴ绿化		空间层次组织、系统网络组织	A
			类型、栽植类型、布置、配套设施、四季色彩设计等	B
	Ⅵ景观		重要节点、主要轴线，高度分区、视觉通廊等	B
	Ⅶ环境设施	服务设施	街道家具、标识、广告、通信等	B
		艺术设施	公共艺术品、环境小品、标志等	B
		照明设施	舒适性照明、广告灯饰照明、景观照明等	B
			功能性照明	A
	Ⅷ重点要素		对特殊要素进行的重点设计	B
环境要素	Ⅸ自然环境		山、水、土等自然要素及微气候、阳光与阴影、风环境、热效应等环境因素	B
	Ⅹ物理环境		声、光、电、热等物理环境要素	B
社会与经济要素	Ⅺ社会要素		社会组织系统、民族风情、社会习俗、街市面貌、生活方式等	B
	Ⅻ经济要素		就业环境、人口的变动、土地价值、商业活动等	B

备注："A"代表规定性指标，"B"代表绩效性指标。

资料来源：祁丽艳制

3. 控制要素分析

1) 规定性要素

规定性要素管制营建了城市空间的硬件建设，主要是对控制要素的状态描述，通过限定设计手段，以较小的弹性实现控制。因此，规定性要素主要涵盖于功能性要素中，主要为：土地利用中的地块划分、土地使用和开发强度；交通组织中的道路设计、静态交通和人行步道；公共开放空间中的类型、性质、规模及周边建筑控制要求等；街道开放空间中的界面、沿路建筑高度、体量、贴红线建造要求等；建筑组群中的建筑后退红线、对角线长度、间距、高度等；功能性照明。

首先，通过要素分析可看到，土地利用和交通组织要素基本为规定性要素，而这些要素同时也为规划控制要素，也就是控制性规划要素。而导控性城市设计对控制性规划有策动作用，可以通过设计深入研究对控制性规划进行调整，如钱江新城核心区块城市设计针对规划管理的具体运作对地块重新划分，更加适合土地出让与管理。但是也需要借鉴美国的经验，设计控制对控制性规划的调整作用要经过严格的审批制度，否则将成为城市设计不断突破控规的"借口"。

其次，在完善的控制体系下，城市设计在关注规定性要素时应加大对公共空间要素、建筑组群要素的研究与管制。一方面，这是城市设计公共政策属性的本质要求，另一方面也利于在纷繁复杂的要素矛盾中抓住主要矛盾,塑造有特色的空间环境。

第三,规定性要素技术的研究具有重要意义,指标的合理性是控制的前提与依据,因此应积极借鉴美国街墙和曝光面控制法、阳光轮廓控制法、遮蔽率法等,并与我国城市建设实际情况相结合。

2) 绩效性要素

绩效性要素是城市空间环境建设量的积累,营建了城市空间的软件建设,提升了标准,其主要是对控制要素的过程描述,通过设立良好的目标,以较大的灵活性实现引导。城市设计大部分的控制要素为绩效性的,这是城市设计目标决定的。特别是环境要素与社会经济要素的研究应引起重视,美国的社会经济水平决定了其城市设计从物质要素逐步向综合要素设计的转变,这是城市发展的必然规律,因此应该积极加强非物质要素的研究,使之作为城市设计控制的依据。

对于控制要素,不同学者在研究城市空间时,根据不同的研究目标、角度,会选取不同的要素,而不同城市侧重的要素也不尽相同,在要素的弹性选择上也会根据具体的情况而具体对待。

4. 要素的作用机理

城市设计要素之间的关系主要体现为功能关系、美学关系和经济关系等。功能关系作为城市设计控制要素的基本关系,奠定了成果的操作意义,美学关系的分析是处理功能关系的重要依据之一。现代城市设计在以处理控制要素之间的功能关系、美学关系为主要工作内容的同时,越来越重视要素之间的经济关系。

触媒(Catalysts)理论正是针对城市设计控制要素的经济关系提出来的,它深刻地反映了城市设计过程的“动态特征”。触媒理论认为,城市环境中的各个元素都是相互关联的,这种关联不仅仅存在于外在的视觉形态方面,也存在于内在的经济联系。如果其中一个元素发生变化,它就会像化学反应中的“触媒”一样,影响或带动其他元素发生改变。

把这一原理加以引申得出:一项政策、一个建设项目或一个环境条件的改变都会对城市建设活动产生影响,激发或限制城市某一特定片区内建设活动的发生或建设速度,进而影响城市设计的实施过程。因此,城市的发展是“可设计”的,城市设计的目标不只是塑造良好的空间形态,还可以设计科学的城市发展计划,运用市场经济手段合理调配资源,调动城市开发的能动性,为城市带来更大的收益。

3.4 建筑形态[1]

建筑形态的单体美与组合群体的协调之间存在着一定的差异,这种差异有时也能够影响到城市空间的整体性与协调性。

3.4.1 建筑形态与城市空间

建筑作为城市空间构成中最主要的决定因素之一,其体量、尺度、比例、空间、造型、材料

[1] 王建国. 城市设计[M]. 北京:中国建筑工业出版社,2009.9.

和色彩等均会对城市空间环境产生重要的影响。此外，城市空间中的水塔、桥梁、护堤和电视通信塔等构筑物也在一定程度上影响着建筑形态的组合。

建筑形态是建筑在一定条件下的表现形式，包含建筑的形式和情态。可以这样认为，建筑形态是物质现象，是人们感受到的某种形状和材料[1]。城市空间环境中的建筑形态至少具有以下特征：

(1) 建筑形态与气候、日照、风向、地形地貌和开放空间具有密切的联系；

(2) 建筑形态具有支持城市运转的功能；

(3) 建筑形态具有表达特定环境和历史文化特点的美学含义；

(4) 建筑形态与人们的社会和生活活动行为相关；

(5) 建筑形态与环境一样，具有文化的延续性和空间关系的相对稳定性(见图3-3)。

图3-3 统一中有变化的新老北京饭店

资料来源：http://www.fdcymh.com

城市建筑群体的组织结构和形式表现以整体的方式参与城市形态的塑造，它决定了城市形态的基本格调，历史文脉、空间品质和城市精神往往在此形成。建筑形式的风格、材料的特性和空间的特征等因素共同构成了城市形态的质感，体现了最为直接的感知范围内的建筑构成方式及其空间组织。技术的发展和进步，促进了建筑的变化。结构、材料和施工技术起着重要的作用，从手工操作到机械制作，从手工艺术到建筑中各种构件加工工艺的组合，大大改善了审美的观念。高技术、新材料的光洁美、光亮美、制造美，改变了人们对审美的评价，使建筑的组合产生了新的前景[2]。

通常，只有组成一个有机的群体时，建筑才能对城市环境建设作出贡献。“完美的建筑物对创造美的环境是非常重要的，建筑师必须认识到他设计的建筑形式对邻近的建筑形式的影响”，“我们必须强调，城市设计最基本的特征是将不同的物体联合，使之成为一个新的设计，设计者不仅必须考虑物体本身的设计，而且要考虑一个物体与其他物体之间的关系”(吉伯德)。

因此，建筑形态总的设计原则大致有以下几点。

---

[1] 王征，梅洪元，刘鹏跃.当代建筑形态创新倾向[J].华中建筑，2012(8)：5～8.

[2] 齐康.建筑·空间·形态——建筑形态研究提要[J].东南大学学报：自然科学版，2000,30(1)：1～9.

建筑设计及其相关空间环境的形成，不但在于成就自身的完整性，而且在于其是否能对所在地段产生积极的环境影响。

注重建筑物形成与相邻建筑物之间的关系，基地的内外空间、交通流线、人流活动和城市景观等，均应与特定的地段环境文脉相协调。

建筑设计还应与周边的环境或街景一起，共同形成整体的环境特色，如对称的建筑强化的正式的空间，有强烈的围合感，规整的、有序的建筑以对称式布局强化空间的严肃性，塑造庄严氛围。非正式空间有更轻松的特点，广泛采用不对称的建筑，或轴线布局或灵活曲直有致(见图 3-4～图 3-6)。

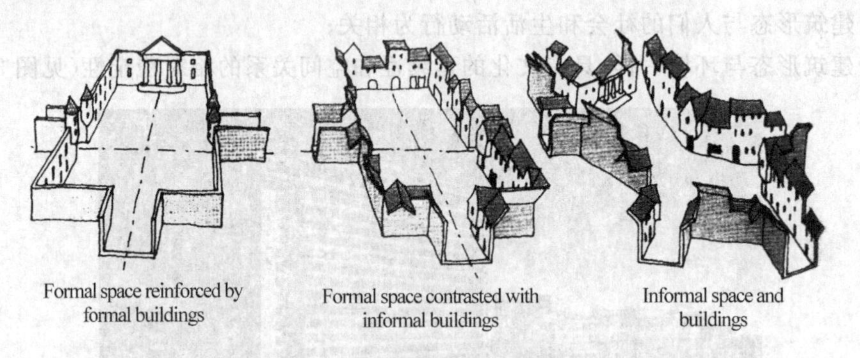

图 3-4 建筑形态组合与空间意向

资料来源：CAMONA，HEATH，OC，TIESDELL. Public Place-Urban Space：The Dimensions of Urban Design. Architectural Press，2003：142

图 3-5 荷兰阿姆斯特丹城市建筑形态是“多样复合”和“有机秩序”的统一

资料来源：徐雷. 城市设计[M]. 武汉：华中科技大学出版社，2008. 8

图 3-6 贝聿铭设计的波士顿基督教科学教会中心建筑群体

3.4.2 城市设计对建筑形态及其组合的引导和管理

从管理和控制方面，城市设计考虑建筑形态及其组合的整体性，乃是从一套弹性驾驭城市开发建设的导则和空间艺术要求入手的。导则的具体内容包括建筑体量、高度、容积率、外观、色彩、沿街后退、风格和材料质感等。城市设计导则可以对建筑形态设计明确表达出鼓励什么，不鼓励什么，以及反对什么，同时还要给出可以允许建筑设计所具有的自主性的底线。

例如，埃德蒙·N.培根在主持旧金山的城市设计研究中，首先分析出城市山形主导轮廓的空间形态特征，并为市民和设计者认可，然后据此建立城市界内的建筑高度导则，"指明低建筑物在何处应加强城市的山形，在何处可以提供视景，在何处高大建筑物可以强化城市现存的开发格局"(见图 3-7)。类似的，建筑体量也可通过导则所建议的方式来反映城市文脉。

然而，这种驾驭不是刚性、僵死的，而是一个弹性、动态、阶段性的形体开发框架，如南京城东干道设计就明确了这样的指导思想："引导建筑师在整体城市设计概念框架的前提下，发挥各自的创意，鼓励多样性。"在有些场合，它还常常结合其他非形体层面的法规条例加以实施，如结合特定的历史地段或文物建筑的保护条例和环境生态保护条例等。在城市空间形态的营造中，可以通过对标志建筑(物)和界面的控制，形成具有方向感的轴线，在界面的开放处留出开放的活动场所，在轴线的交接处形成空间节点，通过界面、轴线、场所、节点和路径的组织形成完整的城市空间体系(见图 3-8)。这样既考虑了形体要素内容，又考虑了该城市设计发生的特定社会、文化、环境和经济的背景，使引导和控制更加全面。

有时也可提出一种宏观层面的"城市设计概念"来实施建设驾驭。如埃德蒙·N.培根提出运用于费城中心区开发设计和实施的"设计结构"概念(1974 年)。它为引导建筑设计和所有其他"赋形的表达"提供了"存在的理由"(见图 3-9)。

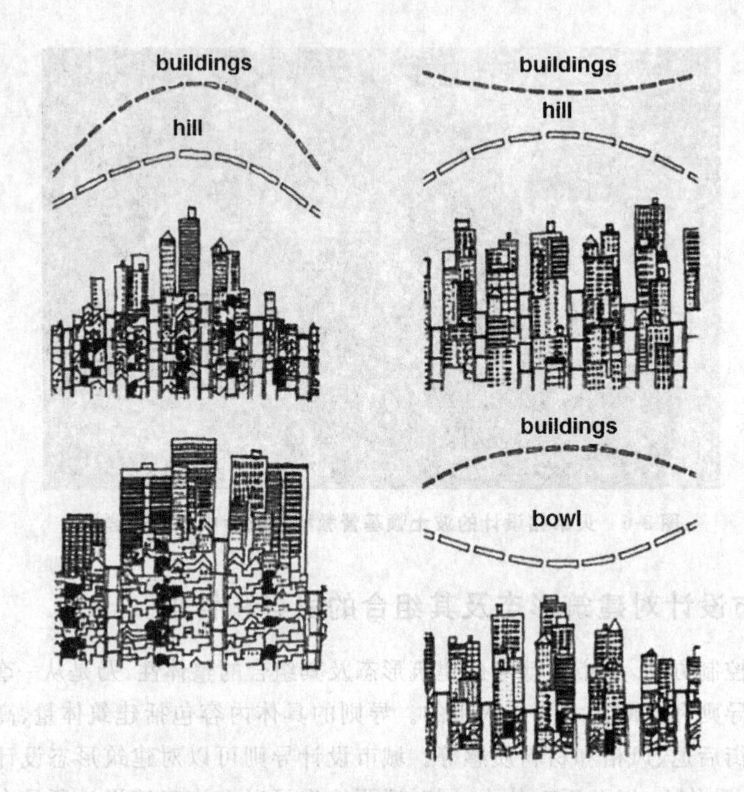

图 3-7 旧金山建筑群与山体的关系

资料来源：http://www. sf-planning. org/ftp/General_Plan/index. htm

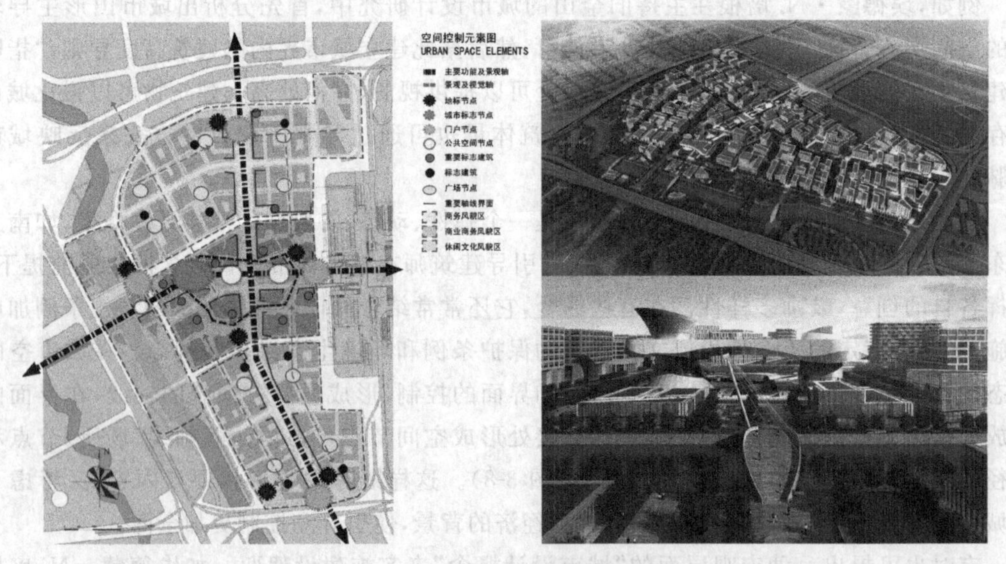

图 3-8 城市空间形态的引导

资料来源：上海市虹桥商务核心区城市设计

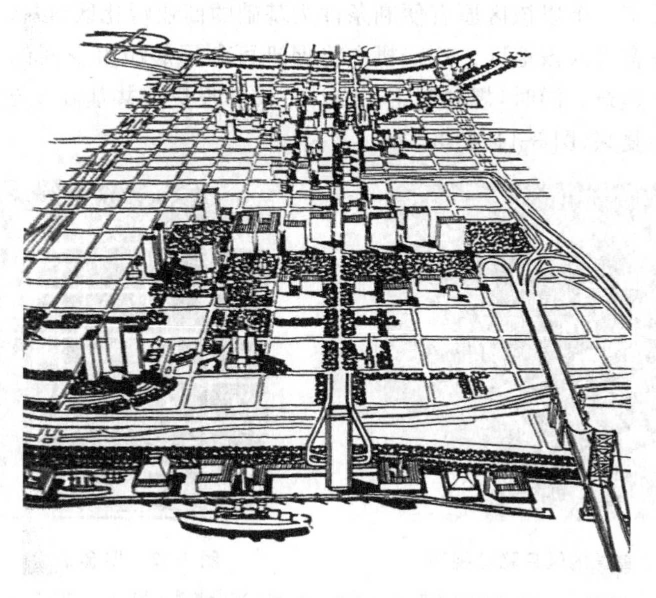

图 3-9 费城"设计结构"概念

3.4.3 旧金山湾概念规划及交通枢纽改造设计(加利福尼亚州,1996)[1]

旧金山湾(见图 3-10)概念规划为一片占地约 $74hm^2$,位于市场街以南,紧邻旧金山中心城区的地区进行的改造规划。该规划体现了基于市场分析的土地使用配置,其主要概念是通过对土地重新配置,促进一个有活力的、有综合功能的地区的再现。就现状而言,旧金山湾一带街区尺度过大,用地空旷,遍布地面停车场、高架路和汽车车道,交通负荷繁重。但与此同时,这个区域也有许多幽深静谧的小巷、精于折中主义风格的匠人、轻工业建筑、音乐俱乐部、夜间大学、新兴商业以及生活、工作一体化住宅开发等。

图 3-10 旧金山湾

资料来源:http://soso.nipic.com

[1] [美]理查德·马歇尔,沙永杰.美国城市设计案例[M].北京:中国建筑工业出版社,2004.2.

概念规划设计了一个以该区原有便利条件为基础的商业孵化区，以吸引本地、周围地区甚至国际的商业投资进入该地区。这一概念将促进可利用的城市空间的开发，建设密度较高且多样化的优秀建筑。同时，规划制定了设计标准和投资公共基础设施的方法，这些都将迅速推动该区域的复兴(图 3-11，图 3-12)。

图 3-11 旧金山湾地区鸟瞰透视图

资料来源：http://wenku.baidu.com/view/

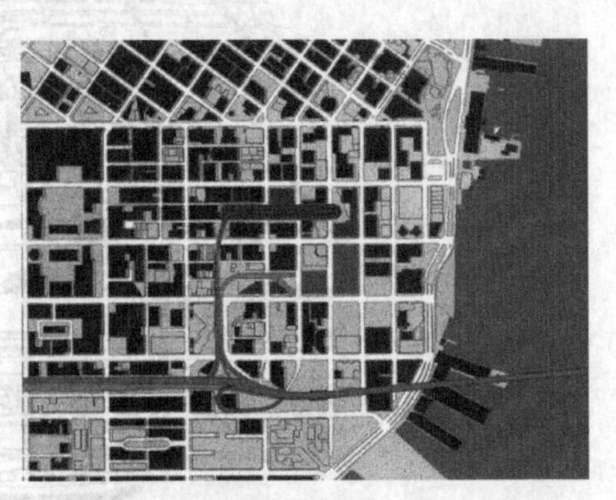

图 3-12 旧金山湾地区总平面图

资料来源：http://wenku.baidu.com/view/

旧金山湾交通枢纽建于 20 世纪 30 年代，是旧金山湾地区的主要交通中转中心。目前这一交通枢纽已经不能满足现在的建筑法规要求和未来使用需要，需要进行全面重整和改造。交通枢纽改造设计方案将该枢纽设计为一个活跃的、高密度的且具有多用途的区域，设计在提供最大程度中转交通服务的同时，尽可能地降低了新枢纽在视觉上对城市的影响。设计重新构思了旅客与交通枢纽之间的关系，并综合了对零售空间的考虑。与原来的建筑形成鲜明对比的是，新的枢纽最大程度地利用了自然采光，将中转活动集中在一个核心中庭内。新的交通枢纽不仅能容纳不断增长的汽车中转量，而且增设了火车中转设施，有与半岛和东湾相连的轨道交通以及与更远的车站相连的高速轨道交通(见图 3-13)。

图 3-13 旧金山湾交通枢纽立面及内部空间

资料来源：http://wenku.baidu.com/view/

该交通中心将服务于 12 条交通运输系统，并将成为未来的高速铁路总站。最终设计稿由佩里·克拉克·佩里(Pelli Clarke Pelli)完成。工程分为三部分：修建新的车站；将 Caltrain 铁路线延长 1.3mile，深入到金融区，并对周围地区进行再开发；修建 2600 套新房屋、占地 5.4acre 的花园屋顶以及一座零售街。新的客运中心位于旧金山的市中心，由钢铁和玻璃构建，外部曲线的灵感来自于摇摆的树干和背阴的树冠。另外，许多绿色建筑的理念也被纳入到了设计当中，包括被动式太阳能遮阳、高性能玻璃、地热制冷以及风能。除了强调所有的公共交通在同一个屋檐下之外，该交通中心的另一个特点就是在屋顶建造了一个5.4acre(合21 853m^2)的公园。城市公园包括露天剧场、儿童游乐场、咖啡厅、餐厅、公共艺品和莲花池，为公众提供丰富的教育和娱乐设施。绿化屋顶和公园将成为音乐表演和电影放映的露天剧场。这种设计极好的平衡了运输、社区和可持续力(见图3-14)。

图3-14 旧金山湾交通枢纽屋顶及外部空间

资料来源：http://wenku.baidu.com/view/

3.5 土地利用

城市土地利用的功能布局是否合理，与城市的运营效率和环境质量密切相关。土地使用的过程包括三个步骤：首先，根据上位规划(如区域规划、总体规划)、基本目标和预先的分析研究，建立土地开发设计的特定目标；其次，为所需要的土地使用建立特定标准，特别需要注意实施的可行性和使用的充分性；再者，依据目标和标准确定使用格局，展开规划设计。

3.5.1 土地的综合利用❶

在特定地段中，土地各种用途的合理交织是指某城市用地地界内的空间功能和占有的情况。理论上说，设计应尽可能让用地最高合理容量的占有率保持相对不变，以充分利用城市有限的空间资源。

现代城市提倡一种以中心城区、公共交通、步行系统为导向的新的增长模式，通过合理控制空间向外无序蔓延，创造一个更为紧凑、高效和可持续发展的城市空间。现代城市设计强调发展的密度和由公共轨道交通导向的发展，强调在大众交通换乘点附近进行土地开发❷，主张科学地规划城市，充分使用城市的空间容量，减少城市的盲目扩张，遏制“城市蔓延”(Urban Sprawl)，加强对现有社区的重建，重新开发空闲的、荒废的和被污染的土地(棕地，Brownfield Site)，以节约基础设施和公共服务成本，减少对自然资源和能源的消耗，如

❶ 赵景伟.紧凑视角下的城市三维空间整合及其实效性研究[D].山东科技大学，2011.

❷ 吴缚龙，周岚.乌托邦的消亡与重构：理想城市的探索与启示[J].城市规划，2010(3)：38～43.

北京798艺术文化艺术园区和英国伦敦金丝雀码头等。

北京798艺术区就是在原798厂所在地规划开发的文化创意产业园区(见图3-15)。798艺术文化艺术园区因其有序的规划、便利的交通以及风格独特的包豪斯建筑等多方面的优势,吸引了众多艺术机构及艺术家前来租用闲置厂房并进行改造,逐渐形成了集画廊、艺术工作室、文化公司和时尚店铺于一体的多元文化空间。在德国,埃森市某工厂是德国矿业同盟工业文化园区的一部分,该园区曾是欧洲最大的采矿区与德国工业命脉,随着工业时代没落,这里以包豪斯建筑风格被联合国教科文组织认定为世界文化遗产,从废弃工业区摇身一变为艺术文化产业园。

图3-15 熟悉的口号回响在工业的遗迹中(赵景伟 摄)

伦敦金丝雀码头拥有悠久的历史和辉煌的过去。自19世纪初开始到1980年关闭,它一直是兴旺的贸易、工业码头。码头在英国人心目中具有浓重的历史感和认同感,生气勃勃的码头区氛围是Dockland地区独特的历史文化要素。此外,金丝雀码头的用地位置与连接伦敦西城最古老的城区、伦教塔桥和伦敦东侧格林威治地区的空间轴线重合,伦敦城市的历史与码头区的历史在金丝雀码头的用地相叠加,共同形成了内涵丰富的历史文化资源。金丝雀码头的开发与Dockland码头区复兴的政策与运作方式有着密切的关联(见图3-16)。位于泰晤士河畔的Dockland码头区曾是伦敦最重要的港口,由于战后产业结构的调整和交通运输方式的转变,码头区日趋衰落。Dockland的大规模复兴开始于1981年,保守党政府参照英国新城开发的成功模式成立LDDC(伦敦码头区开发公司),以吸引私营企业引领市场为核心理念[1]。

综上所述,在城市设计中提高土地利用强度的两项技术措施是填充式开发和再开发。填充式开发是指对市区内公用设施配套齐全的空闲地的有效利用,再开发是对现有土地利用结构的替代和再利用,是对已利用土地的开发。其目的是改变城市蔓延造成的低密度用地格局,复兴城镇经济,因此不是见缝插针式的开发,而是以合理的规划为先导;开发出的土地不仅可以用于建设用地,也可用于绿地、开敞空间等,这有利于改善人们的生活质量。

此外,土地综合利用的另一方面是对用地进行地上、地面和地下的综合立体开发,以大型地下综合体(见图3-17)或者“地下城”的方式来提高土地使用效率。例如,曼哈顿中央商

[1] 韩晶.伦敦金丝雀码头城市设计[J].世界建筑导报,2007(2):100~105.

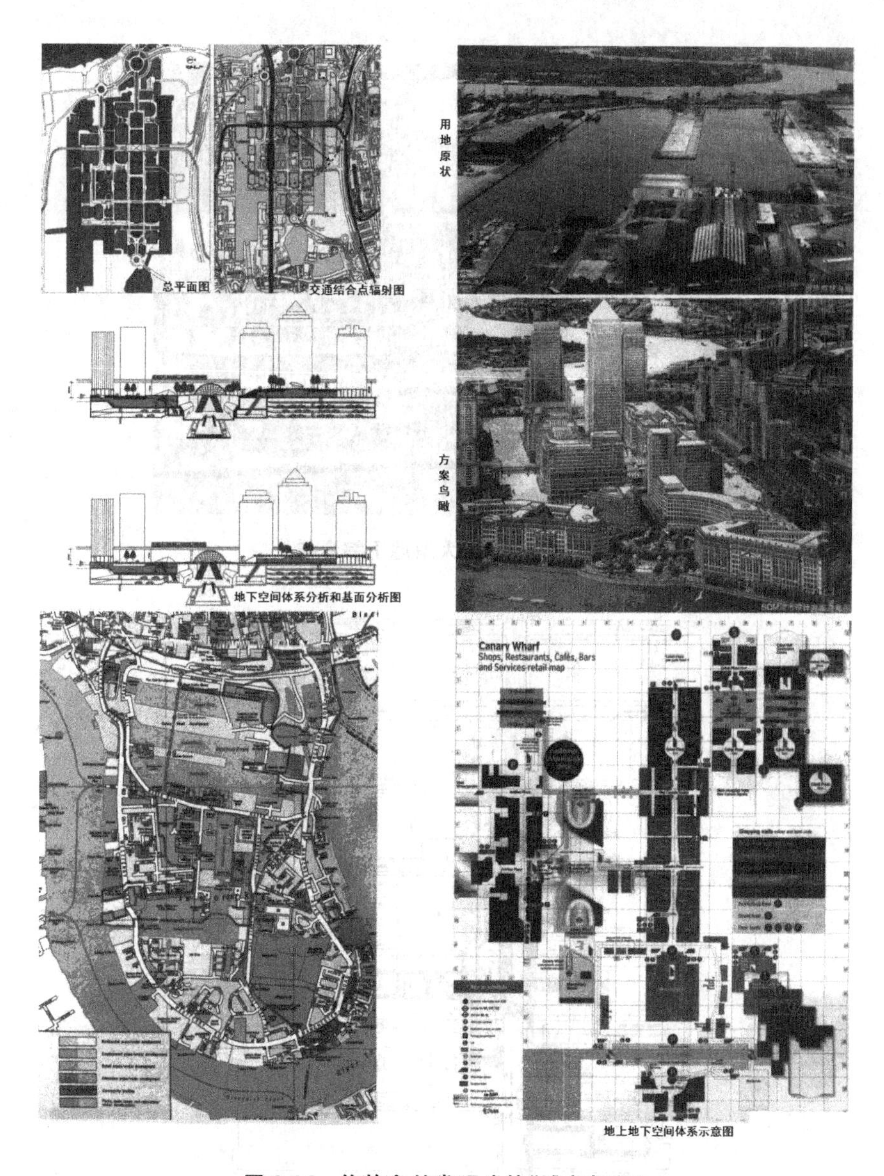

图 3-16　伦敦金丝雀码头的"城市复兴"

资料来源：韩晶. 伦敦金丝雀码头城市设计[J]. 世界建筑导报，2007(2)：100～105

务区(Central Business District，CBD)由于高层建筑过度密集，用地极为紧张。针对这一问题，政府加强了对地下空间的开发利用。首先是加强建筑物间的立体开发，曼哈顿高层建筑地下室由建筑物之间的地下空间连成一片，成为整个建筑群的组成部分，设置地下停车场、商场、地下通道和游乐设施，组成大面积的地下综合体；其次是加强地铁与著名建筑地下综合体的连接，政府规划时将地铁与联合国大厦、曼哈顿银行大厦和洛克菲勒大楼等著名建筑的地下综合体相连；第三是注重地下步行系统的建设，四通八达的地下步行系统很好解决了人、车分流的问题，缩短了地铁与公共汽车的换乘距离。同时，通过地下道把地铁车站与大型公共活动中心进行连接，如典型的洛克菲勒中心地下步行系统，将 10 个街区范围内主要的大型公共建筑在地下连接起来(见图 3-18)。

图 3-17　城市大型地下综合体

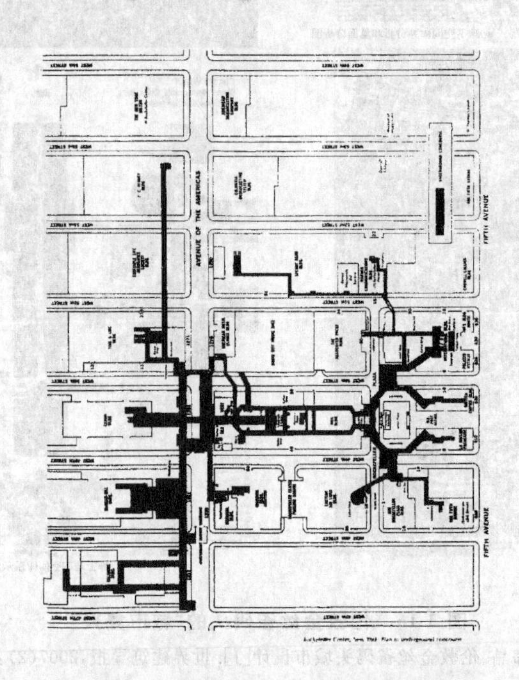

图 3-18　洛克菲勒中心地下步行街平面图

资料来源：陈一新. 中央商务区(CBD)城市规划设计与实践[M]. 中国建筑工业出版社，2006. 9：163

3.5.2 自然形体要素和生态学条件的保护

自然形体和景观要素的利用常常是城市的特色所在，它是城市形成和发展的固有因素。河岸、湖泊、海湾、旷野、山谷、山丘和湿地等都是构成城市形态的要素，设计师应该很好地分析城市所处的自然基地特征并加以精心组织。城市设计所要进行的是结合自然环境来创造人工环境，即包括一切非自然的建筑物、道路和构筑物等。

历史上许多城市大都与其所在的地域特征密切结合，通过精心组织与设计，形成个性鲜明的城市格局。如南京、苏州、桂林、西安和丽江等城市，在城市特色危机[1](Urban Identity Crisis)的大环境中仍然体现了自身的城市个性与特色(见图3-19)。再如巴西里约热内卢、德国海德堡、瑞士卢塞恩、澳大利亚布里斯班等都是依山傍水，地势起伏，城市建设巧妙利用基地地形，进行了富有诗意和有节制的建设，使城市掩映在绿树青山中，有机而自然(见图3-20)。

图3-19　苏州

资料来源：http://www.baidu.com

(a)

(b)

图3-20　城市的自然形态和生态特色

(a) 德国海德堡；(b) 瑞典斯德哥尔摩

资料来源：http://www.nipic.com

另外，生物气候的差异会对城市的格局和土地利用方式产生很大影响，比如：

湿度较大的热带和亚热带城市布局，可以用开敞、通透的风格，组织一些夏季主导风向的空间廊道，增加有庇护的户外活动的开放空间；

为了防止大量热风沙和强烈日照，干热地区的城市建筑可采用比较密实和"外封内敞"的城市及建筑形态布局；

寒地气候的城市，则应采用相对集中的城市结构和布局，避免不利风道对环境的影响，并需要加强冬季的局部热岛效应，降低基础设施的运行费用。

城市设计要关注城市的地域特征以及城市文脉的传承，创造环境的场所感和认同感。不同的地理位置、地形地貌，以及不同的气候特征、山川河流和土生土长的建筑材料，使城市各具不同的风貌。城市格局、建筑形式及风格等都在一定程度上反映或记忆着一定时空条件下，城市的文化素养、社会风尚、道德伦理以及艺术特点和经济技术水平等多方面信息。

---

[1] 城市特色危机是指在快速城市化过程中，城市格局、风貌正走向雷同，千城一面，由不同国家、地域、民族和历史形成的城市文脉、肌理、自然生态特征和乡土文化标识正在迅速消失的现象。

城市设计注重人的尺度与感受，最终的目的在于“反映、包容、支持人的活动。”(见图 3-21)

图 3-21　空间、环境的塑造——良好的地面生态环境+空中步行系统(见彩图)

资料来源：上海市虹桥商务核心区城市设计

3.6　开放空间

3.6.1　开放空间的定义和作用

关于开放空间(Open Space)的定义，国内外许多学者从不同角度提出了不同的解释。

英国 1906 年修编的《开放空间法》(Open Space Act)将开放空间定义为：任何围合或是不围合的用地，其中没有建筑物，或者少于 1/20 的用地有建筑物，其余用地作为公园和娱乐场所，或堆放废弃物，或是不被利用。

美国 1961 年的《房屋法》规定开放空间是“城市区域内任何未开发或基本未开发的土地，具有：公园和供娱乐用的价值；土地及其他自然资源保护的价值；历史或风景的价值。”

查宾指出：“开放空间是城市发展中最有价值的待开发空间，它一方面可为未来城市的再生长做准备，另一方面也可为城市居民提供户外游憩场所，且有防灾和景观上的功能”。

凯文·林奇认为：“只要是任何人可以在其间自由活动的空间就是开放空间。开放空间可分两类，一类属于城市外缘的自然土地，另一类属于城市内的户外区域，这些空间供大部分城市居民来从事个人或团体的活动”。

H. 塞伯威尼则把开放空间定义为“所有的园林景观、硬质景观、停车场以及城市里的消遣娱乐设施”。

C. 亚历山大在《模式语言：城镇建筑结构》中对开放空间的定义则是：“任何使人感到舒适、具有自然的屏靠，并可以看往更广阔空间的地方，均可称之为开放空间。”

艾克伯则指出：“开放空间可分为自然与人为两大类，自然景观包括天然旷地、海洋和山川等，人为景观则包含农场、果园、公园、广场与花园等。”

因此，城市开放空间是指城市的公共外部空间，是城市空间中最生动、最活跃的部分，具有丰富的城市景观要素如公园绿地、水泊河流、自然景观以及人工景观等。开放空间的价值，在于它们能够改善生态环境，为人们得到身心的放松提供游憩场所；美化居住邻里空间，提高居民的归属感和社区的整合性和凝聚力[1]。

---

[1] 任晋锋. 美国城市公园和开放空间发展策略及其对我国的借鉴[J]. 中国园林，2003，19(11)：46～49.

城市开放空间具有开放性、可达性、社会性、人工性、本土性和功能性的特点。国内外的研究表明，城市开放空间是城市空间系统的重要组成部分，有点状开放空间（如广场、公园和绿地等）和线性开放空间如绿带（Greenbelt）、绿道（Greenway）、公园道（Parkway）、游径（Trail）、河流廊道（Corridor）、遗产廊道（Heritage Corridor）等[1]。开放空间的景观构成要素有：植物、动物、水体、山体、广场硬质铺地和建筑、街道界面及街道设施、环境小品等。例如，随着现代城市用地的扩张，原来处于城市边缘甚至郊区的一些生产设施，也有可能演变为既发挥经济效益，又创造城市开放空间特色的“自然景观要素”（见图 3-22）。

图 3-22　滨州城市道路空间中的提油机（张茜茜 摄）

开放空间具有以下两个主要的作用。

（1）以绿地和水体为主的开放空间，能够有效维护和改善城市生态环境，保存有生态学和景观意义的自然地景，维护人与自然环境的协调，降低城市空气污染和热岛效应所造成的影响（见图 3-23）。

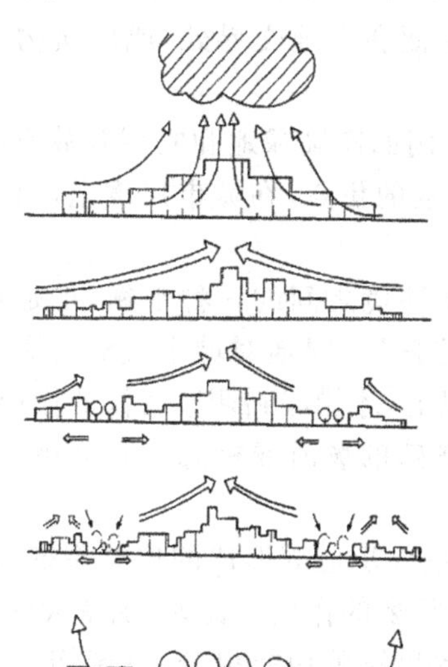

图 3-23　“城市热岛”效应对空气流动的影响以及开放空间的缓解效用

资料来源：徐小东. 开放空间应优先成为城市设计的重要准则[J]. 新建筑，2008(2)：95～99

---

❶ 李咏华，王纪武，王竹. 北美线性开放空间规划与管理经验探讨[J]. 国际城市规划，2011(4)：86～90.

（2）以广场、街道和公园为主的开放空间，能够有机组织城市空间和人的行为，发挥文化、教育、游憩和交通等作用，促进和提高城市生活环境以及城市的防灾能力（见图 3-24）。

(a)

(b)

图 3-24　城市公园

（a）济南五龙潭公园（赵景伟 摄）；（b）波士顿中心公园

资料来源：http://www.nipic.com

3.6.2　开放空间的特征和构成

1. 开放空间的特征[1]

大多数开放空间是为满足某种城市功能而以空间体系存在的，所以连续性是其重要特征。林奇曾指出，正因为开放空间有开阔的视景，才强烈对比出城市中最具特色的区域，它提供了巨大尺度上的连续性，从而有效地将城市环境品质与组织做了很清晰的视觉解释。

开放空间在城市结构体系中承担的角色特征大致如下。

（1）边缘：即开放空间的界限。它出现在水面和土地交界处，或建筑物开发与开敞空间的接壤处，是设计最敏感的部分，需审慎处理。

（2）连接：指起连接功能的开放空间区段。例如连接绿地和实用开放空间的道路和街道，可以是一个广场和其他组合开放空间体系要素的焦点，在城市尺度上，河道和主干道也可以成为主要的起连接功能的开放空间。

（3）绿楔：指能够提供自然景观要素与人造环境之间的一种平衡，也是对高密度开发设计的一种变化和对比，是城市开发中的“呼吸空间”。绿地对城市气温的影响取决于绿地覆盖率，一个地区的绿地覆盖率至少应在 30％以上，才能起到调节气候的作用[2]。

（4）焦点：是一种帮助人们组织方向和距离感的场所或标志。在城市中，它可能是广场、纪念碑或重要建筑物前的开放空间。

（5）连续体：是指由自然河道、公园绿地和室外步道等形成的连续系统，在积极推动社会文化生活、生态环境的保护与改善等方面具有重要的作用。比如，加拿大的渥太华开放空间规划[3]突出之处在于实现了兼顾生态保护的休憩娱乐功能提升，以亲切宜人的城市空间尺度与自然资源要素的有机结合为主要形态特征。渥太华多尺度、连续的城市滨水开放空

---

[1] 王建国. 城市设计[M]. 北京：中国建筑工业出版社，2009. 9.

[2] 徐小东. 开放空间应优先成为城市设计的重要准则[J]. 新建筑，2008(2)：95～99.

[3] 李咏华，王纪武，王竹. 北美线性开放空间规划与管理经验探讨[J]. 国际城市规划，2011(4)：86～90.

间分布于区域尺度的环渥太华绿带、城市尺度的 105km 休闲公园道和旧渥太华绿道体系中，休憩娱乐的功能始终作为其对城市的特殊贡献而备受关注。长 38mile(约 61km)的渥太华绿带为城市居民提供了独特的乡村体验和绿带景观，让市民在其中悠闲地散步、远足、玩滑板、骑自行车，同时把主要的旅游名胜和其他廊道连接起来(见图 3-25)。

图 3-25　加拿大渥太华连续性开放空间(见彩图)

资料来源：http://ditu.google.cn;http://soso.nipic.com

2. 开放空间功能体系

按照空间负载的功能属性，开放空间可以分为两种类型：单一功能体系和综合功能体系。单一功能体系是以一种类别的形体或者自然特征为基础形成的空间体系，如公园、城市街道、广场和道路构成的廊式空间体系(见图 3-26)。综合功能体系是集多种功能为一体的，包含各类建筑、街道、广场、公园、水道和山体等(见图 3-27)。

图 3-26　合肥包河公园

资料来源：http://soso.nipic.com

图 3-27　波士顿开放空间鸟瞰图

资料来源：http://soso.nipic.com

综合功能开放空间体系承载着丰富的自然生态信息和社会历史文化信息，其兼顾人类社会心理需求和生境保护需求的特征与绿色基础设施的概念和特征相吻合。绿色基础设施具有提供新鲜的空气和洁净的水环境，保护野生物种和生态的多样性，减少洪灾，吸收碳排放等必要的生态服务功能及休闲、游憩、自然和文化遗产保护等多种社会功能，因此被广泛认为是整合提升整体保护与发展的多尺度策略和多元化目标的最佳途径。明尼阿波利斯和圣保罗双子城被评为拥有美国最佳区位、最有力资助、最优秀设计和保护最完好公共开放空间的城市。修建于1883年的双子城“格兰德圆形”可以被看作是美国第一个真正意义上的翡翠项链(见图3-28)，其成功之处在于多元化目标的整合、超前的规划设计理念及迅速、决定性的实施。双子城密西西比河沿岸是当代灰色工业基础设施转变为绿色基础设施的一个优秀范例，其活跃的开放空间规划紧紧围绕丰富的水系和森林等绿色基础设施资源而展开[1]。

图 3-28 明尼阿波利斯和圣保罗双子城开放空间体系(见彩图)

资料来源：http://ditu.google.cn

3.6.3 开放空间的设计

城市开放空间的设计可分为两个阶段：总体城市设计和局部城市设计。城市开放空间作为城市设计的重要内容，在不同阶段的城市设计过程中研究的项目和深度也有所区别。

在总体城市设计中，应明确城市重要开放空间的结构分布及公共活动中的内容、原则、规模和性质，分析城市开放空间与交通、步行体系的联系，应根据整体性、连续性和有机性原则，侧重城市开放空间系统的设计。

局部城市设计阶段要确定：城市公共开放空间(含地上和地下)的位置、面积、性质和权属；公共空间的活动设施与交通体系和步行体系的联系；对公共开放空间及周边建筑的设计要求和控制原则。

---

[1] 李咏华，王纪武，王竹.北美线性开放空间规划与管理经验探讨[J].国际城市规划，2011(4)：86～90.

开放空间的设计具有以下三个明显特点[1]。

1. 自然生态化

为了减小人类活动对自然环境的不利影响，通过生态设计的乡土植物造园来增大城市栖息环境的小斑块面积、加强斑块间的连接，将生态系统完整性理念应用到植物设计，蓄留城市雨水和可渗透性开放空间铺装技术等方法，也不断应用到开放空间建设实践中。

2. 人性化

开放空间的设计要关注不同人群在环境中的行为反应和人们对开放空间的认知及感受，通过更多的调查和观察来改善、营建人性化开放空间。

3. 人文化

开放空间的景观设计特色、风格与国家民族文化紧密联系，我国城市化建设中应该关注与开放空间相关的历史文化遗迹、传统聚落等的保护和传承。

3.6.4 开放空间的设施与建筑小品

城市开放空间中的环境设施和建筑小品在空间的实际使用中，按其内容和用途可分为休息设施、卫生设施、公用设施、环境标识、标志与标牌、阻拦诱导设施、绿化设施和其他设施等。环境设施是指城市外部空间环境中供人们使用、为人的活动服务的一些设施。

完善的环境设施会给人们的正常生活带来许多便利，给人们提供休息、交往的方便，体现足够的舒适性和艺术性，为城市空间环境带来积极的影响(见图3-29)。

图3-29 城市环境设施要满足人们的使用

资料来源：http://www.baidu.com

建筑小品则一般以亭、廊和厅等各种形式存在，或单独设于空间中，或与建筑、植物等组合成半开敞空间。但同时许多饮料店、百货店、邮筒和电话亭等又具有独自的功能。

邮筒和电话亭均是城市中心的基本建设内容，也是城市公共场所中的通信设施，它们的位置状况不仅反映城市公用事业的水平，也标志着城市生活的节奏和效率，是城市景观的组成之一。邮筒一般固定设在街道路口，电话亭则主要分布在主要街道、广场和公共活动场所

[1] 邵大伟，张小林，吴殿鸣．国外开放空间研究的近今进展及启示[J]．中国园林，2011，27(1)：83～87．

的人流集散地。电话亭设计和布置要求美观大方，与环境特点相协调，做到既容易被使用者发现，又不过分夺目。

室外座椅应设置在公共性强的地方，如商业广场就需提供一些供人们休息的空间和座椅，方便行人舒缓体力和情绪。步行专用道上也可以在一定的距离内设置座椅，结合树木、花坛和亭廊等设施，创造轻松、愉快的休息环境。

无障碍设施的普及程度是反映城市文明的标准之一。城市环境是面向大众开放的空间，作为城市景观主要内容的环境设施也应体现对所有人的关心，城市环境改善与创造的目标是建立使健全人、病人、孩子、青年人、老年人和残疾人等都没有任何不方便和障碍，能够共同地自由生活、活动的城市。所有步行道和步行广场，凡是地面与进入建筑时有高差的地方均应设计方便步行或轮椅攀登的坡道。在步行专用道路区域内，为了给残疾人、老人等行走困难者提供方便，应结合步行空间的设计，在适当的间隔设置带座椅的休息场所。设计公共场所的厕所时，须考虑为残疾人专设厕间。另外，公用电话亭的设计也应考虑方便残疾人使用的问题。

综上所述，城市开放空间中的环境设施和建筑小品要能够满足人们休息，使用安全、方便，易于遮蔽、界定领域等，还要注意美观，并易于清洁(见图 3-30)。

图 3-30 城市开放空间中的环境设施和建筑小品(赵景伟 摄)

3.6.5 开放空间优先[1][2][3]

作为城市生态系统中惟一具有自然生活物质和再生机制的空间实体，城市开放空间具有缓解城市环境恶化的作用，是实现城市生态环境目标的重要内容。早在 20 世纪 60 年代末期，美国学者西斯曼等在犹他爵士州的土地利用研究中，针对开放空间规划首先提出了“不应建设地段”的概念，其后麦克哈格的《设计结合自然》、西蒙兹的《大地景观》和查宾的《城市土地利用规划》等在城市与景观环境规划界有重要影响的著述都十分重视开放空间的

[1] 王晓俊，王建国．关于城市开放空间优先的思考[J]．中国园林，2007，23(3)：53～56．

[2] 徐小东．开放空间应优先成为城市设计的重要准则[J]．新建筑，2008(2)：95～99．

[3] 郑宏．优先规划北京旧城公共开放空间[J]．北京规划建设，2006(2)：94～98．

保护与利用。20 世纪 70 年代以后，无论规划思想还是实践都更加注重开放空间建设，并且形成了“开放空间优先”的规划思想。

“优先”是指在诸多规划要素中，将城市开放空间作为首先考虑的规划要素。为了实现“开放空间优先”的理念，需要更加强调整体诸多要素的功能关系，把优先规划形态和后续形态统一设计，以开放空间优先作为城市设计前瞻性、预见性和理想化的目标之一。由于所涉及的自然要素或土地类型很多，开放空间在城市景观以及生态与环境作用上有所差别。因此，在城市用地紧张而需要取舍的情况下，就应该优先考虑保留或恢复那些自然价值高或特殊的开放空间类型，比如城市生态环境意义大，服务功能强，景观视觉、文化或美学特征突出的开放空间。此外，“开放空间优先”还要重视区位优先（Location Priority）和格局优先（Pattern Priority）。

为了实现“开放空间优先”的理念，应该舍弃一些所谓的经济利益。当前，我国的城市建设正在逐步加快，在政策、法规等还未健全的背景下，一些开发商、企业往往会对城市中需要加以保护并开发建设的自然地块进行大肆破坏，如挖山、填湖等极大地损害了城市的开放空间资源。2012 年的武汉沙湖填湖事件[1]应该引起城市部门和设计者的充分重视，类似的现象在我国还存在很多。

作为人与自然交流沟通的桥梁，城市开放空间紧邻居民生活区，对居民日常生活影响最大。通常，城市开放空间主要有以下几种布局模式。

1. 浮岛式

浮岛式以英国哈罗新城等为典型实例，用绿色开放空间在新城的街区之间、街区内各邻里之间以及各住宅组群之间加以分隔，通过城郊绿野连续不断地渗入街区内部，形成联系紧密的有机整体，从而获得最大的整体性与连续性。这种模式要求以不小于 100m 的绿化带将街区分隔为若干面积不大于 $250hm^2$ 的区域，有利于形成畅通的风道，将郊外新鲜的空气输入城区，从景观和生态角度来看最为有利（见图 3-31），其缺点是占用的土地较多。

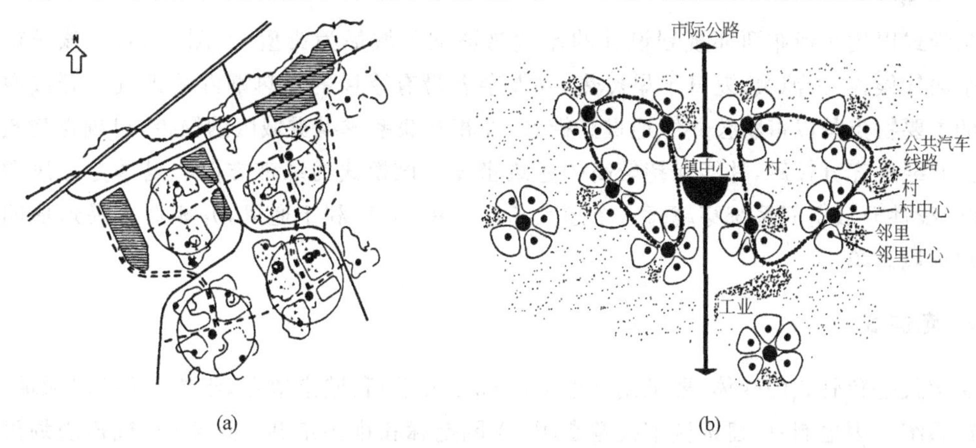

图 3-31　城市开放空间布局模式——浮岛式

（a）哈罗新城模式；（b）哥伦比亚新城结构

---

[1] 武汉沙湖遭开发商填湖建房 万亩湖面缩至 119 亩. http://news.sina.com.cn,2012-03-29.

2. 散点式

散点式受到苏联游憩绿地分级均布的影响，是在用地紧张情况下的一种绿色开放空间分布模式(见图 3-32)。它要求街区以交通干道为界，各级公共开放空间作为绿色嵌块分布于各自相应规模的用地中心，并用绿道将各嵌块联系起来，基本呈现出向心模式。这种多点分散布局的模式有利于形成“网状组构”，比单独的大型开放空间具有更好的生物气候调节效果，是一种较为理想的布局模式。

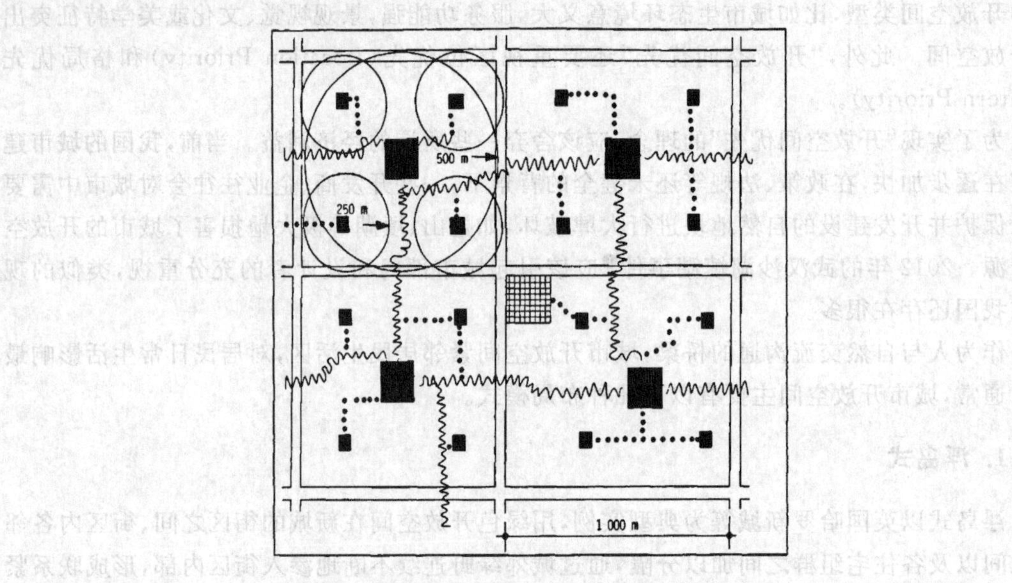

图 3-32 城市开放空间布局模式——散点式

3. 鱼骨式

鱼骨式以勒·柯布西耶规划设计的印度昌迪加尔城最为典型(见图 3-33)。该城市具有复杂的气候，冬天凉爽，夏日干旱炎热，并夹杂着带有季风的炎热潮湿的天气。开放空间布局的主要特点是以带状公共绿地贯穿街区，并相互联系成纵贯城区的绿带，可确保建筑组群与公共绿地充分接触，并能保持较高的建筑密度。该模式的绿带方向与夏季主导风向一致，并使线性开放空间系统穿越每一个超大街区的中心，有利于通风，并相对容易形成明确的整体环境意象。

4. 廊道式

廊道式是鱼骨式的变体，要求结合地形(山形、水系)和城市道路，组织好线形“绿带”与“蓝带”系统。因地制宜，建构城市视觉走廊、通风走廊和排污走廊。近年来，杭州规划设置了 18 条贯穿主城的生态廊道(见图 3-34)，南京也将 7 条绿色走廊楔入城区。国内其他的一些大型城市设计和社区规划也开始采用此类模式。

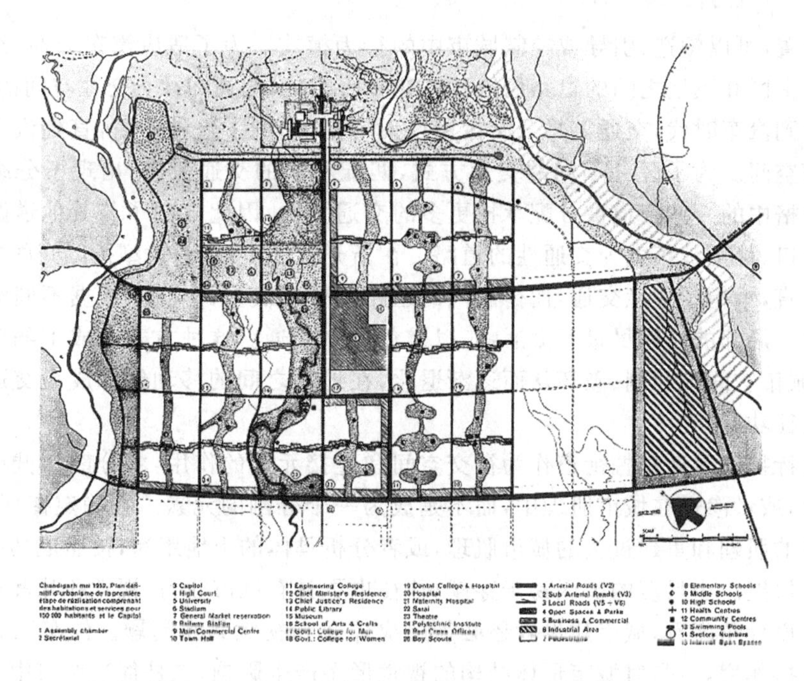

图 3-33　城市开放空间布局模式——昌迪加尔模式

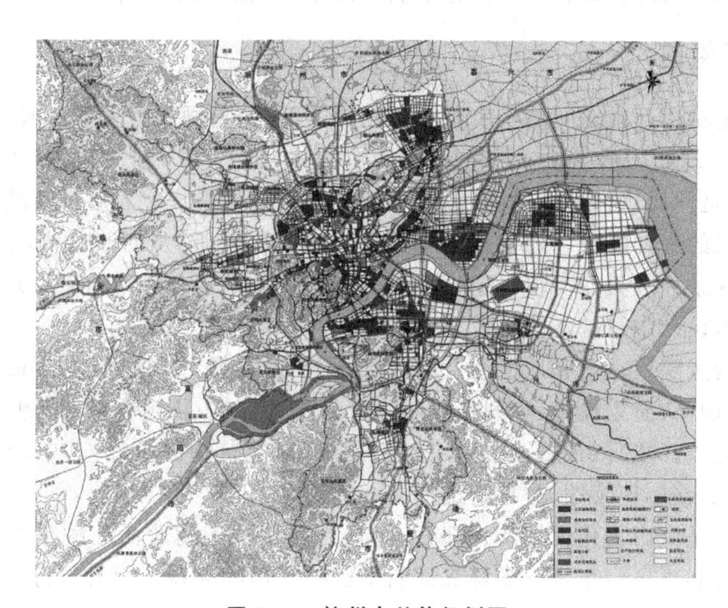

图 3-34　杭州市总体规划图

资料来源：http://wenku.baidu.com,杭州市城市总体规划分析.ppt

3.7　其他要素

3.7.1　交通和停车

道路网络是城市空间形态变化的另一个主要原因。利用道路、公交线路、人行道路和停车场等的设置，可以塑造、引导或控制城市中的行为模式。为了适应汽车交通，细密有机的网格被大型街区和飞地之间的道路所取代。在步行时代，交通和社会交往空间的矛盾很小，从马车时代到汽车时代，交通工具开始占用行人空间，加剧了这种矛盾，直到汽车交通完全主导了道路空间。为了区分不同的交通方式，匹配不同的交通流量，出现了分级的道路系统。传统网格中的一些街道被分配承担更多的交通负荷，因此限制了与其他道路的连接或地块的出入口，甚至被拓宽为交通性的道路。在新开发的土地上，大型街区间的主干道被设计得又宽又直，承担了过境交通，而街区内的道路主要解决内部交通，根据不同流量设计成不同的尺度。局部的路网尽量不太通畅，以避免外来交通。这种方式造成了隔离和破碎的城市区域，城市空间被切割、破坏从而逐渐退化，在地块之间的移动纯粹成为交通行为而失去了社会交往功能。

城市设计提倡重新挖掘街道作为社交空间和连接元素的作用，将分散的城市区域重新缝合在一起，或者渗透在城市肌理中，而不是成为一个分割的元素。在确定街区尺度时，可以尊重现有的肌理和重建过去的城市肌理，或者分析具体的土地用途，按照成功的先例确定合适的街区尺度。小尺度的街区易于穿越，往往也更具有城市活力、视觉趣味和可识别性。

从城市设计角度看，城市建设者还必须解决停车和视觉景观问题。停车因素对环境质量有两个直接作用，一是对城市形体结构的视觉形态产生影响，二是促进城市中心商业区的生存。因此，提供足够的、具有最小视觉干扰的停车场地是城市设计成功的基本保证。

3.7.2 步行街区

步行街区是城市开敞空间的一个分支。欧洲的荷兰、德国和丹麦等国家最早发展了“无车辆交通区”(Traffic Free Zone)，如德国埃森市的林贝克大街 1922 年封闭交通，1930 年建成林阴步行街，是现代步行街最早的雏形。实际上，步行街是现代人对日渐减少的生气勃勃的街道生活现象的一种反驳。随着新型步行街的建立，人们已从对步行街购物条件的关注转移到了对交往条件的关注。步行街(区)——作为一种最富有活力的街道开敞空间——已经成为现代城市设计中最基本的构成要素之一。

步行街由两旁建筑立面和地面组合而成，因此其要素有：铺地；标志性景观(如雕塑、喷泉)；建筑立面、橱窗；游乐设施(空间足够时设置)；街道照明；街道小品；植物配置；特殊空间(如街头献艺场所)。步行街的设计复杂程度不亚于对建筑物的设计，其中最关键的还是城市环境的人性化、整体连续性、类型的选择和细部。

步行街不仅是城市美化规划的一部分，而且是支持城市商业活动的重要构成。上海城隍庙步行商业街和青岛台东步行街等都证明了这一作用的存在。而且步行街建设的成功与否还与城市中某特定地段乃至整个城市的生活状态有关(见图 3-35)。

3.7.3 使用活动

城市景观是一个连续系统，通过为富有生机的活动设计整体环境而充满情趣，人的活动、汽车的运动、云彩以及植物色叶的变化都参与其中，不过最重要的还是人的活动。行为和空间形态总是相互作用的，一个场所的位置、空间形态和特点能吸引特定的城市功能、用途和活动，反过来，城市活动也会寻找最能满足它要求的场所(见图 3-36)。空间设计和人的行为模式的相互依存性(Interdependency)构成了现代城市设计的又一关键要素，国外把

图 3-35　青岛台东步行街

资料来源：http://www.sdlysp.cn/UpLoadFiles/Article/2012-11/2012110115482714848.jpg

此称为活动支持(Activity Support)。人的城市生活分公共和私密两大类，前者是一种社会的、公共的、外向的街道或广场生活；后者则是内向的、个体的、自我取向的生活，对宁静、私密性和隐蔽感的要求较高。

图 3-36　法国里昂沃土广场的使用

3.7.4　标志与标牌

成功的标志对形成有生机活力的城市环境具有重要作用。反之，失败的标志所起的消极作用也不可低估。广告标志日益成为现代城市中的重要视觉元素。从城市设计的角度来说，各行各业所需要设立的广告标志及设计质量必须予以管理控制，同时必须规范化，减小视觉负效应，保持城市景观的协调以及与公共标志或交通标志的协调，尤其应注意防止对驾驶员的视觉干扰。

由于具体环境、性质、规模和文化习俗的差别，不同城市对标志设计的要求也有差异。如北京、华盛顿这样一些政治文化中心，一般对各种标志的质量管理都很严格，并在数量上严加限制，甚至有些地段根本不允许设置任何形式的标志。一般来说，各种标志广告牌、招幌和霓虹灯的无序交织最易形成信息的冲突。美国环境景园大师哈普林认为，应限制私人(个别单位)的标志，因为它们在制造一连串令人眼花缭乱的信息，污染着我们的城市环境。反之，标志符号过于统一，一切井然有序，又会导致城市环境的索然无味。因而，建立关于标志与标牌的城市设计指导框架十分必要。

关于标志的城市设计问题已经受到我国学者的关注。深圳市的城市设计政策已明确提出专门的广告标志问题，并提出："应当对广告牌大小、竖放地点以及照明等有所规定，并制定一套全面的管理办法。"

3.7.5 保护与改造

在人们传统观念中，保护(保存)与改造似乎是专指对历史建筑和遗存而言，其实不然。保护与改造涉及所有的建筑和空间场所，无论是暂时的还是永久的，只要它们具有文化意义和经济活动就有保护的价值。

城市设计应保护这些场所以及与其有关联的行为。这种思想现在已得到广泛的认同，开发商也认识到对历史场所的保护能带来更多的人流。保护与改造的内容是极其庞杂的，在此仅从城市设计的角度略加分析。

首先，城市设计应关注作为整体存在的形体环境和行为环境，保护不仅意味着保存和改造现存的城市空间场所、居住邻里以及历史建筑，而且要注意保护有助于社区健康发展的文化和人的习惯行为。

保护与改造涉及的价值构成主要有两部分：一是城市土地的经济价值；二是隐藏在全体居民心中的可以驾驭其行为并产生地域文化认同的社会价值。我国城市在旧区改造，特别是旧居住区改造时，对后者还没有引起足够的重视。近年来情况有所改观，如南京明城墙和夫子庙街、合肥城隍街、天津古文化街的更新改建，重新唤起了居民心中的旧日回忆和文化认同感，同时也给这些城市注入了新的活力(见图 3-37)。

南京明城墙风光带

图 3-37 城市的保护与改造

资料来源：http://www.yuanlin.com/console/editor/UploadFile/20057893125470.jpg

城市的保护与改造，总的趋势是在力求保护旧城原有结构的前提下，嵌插一些小型的、改造的建筑，但不是重建传统、恢复历史。为了做到新老协调(不只是形体上的)，城市设计强调深入研究城市历史，注重调查现状；同时，应有层次地进行“城—区—街坊—组群—单体”的分析。

重新评价旧城的综合价值构成也是当前我国城市保护与改造工作中最迫切、最重要的内容。越是文化深厚、历史悠久的城市，调查愈要细致，有条件的应把重要街区乃至单体建筑编制成现状图，并将其建筑建造年代、房屋产权、使用条件、保留价值、立面和毗邻建筑环境现状分别建立档案，编制评价图。其次，要尽量与社会科学工作者合作，对城市的历史演化、文化传统、居民心理、价值取向及行为特征等作出分析。只有在这两项工作的基础上，才能开发进一步的城市更新改造工作，并确定城市设计的研究课题。

思考题与习题

1. 国外城市设计要素有哪些类型？
2. 国内城市设计要素有哪些？与国外有何区别？
3. 怎样考虑建筑形态与城市空间的关系？
4. 如何在城市设计中加强对建筑形态的引导与控制？
5. 何为土地利用？如何做好城市的特色延续与个性塑造？
6. 城市开放空间的含义是什么？怎样理解城市开放空间的体系？

第4章

城市设计的原则、过程与成果

4.1 城市设计的原则

4.1.1 与自然生态相协调

李约瑟认为:“地理因素不仅是一个背景,它是造成中国和欧洲文化差异以及这些差异所涉及的一切事物的重要因素。[1]”这充分说明了自然生态环境对地域的重大影响,城市设计的分析必须从自然生态的协调开始。

气候条件通过对光照、空气的温度、湿度和流向以及极端气候等特征作用于人的生存环境。“春雨江南,秋风蓟北”,道出了我国南北城市的差异。如福州夏季炎热漫长,多雨湿度大,晴雨交替频繁,经常会有台风,冬季短暂温和;兰州夏季凉爽短暂,少雨干旱,昼夜温差大,大风、沙尘暴灾害气候严重,冬季漫长。因此基于自身气候特点,城市在对气候的积极适应和调整中形成自身的特色。福州建筑多注意朝向、通风、防晒和降温,如“三坊七巷”的院落布局“前疏后密”,夏季主导南风、东南风通风,冬季遮挡北风;“高墙窄巷”,则有利于阻挡台风,夏天形成的大片阴凉能起到降温作用。随着福州人生活方式的改变,现代高楼大厦代替了传统街区,但因气候的原因,居住建筑设计中的板式建筑会比点式建筑更受当地人欢迎,因此,现代城市设计过程中以此作为设计的出发点。兰州建筑布局更侧重保温取暖和避大风,因而多选避风向阳而居,重视建筑保温和防风沙;街道相对开敞,开放空间更受百姓欢迎,是晒太阳和交流的场所。公园的设计则更重视对整体风沙气候的防范,采光空间留置结合绿化的围合。

俗话说,“一方水土养一方人”,不同自然环境影响着人类的生活、生产方式和生活习惯等一系列行为,影响着建筑的布局和建筑材料,从而间接地影响了城市街道与城市的空间形态、城市的功能和结构。自然条件的变化和自然环境的多样性是地域特征形成的物质基础,而在地域特征的城市设计过程中,利用场地的自然环境特征则是对“场所”的一种培育行动。

4.1.2 与城市文化相结合

《北京宪章》提出:“文化是历史的积淀,它存留于建筑间,融汇在生活里,对城市的营造

---

[1] 李约瑟. 中国科技技术史第一卷第一册[M]. 北京:科学出版社,1990.

和人的行为有着潜移默化的影响,是城市和建筑的灵魂。"城市发展必须与文化相结合,本书认为其涵盖了两个方面的内容:传统文化的传承以及与现代文明和外来文化的结合,共同构成了地域文化的时间和空间特征。

1. 传统文化的传承发展

地域的传统文化是生活在这片土地上人们的生存经验的积累,有对自然环境和社会关系的适应,也有代代相传过程中形成的价值观和世界观等。这些无不是地域形成过程中积累的丰厚经验。在城市设计过程中,传承与发展地域传统文化,是对人类生存经验和思想精髓的继承;并且能够唤起当地人们对地域场所的怀念和情感的认同,有了存在于此时此地的意义,即所谓"心属场所";同时,也利于地域特色的形成。对本土文化的传承体现在城市设计的从城市的功能结构到空间形态等方面。

(1) 对传统文化的扬弃

如今,很多人花大量的时间、金钱和体力奔走于山西平遥、安徽宏村、江苏周庄和云南丽江(见图4-1)等去寻找传统记忆,传统文化旅游热在很大程度上反映了人们内心深处对传统文化的渴求和怀念。但是,传统文化的传承绝对不是对历史的简单复制,而是对其进行"活化",如上海"新天地"在保护基础上的功能转换,是在对传统文化的扬弃过程中紧握时代的脉搏(见图4-2)。

图4-1 中国传统城市

资料来源:网络整理

(2) 对地域传统形式的借鉴

对地域传统形式的借鉴可以是传统语汇的使用,如福州传统中轴线两侧商业街的设计中,延续了上楼下廊的骑楼模式,并融入地域建筑语式马鞍墙,将传统商业文化演绎得惟妙惟肖;可以是隐喻与象征的手法,将意义隐含于设计文本之中,如美国后现代主义的代表人物之一查尔斯·摩尔的作品——新奥尔良市意大利广场(见图4-3),矶崎新设计的筑波城

图 4-2　上海新天地——旧城保护

资料来源：网络整理

市中心广场（见图 4-4）。这种设计方法是以传统的形式，使设计带上文化和地方印迹，具有表述性而易于理解，更让生活在那里的人乐于接受，就如对新奥尔良市意大利广场的评价一样，“建筑难得使人感到快乐、浪漫和有爱的感情，意大利广场是难得的作品之一”。城市设计在传统形式借鉴过程中应更重视传统空间的研究，而不是简单符号的运用，关注人生活的空间品质才是关键。

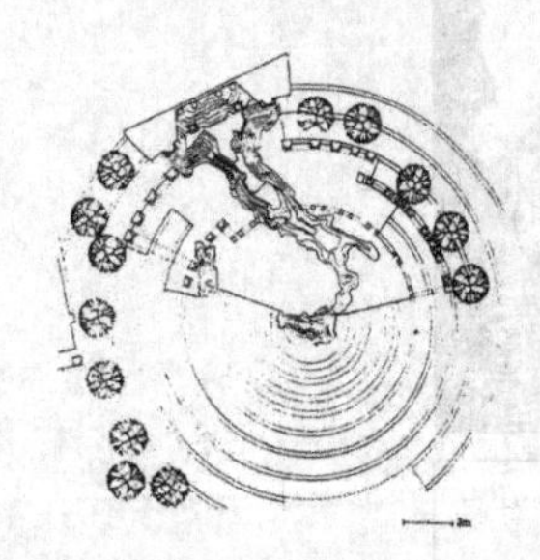

图 4-3　新奥尔良市意大利广场

资料来源：刘永德. 建筑空间的形态、结构、含义、组合[M]. 天津：天津科学技术出版社，1998

http://www.jzwhys.com/news/15652559.html

2. 现代文明、外来文化的兼容并蓄

城市作为传统文化与现代文明的客观载体而存在，并提供给人标识自身社会属性的坐标。因此，城市设计的分析方法既要尊重地方的历史文化——肯定和发扬具有某种地域意义的形式；也要积极融入现代文明——城市发展的必然规律，是传统文化自身发展的动态需要。另一方面，经济全球化引发了全球的文化同质浪潮，科技成果共享下掩盖着人与传统地域空间分离的趋势。因此，地域文化被越来越多的有识之士所倚重和倡导，并吸收一些对自由有益的外来文化，特别是先进的理论、经验和审美规律，使其融入到现代化的民族文化和传统文化中。正如彭一刚先生说的，“看到不同文化之间的互补性，中国文化可以补偿西方

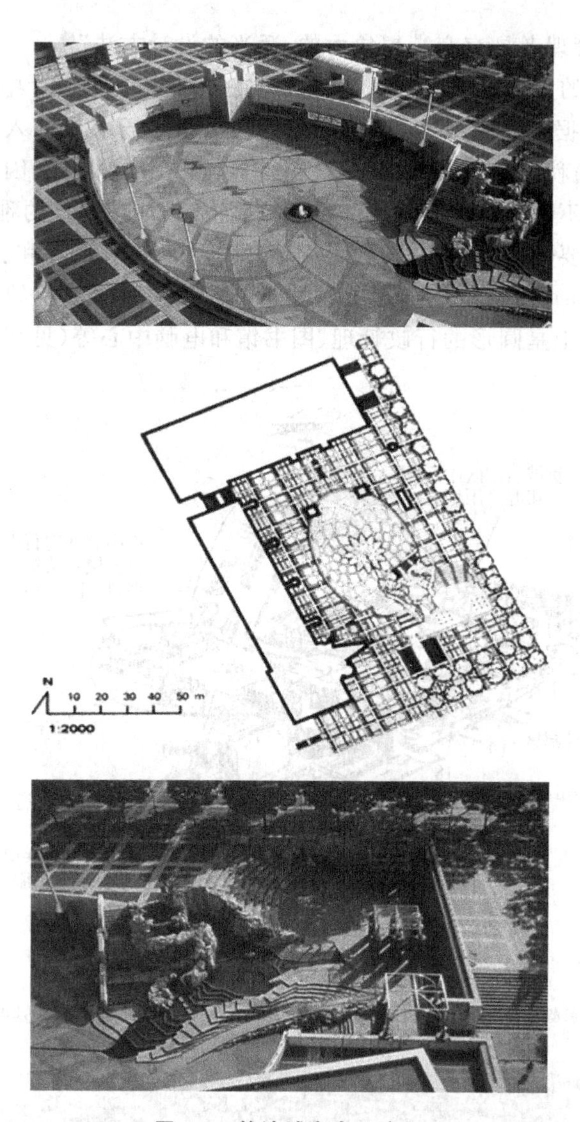

图 4-4　筑波城市中心广场

资料来源：http://bbs.godeyes.cn/showtopic.aspx? forumid=202&topicid=62984&go=next

的不足，即克服它的机械性和形而上学性，但同样也需要西方的补偿，即增强它的科学性”(1996 年)。当新的凯旋门——德方斯巨门出现在巴黎轴线的西端与凯旋门遥相呼应时，新型的现代化的办公生活区彻底地融入到了巴黎古老的传统轴线中，它凝聚的力与美的精髓实现了古老与现代的完美结合。保持地域文化的动态发展和兼容并蓄是体现地域特征城市设计的基本态度。

4.1.3　与经济技术同步发展

经济与技术因素是城市特征形成的一个重要方面，它们既是城市空间特征形成的必要基础和手段，也可以对其起推动或约束的作用；同时，城市设计的空间规划对经济发展也起着反作用。英国建筑与建成环境委员会把成功的城市设计归因于“由发展规划和前后一贯的补充导则提供清晰的框架；对地方文脉的敏锐响应；根据经济和市场条件判断可行的内容;开发设计和规划管理者具有充满想象力的、适当的设计方法"❶。

建筑界闻名遐迩的大师L.康在费城市中心北三角区的规划设计中,利用改造交通重塑了城市空间。L.康根据地段的需要组织街道和铁路,在广场部分伸入地下,在河道地带上至桥梁,以此整顿交通秩序,把妨碍发展的铁路变成城市发展的有利因素(见图4-5)。日本建筑师丹下健三通过不同的结构和轴线来组织校园空间,如在约旦的雅穆克大学,十字形的轴线形成了校园的主要骨架,一条是布置了剧场、会议中心、清真寺和旅馆等公共文化设施的社会轴(Social Spine),另一条是布置了大学四个学院和附属医院的"学术轴"(Academic spine),轴线的交叉点上是圆形的行政管理、图书馆和电脑中心等(见图4-6)。

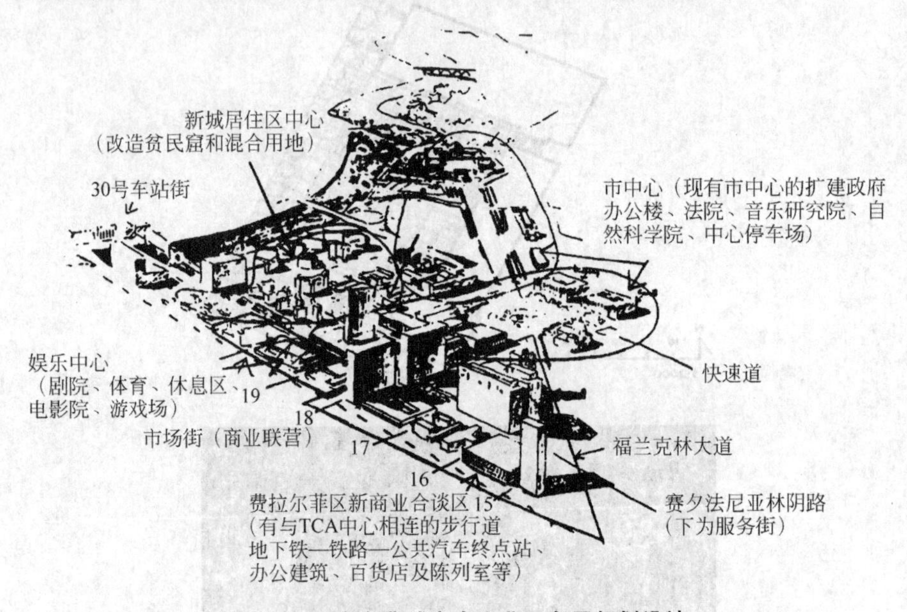

图 4-5 L.康在费城市中心北三角区规划设计

资料来源:刘宛.城市设计实践论[M].北京:中国建筑工业出版社,2006.6

图 4-6 丹下健三为约旦雅穆克大学设计方案

资料来源:刘宛.城市设计实践论[M].北京:中国建筑工业出版社,2006.6

❶ COMMISSION FOR ARCHITECTURE & THE BUILT ENVIRONMENT. By Design: Urban Design in the Planning System: Towards Better Practice[M]. London: Thomas Telford Publishing, 2000.

好的城市设计应在积极回应自然、文化和生活的过程中，将现代技术融入到设计过程和成果中；现代科技本身就是文化的一部分，应作为有益的文明成果被吸收到城市空间设计中，从而促进传统文化的进步。

4.1.4 与人们生活方式相融合

印第安箴言“上帝给了每个民族一只陶杯，从这杯中，人们引入了他们的生活”。开展城市设计的根本目的是对传统社会关系的维护和对当地人的尊重。亦如上海世博会的主题——“城市，让生活更美好”，简单的主题表达了丰富深刻的内涵，这里面包括了“什么让生活更美好”、“让生活更美好的可能在哪”和“怎样实现更美好的城市生活”，这也是城市设计的本质追求，让物质生活和精神生活变得更美好。

在福州三坊七巷和朱紫坊等对传统社会关系的再生的保护、规划和调研的过程中，比较出人意料的是，虽然这里没有完善的设施，但是有50%以上的人认为生活在这里很方便，70%以上的人愿意搬迁回来。这充分说明人们对原有的生活方式的肯定，而对其改造更新、内部疏解，正是对传统社会关系的再生，逐步和现代生活方式相结合。吴良镛先生的“菊儿胡同”的成功实践，成为顺应城市肌理，再可持续发展的典型代表实例。“新四合院”，200多户居民居住在这条438m长的菊儿胡同里；两条南北通道和东西开口解决了院落群间的交通；重新修建的新四合院住宅按照“类四合院”模式进行设计，维持了原有的胡同——院落体系，同时兼收了单元楼和四合院的优点，既合理安排了每一户的室内空间，保障居民对现代生活的需要，又通过院落形成相对独立的邻里结构，提供居民交往的公共空间。其在保证私密性的同时，利用连接体和小跨院，与传统四合院形成群体，保留了中国传统住宅重视邻里情谊的精神内核，保留了中国传统住宅所包含的邻里之情。

4.1.5 与美学原则相一致

对美的追求一直是人的本性，早期的城市设计原则主要是关注艺术设计。随着时代的变迁，城市设计的内涵一直在变化，“但是对于整体和谐之美的追求，对空间形式秩序的探索却从未改变”[1]。现代城市设计依然遵循艺术的形式美法则，更因为设计师的个性思维而为设计创作带来更大的空间。

R.特兰西克从艺术的角度总结了城市设计的几类手法，包括序列性原则、侧面封闭和边沿连续原则、综合性跨接原则、轴线和透视原则、室内外融合原则以及强调明暗原则等。在达姆施达特(Darmstadt)一个别墅区的设计中，城市行政部门指导的方案是从功能出发，简单并且粗糙，完全摒弃了对城市美的追求。而F.皮策(F. Puetzer)考虑别墅区不会有过分集中的交通，因此内部路网采用曲线，保证“顺而不穿，通而不畅”；并结合地形安排公共广场，广场的设计充分发挥艺术性，设计了类似圆形剧场的空间。别墅的排列沿着地形依次展开，并安排在各自地块的前边以对空间形成更好的围合。教堂和其他公共建筑紧密联系，通往教堂的道路略为放宽，形成很好的空间感觉，既满足仪式感又满足活动的需要(见图4-7)。

---

[1] 金广君，顾玄渊.论城市设计成果的特征[J].建筑学报，2005(2)：12～14.

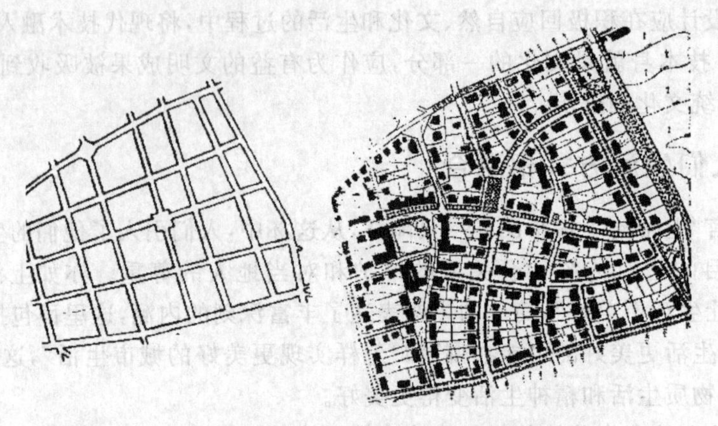

图 4-7 城市行政部门指导的方案与 F. 皮策方案对比

资料来源：刘宛. 城市设计实践论[M]. 北京：中国建筑工业出版社，2006. 6

4.2 城市设计的程序

H. 西蒙认为美国城市设计可以分为六个阶段[1]：立项阶段（Intelligence Phase）、设计阶段（Design Phase）、选择阶段（Choice Phase）、执行阶段（Implementation Phase）、操作阶段（Operational Phase）和使用评价阶段（Postoccupancy Phase）。

根据我国城市设计工作的特点，将我国城市设计实践过程分为四个阶段：前期研究、方案设计、实施管理和运作维护（见表 4-1），本书重点讲解设计组织阶段。

表 4-1 我国城市设计实践的四个阶段

前期研究	围绕目标的确定，全面考虑功能要素、环境要素和社会经济要素，对整个项目的全过程进行整体的研究与策划	设计组织
方案设计	通过组织恰当的设计过程，将设计要素转化为引导与控制要素，将战略目标具体化为一系列可操作的设计意图	
实施管理	以上述一系列的城市设计成果（政策、导则和图则等）为基本依据，通过管理和运营措施，将设计意图转化为具体的行动	管理维护
运作维护	对实施设计做经常性和制度化的维护，评价方案，并形成反馈机制	

资料来源：作者自制

4.2.1 前期研究

依据战略目标和设计要求进行前期的系统性分析和前瞻性的策划，以对城市设计的全过程进行逐步的、有效的指导与控制。前期研究可以归结为以下几个步骤。

1. 项目背景

根据城市设计的项目要求，即达到什么样的目标或具体解决什么问题，在现场踏勘与调研的基础上，全面和深入解读项目的立项原因，依据 SWOT 分析确定项目的总体目标和未

[1] LANG J. Urban Design：The American Experience[M]. New York：Van Nostrand Reinold，1994.

来愿景。

2. 综合研究

这是城市设计工作的理性基础，具体内容如下。

1）资料收集与分析

在问卷调查和访谈等多种调研方法下，收集功能要素、环境要素和社会经济要素以及相关的技术规范指标等，并广泛征求政府、专家、市民以及不同利益主体的意见。在此基础上归纳出与项目相匹配的、主要的引导与控制要素。

2）目标设定

在资料收集与分析的基础上，通过具体的经济、技术可行性的分析形成具体的阶段性目标。与总体目标不同，阶段性目标的设定应该是可操作、可实现的，在一定程度上是可评估和反馈的。如物质建成环境达到的效果，包括建设前的综合评价、建成后的建筑形态、涵盖的业态和人气的集聚等。

3. 工作计划

在目标体系的指导下，制定工作进程，合理安排时间和设计进度，做好阶段性成果的论证与公示。如香港东南九龙规划及发展的详细城市设计研究，分为初议、检讨、设计和建议等四个阶段，每个设计阶段都设定明确的工作目标和内容，并及时将工作成果通过网络公示，公众的反馈意见成为下阶段工作的重点，实现了阶段性成果与反馈机制的互动过程（见图 4-8）。

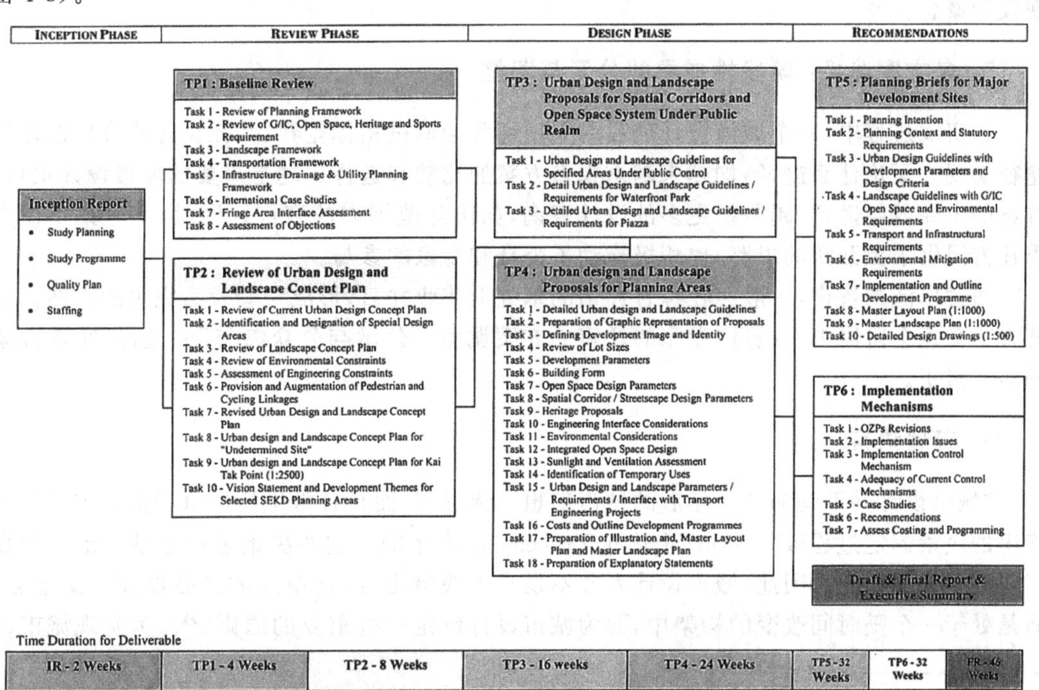

图 4-8　中国香港东南九龙规划及发展的详细城市设计研究过程图表

资料来源：http://www.pland.gov.hk/p_study/comp_s/sek/01/chi/studyoutline.htm

4.2.2 设计组织阶段

设计组织阶段是城市设计实践的核心阶段，既有设计师的创作性设计而形成的鲜明感性特征，又有将设计语言转化成管理语言的理性特征。

1. 设计结构：设计概念、设计要素

E. N. 培根认为："一个基本的设计结构就是许许多多的人们共享的感知序列的结合，由共享的感受发展成一个组合形象，从而产生一种基本的秩序感，个人的创作自由和变化都和它联系在一起"❶。设计结构具有鲜明的主观性特征，是指"由设计概念建立起各个城市设计元素之间的关系"❷。因此，不同的设计团队感知不同，所提出的设计概念不同，提炼的设计要素也不同，建立的秩序自然也不尽相同。

在此阶段由设计师通过总体目标和阶段性目标的指导，在对城市自然环境、社会经济和城市空间等理解的基础上，提出设计概念以及支持该概念的各设计要素。不同概念所关注的重点设计要素是不同的，对设计方案的影响重大。

2. 设计方案：空间设计、导控要素

设计概念最终落实到对空间环境的设计，特别是对公共空间的塑造至关重要。遵循设计结构，将设计要素一一落实在图纸上，通过平面、立面、剖面、效果图和模型将方案充分展示出来。另一重点即是将设计要素和环境、社会以及经济等非功能性要素提炼为导控要素，即哪些设计要素为引导性的，哪些为控制性的，通过导控要素的梳理和管理语言的转化，实现设计概念。

3. 多方案选择：阶段性成果的公示与调整

在实践过程中，一个城市设计项目的立项通常会通过招标竞赛、委托设计或合作设计等途径实现。无论什么途径，均越来越重视多方案的比较和选择。越是重要的城市设计项目，方案的定夺就越谨慎，越需要更多的设计咨询，如国际范围内的咨询。同时，多方案不仅为委托方提供了更开阔的思路，也积极推动了公众和专家的参与。

通过广泛的咨询，一般会在综合评估的基础上兼收并蓄，形成一套较为完善的方案。这套方案在每个阶段都应经过"专家的评审—方案调整—公示与公众参与"的过程，实现方案的多次修正。

4. 管理语言

"城市设计并不是为二十年后的城市幻想一幅形态，而是日常生活中每天都在进行的一连串的决策制定过程(Decision Making Process)所产生的。这些决策过程才是城市设计真正得以实施的媒介。因此，城市设计者并不是身处决策之外，把单纯的产品设计上交上去，而是处于一个随时间改变的构架中，要为城市设计制定一些重要的原则"❸。为实现城市设

---

❶ [美]E. N. 培根. 城市设计(Design of Cities)[M]. 黄富厢，朱琪，译. 北京：中国建筑工业出版社，1990.

❷ 王世福. 面向可实施的城市设计[M]. 北京：中国建筑工业出版社，2005.6.

❸ BARNETT，JONATHAN. 开放的都市设计程序[M]. 舒达恩，译. 台北：尚林出版社，1978.

计对城市空间的有效导控，需要将设计语言转化为管理语言，即制定出更为有效、具有动态性的城市设计成果。美国旧金山 1971 年的城市设计规划(The Urban Design Plan for the Comprehensive Plan of San Francisco, May 1971)，创造性地以概括性的指导原则代替具体设计进行建设过程的控制和引导，成为城市设计率先向管理制度转化的先例。

4.3　城市设计的工作内容❶

4.3.1　城市设计的对象和任务

1. 城市设计的对象

城市设计是通过设计城市空间环境的方法，来控制与引导城市公共空间环境的健康发展，包含两层意思：作为物质形态，城市设计关注的是城市形态和空间环境；作为社会空间，城市设计关注空间环境的形成过程与空间环境中人的感受。如凯文·林奇指出的一样，"城市设计关心物体、人类活动、管理机制以及变化的过程"。因此，现代城市设计的研究对象至少包括物质空间环境、功能活动与人以及管理机制等三个方面。

1) 物质空间环境

城市设计的对象主要包括城市物质空间形态与场所、城市的整体空间形态与建筑物之间的空间，尤其是城市公共领域的物质形体空间。就某一特定城市而言，城市设计的对象包括了城市整体空间形态、城市开放空间、建筑以及构成空间环境的相关物质要素(如材质、色彩、照明、小品和广告等)，是城市规划工作内容的延伸与深化。

2) 功能活动与人

城市设计重点关注城市空间，而空间中的人才是真正的核心，包括人的活动以及人与环境间的关系。"城市设计的主要目的是创造使人类活动更具有意义的人为环境和自然环境，以改善人的空间环境质量，从而改进人的生活质量"(Edmund N. Bacon, 1967)。从人的角度看，城市设计的研究对象是城市空间环境中的人、人的活动与人的感受。

3) 管理机制

城市设计也可以理解为过程。要促使城市进行合理变化，城市设计者就要关心不同群体的利益以及利益的平衡，使城市设计综合考虑各方之间的相互关系。这样，建立城市设计的管理机制就成为城市设计过程的核心内容，城市设计就必须将利益评价、控制引导、管理过程与政策建议作为研究对象。

2. 城市设计的任务

索思沃思(M. Southworth)对美国 1921—1989 年编制完成的 70 多个城市研究与城市设计工作进行了研究，认为城市设计涉及结构、识别性形式、和谐或一致、开放性、社会性、平等、维护、适应性、意境和控制等。虽然城市设计实践内容十分丰富，形式多样，但其主要任务是基本相似的，其根本目标就是创造和管理城市空间，促成和维护城市健康发展。这不仅包括城市物质空间、功能环境、美学和文化上的基本要求，还要维持城市社会健康运转，经济

---

❶ 王建国. 城市设计[M]. 北京：中国建筑工业出版社，2009.9.

的繁荣与城市的可持续发展，最终促成城市整体环境品质的提升。城市设计的主要任务有以下几个方面。

(1) 城市环境研究：正确认识城市设计涉及相关要素间的关系，寻找发展存在问题、发展目标与发展对策。

(2) 城市空间环境：创造一个形式宜人、功能活动安全方便，具有特色与文化内涵的城市公共空间环境。

(3) 城市社会空间：促进自由、平等、和谐的社会秩序建设，建立合理融洽的社会环境，提升公众利益。

(4) 城市经济发展：建立可行的发展模式，鼓励城市产生不同形式的经济活动，促成地方经济可持续发展。

(5) 管理与控制：合理控制城市的发展，维护城市环境良好状态，保护城市文化遗存，维系城市生态平衡。

4.3.2 城市设计的工作特点

城市设计与城市规划不同，它既是过程，也是结果。作为过程，城市设计要控制城市环境塑造的过程，引导城市建设正确进行。这个过程受公众与社会媒体的关注，受众多因素的影响。好的城市设计过程既要把城市发展导向的某种阶段成果表达出来，又要使其具有弹性，可以根据未来的发展需求做出一定调整，以适应城市的发展变化。作为结果，城市设计实践大到区域，小到一个局部的物质空间，这些空间所容纳的功能活动、设施与环境效果，都要用一个具体方案的形式表达出来。一旦方案经过公众讨论、地方政府决策通过，它就成为城市发展的参照。因此，城市设计是一项涉及因素广、涉及问题复杂的工作，在实践中表现出综合性、地域性、人文性、控制性和引导性。

1. 城市设计的综合性

城市设计是一项复杂的规划工作，其目标必然是综合的。虽然城市设计关注城市公共空间与领域的环境品质与功能效益的提升，但其设计的具体目标，不可能脱离城市的社会和经济环境，不会脱离文化背景。一个好的城市，不仅要有优美的环境，要能够为市民提供安全，减少污染、噪声、事故与犯罪现象，还要能提供就业机会和友好社区，为市民与城市经济创造机会。可见，城市问题是多方面的，综合性是其实践工作的最大特点。

2. 城市设计的持续性

城市永远处在不断变化中。生长、衰败、扩张和收缩等都是城市的典型特征，这些特征保证城市能适应于不断变化的社会经济条件。城市并没有一种最终的形态和结构，随着现代社会经济发展速度的加快，人们已经认识到城市设计是一种过程，从具体的规划建设模式，逐渐转化到管理控制的方式。因此，城市设计注重的是过程，而非形式，城市设计往往是针对城市特定时期与特定地区发展呈现出的问题，寻求适宜的解决方案与路径，一旦时间或地区环境发生变化，就会出现新一轮问题，随之而来的城市设计变更，就在情理之中了。

3. 城市设计的地域性

每一个具体的城市设计项目，都与特定地域相对应。因此，地域的社会、经济与文化特点，一定会反映在城市设计中，如地区所处条件对地方建筑与建筑群落形态的影响，地方性的材料和植物也会赋予城市特有的个性，地理、地方习俗与文化的价值观会体现在城市物质形态之中。城市设计的主要任务之一是寻求城市特色的建构，它涉及的许多内容都与城市的地域性相关，如历史文化遗存、传统特色和地方经济条件等。

4. 城市设计的控制性

城市设计的主要作用是控制城市未来建设环境逐渐向更好的方向发展，城市的物质形态和空间环境是城市设计的主要着眼点，虽然影响乃至制约城市环境的因素来自许多方面，有社会的、经济的、文化的和技术的等，但城市设计在综合协调诸因素之后，主要关注的还是控制环境中诸多形态间的关系或形式。因此，城市设计在作用过程中所控制的不仅仅具有科学、合理和逻辑推理上的客观性，在相当程度上还包括当代人们对城市发展前景的一种希望或价值观。

4.3.3　城市设计的内容

从城市设计作用上看，城市设计应综合协调多方面因素，以控制城市建设环境为目标。因此，城市设计的成果是多样的，在条例、规划设计、计划、引导与工程五种实践中，其作用是通过城市建设管理控制机制与城市实物环境规划建设实践来实现。城市设计研究与编制的内容和方法一般涉及城市形态与空间结构、城市土地利用、城市景观、城市开放空间与公共活动、城市活动系统、城市特色分区与重点地段以及城市设计实施等七个方面的内容。如果仅按照总体城市设计与局部城市设计两个层面看，一般包括如表 4-2 所示的具体内容。

表 4-2　城市设计的内容构成

总体城市设计		局部城市设计	
城市形态与空间结构	城市总体形态与空间结构及保护、发展原则； 主要发展区域和重要节点的位置、内容和控制原则； 确定高度分区、城市轮廓线与地标	城市形态与空间结构	地区发展意向和形态结构； 整体形态构成与功能结构； 主要轴线和重要节点； 轮廓线、建筑高度、地标和重要地标； 道路网络与空间布局； 地下空间利用
城市土地利用	城市功能结构；城市密度分布；城市中心系统；城市发展轴线	城市土地利用	城市土地利用细化与调整； 地区功能结构； 功能与环境容量
城市景观	景观系统的总体结构和布局原则； 分析自然景观的布局、位置、面积和特点； 确定城市公园、城市绿地和景点（区）等级分布； 确定城市重要景观地区的设计原则和控制	城市景观	景观区域的分布、保护和更新的原则；城市公园、绿地和广场等城市景观要素的布局；对视廊、视域等视线组织分析涉及区域提出要求； 对城市景观重要地区提出设计要求和概念； 明确城市主要道路、街道等结构性景观和道路断面、植物配置、边界要求及设计原则

续表

<table>
<tr><th colspan="2">总体城市设计</th><th colspan="2">局部城市设计</th></tr>
<tr><td rowspan="3">城市开放空间与公共活动</td><td rowspan="3">明确城市重要开放空间的结构分布及公共活动中的主要内容、原则、规模和性质；
分析城市开放空间与交通、步行和体系的联系</td><td>城市开放空间与公共活动</td><td>确定公共开放空间(含地上、地下)的位置、面积、性质和权属；
确定公共空间的活动设施，与交通体系和步行体系的联系；
提出对公共开放空间及周边建筑的设施要求和控制原则</td></tr>
<tr><td>市民活动</td><td>确定市民活动的区域、类型和强度
确定市民活动区域的路线组织与公共交通的联系</td></tr>
<tr><td>建筑形态</td><td>确定高度分布、高度控制依据和控制要求；
建筑体量、沿街后退、高度、界面、色彩、材质和风格等；
重要建筑群和地标等位置、设计要求和原则</td></tr>
<tr><td rowspan="3">城市活动系统</td><td rowspan="3">与规划共同确定城市交通骨架；
明确城市步行系统的结构、分布原则和控制要求</td><td>道路交通</td><td>确定道路交通组织、公交站点及停车场的位置和规模；
主要道路(街区)的宽度、断面、界面及其性质和特点</td></tr>
<tr><td>步行</td><td>步行系统的组织、设计要求和市民活力
步行街、广场的宽度、面积和界面等；
步行区域的环境设计要求</td></tr>
<tr><td>环境艺术</td><td>公共艺术品和室外环境小品的设置位置原则和设计要求；
街道家具和户外广告招牌的设置原则；
夜景照明的总体设想和设计要求</td></tr>
<tr><td>城市特色分区/重点地段与节点</td><td>确定城市特色分区的划分与原则；
特色分区的环境特征和文化内涵等对建设活动的控制原则；
确定重要地段的位置及划分原则；
规定旧城区、传统历史街区等的保护、更新的原则</td><td>城市特色分区/重点地段与节点</td><td>确定重要节点的位置、类型、设计概念及设计的要求等；
确定重要节点相邻地块的设计要求；
重要节点的设计意向</td></tr>
<tr><td>城市设计实施措施</td><td>与城市总体规划结合；
建议实施政策；
建议实施的保障机制；
建立城市设计内容更改程序</td><td>城市设计实施措施</td><td>编制指导纲要和设计图则；
编制设计政策；
编制设计条件与参数；
制定实施工具</td></tr>
</table>

资料来源：王建国. 城市设计[M]. 北京：中国建筑工业出版社，2009.9

4.4 城市设计的成果

4.4.1 成果的界定

城市设计通过控制公共价值域的形成过程，促进城市社会空间和物质空间质量的提升；

其成果是对公共价值域研究所得到的规律性的认识，并配以恰当的表达方式完整地传递设计决策的过程，可作为城市建设和管理的实施依据。具体体现在以下几个方面。

(1) 成果是一个连续决策的过程。

(2) 其核心确定成果的导控对象及其内容。

(3) 成果是城市设计得以实施的媒介。

(4) 成果通过控制与引导实现设计决策。控制(Control)与引导(Guidance)是控制论思想中两个最基本的思想方法。其中，“控制”是属于预防性和弥补性的，表达的是“什么不应该发生”，具有消极的特征；“引导”则恰恰相反，它是属于期望性和推进性的，它标志着增加发展机制，强调各系统发挥自身的选择性和对城市发展进程的引导。这两种思想方法具有互补性，只有针对不同的对象、不同的情况采取不同的方法组合，才能使规划发挥合理的作用。

(5) 城市设计成果一定是阶段性的，没有完美的终极蓝图。

合理的城市设计阶段性成果，既是研究阶段的成果载体，设计阶段的决策内容媒介，也是后续设计活动必须遵循的设计框架。因此，设计阶段性成果必须以有效的方式反映出对设计客体的尊重，对设计师决策的清晰表述，并转译为有效的管理语言指导实践。

4.4.2　成果的内涵

在城市设计成果内在秩序建立的过程中，设计技术反映了对空间肌理要素的认识过程，体现在成果内涵上为将对公共价值域要素的认识转化为技术成果的过程；而设计管理反映了成果内在秩序建立的控制方法，体现在成果内涵上为技术成果转译为管理成果的过程。规律的认识和控制方法的建立共同反映了城市设计作为基础学科的特点，以及城市设计作为公共干预的本质内涵。设计管理的内涵主要体现在三个方面：控制方法、控制手段和表达方法。

1. 控制方法——典范控制和准则控制

这是现代城市设计最基本的使用方法。凯文·林奇认为，“典范”这个词意味着“值得仿效的”，设计主体根据经验知识而设定城市应该被塑造的样子，是对要仿效的形态或过程原型的描述。如中国古代《周礼·考工记》的营建制度贯穿历代城市建设的格局，成为千年的“典范”；美国华盛顿的城市设计就以巴洛克的轴线形态为典范。典范对城市设计会产生重大的影响，但绝不是放之四海而皆准的模式。而准则控制，其性能描述比典范更一般、更抽象，但却又为建筑师创新保留了弹性和可能，设计师也许不能告诉你什么是最好的，但是基于学科基础和系统把握可以阐明什么是要不得的。因此，美国现代城市设计更多采用编写规范和准则的方法实现过程的弹性控制。但是，由于城市设计类型的细化及设计对象的需要，有时空间形态受到特别关注，须寻找最佳的适合当地的模式；有时过程极为重要，特别是对于长效型的导控性城市设计。在大多数情况下，过程和形态是共同起作用的，典范控制和准则控制作为一个整体共同指引着城市的发展。

2. 控制手段

控制的基本方法一定程度上决定了控制手段的使用，重典范的控制方法倾向于形态的控制，而准则控制多采用政策控制得以实现。形态控制手段，多通过设计师的专业驾驭能力形成控制依据，重视最终目标的实现，成果的"产品"特征突出。该类控制手段较适合于开发性的城市设计，突出成果的形态意义，为下一层级的规划设计提供设计标准，推进其向城市设计目标的方向发展。政策控制手段，制定城市设计实施管理的各项可操作性的措施，强调城市设计的"过程"属性，其成果一般至少包括作为技术性成果的城市设计导则，将城市设计方案所展示的城市空间形态的设计语汇转译成为后续实施的管理语汇。如果可以，应该进一步制定部分制度性成果[1]，在制度上保障和推进城市设计的实施。政策控制手段在我国的突出作用表现在导控性城市设计中，作为长效性的控制手段而得到青睐。

3. 表达方法

表达方法可以简单归结为文本和图则两种，文本以文字为主，图为辅。金广君先生认为文本主要包括三个部分[2]。

(1) 设计政策：对整个开发过程进行管理的战略性框架，包括发展战略、投资和建设的奖励办法、法规条例等，是政策性很强的成果。

(2) 设计导则：主要是对城市设计的整体理念和对城市形体环境构成元素的具体构想的描述，是一种技术性的控制框架和模式。

(3) 设计计划：包括对建设步骤、管理过程与技术、建设项目确定的详尽安排、土地出让的条件、资金投入、效益分析和实施过程关键问题的说明。

图则以图为主，文字为辅，主要可以分为表达设计构想和控制要素的设计图，以及将整体的设计决策或形态控制要点落实到分地块的分图则。城市设计图则与控制性详细规划图则差别较大，一个是较为成熟完善，具有相对模式化的控制性详细规划技术；一个是导则在中国化的基础上形成具有特色、灵活的设计控制技术。对城市设计分图则的辨析有助于加强对城市设计成果表达方法的完善，以及对控制性详细规划成果与城市设计成果关系的理解。

本书将结合我国现代城市设计实践对设计类型加以区分，通过有针对性的设计方法，并在编制中相应地突出其类型特征；在城市设计不同成果类型的基础上，对设计管理进行针对性地分析研究，突出成果的特征。

4.4.3 成果的类型

在城市设计实践研究的前提下，本章将我国现阶段城市设计分为开发性城市设计与导控性城市设计两大类型进行研究。

1. 开发性城市设计

开发性城市设计成果更具有"产品"的特征。一般是在确定的设计主题和实施内容的要

[1] 技术性成果——城市设计方案、设计准则和设计导则；制度性成果——通过法定程序将技术性成果纳入法定的开发控制性指标体系，包括条例化的城市设计准则和城市设计导则，还包括城市空间政策、公共环境政策以及城市设计执行计划等。

[2] 金广君. 图解城市设计[M]. 北京：中国建筑工业出版社，2010. 8.

求下，针对城市中某个空间范围或特定系统进行设计指导，提出空间形态、形体组织、景观塑造、设施布置和相应工程措施的城市设计。其主要特征包含以下几点。

(1) 用地性质单一、建设项目确定。该类设计项目一般用地性质较为单一或关联性大，具有明确的设计范围和内容；一般来说，项目在委托前，委托方已经对项目有了较为清晰的定位。

(2) 成果产品特征突出。其成果以具体的三维设计成果——空间、形态和整体布局的可能形式为主；对建筑、景观、环境和市政等涉及体型环境的具体工程设计起指导性作用，而不是起决定作用。控制方法更多采用典范控制，借鉴先进的设计经验，采用"典范"的要素塑造城市空间形态；控制手段多采用形态控制；表达上多采用设计图(透视图、平面图等)和说明书。

(3) 与详细规划关系较为简单。该类设计在控制性详细规划控制的具体地块内，主要是对建筑群体关系、公共空间和步行交通组织的具体设计，以控制性详细规划为基础，指导修建性详细规划的编制。

(4) 强烈的招商引资动机。该类城市设计多以国际咨询的操作方式来扩大影响，引起各界的注意，提高城市声誉，形成良好的商业投资氛围，创造城市的无形品牌，因此设计成果更加注重表达效果而非实施。但这也只是城市在特定的发展阶段出现的问题，随着政府务实精神的加强，设计评审制度的完善，公众参与度的加深，两者会得到良好的结合。

2. 导控性的城市设计

导控性城市设计注重控制的过程，一般指尚未确定实施的主体和内容，针对城市某个空间范围或某种特定空间系统，通过政策、导则或图则等方式对城市建设和设计活动进行控制和引导的城市设计，该设计提出对公共价值域的"定质"要求。而在导控性的城市设计中，又可以细分为两类城市设计：约束型城市设计和引导型城市设计。

约束型城市设计具体表现为建立明确的硬性指标体系或弹性指标体系，且这套指标体系的各项要素在不同地块、不同性质的区域中都有不同的指标要求。引导型城市设计是从美学原则、行为心理、历史传统与文脉以及地方特色等各项设计条件出发，对单体建筑及城市空间环境的设计提出一系列软性指标，以塑造和保护城市公共空间的整体效果。约束型设计强调针对性控制，而引导型设计注重综合引导。

导控性城市设计的主要特征为以下几点。

(1) 基础性的控制研究。该类城市设计比开发性城市设计更具有基础控制功能，因此在用地实施内容和主体不确定的情况下，也可以进行设计研究，甚至可以进行策略性的开发。这一方面反映了城市发展的规律是可以被认识与把握的，另一方面说明正确而有效的城市设计"干预"有助于城市秩序的建立。

(2) 成果过程特征突出。设计意象只是作为城市设计决策中可能性的一种，而不是终极目标；成果更注重通过编制纲领性的导控措施和意向性的图纸文件，致力于影响城市空间的形成及其发展过程，既有硬性的控制，也有弹性的引导。非具象化的成果也更有利于与其他城市公共政策相融合，便于实施。

(3) 成果设计技术内涵更广。该类设计在城市的较大空间范围内进行功能组织和美学组织，更多考虑人的生理和心理的多重需要，宏观地拟定城市空间的基本设计前提和实施措施，以指导下一级的开发性城市设计或直接的单体建筑设计，创造丰富有序的城市空间。因此其设计要素涵盖更广，在基础要素研究的基础上加强特色要素的研究，并且与多种管制方式共同实现要素的控制。

(4) 成果设计管理技术备受重视。过程控制需要以长效的设计成果作为依据，设计管理实现了将技术文件转译为管理文件。因此，与开发性设计相比，该类设计更加注重设计管理技术的研究。控制方式多以准则控制为主，加强成果的政策性，表达方式上导则与图则成为最受欢迎的两种方式。

4.4.4 成果的内容与深度

1. 开发性城市设计成果

开发性城市设计在我国城市设计实践中占有较大比例，但是对其内涵的辨析和针对性研究却较少。2002 年 7 月 1 日施行的国土资源部令第 11 号《招标拍卖挂牌出让国有土地使用权规定》要求土地使用权出让采取招标、拍卖或者是挂牌方式出让等。这对规划体系提出了新的要求，既要放开应该放的，又要管住应该管的；既要有法律的刚性，又要有适应市场的应变性、灵活性和包容性。

但是，现行控制性详细规划不利于该政策实施后的土地规划控制。一是用地分类弹性小，灵活性低；二是不能实现开发控制与设计控制的双管齐下；而修建性详细规划适应性差，不能满足出让过程的动态性，且忽视了土地开发者的权益。这客观需要一种合适的控制方法来满足市场经济条件下城市土地的开发与控制，在此背景下，开发性城市设计的研究及其成果的构建具有重要的意义。

1) 典型实例研究——福州八一七路茶亭街段规划设计

(1) 项目背景

2006 年 4 月福州市城乡规划局针对福州八一七路茶亭街段规划设计进行国际咨询；8—9 月，福州城市规划设计研究院完成综合方案；

2006 年 9 月 22 日，福州土地发展中心召开茶亭街改造项目土地招商专场推介会，共推出 9 幅地块，共 20.64hm^2。发布茶亭街改造项目土地出让公告，采用综合招标方式，需要带规划设计方案招标；并以前期设计咨询的综合方案形成的设计控制条件作为主要规划技术指标和使用要求；

2006 年 10 月 31 日—11 月 9 日，福州市国土大厦以挂牌方式出让地块。华辰一家公司参加竞买；11 月 9 日，福州华辰地产以 17.32 亿元成功摘牌“福州茶亭街地块”，买下茶亭街出让的三个项目共 9 幅地块；

2007 年 1—2 月，华辰集团展示同济设计院、福州规划院设计的两套茶亭街总体建设方案，供各界人士参观指导，征集人们对有关方案的意见和建议，并最终确定了建筑规划设计方案，下一步将进入施工图设计，计划在 3 月上旬全面开建；

2007 年 3 月 9 日，茶亭一期项目奠基仪式暨福州市茶亭街建设管理指挥部授牌仪式在茶亭街 8 号工地举行。

(2) 成果分析

福州八一七路茶亭街段规划设计从国际设计咨询到地段的成功出让、破土动工，仅仅经历了不到一年的时间。福州市规划院在咨询后对方案进行了整合，提出了土地出让的具体条件(成果分析见表 4-3)。

表 4-3　开发性城市设计实例成果比较

成果框架			东南	西建	香港	日本	规划设计条件
秩序的建立	设计技术	控制要素	规划： 土地使用 开发强度 功能布局 交通组织 空间形态与景观 绿化系统 地下空间利用 城市设计： 建筑群 环境与设施设计	规划： 土地使用 开发强度 功能结构 交通组织 景观系统 绿化系统 地下空间利用 城市设计： 开敞空间及界面 游憩系统 视线体系 夜景体系 广告体系 色彩体系 水面及环境小品设计 节点设计 建筑设计	功能要素： 总体布局 开发强度 公共开放空间 建筑群 交通规划基础设施 景观及视觉框架 标识系统 地下空间利用 自然环境(保留树木、微气候、风环境等) 社会与经济要素(商业活动等)	空间要素 用地布局 景观系统 绿化系统 交通组织 地下空间 建筑群 家具灯箱	土地使用(性质、面积、红线)；(Ⅰ) 公共服务设施(卫生站、垃圾站等)；(Ⅰ) 开发强度(容积率、建筑密度、绿地率、建筑高度)；(Ⅰ) 交通(出入口、停车)；(Ⅱ) 公共空间(广场的位置、面积，公共通道)；(Ⅲ) 建筑群(风格、底商、高层)；(Ⅳ) 保留树木；(Ⅴ) 地下空间；(Ⅲ)
		管制方式	规划控制(面积、性质、容积率、建筑密度、控高、停车位)引导措施	规划控制(面积、性质、容积率、建筑密度、控高、停车位)	控制(面积、性质、密度、高度、红线、植被比率)引导为主策略	引导	控制为主引导
	设计管理	控制方法	典范控制	典范控制	准则控制	典范控制	规划设计条件要求
		控制手段	形态控制	形态控制	政策控制	形态控制	形态控制
		表达方式	文本(设计图与说明文字)	文本(设计图与说明文字)	图与研究报告	文本(设计图与说明文字)	文件
机制的建立			无	无	无	无	无
成果特点			较为完善的成果秩序，倾向于产品的控制	控制要素较为完整，但没有转译成有效的管理语言	较为完善的成果秩序，倾向于过程的控制	强调设计概念，形态示意为主，设计管理不足	以规划条件为规定性控制为主，形态示意为引导

注：(Ⅰ～Ⅻ)为城市设计成果的基本控制要素大类，具体详见第 3 章。

资料来源：福州城市规划设计研究院

东南大学城市规划设计研究院(以下简称“东南”)和西安建筑科技大学城市规划设计研究院(以下简称“西建”)作为国内两家设计主体，在成果编制中具有鲜明的特点：控制要素被分为规划和设计两大类。规划类要素包括了土地、交通、绿化、景观和地下空间等规划基本控制的要素，而将建筑、环境小品、视线、广告和照明等作为设计的要素。这一方面深刻反映了我国城市设计与规划的密切关系，另一方面也反映了城市设计学科的发展还有待成熟与完善,不同编制层次的内容有待明确。而香港的城市设计从设计技术到设计管理都较为成熟,关注城市地段的微气候,并加强了针对商业街的特色研究,成果注重过程控制,对促进我国城市设计学科的发展具有借鉴意义。日本的城市设计更加强调概念的建立,以步行公共空间整合各要素,在设计技术上具有借鉴意义,但是其缺点是设计管理不足。比较最终的控制条件我们可以看到,规划设计条件从四家设计成果中借鉴了以下内容。

控制性详细规划中的基本控制要素。《茶亭街改造项目土地出让公告》[1]中的技术指标及使用要求(简称设计条件)主要对用地性质、面积、服务设施配套和容量控制等进行了刚性控制,而这些要素皆为控制性详细规划法定内容。这深刻地反映出详细层面城市设计与控制性详细规划的密切关系,也从侧面反映出东南和西建两家设计主体区分对待规划与设计要素的现实原因。

公共空间的控制要素。借鉴咨询成果对公共空间的研究,设计条件通过控制广场和公共通道的位置和面积对各地块的公共空间进行控制,保证公共价值的实现。

建筑的控制要素。除香港外,三家单位的设计成果皆以建筑初步设计代替建筑控制要素的研究与引导,设计条件对建筑控制明显不足,仅涉及建筑风格以及对裙房提出要求,不能实现对建筑形态良好的引导功能。

(3) 存在的问题

虽然福州茶亭街的规划设计及运作取得了阶段性的成绩,但是仍然反映了开发性城市设计中经常存在以下问题。

成果的设计技术受时间影响较大。该类城市设计一般发生在土地出让前期,受开发速度的压力,委托方会给设计主体一定的时间限制。因此设计主体对客体在认识上存在一定的误差,深度上不足。福州茶亭街规划设计针对特色商业街研究的深度明显存在不足,设计条件中对此更是蜻蜓点水(仅涉及基本要素中的五类),客观造成了与设计目标的偏离。

成果的设计管理有待加强。虽然开发性城市设计更具有“产品”特征,但是仍需要将这种合理的“产品”变成“依据”,对开发进行控制与引导。设计管理是技术文件到管理文件的重要载体,因此加强对控制要素形成良好公共价值域的过程描述更具有现实意义。如东南设计成果中针对为实现各要素目标而需采取的措施的描述,更具有政策功能,引导公共空间向预期的方向发展,可以作为设计条件加以应用。

忽视城市设计的本质。控制性详细规划的不完善和较弱的动态性限定了其自身的时效性,城市设计以其灵活性和丰富的内涵及外延而备受青睐。该城市设计即是在控制性详细规划的缺失下独立编制的,因此其既具有开发控制的属性,又具有设计控制的属性。但是因其主要承担开发控制条件的设定,反而背离了城市设计的本质内涵——对公共价值域形成的控制,成为控制性详细规划的一种“替代品”,对公共价值域内的重要控制要素一笔带过。

成果过程的单向性。从比较分析中看到,四家单位的设计成果皆为单过程产品,而规划条件的设定也是一锤定音。这不仅要求开发商华辰集团有公示的义务,而且在设计条件的制定上也应存在吸取公众、开发商等意愿的义务,然而这是我国现行机制下最容易被忽视的问题。

---

[1] http://www.fuzhoutdfzzx.com/817/gg.asp

2）阶段性成果框架及特点

本书提出了开发性城市设计成果建议框架（见图 4-9），该阶段性成果应该具有以下特点为。

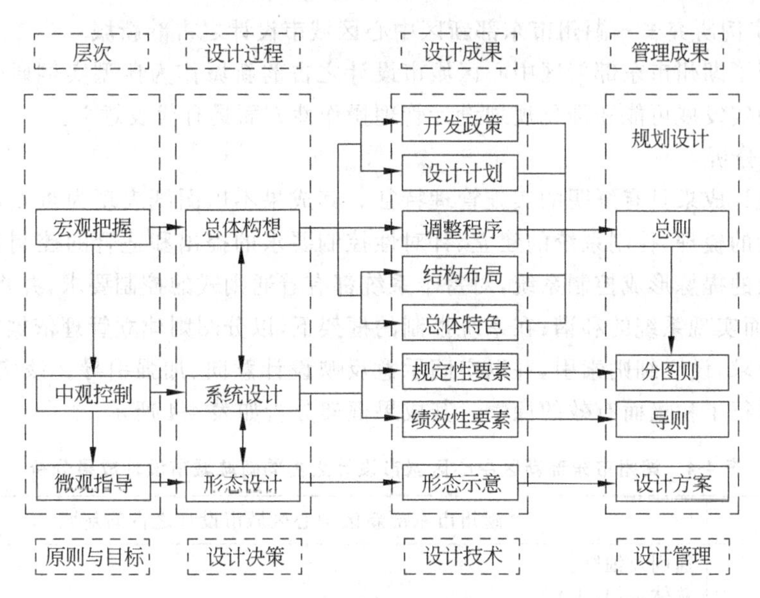

图 4-9　开发性城市设计的成果框架（自制）

（1）适应社会主义市场机制，完善适合国有土地出让模式的规划管理体系，便于规划管理，形成具有实效性的管理依据。

（2）能够对整体空间环境特色进行控制，其中又能对控制性详细规划形成强有力的解释和支撑，增强控制性详细规划的说服力，以突出的空间形态设计较好地让领导及公众接受，并形成对下一步修建性详细规划编制的引导。

（3）一般情况下，如控制性详细规划已对地块进行土地细分，则在该阶段应以之为基础进行一定程度的检讨，做到土地划分适合市场要求，均衡土地效益和空间效益；若土地尚未细分，则应利用图则进行土地细分，并结合其他控制要素形成面向管理的综合控制体系。

（4）纲领性的总则应从政策法规、社会经济效益和强制性内容制定的相应调整程序及空间布局上提出总体把握，形成总体开发条件；分图则细化和明确了控制要素，易于管理操作；结合导则的使用，在开发主体符合土地强制性内容的情况下，给予充分的弹性和积极的引导。

2. 约束型城市设计成果

我国现阶段控制性详细规划对城市空间控制不足，特别是对城市重要地段，如中心区、特色街区、滨海区和度假区等特色突出但意义重大地段的控制还存在很大的不足，不能满足城市形象建设需要和规划管理的控制要求。因此，城市建设过程中客观需要有一种规划设计方法及其成果体系来完善空间特色和控制体系的建构。

约束型城市设计在一定程度上弥补了控制性详细规划不足，它以满足各方利益需求为出发点，以明确的指标体系和易于操作管理而备受政府部门和城市管理者的欢迎。该类城市设计借鉴了控制性详细规划规定型控制的表达方式（图则），融合了现代城市设计导则的特点，共同形成具有中国特色的设计成果。其成果清晰、明确，而且不失弹性；控制方法上以准则控制为主，表达上以导则与图则共同作为重要成果依据。

1）典型实例研究——湖州市东部新区中心区城市设计之古韵新城

本书选择了湖州市东部新区中心区城市设计之古韵新城作为典型实例研究，因其在探索适合我国现实发展可能和强化规划设计管理操作性方面具有代表意义。

（1）成果分析

该城市设计成果具有鲜明的实施管理特征。其成果不以图纸表现为重点，将研究重点放在控制要素的梳理、控制系统的建立、针对性控制要求的提出和适合的控制指标的设立。通过设计要素的提炼形成控制系统，对每个系统都有着通则式的控制要求，并将其落实到不同地块中，从而实现系统的和谐；在系统控制的框架下，以分图则建立管理依据文件，提出地块的针对性要求，设立细则索引，并以空间示意反映设计意向、加强引导。该实例的成果在控制技术上进行了积极而有效的探索。其成果框架分析如表4-4所示。

表4-4　湖州市东部新区中心区城市设计之古韵新城城市设计成果分析

成果框架			湖州市东部新区中心区城市设计之古韵新城
秩序的建立	设计技术	控制要素	通则及细则： 总体结构（Ⅰ） 用地布局（Ⅰ） 片区控制（Ⅰ） 交通组织（Ⅱ） 步行空间（Ⅲ、Ⅶ） 河道水系（Ⅷ、Ⅶ） 绿地景观（Ⅴ、Ⅵ） 夜景照明（Ⅷ） 建筑实体控制（Ⅳ） 项目准入评价（Ⅻ） 项目策划（Ⅻ） 分图则： 指标控制（常规指标、特殊指标——院落控制、外墙色彩控制、坡屋顶控制、河道岸线控制）（Ⅷ、Ⅺ） 交通控制（Ⅱ） 设计意象控制（Ⅳ）
		管制方式	控制、引导与策略
	设计管理	控制方法	准则控制与典范控制
		控制手段	政策控制为主、形态控制为辅
		表达方式	成果包括了说明书、图纸和导则（总则＋通则＋细则＋分图图则）三大部分
机制的建立			对审批程序的积极探讨：地段规划师技术小组认可→城市规划主管部门审查同意→专家评审（管理委员会组织）→公示通过，报原规划批准部门审查同意→规划委员会批准
成果特点			层次清晰，系统控制与地块控制相结合形成通则＋细则和分图则两级控制体系

注：（Ⅰ～Ⅻ）为城市设计成果的基本控制要素大类，具体详见第3章。

资料来源：中国城市规划设计研究院

(2) 特点及存在的问题

约束型城市设计的特点在该实例中得到了很好的体现，主要表现在以下几点。

与控制性详细规划共同作为设计审查的依据。该实例与湖州东部中心区控制性详细规划同时编制，但是拥有不同的编制主体，双方通过相互沟通与协调达成共识，成果控制上具有一致性，互为补充。

强调方案的控制性。约束型城市设计具有的较典型的特征是在研究的基础上形成设计决策，以设计决策形成的方案作为系统的控制依据。导则成为与城市设计方案不能分离的一部分。这一方面反映了设计主体对秩序建立的干预能力，另一方面也会存在有限理性下的决策失灵。

设计技术特色突出。通过对人文特征、要素特征和角色特征的分析，进行特色的挖掘，在保障基本城市空间要素控制的同时，强化特色要素，如通过对院落数和院落面积范围的控制实现院落空间特色；通过坡屋顶比例控制实现第五立面的特色等。多元管制方式张弛有度，反映出对要素把握的能力。针对系统要素，既有宏观的设计把握，又有落实在地块内的微观指导(见图4-10)；并以分图则中的特殊指标控制实现城市设计对特色要素的设计决策；值得学习的是，在综合研究的基础上形成产业引入的评价标准，在国家、区域和城市的不同层级上提出项目策划，以“事件”带动地段发展，如湖州湖笔文化节等。虽然研究深度有待加强，但在城市设计实践中前进了一步。

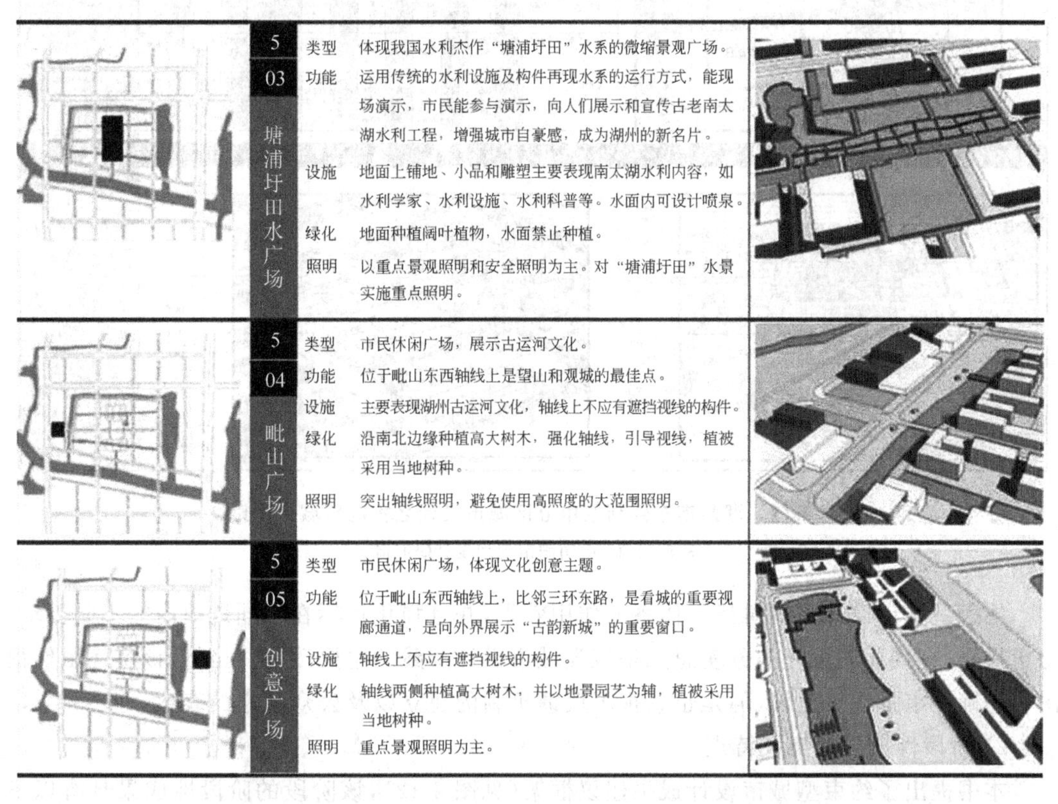

图4-10　湖州市东部新区中心区城市设计之古韵新城细则

资料来源：中国城市规划设计研究院

设计管理技术成熟。在控制手段方面，不仅强调政策控制，还通过计算机技术对政策控制加以形态模拟，使之直观清晰。建立索引体系，将系统控制与分图则紧密联系在一起。在通则的普适性原则的指导下，分图则针对具体地块提出特殊的设计要求，或控制或引导，技术的弹性较大，成为通则与细则的有益补充，分图则中的系统控制要素则可以通过索引体系迅速查找细则（见图 4-11）。该技术将整体的同一性和局部的特殊性有机结合，避免设计成果大而全，但设计重点不突出，或设计重点突出但缺乏系统控制。总则、通则、细则和分图则四个层级导则技术体系是值得借鉴的。总则进行定位；通则实现了要素的系统控制，并通过细则实现深化与落实；在系统控制的框架下，以分图则建立管理依据文件，提出地块的针对性要求，设立细则索引，并以空间示意反映设计意向和加强引导。其成果在控制技术上进行了积极有效的探索。

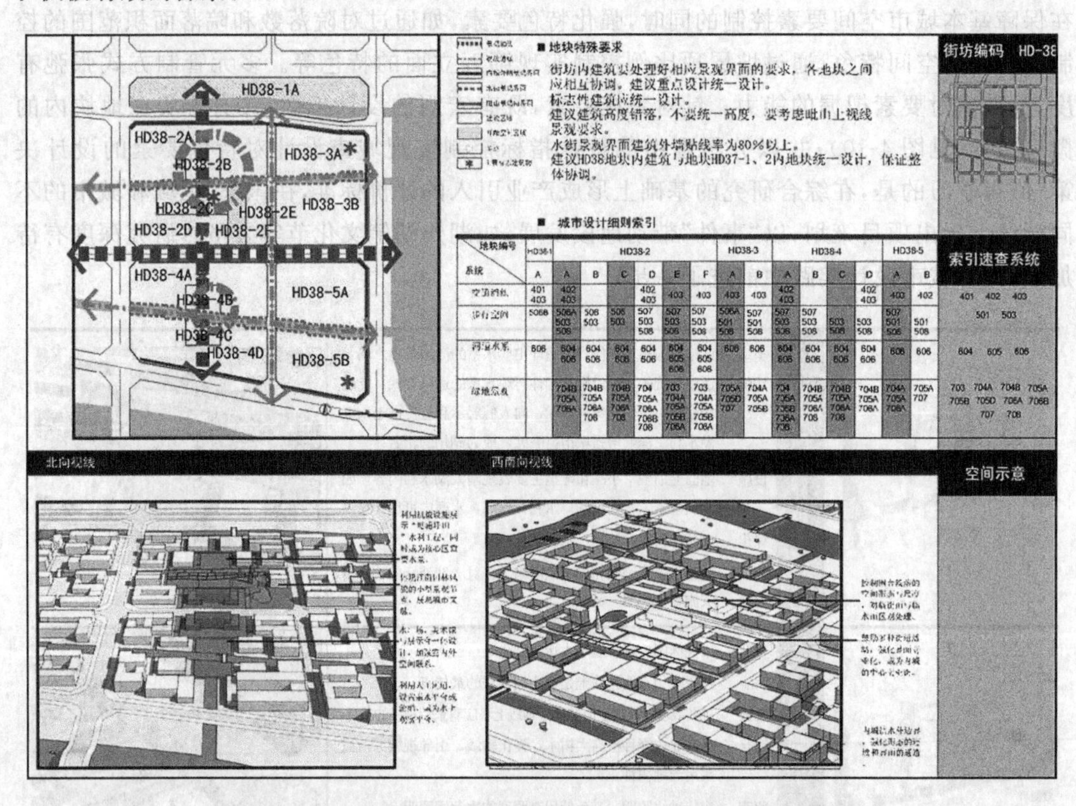

地块编号 / 系统	HD38-1 A	HD38-2 A	HD38-2 B	HD38-2 C	HD38-2 D	HD38-2 E	HD38-2 F	HD38-3 A	HD38-3 B	HD38-4 A	HD38-4 B	HD38-4 C	HD38-4 D	HD38-5 A	HD38-5 B
[illegible]	401 403	402 403			402 403	403	403	403	403	402 403			402 403	403	402
步行空间	506B	506A 503 508	506 503	506 503	507 503 508	507 503 506	507 503 508	506A 501 508	507 501 508	507 503 508	507 503 508	503 508	503 508	507 501 508	501 508
河道水系	606	604 606	604 606	604 606	604 606	604 605 606	604 605 606	606	606	604 606	604 606	604 606	604 606	606	606
绿地景观		704B 705A 706A	704B 705A 706A 706	704B 705A 706A 706	704 705A 706A 706B 706	703 704A 705A 705B 706A	703 704A 705A 705B 706A	705A 705D 707	704A 705A 705B	704 705A 705B 706A 706	704B 705A 706A 706	704B 705A 706A 706	704B 705A 706A	704A 705A 706A	705A 707

图 4-11　湖州市东部新区中心区城市设计之古韵新城分图则

资料来源：中国城市规划设计研究院

约束型城市设计强调对指标体系的作用效果，并且强化指标在不同地块内的不同要求。易于操作、直接面向管理的务实思想是该类城市设计实践的主要动力。当然，该实例虽然提出了明确的审批程序建议，但是也忽视了反馈机制的建立以及公众意愿的表达。

2）阶段性成果框架及特点

本书提出了约束型城市设计成果建议框架（见图 4-12），该阶段的阶段性成果具有以下特点。

（1）为满足城市特色区段的建设与管理，需要广泛开展约束型城市设计，一般在较为明

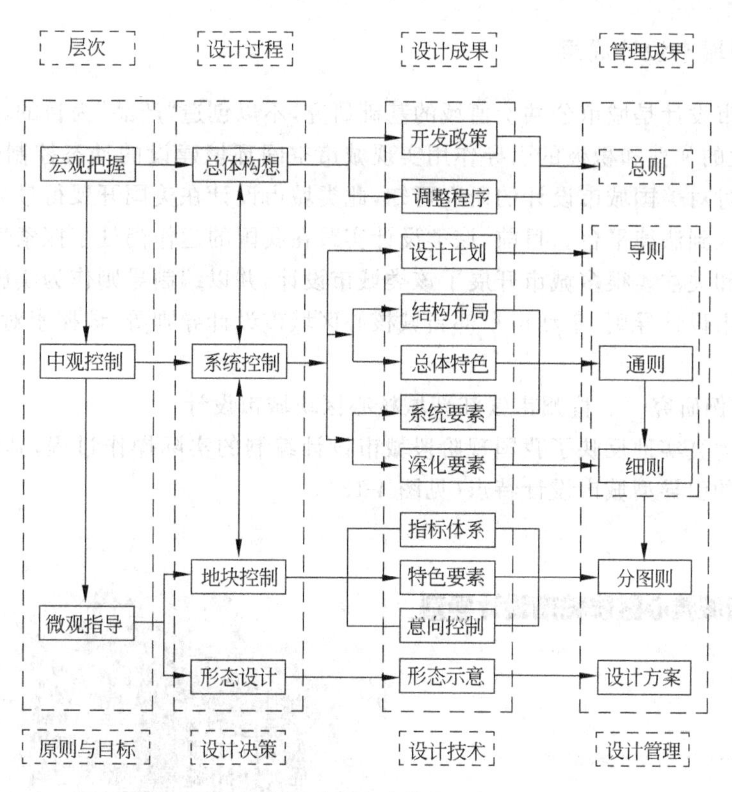

图 4-12　约束型城市设计的成果框架(自制)

确的目标下进行设计研究。

(2) 该类城市设计编制建议与控制性详细规划互动进行,将设计决策的特色控制指标体系纳入控制性详细规划指标体系中,形成规定性控制,完成与规划管理的对接,并与控制性详细规划形成互相支撑的控制体系。

(3) 既要兼顾地段的基础性的研究工作,又需以设计创作积极引导城市建设的发展方向,因此具有鲜明的以设计决策的"产品"引导城市控制"过程"的特征,成果的"产品"与"过程"性都较为突出。

(4) 建议将管理成果分为总则、导则、分图则和设计方案。将开发政策和调整程序纳入总则中,将设计计划、总体布局和系统要素控制纳入导则中,并将控制指标、特色控制要素和意向控制与具体地块相结合形成分图则,以设计方案充分展示设计构思,形成过程控制与产品展示相结合的成果体系。

(5) 成果分图则编制建议。城市设计分图则是城市设计各控制要求在地块的具体化,是面向管理的最直观、最具体的依据。控制图则除了反映地块的位置、范围界限和开发强度指标外,还应着重表达在建筑群体组合和空间要求、景观界面、环境设计、交通(人行和机动交通)的控制或引导内容以及奖励措施和开发建议等,具体表达方式可通过指标和图示结合文字来解释说明,并可借鉴该实例的经验,以索引体系将分图则与导则紧密结合,形成管理与设计一体化。

3. 引导型城市设计成果

引导型城市设计是城市公共价值域的基础研究，不以创造“产品”为目的，而以控制过程为重心，以较大的弹性和积极的引导作用实现城市空间环境建设的动态控制作用而越来越受到青睐。通过对美国城市设计的研究可知，此类城市设计在美国开展得最为广泛，并且成果通过区划介入到法律平台。目前，该类设计实践在我国的运作尚处于探索性的起步阶段，但已得到重视和关注。很多城市开展了该类城市设计，并以编制导则作为实施依据，如上海静安寺地区城市设计导则、宁波市东部新城核心区城市设计导则等，该探索对我国设计实践具有重要意义。

1）典型实例研究——杭州市钱江新城核心区块城市设计

该实例较为真实地反映了我国现阶段城市设计编制的实际操作过程，其城市设计成果类型具有显著的引导型城市设计特点（见图 4-13）。

钱江新城核心区块城市设计导则

控制核心要素：

用地控制

道路交通

分区特色指引:商务办公区\公共开放空间\绿化公园

地面层设计:

街道设计

沿江设计

弹性控制

地块划分:地块面积不小于0.5公顷，相临地块可合并或拆分，保证地块面积0.6-1.3公顷。

用地使用兼容性

灵活的地块开发强度控制

容积率奖励及建筑面积奖励政策

☒	C			R	U	G	
	C1	C2	C3	R21		G1	G2
市行政中心（市民中心）	▲	○	○				
行政办公设施	▲	○	○				
商业写字楼	○	▲	▲				
大型金融商贸设施	○	▲	▲				
市级文化娱乐设施	○	▲	▲				
酒店式公寓（单身公寓）		○	○	▲			
市政公用设施	○	○	○		▲	○	○
社会停车场	▲	▲	▲	○		○	○

▲为允许设置，○为经批准后方可设置，其余为不允许设置。

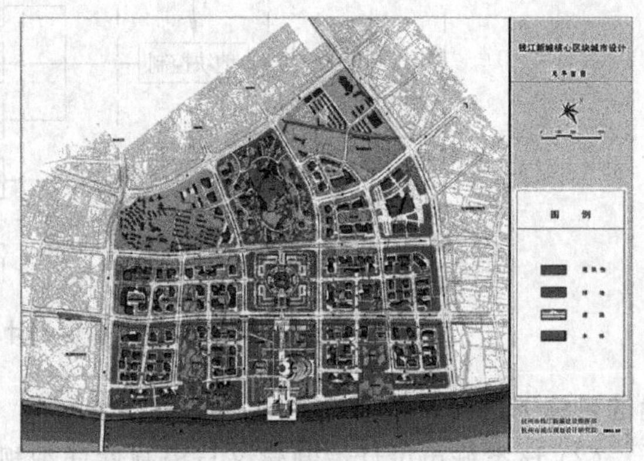

本设计要求各地块开发强度允许具有一定的灵活性

公共建筑容积率、建筑密度、高度容许浮动范围

容积率	图则参考指标	10	7.5-8	6	4-5	2.0-2.5
	建议浮动范围	9-12	7-10	5-7	5-6	1.8-3.0
建筑高度	图则参考指标	200	160-180	120-150	100	60
	建议浮动范围	>200-300	150-250	120-180	100-130	40-75
建筑密度	图则参考指标	40-45%				
	建议浮动范围	＜50%				

（1）鼓励建筑向高层、超高层发展，对所有高出图则中确定的建筑高度的建筑，要求每增加一层，容积率在原有基础上增加0.1。

（2）为有利于城市景观的形成，规划要求市民中心两侧地块建筑高度、容积率以下限控制，并鼓励地块的高强度开发。

（3）由于本规划区域内涉及到的轨道交通线路尚属可行性研究阶段，因此建议其穿越地块的土地出让适当暂缓，有关土地开发强度的各项指标应经过城市规划行政管理部门的进一步论证、批准。

（4）规划范围内建筑物在满足自身的地块规划控制要求后，如为社会公众提供广场、绿地、河道、社会停车场等公共使用空间（包括地下、下沉或广场和屋顶平台），且符合消防、卫生、交通、空域等有关规定的，允许在原规划的基础上酌情增加建筑面积，但不得超过原控制面积的10%。

图 4-13 杭州市钱江新城核心区块城市设计

资料来源：http://wenku.baidu.com

(1) 成果分析

杭州市钱江新城核心区块城市设计是我国引导型城市设计中比较有代表性的实例，反映了我国专业人士对适合我国国情的城市设计的努力探索。该设计秉承了引导型城市设计综合研究的特点，为加强钱江新城核心区开发建设管理，保证城市公共空间品质，指导地块出让与建筑设计，促进新城建设协调有序而开展基础务实的设计研究。设计成果没有宏大的制作,绚丽的表现,但是无论从深度以及广度上都值得借鉴。成果分析如表 4-5 所示。

表 4-5 杭州市钱江新城核心区块城市设计成果分析

<table>
<tr><td colspan="3">成果框架</td><td>钱江新城核心区块城市设计(杭州市城市规划设计研究院)</td></tr>
<tr><td rowspan="5">秩序的建立</td><td rowspan="2">设计技术</td><td>控制要素</td><td>设计总则:
功能结构、用地布局(Ⅰ)、道路交通(Ⅱ)、商业与步行系统(Ⅲ)、绿化开敞空间(Ⅴ)、空间景观(Ⅵ)、开发容量与人口(Ⅺ、Ⅻ)
市政公用设施:
给水工程、排水工程、电力工程、通信工程、燃气工程
城市设计导则:
区域设计导则:商务办公区(建筑的分类、形态与体量、长度与距离、后退、细部、夜景,步行道,景观和街景,公共空间,停车场)(Ⅲ、Ⅶ);公共开放空间(用地分类,步行道和自行车道,景观和街景,开放区域,停车场,地面铺装与细部,夜景照明);(Ⅲ、Ⅶ);绿化公园(道路绿化、滨水绿地、广场绿化);(Ⅴ)地层面设计准则:商业设施,建筑入口及门厅,骑楼,停车场入口及设置;(Ⅳ)街道设计准则;(Ⅲ)建筑设计准则:街墙立面控制,塔楼设计标准,建筑组合关系,建筑材料;(Ⅳ)沿江景观。(Ⅷ)分图则:地块划分与性质、土地使用兼容性、地块开发强度、配建停车、建筑边界、机动车出入口</td></tr>
<tr><td>管制方式</td><td>控制与引导</td></tr>
<tr><td rowspan="3">设计管理</td><td>控制方法</td><td>准则控制</td></tr>
<tr><td>控制手段</td><td>政策控制(将导则与图则规定性内容形成制度性成果)</td></tr>
<tr><td>表达方式</td><td>文本(导则、说明书),图则(设计图、分图则),制度性成果</td></tr>
<tr><td colspan="3">机制的建立</td><td>无</td></tr>
<tr><td colspan="3">成果特点</td><td>在特定的设计背景下,该城市设计承担了两项主要职能:城市设计的设计控制职能和对控制性详细规划的补充修正的职能,因此成果具有两种职能的典型性特征</td></tr>
</table>

注:(Ⅰ～Ⅻ)为城市设计成果的基本控制要素大类,具体详见第 3 章。

资料来源:http://wenku.baidu.com

(2) 特点及存在的问题

以中观的控制为设计研究的基础背景。该设计从立项就肩负了对控制性详细规划的修正和补充的任务,因此加强了中观控制的基础研究,如针对地块出让的现实情况,从城市设计角度对地块划分进行了调整。在有效实现控制性详细规划修正与补充的基础上,并没有忽视城市公共价值域的设计研究,建立了较为完善的设计成果体系。

成果秩序较为完善。从表 4-5 可以看到,设计基本涵盖了城市设计的 12 类控制要素,既有要素的系统控制,又分别针对不同区段(商务办公区、公共开放空间和绿化公园)、地层面、街道和建筑设计分别制定不同的导则,而且加强了特色要素的设计控制;要素控制与管制方式紧密结合,控制与引导紧密结合,图文并茂,具有很强的引导性(见表 4-6)。设计管理操作性较强,针对引导型城市设计的特点,该成果以准则控制作为控制方法,突出了控制中性能的描述;表达方式上以导则作为城市设计成果的主要载体,通过图文并茂的方式阐述设计决策;尤其值得我们借鉴的是,在技术成果基础上,编制了制度性成果,通过法定程序将技术性成果纳入法定的开发控制中,使城市设计导则条例化。

表 4-6 杭州市钱江新城核心区块城市设计商务办公区导则节选

项目	导　则
建筑分类	中心区建筑构成： 商务类：金融、商务、办公、写字楼； 商业、文化设施 ：商店、购物中心、室内体育和娱乐、影剧院、餐厅； 旅游服务设施：饭店、宾馆； 行政管理 ：政府办公、政府设施
建筑高度和形式	建筑体量和形式必须与周围道路及周边建筑相协调； 建筑与步行道有机结合； 裙房与街道的空间高度不能超过 15m； 整体形成高层建筑在与钱塘江垂直的纵深方向高低错落的布局； 裙楼高度必须不低于 4 层但也不超过 6 层，为行人创造一种连续的亲人尺度； 裙楼以上的塔楼部分必须为建筑内部的人们创造理想的环境，也要考虑到道路上的行人； 建筑通过裙楼边界线显示步行街的连续性
建筑长度和距离	建筑的最大长度不超过 50m； 建筑在裙房过街楼以上就要分开，要考虑光照、空气流通、视线等； 过街楼以上的建筑距离最小为 20m
建筑后退	建筑后退原则： 根据道路宽度确定后退距离； 鼓励沿商业街、生活性道路建筑底层设置骑楼。并给予容积率和建筑高度补偿； 骑楼高度不小于 6m，后退不小于 3m； 建筑后退城市道路红线 15m，后退区内支路至少 3m
步行道	步行道包括人行道和建筑后退的步行区域； 建议沿步行道设置连续的遮阳设施； 人行道与建筑后退的步行区域地面铺装区分； 设置必要的行人休息空间
公共空间	开放的空间为中央区创造了宜人而安全的自然环境，开放空间应该包括： 公共交流空间； 步行和自行车道设施； 绿地景观

2) 阶段性成果框架及特点

本书提出了引导型城市设计成果建议框架(见图 4-14)，该阶段的阶段性成果具有以下特点。

(1) 成果是对城市空间的基础性研究成果，注重导控以外的教育职能。

(2) 成果主要由总则和导则组成，是基于整体城市系统环境，针对城市公共价值域做出的相关操作规定，应将城市设计创作和设计管理的要素采用示意图、文字及表格等图文并茂的形式做出过程性描述，而设计方案只是表达一种可能。

(3) 成果编制为城市空间建设提供最基本的设计准则，而不是带有最高期望的设计要求。

(4) 成果坚持弹性控制原则，减少规定性管制，弱化时段、空间变化过程中的干扰因素。

导则是在现代城市设计的实践过程中形成公共政策和物质形态设计的最终载体，将其中的各个元素以统一的标准组织起来，形成功能化的、有审美属性的整体，提供形态设计的明确原则。

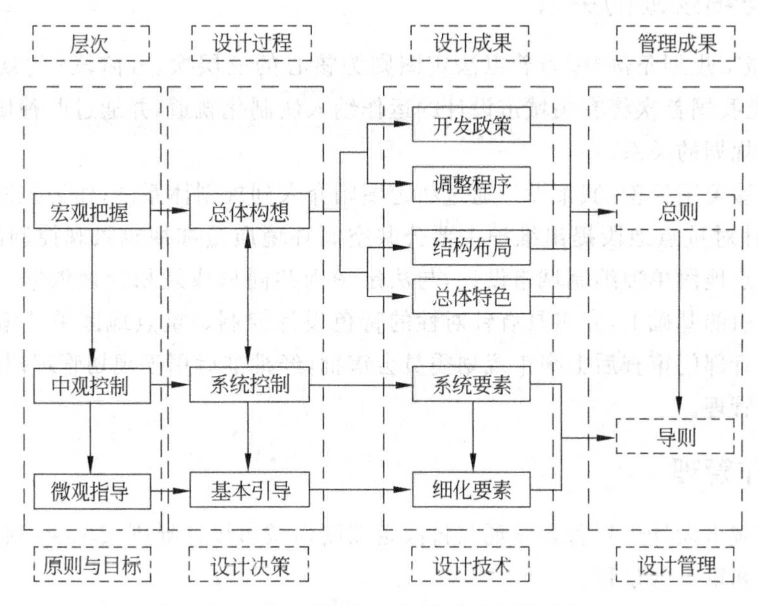

图 4-14　引导型城市设计的成果框架(自制)

4.5　城市设计的实施管理

深圳市是我国开展城市设计实践较早且积累经验较丰富的城市，并且在城市设计的法规、规范化运作、实施管理和组织机构等外在机制建设方面都进行了大量尝试并取得较为显著的成效。深圳的积极探索为我国城市设计的实施与管理树立了榜样，提供了丰富的经验，值得借鉴。

4.5.1　法律平台的建设

比较发达国家的城市设计运作，我们可以看到，城市设计的法律定位模糊，美国城市设计通过专门的城市“设计审查”介入到区划这个法律平台当中；英国城市设计也是通过依附法令的形式完成设计控制。因此，将城市设计成果转化为制度性成果，或通过依附控制性详细规划实现依法控制具有重要意义。

《深圳市城市规划条例》是我国第一部将城市设计有关要求纳入地方城市规划法规的法律文件。其特色在于：第一，以法规的形式明确了城市设计在城市规划体系中的地位，认可了城市设计在城市建设管理中的重要作用；第二，城市设计控制的范围和深度可有所不同，重点地段应单独编制城市设计，进行重点控制，一般地段可结合城市规划进行控制[1]。

为了规范城市设计编制成果的内容与深度，深圳规划国土局于 1999 年制定了《深圳市城市设计编制办法(草案)》，较为详尽地规定了城市设计内容和成果形式等，这是城市设计脱离宏观框架层面向实施操作层面转变的良好开端。

---

[1] 金广君，林姚宇. 论我国城市设计学科的独立化倾向[J]. 2004 城市规划论文集(上)，2004(12)：75～80.

4.5.2 与详细规划的关系

《深圳市城市规划条例》标志着以法定图则为核心的三层次、五阶段[1]的规划体系正式确立，同时也是我国首次将有关城市设计的运作纳入法制化轨道，并通过两种城市设计的编制途径理顺与规划的关系。

其一是借鉴美国经验，城市设计通过法定图则介入到规划体系中，作为控制体系的有益补充，主要是针对重点地段提出维护主要公共空间环境质量和视觉景观控制的原则要求。其二是针对重点地段单独编制城市设计，与法定图则共同形成规划管理依据。在法定图则中城市设计导引的基础上，完善具有针对性的特色设计控制。重点地区单独编制的城市设计由市规划主管部门审查后上报市规划委员会审批，经批准后用于规划管理；其余结合法定图则用于规划管理。

4.5.3 运作管理

深圳详细城市设计规划管理体现在将法定图则内城市设计导则或单独编制的导则作为设计条件下发和审查的过程。

深圳法定图则（含部分详细蓝图）制定完毕以后，即可以进入“一书三证[2]”的建设管理体系。在该管理体系中，城市设计导则对建筑设计的管控主要体现在规划设计要点的下发与《建设工程规划许可证》的核发过程。具体即在设计个案获得《建设项目规划选址意见书》、进一步核发《建设用地规划许可证》时，由深圳建设用地处依据法定图则中城市设计导则的内容，作为规划设计要点的一部分或形成专门的《深圳市国土规划局城市设计指引》，随该申请项目《建设用地规划许可证》的发放一并下发至设计个案，作为建筑设计的依据。

个案完成建筑设计后必须将设计方案上报，申请核发《建设工程规划许可证》。在核发过程中，规划设计要点与《城市设计指引》均为方案审核的依据之一，对其中规划设计要点中的城市设计要求，设计方案必须满足，《城市设计指引》的内容原则上必须满足，但在设计方案提出正当理由或做出合理解释并得到审议部门许可的前提下，对相关规定可加以突破或不予遵循。设计方案只有通过该项有关城市设计内容的审议许可，方可获得《建设工程规划许可证》，进入下一阶段办公流程。至此，完成城市设计导则审批以及对个案的城市设计审查。

4.5.4 组织机构

深圳是我国目前少数几个在地方规划局内部单独设立城市设计部门的城市之一。深圳规划局城市与建筑设计处，负责各类城市设计和城市公共景观规划的编制和审批工作；制定全市城市与建筑设计标准与准则；制定城市设计指引；负责市建筑工程类重大项目的建设用地规划许可、方案设计、初步设计和建设工程规划许可事项等。组织机构的完善也是深圳城

---

[1] 分别指总体规划、次区域规划、分区规划、法定图则与详细蓝图。法定图则与详细蓝图的层级分别与我国规划体系中的控制性详细规划与修建性详细规划对应。

[2] 在我国“一书两证”（建设项目规划选址意见书、建设用地规划许可证和建设工程规划许可证）基础上增加了建设工程规划验收合格证，形成“一书三证”的规划管理体系。

市设计运作成功的基本保障之一。

4.5.5　公众参与

20世纪60年代末兴起的“公众参与”设计，是一种让群众参与决策过程的设计——群众真正成为工程的用户，强调的是与公众一起设计，而不是为他们设计。

国外的公众参与经历了物质形态建设、数理模型和社会发展等阶段。在形态建设阶段，公众参与仅限于了解和聆听，设计部门根据公众提出的意见对设计加以修改，经采纳后付诸实施。在数理模型阶段，由于公众很难理解复杂而抽象的数学模型，公众参与仅限于学术机构和研究机构的“精英层次”。在社会发展方面，1962年，鲍尔·戴维多夫(Paul Davidoff)提出了倡导规划(Advocacy Planning)。他认为，从社会政治学角度来看，规划师应该正视社会价值的分歧，并选择与社会底层人士相同的价值观。

1965年，鲍尔·戴维多夫发表了《倡导规划与多元社会》一文(Advocacy and Urslism in Planning)，认为在多元化的社会，规划没有一个完整的、明确的公众利益，只有不同的“特别利益”。在理论上，美国谢莉·安斯汀(Sherry Amstein)1969年发表的《市民参与阶梯》(A Ladder of Citizen Participation)一文被视为公众参与的最佳指导文章。文中将公众参与形象的划分为三个层次和八种形式(见表4-7)。

表4-7　城市设计实践中公众参与的层次

公众参与的等级		公众参与的层次
8	市民控制(Citizen Control)：市民直接管理、规划和批准	实质性参与
7	权力委任(Delegated Power)：市民可代政府行使批准权	
6	合作(Partivership)：市民与市政府分享权力和职责	
5	安抚(Placation)：设市民委员会，但是只有参议的权力，没有决策的权力	象征性参与
4	咨询(Consultation)：民意调查、公共聆听等	
3	提供信息(Information)：向市民报告既成事实	
2	教育后执行(治疗)(Therapy)：不求改善导致市民不满的各种社会与经济因素，而要求改变市民对政府的反应	无参与(Nonparticipation)
1	操纵(Manilpulation)：邀请活跃的市民代言人作无实权的顾问，或把同路人安排到市民代表的团体中	

深圳的公众参与规划主要包括了三个层次的工作：一是在城市规划委员会中广泛吸纳社会各界人士参与，使公众能直接参与规划设计的决策；二是通过新闻媒体的宣传和设立规划展览场所，增加公众接触规划、理解规划的机会和途径；三是通过网络的公众调查问卷，反馈公众正确的意见和建议。

我国的公众参与还处于谢莉·安斯汀总结的“市民参与阶梯”中段，即“象征性的参与”，不管是市民、利益集团还是规划人员均只有参议权而没有决策权，且随着规划项目的增加和级别的提高，公众参与的深度并没有随之加深。许多规划建设项目多是由政府领导并召集政府各部门官员，在听取规划设计人员介绍后“拍板”决定的。参与的宽度是指公众在城市规划过程中发挥作用的范围和公众参与的比例。我国城市规划中市民参与的权力和范围受到许多因素的限制，而市民参与的比例也很小。

4.6 城市设计导则[1]

4.6.1 城市设计导则的产生

城市设计导则是伴随着城市设计理论的发展而产生的。

20世纪60年代，西方国家的经济得到复苏和发展，人们对环境的要求日益提高，城市规划在对城市发展的控制中，逐渐显现出它的不足。

为了解决大规模的环境特色和质量问题，西方国家的很多城市开始编制超出传统城市规划内容的城市设计策略，旨在通过对形体和发展过程的计划来控制城市的发展，丰富城市空间，创造新的、更有人情味的城市空间。城市设计已不仅仅是单一的设计活动，而是通过政策、原则、目标和标准来控制城市的环境特色和各种建设活动，人们逐步认识到将设计理念规范化的必要性。

城市设计导则最先发端于美国旧金山城市规划及其实施。1970年，旧金山的城市规划及城市设计的计划在实施中遇到了一些困难，城市规划局为了确保城市环境在微观层次的质量，将设计计划转换成特殊的设计导则，并于1982年正式编制了市际城市设计导则，"明确规定哪些方面的开发是应当受到鼓励的，哪些方面的开发应当被抑制"。它为区一级和邻里一级更详细的城市设计规划提供了一个框架。之后，美国的很多城市开始建立具有各自城市特色的城市设计导则，以此控制城市的开发建设。

4.6.2 城市设计导则的概念

城市设计导则(Urban Design Guidelines)，台湾翻译为都市设计准则，香港称为城市设计指引。目前，关于城市设计导则的概念有如下几种定义。

王建国将其定义为："城市设计导则就是对城市某特定地段、某特定的设计要素(如建筑、天际线、街道和广场等)甚至全城的城市建设提出基于整体的综合设计要求。"

金广君认为："城市设计导则是对未来城市形体环境元素组合方式的文字描述，是为城市设计实施建立的一种技术性控制框架。"

苏州工业园区规划建设局将其定义为："城市设计导则是城市设计的成果，是以条文、表格和必要的图示等形式，表达城市设计的目标、原理、原则和意图，体现设计意图的指引体系和实施措施。"

综上所述，关于城市设计导则概念的界定大同小异。综合以上定义，本书认为：城市设计导则是城市设计理念的具体化和设计思想的规范化，是针对城市整体范围或特定区域及地块的设计目标，形成有针对性、可操作性的独特设计纲要。

4.6.3 城市设计导则的意义

城市设计导则是现代城市设计的主要成果表达形式，也是其运作管理的主要法令工具

[1] 结合百度文库 http://wenku.baidu.com 相关资料整理，对提供相关资料的作者表示感谢。

之一。具体即以城市设计导则内容作为建筑设计的创作依据，通过相关设计核查程序，将城市设计决策内在于设计个案，并最终呈现为城市建成环境的物质形式。

为此，城市设计导则必须一方面通过缜密的设计建议与规定，为建筑创作提供实质性的专业支持；另一方面通过合理的内容表达，应对城市设计片断性实施的特征，弱化时间进程中各种环境因素的干扰。这是现代城市设计运作管理对设计导则提出的根本要求，也是现代城市设计实践大师巴奈特先生(J. Barnett)的名言“设计城市而不要设计建筑物(Design Cities without Design Buildings)”的意义所指。

4.6.4 国外城市设计导则的发展

从1970年的旧金山规划到费城、匹兹堡和西雅图等城市规划，美国的城市大多建立了基于自身城市发展需要，具有自身特点的城市设计导则。例如，波特兰市针对住宅区和邻里(Housing and Downtown Neighborhoods)、商业(Commence)、办公(Office)、开放空间(Open Space)、建筑密度(Building Density)、文化娱乐(Culture and Entertainment)、工业(Industry)、滨水(Waterfront)、可视图像(Visual Image)和空气质量(Air Quality)制定了相应的导则，每个主题下分为：普遍目标、特殊目标和进一步研究的建议和导引。

进入20世纪80年代，城市设计更多地表现出对使用者的要求、步行街、古建筑保护和利用以及加强社区特色和可识别性等问题的关注。

局部设计导则成为研究的重点，其研究对象包括商业中心区、步行街、历史保护区和住宅区等相对独立的区域和街块，也包含针对建筑元素的设计控制，如招牌、遮阳和灯具等。

例如，英国的城市规划体系中采纳了城市设计的概念，针对特定的历史地段，在有关建筑物与周边环境协调关系的设计引导基准中包含了屋槽线、沿街立面、历史的文脉、街道格局、历史的平面布置格局、城市景观、历史开发过程及统一感、连续感和格调等。城市设计导则保证了开发实施的环境品质和空间整体性。

Hinshaw在对城市设计导则的论述中认为，城市设计导则具有鲜明的针对性和地域性，不是复制其他区域和国家的设计导则，也不能照搬其他地区和国家的设计导则。其说明内容和方式也因国家、城市的问题不同而有所差异。

城市设计导则至少在以下几方面有所体现：场地设计(Overall Site Design)、材料的使用(Use of Plan Material)、建筑朝向与形式(Building Orientation and Form)、标识(Signage)以及公共空间(Public Space)。

4.6.5 案例——圣地亚哥市的城市设计导则

圣地亚哥市总体城市设计导则的编制分为五个部分：

(1) 城市整体意象(见表4-8)；

(2) 自然环境基础；

(3) 社区环境；

(4) 建筑高度、体块和密度；

(5) 交通。

表 4-8 圣地亚哥市总体城市设计导则的两个主题

城市整体意象	建筑高度、体块和密度
(1) 目标 加强对人与环境之间视觉和感知关系的综合开发 (2) 导则和标准 • 认识和保护主要景观点，特别注意与之相关的公共空间和水体 • 认识建筑群体效果对城市和社区特色的塑造 • 加强每个社区的特征 • 保护和促进形成社区的公共空间系统 • 加强主要节点和景观视觉的标志性 • 认识城市结构与自然地形和自然环境关系的重要性 • 不断反思和评价城市区划的法规和建筑法规，保证最佳的建设选择	(1) 目标 重新审视和评价相关规则，注重开发质量而不是数量 (2) 导则和标准 • 促进个别地段急需的、有意义的开发项目 • 强调新旧建筑的视觉协调和过程 • 在城市重点地段鼓励高水平的建筑设计 • 鼓励、尊重并改进公共空间与其他公共地段整体性的建筑形态 • 对建筑高度的控制应考虑城市模式和原有的建筑高度和特点 • 加强对较大项目开发中的城市设计问题的认识

4.6.6 国内城市设计导则的发展

近年来，我国在城市设计导则领域的理论与实践有了很大进展，20 世纪 80 年代的《城市规划》和《国外城市规划》等杂志，集中刊登了一批有关城市设计的理论研究。其中，金广君教授在《美国城市设计导则的介述》中，初次定义了城市设计导则的概念，并以美国波特兰和西雅图等城市的设计导则为例，对城市设计导则的组成、编制和作用做了简要的论述。

这是国内较早的对城市设计导则的清晰认识和理论研究。同时，朱自煊在《对我国当前城市设计的几点思考》中，首次强调在城市设计实践中导则的重要性，指出导则的类型分为微观、中观和宏观。

与此同时，东南大学的王建国在《城市设计》一书中，将城市设计导则作为设计成果表达的一部分，列举了国外城市设计导则的应用状况，并做了简要说明与评述。

之后，高源、王建国的《城市设计导则的科学意义》，徐思淑、周文华编著的《城市设计导论》，庄宇的《城市设计的运作》分别从不同的角度和层面对城市设计导则进行了理论探索。

随着城市设计导则的理论研究的深入，部分省市如北京、深圳和江苏等已经开始编制城市设计导则。

为了应对人口增长和城市扩展的压力，提升作为国际都市的建成环境品质，香港分别在 2000 年 5 月和 2001 年 9 月发表了香港城市设计导则的公众咨询文件。根据第一轮和第二轮的公众咨询文件，对香港 5 个区域(港岛、九龙、新镇、乡村地区和维多利亚港周边地区)的以下五个主题进行了城市设计导则的编制：①区域的高度轮廓；②滨水地带发展；③城市景观(包括开放空间、历史建筑保存、坡地建筑)；④步行环境(步行交通与街道景观)；⑤道路交通的噪声与空气污染。

还有一些城市针对特定的区域和地段进行了城市设计导则的实践，例如上海静安寺地区、虹桥商务区、天津于家堡金融区起步区和深圳市中心区 CBD(见图 4-15)等。

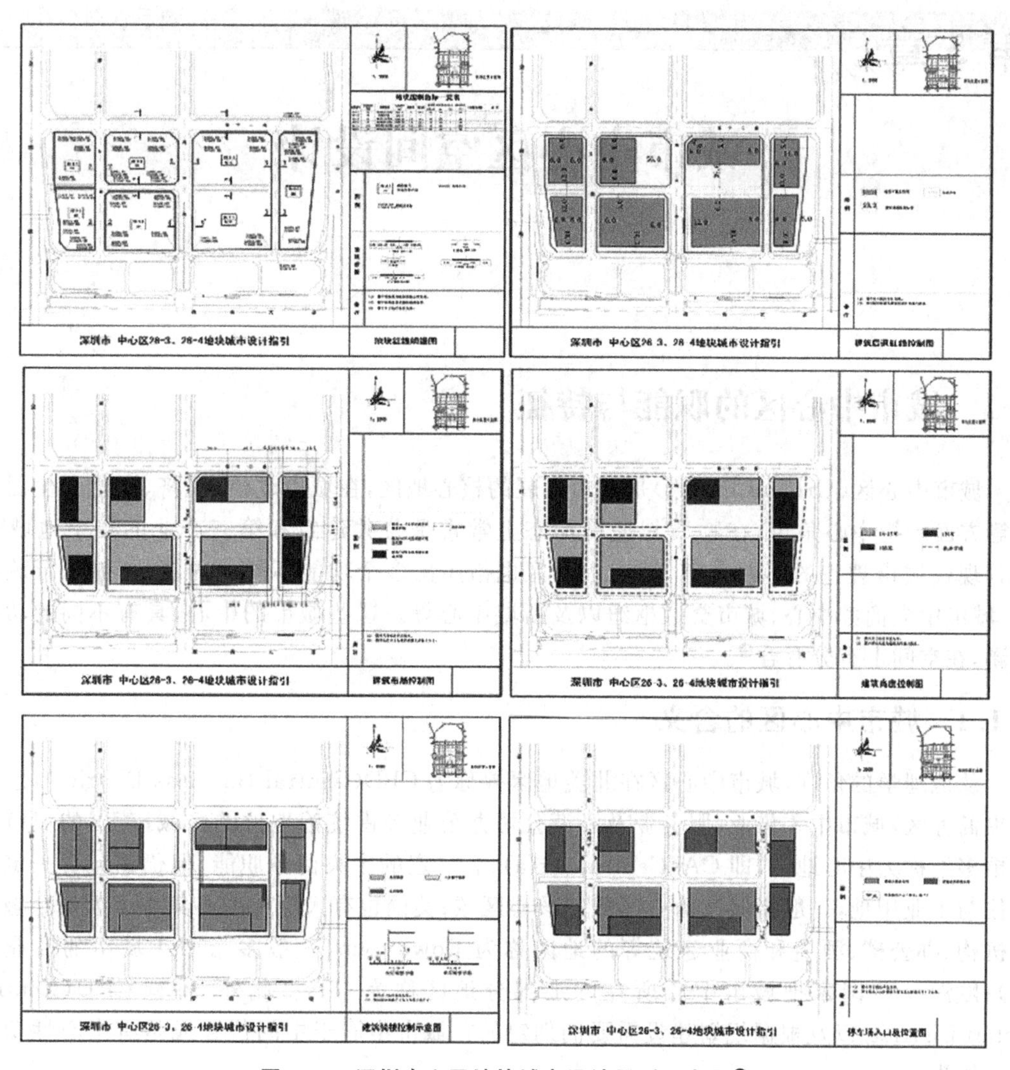

图 4-15　深圳中心区地块城市设计导则示意图❶

思考题与习题

1. 城市设计的原则有哪些？
2. 总体城市设计与局部城市设计的区别是什么？
3. 开发控制和设计控制的区别是什么？
4. 详细城市设计与控制性详细规划的关系有几种？
5. 城市设计成果有几种类型？
6. 如何看待城市设计在我国城市建设中的作用？

---

❶ 控制核心要素：地块红线、建筑后退红线、建筑布局、建筑高度控制、建筑骑楼、步行系统、开敞空间。

第5章 城市中心区空间设计

5.1 城市中心区的职能与特征

城市中心区(Urban Centers)是城市发展的核心地区，在城市政治、经济、文化和生活功能等方面承担中心角色，在物质与经济形态上常常是公共建筑和第三产业的集中地域[1]。随着现代城市理论的不断丰富，城市中心区也衍生出多个功能不同的内涵，如城市行政中心、城市中央商务中心、城市交通枢纽以及新城中心等。这些城市的中心，具有不同的功能内涵，在空间上有分有合[2]。

5.1.1 城市中心区的含义

从地理学的角度，城市中心区在北美地区被称为CBD(Central Business District)，意为中央商务区，城市中零售业、服务业及私营公司办公业务占统治地位的区域；英国的城市规划更多地称为中心地区，即CA(Central Area)，有一定的中央商务职能，但仍然包含一定的居住与工业用地，一般指城市历史形成的核心区域；美国也有人把市中心集中了大量金融贸易机构、办公楼、酒店和商业建筑等的地区称为Downtown(一般多指中小城市的商业中心)；欧洲一些国家把城市中心所在的那部分地区称为City。此外，还有CRD(Central Retail District)以及根据规划建设需要而划定的在城市中居于中间位置或是有中心性功能的区域[3]。

"城市中心是指城市中供市民进行公共活动的地方。……可以是一个具有某种围合效果的开放空间，如一个广场、一条街道或一片特定的地区"(王建国)。

综上所述，城市中心区是一个综合的概念，是城市中容纳了城市第三产业各种项目(如商务、零售、办公、服务和综合交通等)的公共开放空间，通常位于城市或某一片区中心位置，且多数是城市中较早形成的核心区域。它集中体现了一个城市的经济社会发展水平和城市发展形态，并对城市经济发展和管理有较大的带动作用。

西方各国经济和城市建设在20世纪50—60年代得到迅猛发展。从根本上来说，这时期的城市更新运动是试图强化位于城市中心区的土地利用，通过引入高营业额的产业(商业、工业和服务业)使土地增值，城市中心原有的居民住宅和中小商业则被置换到城市的边

---

[1] 王建国.城市设计[M].北京：中国建筑工业出版社，2009.9.

[2] 姚鑫，许大为，刁星.基于城市中心区设计理论的实践探索[J].黑龙江农业科学，2010(9)：153～156.

[3] 朱才斌，林坚.现代城市中心区功能特征与启示[J].城市发展研究，2000(4)：47～50.

缘地区。城市中心区地价飞速上扬，带动整个城市的地价上涨，很大程度上助长了城市向郊区分散、蔓延的倾向，由此加剧了潮汐式的交通堵塞问题，降低了城市中心区的吸引力。20世纪 70 年代以来，城市中心区进入了调整、改造和更新的发展阶段。通过改造城市中心区原有不适应现代社会发展变化的交通、建筑、空间、环境和基础设施等领域的落后方面，使城市得到了健全和协调的发展，推动了城市的现代化，提高了居民的物质和文化生活水平。目前，世界各地都成功实施了一系列中心区城市设计和再开发案例，其中公共空间和步道系统的建设、旧城中心历史地段及建筑保护和新型城市管理方式的实施，都直接促进了城市旅游观光和文化娱乐事业的蓬勃发展，给城市中心区注入了全新的活力。

5.1.2 现代城市中心区的职能与特征

城市中心的功能是随着时代发展而不断演化的。古代城市的中心通常位于城市道路系统的中心位置，往往以行政、宗教活动为主，附带有部分的娱乐和商业活动。中国封建时代的城市，一般以当地的衙署及其前庭构成城市的行政中心，城市中的寺庙及其前庭则成为市民进行宗教和商业活动的公共中心。随着城市经济、社会活动的发展，城市功能日趋多样化、复杂化，因而现代城市往往需要有政治、经济、文化、金融、商业、信息、娱乐、体育和交通等各种活动的中心。世界著名的首都如北京、巴黎、华盛顿、莫斯科和东京等城市的中心区，都是功能明确、布局紧凑，并具有独特风貌和艺术特色的。

1. 城市中心区的职能

1）商务与行政办公

商务职能是城市中心区普遍具有的基本职能，它承担着本市及其周边辐射地区的经济运作、管理和服务功能，容纳了大量商务服务设施，如银行、证券和保险等。城市中心区还容纳了大量行政办公设施，许多城市的行政中心往往也位于中心区，便于满足整个城市的管理和服务半径（见图 5-1）。

(a)

(b)

图 5-1 商务中心区

（a）重庆；（b）芝加哥

资料来源：（a）http://cq.qq.com/a/20110104/000493_1.htm；（b）http://www.nipic.com

2）信息服务

信息服务业（包括会计、法律咨询、广告策划、信息咨询和技术服务等）是城市中最有活力和生长力的产业，信息服务业的发达与否，很大程度上影响到其他产业的发展，中心区往往集中了信息产业的载体——办公设施。

3）居住与生活服务

居住是城市中心区的传统职能，究其原因，一是中心区大多是城市传统最先发展的区域，容纳了部分传统的居住设施；二是适当在中心区配置居住功能，能够避免中心区在时间上特别是夜晚出现“空城”的局面，从而提高中心区的使用率。

伴随居住功能，为人们日常生活服务的职能也是中心区重要的职能之一，以商业零售和餐饮为主，还有供人们休闲的室内外活动场所（活动中心、广场和公园等），以及对外旅游服务设施（宾馆、客服中心和交通票务等）等。

4）社会服务与专业市场（街道）

社会服务业是中心区的重要职能，包括文化娱乐、教育培训、医疗保健、传媒和科研机构等，相应的设施如博物馆、电影院、剧场、医院、办公楼和体育馆等是中心区的重要组成部分。另外，中心区还有一些专门性的街道和大型市场，如商业步行街、文化风情街和电子一条街等。社会服务和专业市场通常情况下能够体现本地文化特色，有的街道已经成为城市的重要标志，如上海南京路和北京王府井等。

5）城市交通枢纽

城市中心区交通复杂，是整个城市交通的交汇处，既要容纳来自各个地区的交通量，又要向各个地区疏解全市的交通量，更要解决中心区自身的人流、车流和物流问题。中心区是全市的交通枢纽，其交通的组织直接影响全市的交通运营效率（见图 5-2）。

图 5-2　杭州市钱江新城某大型公共综合体

上海虹桥综合交通枢纽综合体的总建筑面积达 150 万 m^2，自东向西分别为虹桥机场新航站楼、东交通广场、磁浮虹桥站、铁路虹桥站和西交通广场。西交通广场由停车场、停车库、地铁站、公交巴士站、换乘中心和连接通道等组成（见图 5-3）。东、西交通广场的建筑面积约 51.4 万 m^2，其中东交通广场共有 9 层，地下 2 层，地上 7 层；西交通广场主要是地下空间和地面广场。东、西交通广场是虹桥综合交通枢纽的重要组成部分，是公共交通的集散中心，分别配置了长途高速巴士站、城市公交车站和专用停车库，停车的车位达 7000 个。整个工程涵盖了航空、高铁、城际轨道、城市轨道和地面交通等多种交通方式，旅客可以在这里实现各种交通方式之间的“零换乘”，在解决国内大中城市拥挤的交通问题、提升交通枢纽综合效益上，提供了一种有效的方式。交通枢纽的核心是充分利用地下空间，包含了车站、商业和旅馆以及办公等功能，完全实现了地下地上一体化的目标，成为城市高度集约化地区。地下空间的充分利用，改善了地面环境状况，拓展了城市空间，解决了交通难的问题，创造了良好的人居环境。

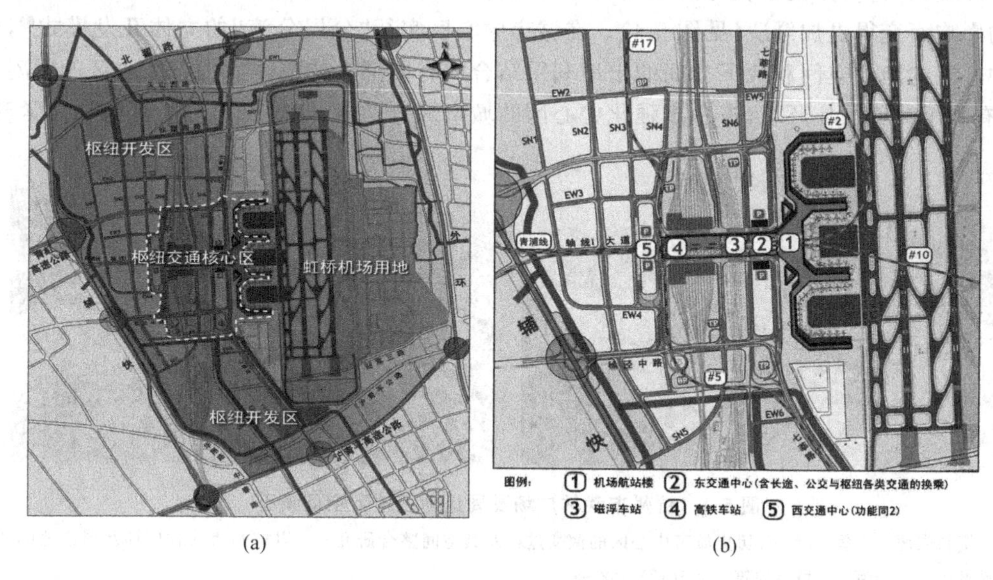

(a)　　(b)

图 5-3　上海虹桥综合交通枢纽

(a) 规划范围；(b) 总平面布置

资料来源：缪宇宁，上海虹桥综合交通枢纽地区地下空间规划[J]. 地下空间与工程学报，2010，6(2)：243～249

2. 城市中心区的特征

现代大城市的中心区都具有以下几个特征：容积率的提高与经济效益的增长，地价的高涨与土地的高效率利用，就业人口的增加和常住人口的减少，基础设施的不足与环境的恶化等。

孟兆国认为，从国际大型城市的变迁过程可以发现这些城市的中心区都经历了从集中到分散、再到衰败、再复兴的曲折发展过程❶。伦敦、巴黎、莫斯科、悉尼、中国香港以及北京等国际大都市在城市中心区的演变过程中都经历了较长时间的探索和实践，这些城市中心区模式的变化集中表现出了功能复合化、开发立体化、空间人性化和环境生态化等共同特点。

紧凑城市的理念强调在城市建设的过程中，要在已有的各种规模和类型的城市中心基础上形成紧凑的城市中心❷。如前所述，城市中心区是城市人口和城市交通、商业、金融、办公、文娱、信息和服务等功能最集中的地区，由于土地资源紧缺，各种矛盾也最集中。因此，

---

❶ 孟兆国. 城市中心区的特征与发展思路[J]. 太原理工大学学报，2011，42(2)：200～204.

❷ 温春阳，周永章. 紧凑城市理念及其在中国城市规划中的应用[C]//和谐城市规划——2007 中国城市规划年会论文集，2007：681～684.

城市地下空间的利用对城市中心区的发展具有重要的意义，土地的利用在某种程度上能通过利用"第三维"的空间（空中和地下空间）而得到密集化（Owens，1992）。市中心区的紧凑开发是遏制向郊区扩张的有效手段，在新的城市发展背景下，地下空间利用成为大城市中心区土地利用新的发展方向，将其传统粗放型、平面外延式[1]拓展的模式，转变为节约型、紧凑式的拓展模式。开发利用城市中心区的地下空间，不仅可以节约土地资源，还能减轻地面交通和环境的负荷，方便地铁与其他交通方式的转换，并使城市活动避开寒暑、风雨等恶劣天气的影响而变得更加舒适（见图 5-4）。在城市中心区实行"分层分流"的立体开发模式[2]，应把中心区的地上空间和地下空间的土地利用结合成有内聚力的整体。提升中心区的紧凑程度，有利于改善居住环境，进一步强化中心区的城市综合功能，实现城市中心区的功能紧凑。

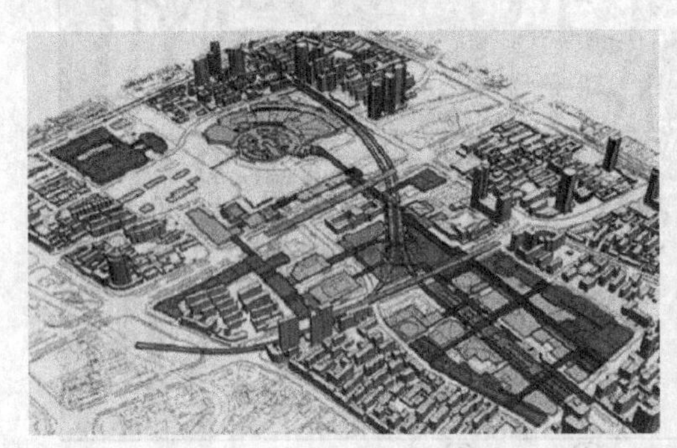
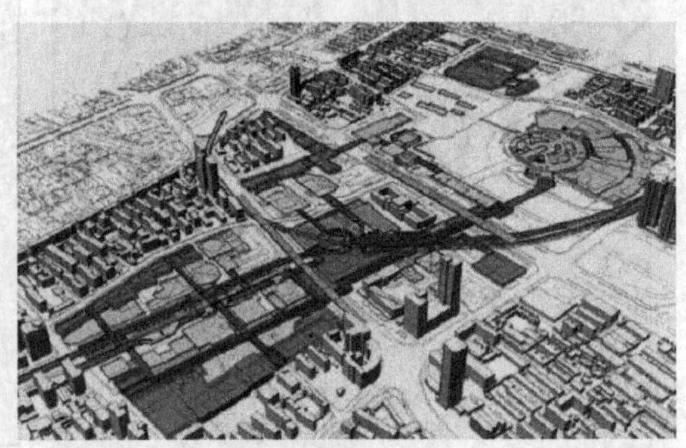

图 5-4　杭州市武林广场及周边地区地下空间模型

资料来源：孔孝云，董卫. 历史城市中心区的演变过程及其空间整合研究——以杭州市武林广场及周边地区概念性城市设计为例[J]. 城市建筑，2006(12)：42～45

1）功能多元性、市场综合效益高、交通指向性集中

城市中心区是各种社会政治机构、文化教育设施和商业最集中的地区，同时也是全市的交通枢纽。

例如，位于同名岛的纽约市曼哈顿区享有"纽约市的心脏"之称（见图 5-5）。百老汇大街呈东南——西北向斜贯全岛，岛上著名的旅社、餐馆、百货公司、专业商店、影剧院、音乐厅和博物馆大都集中于此。曼哈顿区中部有洛克菲勒中心，聚集了许多摩天大楼。1973 年又建成高 419m、110 层的世贸大厦双子楼，"9·11"事件之前曾是纽约的最高建筑物，西南方向是"服装业区"，北邻为商业繁盛的时报广场。曼哈顿区西部伊斯特河畔，是联合国总部所在地，矗立着 39 层的联合国秘书处大楼（联合国大厦），其北边是联合国会议厅，南边为藏书数十万册的联合国图书馆。曼哈顿区以北是中央公园，公园西面是"林肯中心"，占地约 $5hm^2$，是美国的艺术和文化中心，世界各国著名的交响乐队、歌剧团和芭蕾舞团常到此演出。曼哈顿区南端集中了市政厅和联邦、州、市、县许多办公机构，其东南方向即为金融中心华尔街。

2）城市历史文化发展的主要场所和载体

我国的城市发展史表明，不同的地缘景观、人文传统和社会经济等因素逐步发展成独特

[1] 姚文琪，唐晔. 城市中心区地下空间规划的实践与探索——以深圳市宝安中心为例[C]//城市规划和科学发展——2009 中国城市规划年会论文集，2009：1398～1409.

[2] 丁小平. 城市中心区节地模式的探讨——以长沙市新河三角洲开发新模式为例[J]. 国土资源情报，2008(10)：43～47.

(a)

(b)

图5-5　纽约市中心区曼哈顿

(a) 曼哈顿空中鸟瞰；(b) 中央公园

资料来源：http://www.nipic.com

的地域特征和文化积淀，尤其是城市中心区大多经由旧城区拓展而成。其中的历史街区往往保存了相对集中、完整和具有较高文化价值的历史遗存，反映出城市结构、历史格局和城市肌理，展示了某一历史时期的典型地域文化风貌以及历史记忆和发展脉络❶。因此，大多数中心区能够体现城市早期具有的特色，如狭窄的、带有浓厚本地生活气息的街道，密集的、带有本土建筑风格的住宅，体现传统娱乐的文化活动场所等。

规划设计历史城市中心区，需要深刻理解该地区乃至整个城市的演变过程，把握其发展规律，从而作出准确的历史定位，并以城市整体的视角发现并解决问题，提升中心区环境品质，保障城市生活的高效运行❷。此外，规划设计历史城市中心区还应注重细节和人文关怀，坚持专业标准，结合风土民情和社会精神塑造人性化、公平和共享的社会性空间，必须立足地方实际和区域特征，量体裁衣，设计标准和目标要充分做好经济可行性论证。

3）公共活动强度高、建筑密度大以及内外交通格局发生变化

作为能够产生吸引作用的"磁力源"，城市中心区要容纳大量本地人口的就业、就餐、娱乐、休闲和居住等活动，也要容纳大量外来人口的旅游、观光和商务等活动。由于城市中心区高密度开发，建筑密度大，高层化趋势日趋明显，市中心区交通系统发生了一系列的变化，使对内、对外交通格局发生变化，也影响到整个城市结构的变化。

在城市中心区减少小汽车的使用，发展公共交通特别是轨道交通，鼓励步行和自行车出行，减少由于交通拥挤而浪费的时间，降低空气污染，最终实现减少能源消耗的目的，也是紧凑城市的研究内涵之一。中心区高效率的城市交通组织，平等高效的公共交通系统，将居住区、商业区、娱乐区和交通枢纽连接起来，为人们提供开车以外的零污染交通选择途径❸，是维持紧凑、高密度城市形态的基础。

北京的西单商业区(见图5-6)是北京市历史最悠久的三大商业区之一。西单商业区现在已成为日益繁荣的现代化商业中心区，南起宣武门，北至灵境胡同，覆盖西单十字路口，南

❶ 左辅强.论城市中心历史街区的柔性发展与适时更新[J].城市发展研究，2004(5)：13～17.

❷ 孔孝云，董卫.历史城市中心区的演变过程及其空间整合研究——以杭州市武林广场及周边地区概念性城市设计为例[J].城市建筑，2006(12)：42～45.

❸ 温春阳，周永章.紧凑城市理念及其在中国城市规划中的应用[C]//和谐城市规划——2007中国城市规划年会论文集，2007：681～684.

北长 1600m，东西宽 500m，占地约 $80hm^2$。1983 年开始进行改造，通过逐步引入现代城市规划设计的理念，不断增加商业设施的投入，先后建成了西单购物中心、君太百货、西单赛特、中友大厦、中友百货和香港百骏明光百货等多家大型综合商场，新建了北京图书大厦、西单文化广场和明珠市场等各种特色商业场所，加上广州大厦、华威大厦、华南大厦、高登大厦、民族大世界、西单国际大厦、中银大厦、太运大厦、国际电力大厦和山水宾馆等一批新建、改扩建建筑与原有的民航大厦、北京电报大楼、民族文化宫等大型建筑构成了商业区现代化的建筑群，扩展了西单商业区的商业规模，提升了西单商业区的整体商业氛围。

图 5-6　北京西单商业中心（赵景伟 摄）

针对西单商业区停车难的现状，西单商业中心在改造过程中实现了地下停车场区域的整合，同时将扩大了的西单文化广场地下空间与地铁西单站进行整合开发，建设了近 $2000m^2$ 的西单文化地下博物馆，并恢复了西单牌楼，优化了西单商业区的购物环境，集休闲、聚客、展示、宣传、购物和娱乐等功能于一体。随着大规模的建设改造和商业布局的调整完成，西单商业区已由传统的商业、餐饮业转变为以商业为主，餐饮、娱乐、健身、文化、旅游、金融、酒店、电信和房地产等多业并举的泛商业业态结构。不过，目前的西单商业中心仍然存在需要改善的地方，特别是在交通方面。

香港总面积约 $1104km^2$，已发展的土地少于 25%，郊野公园及自然保护区的面积多达 40%。2009 年年底香港人口临时数字为 702.64 万，人口密度为 6420 人/km^2，香港成为世界上人口最稠密的城市之一（见图 5-7），市区人口密度平均高达 21 000 人/km^2。

香港拥有高度发展及成熟的交通网路，公共运输的主要组成部分包括铁路、巴士（公共汽车）、小巴（公共小型巴士）、的士（计程车）及渡轮等。其中，铁路是香港最主要的公共运输工具，每日载客约 412 万人次；其次是专营巴士，每日载客约 394 万人次。除此以外，香港政

图 5-7 香港维多利亚湾全景(见彩图)
资料来源：http://www.nipic.com

府为方便半山区居民往来中环商业区，舒缓半山区狭窄道路的繁忙情况，修建了中环至半山自动扶梯系统(见图 5-8)，整个系统全长 800m，垂直差距为 135m，由有盖行人道、天桥、20 条可转换上下行方向的单向自动扶手电梯和 3 条自动行人道组成，成为全球最长的户外有盖行人扶手电梯。依靠这个庞大的城市交通系统的支持，香港产生了世界上最经济的能耗，这都是提高城市中心区密度并改善交通的好处。

图 5-8 中环至半山自动扶梯系统
资料来源：http://image.baidu.com

4) 空间丰富多样、立体化发展要求高

城市中心区空间包括街道空间、广场空间和开敞绿地等开放空间，还包括众多公共建筑组合的内部空间，空间丰富多样，设计中需要满足多方面的不同空间需求。

法国巴黎的列·阿莱(Les Halles)地区在巴黎旧城的最核心部位，西南侧有卢浮宫，东南方的城岛上有巴黎圣母院，东部是 1977 年建成的蓬皮杜艺术和文化中心，南临塞纳河，沿河有一条城市主干道，是城市居民文化与休闲活动的中心。

列·阿莱地区在 12 世纪初开始形成，最初是围绕着一座教堂的村落，到 16 世纪发展成巴黎的经济中心。从历史上看，这里并没有广场，而是一个农、副产品贸易中心。1854—1866 年陆续建成 8 座平面为方形结构的农贸市场，到 1936 年增加到 12 座，分成两组，每组之内互相连通，总面积 4 万多 m^2。市场的西北角方向有一座建于 1532—1637 年的教堂，西端是一个 1813 年建成的有一个穹隆顶的交易所，周围有一些古典风格的住宅街坊，建于 17 和 18 世纪。

中央市场是巴黎地区最大的食品交易和批发中心，每天吸引着大量的人流和物流到这一地区，交通十分拥挤。显然，不论从保存这样一个历史文化古迹集中地区的传统风貌，还是从对中心区的现代化改造来看，这个地方已经没有存在的必要，而且迫切需要改造和更新。为了充分利用本地区优越的交通条件和传统的商业文化，巴黎市政府于 1971 年在广场下建成集交通、商业、文化、休闲、娱乐和体育等功能为一体的地下综合体。

新规划方案的特点是实行立体化再开发，把地面上简单的贸易中心改造成一个多功能的公共活动广场，在强调保留传统建筑艺术特色的同时，开辟出一个以绿地为主的步行广场，为城市中心区增添一处宜人的开敞空间；与此同时，将交通、商业、文娱和体育等多种功能都安排在广场的地下空间中，形成一个大型的地下城市综合体。在广场的周围，新建一些住宅、旅馆、商店和一个会堂，建筑面积共 8.5 万 m^2；在广场的西侧，设有一个面积约 3000m^2、深 13.50m 的下沉式广场，周围环绕着玻璃走廊，把商场部分的地下空间与地面空间连通起来，减轻地下空间的封闭感（见图 5-9）。

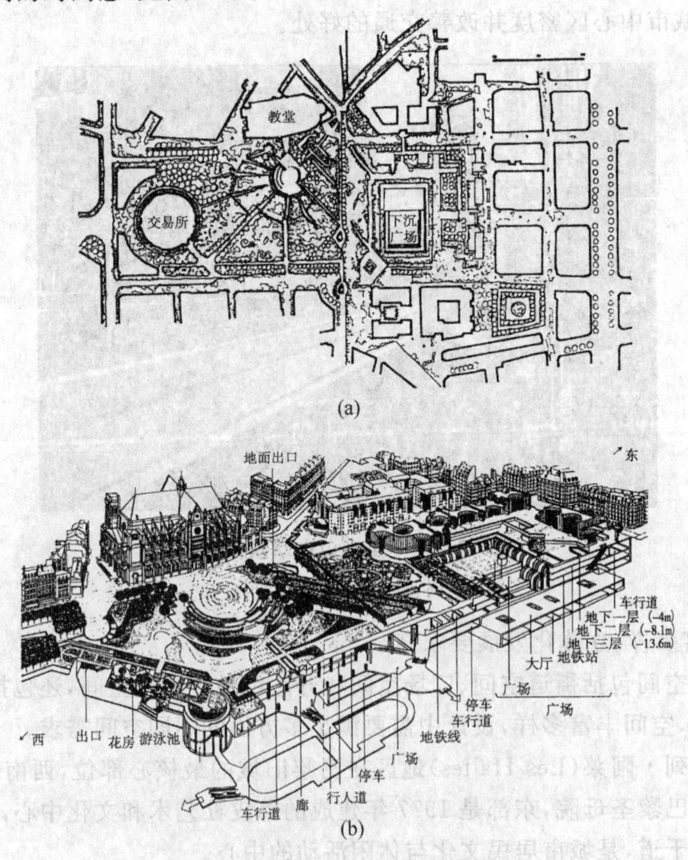

图 5-9 巴黎市列・阿莱地区再开发规划

(a) 巴黎市列・阿莱地区再开发规划；(b) 巴黎市列・阿莱地区再开发规划鸟瞰图

资料来源：童林旭. 地下空间与城市现代化发展[M]. 北京：中国建筑工业出版社，2005

广场西半部的地下商场，于 1974 年先行施工，1979 年 12 月建成开业，每天接待顾客 15 万人次，而地面上的规划方案，到 1979 年 3 月才最终确定，取消了地面上拟建的国际贸易中心，扩大了绿地面积，使广场成为欧洲城市中最大的一处公共活动场所。地下商场以其繁荣的商业和周到的服务给人们留下良好的印象。

处于历史文化名城中心的列·阿莱地区的再开发，虽然曾面对非常困难的保存传统与现代化改造的棘手问题，但是通过立体化再开发，改变了原来的单一功能，实现了交通的立体化和现代化，充分发挥了地下空间在扩大环境容量、提高环境质量方面的积极作用。这使环境容量扩大了 7～8 倍，更重要的是，这并不是通过增加容积率取得的，相反，是在城市中的塞纳河畔开辟出一处难得的文化休憩场所(见图 5-10)。

图 5-10 列·阿莱广场下沉广场全景

5.2 城市中心区的设计目标与原则

5.2.1 城市中心区的设计目标

1. 职能目标

中心区规划设计需要满足城市多种职能的需求。通常，城市中心区有以下几种职能发展方式。

(1) 以商业为中心的发展方式。中心布局相对集中，以商业职能为主，适合于规模不大的城市。

(2) 商业与商务职能混合的发展方式。这种方式比较普遍，是中等城市、中心城市和部分大城市存在的模式，除了商业服务之外，还具有商务行政办公的职能。

(3) 以 CBD 为主的发展方式。适合于辐射能力强的综合性大城市和特大城市，这类城市中心区规模很大，以商务办公和专业化高级服务为主，辅以商业、居住和游乐等设施，布局以 CBD 为中心，结构较分散，多功能并存。

这三类发展方式都要求合理解决城市居住职能，居住与其他职能的混合将有利于改善城市中心区的交通问题，因此在城市中心区及其周边保留一部分居住用地，适当地发展高密度的高层住宅是增加中心区活力、减少交通拥堵的有效办法[1]。在中心区建设带动下的城市空间快速扩张，不仅为安置、容纳新增和外来经济活动提供了场所，为疏解老城区过密人口及过重的功能负荷提供了可能性，更重要的是为大规模调整和优化城市形态与结构，实现城市空间增长方式的转型，促进城市与区域一体化进程创造了机遇[2]。

2. 美学目标

城市中心区作为城市的核心区域和形象窗口，树立良好的外在形象是必要的。通过规划设计，营造建筑、街道和景观等空间，形成优美的天际线、多样的建筑空间、安全整洁的街道和宜人的景观环境等，使中心区真正成为城市形象的品牌象征。

3. 经济与社会目标

在市场经济日益发展的当今，中心区应充分体现作为经济发展的重要载体，即注重土地的高效集约利用。尽管有“城市客厅”的需求，但中心区却应是城市开发最为密集的地区（王唯山，2007）。中心区的产业布置和职能安排应当以为城市创造较高的经济产值为主要目标，在城市经济发展中起到统率作用。

在社会发展方面，城市中心区的规划设计应继承当地社会文化，通过多种手段对特定的城市文化进行挖掘、传承与塑造[3]，创造特色文化空间，并为居民提供大量的综合性文化设施（体育馆、影剧院、文化博物馆和活动广场等）。中心区应在继承和发展社会文化方面起到凝聚力和传统特色文化教育的作用。

北京市顺义新城马坡组团是顺义新城中心区的核心区域，是北京市首先启动并重点发展的城市区域。顺义新城核心区位于顺义老城区以北，北至顺丰大街，西至和安路，南至顺泽大街，东至仁安路，总规划用地面积约 9.77km^2，以顺安路、顺成大街为界划分为第 10、11、13 共 3 个街区。顺义新城核心区的城市功能定位是以奥运为主题、滨水风貌为特色的北京东北部体育健身、休闲度假和旅游服务核心区；以金融产业为重点、以总部经济为特色的经济核心区；北京市重点新城中心区的组成部分，北京市区人口扩散的主要接纳地之一；以文体娱乐、商务办公和国际交往为主要功能的现代文化中心区。核心区的马坡组团的发展定位为“以金融产业为重点、以总部经济为特色的经济核心区”（见图 5-11），着重打造一批高品质、大规模的会议、运动、娱乐和休闲场所。

5.2.2 城市中心区的设计原则

由于特殊的地理区位，中心区城市设计是最典型也是相对比较复杂的设计类型之一。在了解相关规划有关中心区定位和规模等内容的前提下，中心区的土地利用、开发强度、功能、交通、文化与形象都是设计过程中必须要解决的关键问题，中心区的设计原则可以总结如下。

---

[1] 鲍其隽，姜耀明. 城市中央商务区的混合使用与开发[J]. 城市问题，2007(9)：52～56.

[2] 孟兆国. 城市中心区的特征与发展思路[J]. 太原理工大学学报，2011，42(2)：200～204.

[3] 王建国. 城市设计[M]. 北京：中国建筑工业出版社，2009.9.

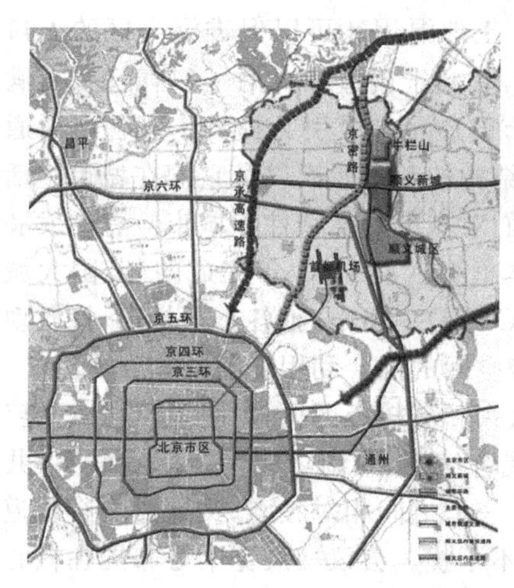

图 5-11 顺义新城中心区(马坡组团)

资料来源：北京市顺义区新城建设管理委员会

http://www.xincheng.bjshy.gov.cn/

1. 提高土地的使用密度和开发强度

根据经济的原则和经济合理性来组织城市中心区空间，是城市空间组织在市场机制下得以实现的关键所在。在城市中，区位是决定土地租金的重要因素，即区位是决定土地能否取得高经济效益的关键。城市中心区由于其通常处于城市中心部位，无论从经济角度看，还是从中心区对城市的作用看，都应具有较高的使用密度。使用密度和开发强度越高，意味着中心区土地利用越高效节约，容纳的城市公共功能越丰富，因此越能实现中心区的经济价值和为市民服务的社会价值。但是应注意到，高开发强度未必能够推动城市中心区的可持续发展，甚至有可能使中心区丧失活力。原因在于中心区的高度紧凑可能演变为高度集聚，地价暴涨，在这种情况下，公共设施和开放空间将被排除在城市中心区之外，居民的生活质量将大大缩水。

2. 保持土地使用多样化

城市中心区土地使用布置应尽可能做到多样化，设计可以整合办公、商店零售业、酒店、住宅、文化娱乐设施及一些特别的节庆或商业活动、文艺活动等多种功能，体现中心区的多样性和混合性，通过土地的混合开发获取最大限度的土地资源，强调各种土地使用功能在一定范围内的混合，避免出现单一功能的用地，发挥中心区的多元性市场综合效益。紧凑的城市中心区是一个高密度、土地多样化利用的城市空间，通过将各种分散的城市单元聚集到一起，来选择多样性的交通方式，通常被认为是强调城市空间网络中节点的开发[1]。

多样化的土地利用出现于 20 世纪 60 年代，随着雅各布斯的“城市功能的多样性”理念而受到重视。它是指综合利用开发的方式，也就是将居住用地与就业、休闲娱乐和公共服务设施用地等混合布局，可以在更短的通勤距离内提供更多的就业机会，扩大步行和自行车出行的可能。这种利用方式减少了对外交通和小汽车的使用，不仅减少了能源消耗，而且能够

---

[1] RUEDA S. City models: basic indicators[M]. Quaderns: [s. n.], 2000: 225.

缓解城市交通的压力，减少对城市环境的污染排放。土地混用还可以促进混合区的人口密度，提升城市活力，并能预防犯罪、提升地区安全性[1]，有利于创造综合的、多功能的、充满活力的城市空间，形成和谐的社会氛围[2]，从而使得城市的质量和吸引力提升。雅各布斯通过对纽约、芝加哥等美国大城市的深入考察，提出都市结构的基本元素以及它们在城市生活中发挥功能的方式，挑战了传统的城市规划理论，使人们对城市的复杂性和城市应有的发展取向加深了理解，也为评估城市的活力提供了一个基本框架。在1961年完成的《美国大城市的死与生》(The Death and Life of Great American Cities)一书中，雅各布斯指出，挽救现代城市的首要措施，是必须认识到城市的多样性与传统空间的混合利用之间的相互支持[3]。

由北京土人景观规划设计研究院设计的"北京大兴新城核心区概念性城市设计('链'方案)"(见图5-12)，在功能布局上充分考虑了土地的混合使用，强调功能区之间的联系、共生和排斥关系，体现"三心一链"的城市功能布局结构。三心之间相对独立，又通过步行绿道建立相互联系，同时各自都有方便独立的对外联系，互不干扰。会议和展览中心布局在核心区南部外围，更是考虑到大体量单一功能体对城市生活和交通的干扰弊端以及本身对外部交通的依赖性。

图5-12 北京大兴新城核心区概念性城市设计

资料来源：(筑龙网)北京土人景观规划设计研究院

http://photo.zhulong.com/danwei/myphoto76_35490.htm

3. 提供便利交通，构建完整的步行体系

中心区道路交通组织的目标和原则是创造安全、便捷和高效的交通系统。乘坐汽车的人以及很多不乘坐汽车的人好像都没有认识到生活中不断增长的机械化所带来的危害，也没有认识到逆转这种进程比仅仅是减慢这种进程更能带来绝对压倒性的好处，他们主要是被"较大量的交通反映了有活力的经济和社会的发展进程"说服的[4]。1950年以后，城市中心区日益繁荣，带来巨大的交通流量，一体化的公共交通特别是地下铁路的建设，极大地促

[1] 祁巍锋. 紧凑城市的综合测度与调控研究[M]. 杭州：浙江大学出版社，2010.

[2] 吕斌，祁磊. 紧凑城市理论对我国城市化的启示[J]. 城市规划学刊，2008(4)：61～63.

[3] [加]简·雅各布斯. 美国大城市的死与生[M]. 金衡山，译. 南京：译林出版社，2006.8.

[4] [英]梅尔·希尔曼. 支持紧缩城市[G]. 紧缩城市——一种可持续发展的城市形态. 周玉鹏，龙洋，楚先锋，译. 北京：中国建筑工业出版社，2009：38～47.

进了城市中心区的更大规模开发。目前世界上已有 40 多个国家和地区的 130 多座城市建造了地下铁路，线路总长度超过了 7000km。日本东京的一些地区建设了五层地铁线路，而且还在超过 50m 的位置规划了新的地铁线路。

香港铜锣湾商业中心区占地约 21 万 m^2，其前身是电车厂改造的时代广场，经过半个多世纪的发展，已成为香港最主要的商业区之一。铜锣湾已成为世界人口密度最高的几个城市中心区之一，其突破 10 的超高建筑容积率即使在港岛城市核心地段中也名列前茅。铜锣湾为了实现真正的高密度与集约化效益，往往形成下层商铺，上层写字楼、居住、旅馆等复合功能。这不仅摆脱了规划建设立法中容积率的限制，而且混合的模式大大提高了公共服务设施的效率，同时办公和居住也由于配套设施的保证而更加便利。值得注意的是，铜锣湾的繁华与活力非但没有带来严重的交通问题，反而一切都显得井井有条，解决问题的关键就在于对于公共交通的优先发展，通过政策与建设的引导，该地段目前 90% 以上的出行量都是由公共交通承担，其中轨道交通占公共交通的一半以上[1]。

因此，为了缓解中心区交通压力，中心区与其他区域要有便利的交通联系，应发展完善的公共交通体系，鼓励人们使用公共交通运输方式，并在步行区外围的适当位置设计安排交通工具换乘空间节点等，尽可能采用多层停车场、停车库或停车楼，并在这些停车设施的底层或周围设置商店以及娱乐设施等。

地下停车的优点是不占用城市地面空间，大量建设地下停车库是维持城市中心区正常运转的重要条件。从 20 世纪 50 年代后期开始，许多发达国家大城市纷纷大规模建设了地下停车库。英国伦敦结合市中心建设的两层地下高速公路，在其两侧建造了六层地下停车库。法国巴黎从 1954 年着手研究建立深层地下交通网的问题，到 20 世纪 90 年代，巴黎已经拥有 83 座地下车库，可容纳 43 000 多辆车，欧洲最大的地下车库是弗约大街建设的地下四层车库，可停放 3000 辆车。目前，各大城市还结合地铁车站建设地下停车库，机动车可停放在与地铁相连接的地下停车库，然后换乘地铁或其他地面公共交通工具去目的地，如图 5-13 所示。这种方式不仅有助于减轻城市中心区的交通压力，还可以提高地铁的利用效率，减少机动车尾气的排放，并节省了城市的空间资源。

图 5-13　大阪长堀地下停车库剖面示意

资料来源：童林旭. 地下建筑图说 100 例[M]. 北京：中国建筑工业出版社，2007

---

[1] 陈可石，崔翀. 高密度城市中心区空间设计研究——香港铜锣湾商业中心与维多利亚公园的互补模式[J]. 现代城市研究，2011(8)：49～56.

城市中心区在空间环境安排上应该考虑连续的安全的步行空间，使人们采用步行方式就能够便捷地穿梭活动于城市中心区各功能活动场所之间。上海静安寺地区通过建立地下、地面和地上三个层次的步行系统（见图 5-14），使购物者在中心区内具有更高的安全感和舒适感，该地区也成为空间形态有特色、生态环境和谐、运动系统有序的上海西部文化旅游和商业中心。

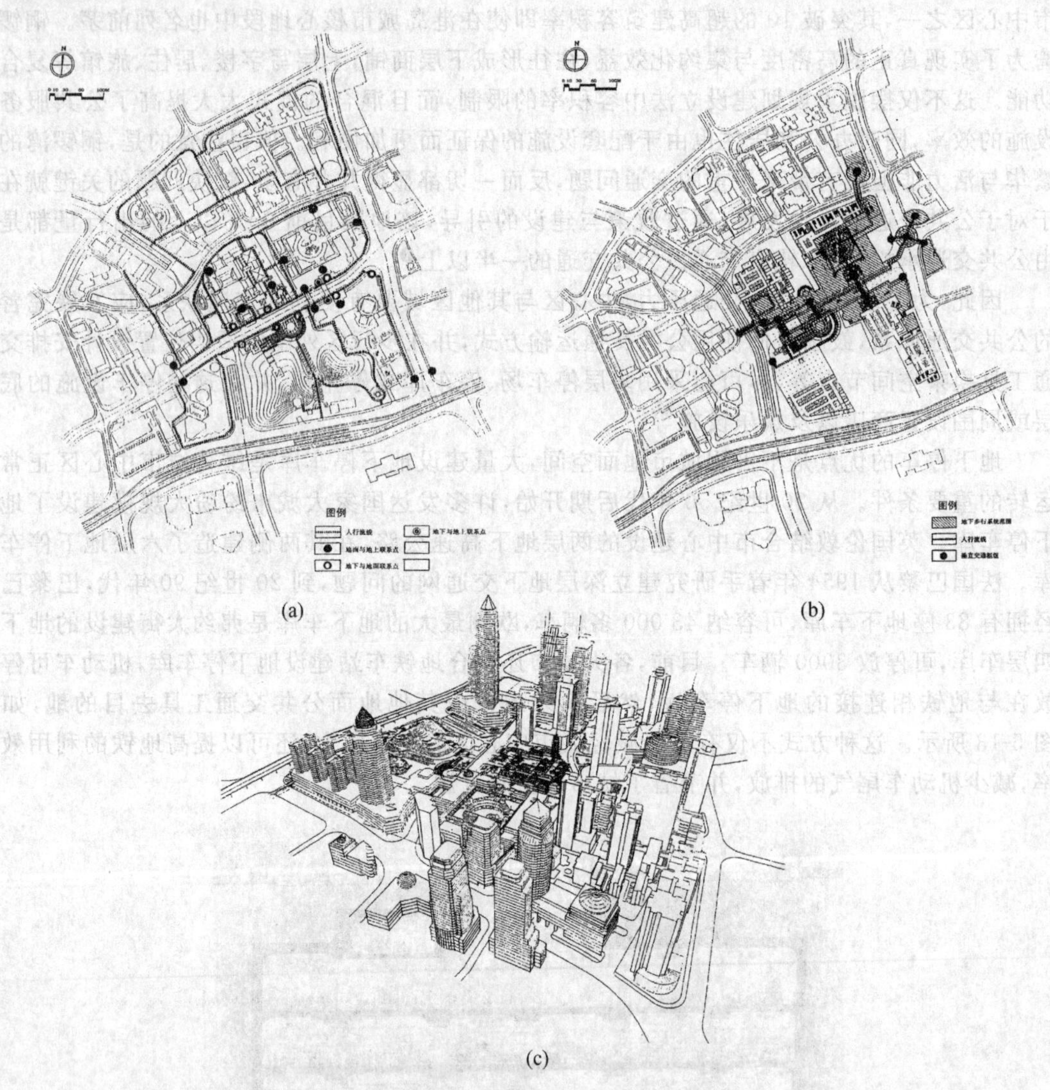

图 5-14 静安寺地区人性化的步行系统

(a) 地面步行系统图；(b) 地下步行系统与垂直交通枢纽图；(c) 地区设计形态鸟瞰图

4. 创造正面意向，体现标志性作用和创新形象

城市内部的创新是城市最为关注的焦点[1]，让城市中心区具有令人向往、舒心愉悦的积

---

❶ 张景秋. 北京城市公共空间设计与建设的人文意识[J]. 北京规划建设，2010(3)：44～46.

极意义。设计应以树立中心区美好意象为目标，体现当地先进美学观念，规划布置城市中心区的标志性建筑物，设置生活设施和环境小品，引领城市经济、社会和文化的发展与创新(见图 5-15)。

图 5-15 德国柏林波茨坦广场戴姆勒·克来斯勒城

资料来源：http://blog.163.com/lucy_cheng/blog/static/172404130201092935815815/

总之，城市中心区应是城市复合功能、地域风貌和艺术特色集中表现的场所，具有特定的历史文化内涵，同时，它又常常是市民“家园感”和心理认同的归宿所在，是驾驭城市形体结构和肌理组织的决定性空间之一[1]。

5.3 城市中心区空间设计要求

5.3.1 空间形态

传统的城市中心区空间多为单核形式，即一个城市拥有一个中心区，利用城市的物质形态与其周围的自然开敞环境之间发生了一个清晰的分界。这种天然的对比，在现实和下意识里，都造成对自然环境的强烈意识和社区的凝聚力[2]。城市中心区的紧凑开发是遏制向郊区扩张的有效手段，但中心区的功能不断集中膨胀并超出能够承受的容量，会引发功能混杂、交通拥堵和建筑形象混乱等问题。中心区的高速发展过程，打乱了其历史发展秩序，城市系统的整体性不断遭到破坏[3]。因此，20 世纪的城市中心区建设呈现出一种功能复合化与逐步分离的发展趋势[4]，即城市中心的功能多元共存。以单一职能或复合职能为主的中心区分散在较大的中心地范围内，或是依据城市规模形成层次不同且功能互补的复合职能中心，如为全市服务的市中心、分区中心和居住社区中心等。

在形态上，城市中心区是一种具有围合效果的开放空间，通常显示为块状与带状，是受到城市的自然环境和历史发展的影响的。位于山谷、河流地带的城市中心区，主要依托沿山谷、河流的交通道路线性扩展而成，即带状布局。

---

[1][4] 王建国. 城市设计[M]. 北京：中国建筑工业出版社，2009.9.

[2] GOLANY S G, OJIMA T. Geo-Space urban design[M]. Beijing: China Architecture & Building Press, 2005.

[3] 卢济威. 广场与城市整合[J]. 城市规划，2001(2)：55～59.

图 5-16 是广州琶洲-员村地区城市设计方案，该方案将基地划分为五大组团，分别是员村商务组团、国际商务中心区、国际居住 SOHO 区、创意产业区和历史文化及总部基地区。

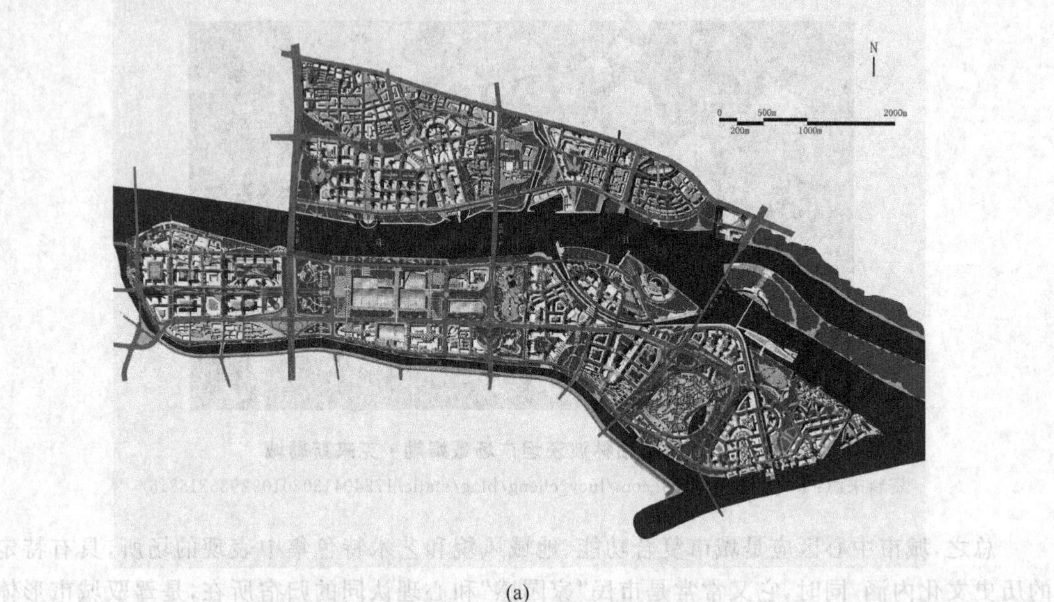

(a)

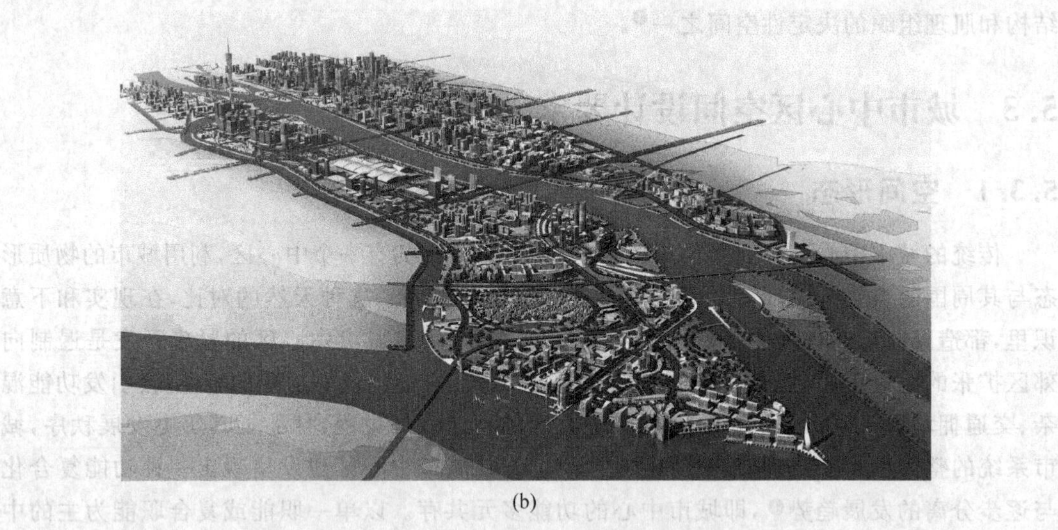

(b)

图 5-16　广州琶洲-员村地区城市设计方案之一（见彩图）

(a) 城市设计总平面图；(b) 规划区整体鸟瞰图

资料来源：http://www.upo.gov.cn/pages/news/bjxw/2008/512.shtml

其中，员村商务组团形成“一核两带三轴”的空间格局：一核是员村商务核心区的商务核，体现了核心区的现代化和国际品质；“两带”指十字型绿带，构成 CBD 拓展区的开放空间骨架，把北部较为复杂的保留居住区和沿江高端的商务办公区适当分离，有利于滨水城市形象的塑造；“三轴”包括“CBD 商务主轴线”、“员村二横街商务次轴线”和“商业广场次轴线”，这些轴线和绿带把珠江的景色充分引入地块内部。

国际商务中心区是商务发展圈中的重要节点，联系赤岗使馆区和会展中心，呈现“两轴两带”的空间格局：两轴是东西向联系会展中心与赤岗使馆区的“绿轴”和南北向联系地铁站与珠江岸线的“商业轴”，构成了该区的空间框架；在此基础上，东西向的“商务办公带”和“商业娱乐带”形成由地铁中心区向沿水的活动区域过渡。

国际居住 SOHO 区形成“一岛两轴”的空间框架：“一岛”指开挖的“商业休闲岛”，包括酒店、咖啡馆、酒吧和公园等休闲设施，是居民和游客的休闲乐园；“两轴”包括挖岛形成的河道“水轴”和联系珠江与地铁站的“中央轴线”。

创意产业区是一个中等密度的区域，除了把保留的厂房改造成创意工作室，吸引创意产业入驻外，还十分重视公共交往空间的塑造，在珠江岸边、园区内部，都规划了公园、广场、码头等形式各异的多功能开敞空间，努力提供一个轻松惬意、激发创意的环境氛围。

历史文化及总部基地区是一个低密度的区域，城市设计主要围绕区内历史文化资源和景观资源展开，形成“一轴、两廊、五节点”的空间框架。旅游步行轴联系黄埔涌、黄埔古港、黄埔村和珠江；生态廊道将黄埔村与高速公路和交通干道隔离开来；景观廊道沿黄埔涌联系了黄埔古港和门户酒店。黄埔村节点和黄埔古港节点进行历史风貌保护，控制高度，发展旅游业；总部中心节点在地铁站周边营造商业氛围，形成总部基地的活动中心。

而块状布局则是指市中心采用街区式布局，各功能在道路围合的街区内组织，其优势在于较好地满足了城市交通与公共活动的相对独立，区内易于形成安全、丰富多变的步行空间（见图 5-17）。

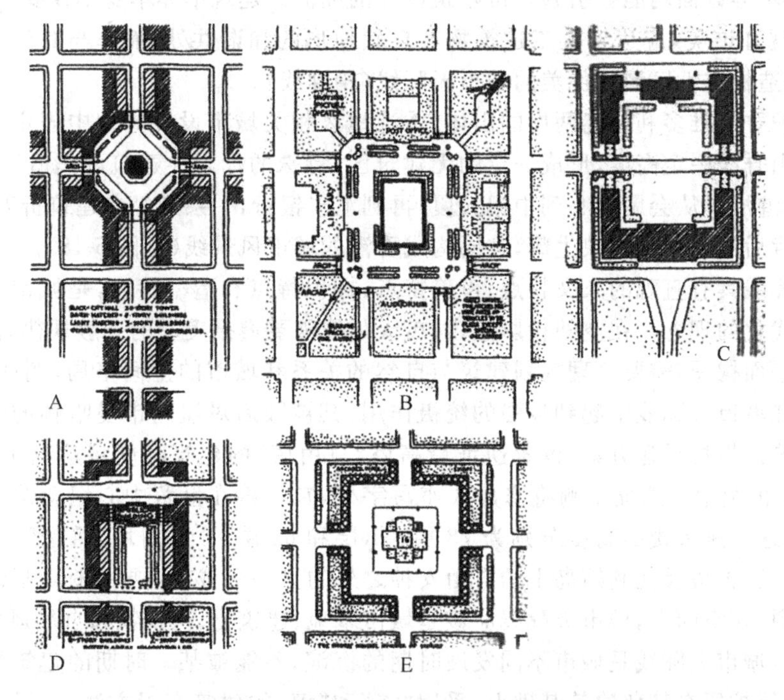

图 5-17　城市中心区空间组织经典方式

资料来源：王建国. 城市设计[M]. 北京：中国建筑工业出版社，2009.9

5.3.2 建筑(群)

1. 使用要求

中心区是市民生活的聚集地,为满足中心区的多功能需求,考虑到中心区的土地价值因素,常常采用高层建筑和城市综合体的形式,尽可能在有限的土地空间上创造更多的功能和使用价值,而且体量巨大的城市综合体和超高层建筑一直以来都是人们心里的中心区特有的区域形象。

2. 安全与卫生要求

中心区建筑以公共建筑和公共场所为主体,设计需严格遵循设计规范,建筑防火、无障碍设计和标识等设计应符合规范标准,并考虑建筑心理学和人体工学等,做到人性化设计,使人们在其中感到安全和舒适。

另外,城市中心区高层建筑密集,规划设计中应满足日照采光和通风换气等条件,目标是创造舒适的建筑物理环境。

3. 美观要求

建筑师和规划师在土地使用和建筑形式方面的探索,对于未来在现有中心地区建设综合性中心区,常常起到推进作用❶。城市中心区作为城市的形象窗口,要求区内建筑在造型、材料和技术等方面均能够引领本市建筑设计的潮流。建筑单体本身不仅要有特色,建筑群体更要体现和谐美,应达到人工建筑物与自然地形的和谐共处,而非与其形成尖锐的对照,应共同塑造标志性区域和优美的城市天际线(轮廓线)。

为了保护香港维多利亚港两岸的山体,香港地区相关城市设计导则中规定普通高层建筑必须低于山脊线一定高度,形成一定的无建筑区,特殊的标志性建筑可作适当突破❷。因此,维多利亚港沿岸从会展中心到中银大厦,再到汇丰银行,一系列经典建筑折射出现代感,建筑群体与背后的太平山相映生辉,共同构成香港的城市风景线(见图5-18)。

城市天际线具有直观的人文特点、审美特点、标识特点和造型特点,是城市发展进程中一个非常时代化的理念。在空间投影上,城市天际线需要遵循美学的一般规律,但也不能局限于单纯的平面构图,需要合理规划建筑与自然的关系和城市的空间格局,例如,纽约世贸中心被毁前在城市天际线中起到较强的统摄作用,其被毁后对纽约市曼哈顿的天际线造成了极大的影响。根据重建方案,世贸遗址最高塔“自由塔”的建筑高度将达到1776ft(1ft=0.3048m),在世贸中心遗址东侧将修建3座写字楼,它们将在世贸中心纪念馆的周围组成一个半圆形,这3座大楼的高度分别为78层、71层和61层。“自由塔”将是纽约除了曼哈顿中心区的帝国大厦及艾利斯岛上的自由女神之外的另一个城市重要地标(见图5-19)。

总体来说,在空间上,城市天际线应该是城市基地、建筑物、构筑物和自然风貌的有机综合;在时间上,城市天际线是城市不同发展时期的沉淀,不能被某一时期的建筑流行趋势所掌控,应该在保护原有特色建筑基础上,采用“连”和“填”的建筑布置方法,建设布局新的建

---

❶ 大卫·戈斯林,秦凤霞,沈加锋,等.城市中心区的发展趋势[J].国际城市规划,2009,24(z1):84～89.

❷ 王建国.城市设计[M].北京:中国建筑工业出版社,2009.9.

(a)

(b)

图 5-18 香港维多利亚港

(a) 维多利亚港城市天际线；(b) 维多利亚港夜景

资料来源：(a) http://www.daimg.com/photo/201110/photo_4639.html；(b) http://ryf9059.tuchong.com/1155819/1571578/

(a)

(b)

图 5-19 纽约曼哈顿天际线

(a) 世贸中心被毁前的天际线；(b) 世贸中心重建后的天际线

图片来源：(a) http://www.nipic.com/；(b) http://app.chinavisual.com/app/site/content/vimage/pid/289217

筑。城市典型天际线的韵律是"实—空—实—空—实"的变换，"实"指高低变化的建筑实体，"空"指长狭区分的建筑之间的空隙。与此相应，中心区的高层布局适宜成组成团的布局，彼此之间保持距离或以开放空间隔开(见图 5-20)。

5.3.3 交通

作为功能与地理位置的核心，城市中心区的特征是公共活动强度最高，建筑密度大，交

图 5-20　上海市浦东城市天际线

图片来源：http://www.sinovision.net

通指向性集中，城市道路面积有限，机动车交通增长迅猛。随着各种各样的城市功能向城市中心聚集，中心区环境日益恶化，人口密度过高，开敞空间不断减少，公共社会空间不足，交通日益拥堵。而且，由于城市中心区的高度繁荣，停车位的需求量越来越大，中心区的停车也越来越难，"城市中心区的交通问题越来越严重，甚至趋向恶性循环(Vicious Circle)[1]"。因此，解决复杂的交通问题是创建文明、高效、丰富的城市中心区的重要保证。

中心区道路应该有相对明确的分级。根据交通和区域主要功能，中心区道路分为主干道、次干道和支路三级。主干道为交通性道路，要求运行效率高，以非行人交通为主，连接中心区和城市其他区域；次干道适宜人车平面分离式，组织中心区内部交通；支路是中心区生活性道路，以步行为主。交通性道路以解决中心区内部交通和对外交通功能为主，承载人流、车流和物流，提倡人车分流，提高交通运行效率；生活性街道为提供日常休闲、娱乐、购物和餐饮等空间场所，以人行为主；交通性和生活性相结合的道路，需要有商业性生活道路区域。

为了改善城市中心区空间环境，提高空间效率，同时也为了解决中心城区交通拥挤的问题，国外许多城市十分重视公共交通和步行系统的发展，这方便了城市公众的聚散，为城市中心区带来了无限活力。

1. 建立多层次的立体交通网络

世界各国经验表明，在中心区建立多层次的立体交通网络，大力发展城市轨道交通(地下铁路交通)有助于解决复杂的城市交通问题。通过合理规划布局，形成地下铁路、地面交通和空中轨道(道路)的多层次立体交通体系，将城市中心区大多数的城市交通网络转移到地下层，开放地面空间作为步行道路，并引入自然景观，把人类活动与行车区隔开，缓解城市中心区的动态交通压力；通过配建大量的停车设施(立体停车楼、屋顶停车场和地下停车库等)，缓解城市中心区的静态交通压力。在这个立体交通网络中，城市地下道路和城市轨道交通无疑能够起到巨大的作用。

1) 过境交通的解决方法

过境交通是指不以中心区为起始点、目的地而仅作为经过地的交通，容易引发中心区交

[1] 马强. 城市中心区交通模式研究[J]. 城市问题，2001(5)：9～12.

通量增加，诱发交通事故，占用中心区有限的道路资源。所以，世界各国城市都通过合理的方式把这种类型的交通疏解出去。

一方面，在中心区外围设置快速交通环路，既满足中心区与对外交通的有序连接，又有效地将城市交通截流于中心区外围。发达国家也采用“可协调的适应性交通系统”，根据现场需要和系统容量由计算机及时调整交通信号，最大程度的发挥城市道路的作用。

另一方面，为疏解中心区过境交通，改善到发交通现状，加强区域联系，在现有城市路网的基础上，结合城市中心区发展现状，通过新建全封闭或半封闭的专用通道及越江隧道，相互之间进行合理有序的规划，形成环状、放射状、网状和复合状的地下道路网络系统[1]。可以修建地下快速路，也就是在位于地面以下十多米处修建地下交通隧道，隧道中为机动车提供足够的车道，隧道之间相互连接、四通八达，并通过匝道与地面道路和高架路形成立体交叉的空间交通系统[2]。地下快速路具有较高的机动车通行能力，能充当穿越中心区的放射线或纵横干道的快速路，不受恶劣气候影响，全天候昼夜通行，把机动车流尾气排污和噪声对城市中心区地面环境的影响降到最低，且不占用土地和空间，不破坏市中心历史人文景观和建筑，不影响地面行人步行和自行车交通。

上海的CBD核心区位于城市的中心，黄浦江与苏州河的交汇处，西南面是历史悠久的金融贸易区外滩，东部为新近崛起的小陆家嘴金融贸易区，北面是正在逐步实现功能转换的北外滩，三足鼎立，构成上海CBD核心区黄金三角。但三者被黄浦江和苏州河一分为三，这影响了CBD各区块之间的沟通和联系，不利于区域整合、功能协作和效应互补。协调好交通需求与功能发展的关系以及交通建设与区域环境的关系，是实现核心区可持续发展的关键。

上海CBD核心区“井”字形通道[3][4][5]是适应CBD地区发展，加强区域内部交通联系，提高交通辐射能力的道路系统优化方案的总称(见图5-21)。井字形通道总体上包括以下通道：4条全封闭或半封闭通道，东西通道、南北通道、外滩通道和北横通道构成井字形的骨架；2条联系核心区交通的越江通道：人民路隧道和新建路隧道；以及浦东、浦西相关的配套工程。其中，东西通道和南北通道将为中长距离及过境交通服务，新建路隧道是联系北外滩地区和小陆家嘴地区的越江隧道，人民路隧道则沟通浦西外滩、南外滩地区与浦东小陆家嘴地区。距离延安东路隧道最近的南北两处越江设施，不仅能分流延安东路隧道的车流量，还具有承担浦西部分交通的二次越江功能。

核心区井字形通道工程好比在心脏搭桥，有助于在城市核心区缓解交通拥堵、优化中心城路网、提升城市功能。补充了南北向的交通能力，增加了贯通浦东浦西的东西向交通走廊，对于线路网的交通负荷起到了均衡作用，提高了城市交通的可靠性。而新增交通能力可以在相当程度上满足区域功能开发带来的交通需求增量，为核心区提供了多层次的连通服务，保证CBD能级的提升。

---

[1] 陈志龙，张平，郭东军，等. 中国城市中心区地下道路建设探讨[J]. 地下空间与工程学报，2009，5(1)：1～6.

[2] 赵景伟. 城市生命线——城市线性地下空间的开发与利用[J]. 四川建筑科学研究，2011，37(4)：249～252.

[3] 俞明健，罗建晖，刘艺. 上海CBD核心区井字形通道规划方案研究[J]. 上海建设科技，2006(5)：18～20.

[4] 陈志龙，张平，郭东军，等. 中国城市中心区地下道路建设探讨[J]. 地下空间与工程学报，2009，5(1)：1～6.

[5] 麻根志. 解读外滩井字通道方案 将为CBD核心区舒经活血. 东方早报.

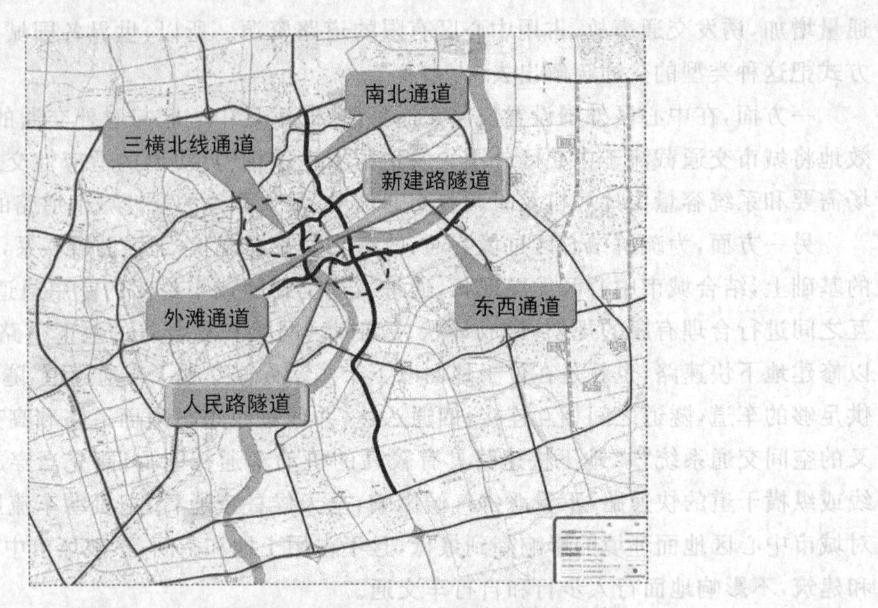

图 5-21 上海 CBD 核心区"井"字型地下快速道路系统

实践证明，地下道路是解决城市交通拥堵与环境的重要手段。大量过境交通由地面转入地下，既有利于上海外滩重塑功能、重现风貌（见图 5-22），也有利于整个核心区的可持续发展。上海 CBD 核心区地下井字形通道为我国其他城市利用地下道路系统解决城市中心区交通和环境问题提供了有益的借鉴和参考。

图 5-22 上海外滩景观

2）城市轨道交通

轨道交通的建设，不仅使城市的空间结构形态得以改变，还极大地拓展了城市空间资源开发利用的新领域，改变了市民的出行及行为方式❶。城市中心区需要结合轨道交通沿线及车站的布置、地面建筑、地下建筑、地面广场与街道等进行总体空间的整合开发。

现代紧凑城市理论要求实现城市中心区的多功能性，以吸引更多城市人口的汇集。借助城市轨道交通优越的易达性，通过在站点空间设置商业、居住、办公、停车、换乘、服务和休闲等多功能的空间，可实现城市轨道交通长远、持续的社会效益和经济效益。作为线性空间重要节点的交通枢纽空间应在与其他不同功能空间的联系上相互渗透，既要达到交通流线的有序组织，方便人流的进出，又要实现与其他空间的合理衔接、过渡，满足人们的出行需要。

2. 发展公共交通优先策略

城市公共交通是城市经济和社会发展的载体，它直接关系到社会公共利益和城市的可持续发展。长期以来，我国城市公共交通的发展滞后于需求的增加，城市中心区土地的高强度开发和公共交通管理体制存在的问题，使市民出行次数增多且出行距离增大，因此城市公共交通优先政策是实现城市中心区交通可持续发展的重要支撑❷。所以，为了从根本上解决中心区交通压力过大的问题，弱化由于私家车数量不断上升带来的负面影响，建立一个迅速、准点、方便和舒适的公共交通系统是当今世界各国的重要研究课题。此外，结合城市公共交通优先政策，在城市中心区的规划建设方面，也应该积极采用 TOD 模式，即"交通引导开发"(Transit Oriented Development，TOD)，本质上就是指公共交通，强调居住区围绕在公共运输（地铁站、公交车站）节点发展。

3. 注重步行环境的改善

城市中心区拥有大规模的商业零售和娱乐服务建筑、广场、公园等，人们的活动以步行为主，中心区设计应注重步行环境的改善。城市的本质在于它所具有的多样性，而多样性的城市生活需要一个具有多样性选择的步行环境。传统的步行优先的城市大多具有一个可渗透的街道格局，市民出行并没有一个固定的路径，由于每一个市民都可能在不同的时间段经过城市不同的街道，则他每天都可能产生对于城市的不同经验❸。

城市中心区的公共空间是所有公众可达和共享的，是居民日常生活的容器和社会交往的场所❹，城市中心区公共空间同周边地面建筑空间、公交站点以及地下交通、商业、办公、文娱等各种设施之间，往往需要更加完善的、人性化的步行交通系统，并且尽可能消除人们在行走时所受到的不安全因素的影响。步行系统是由城市地上、地面和地下空间中与步行方式、活动相关的各种物质形态构成要素之间相互作用、相互联系

---

❶ 束昱，赫磊，路姗，等. 城市轨道交通综合体地下空间规划理论研究[J]. 时代建筑，2009(5)：22～26.

❷ 金志云，顾凌. 城市"公交优先"发展的模式分析与路径选择——以常州市为例[J]. 城市发展研究，2009，16(1)：11～14.

❸ 谭源. 城市中心区的街道设计策略[J]. 城市问题，2006(5)：7～10.

❹ 邹德慈. 人性化的城市公共空间[J]. 城市规划学刊，2006(5)：9～12.

的总和[1]，并与机动车交通彻底分流，如空中步道、步行街或半步行街、地下通道和地下商业街等(见图 5-23)。

(a) (b)

图 5-23 城市中心区步行环境的设计

(a) 上海陆家嘴空中步道(赵景伟 摄)；(b) 香港城市空中步道

5.3.4 自然与人文环境

对于任何一个民族来说，传统文化不仅关乎一个民族的文化延续以及心理认同，而且只有不同民族的不同文化才能共同构成世界文化的多样性[2]。城市作为民族文化的重要载体，也更应该具有其存在的特殊意义。由于自然条件、经济技术和社会文化习俗的不同，环境中总会有一些特有的符号和排列方式形成这个城市所特有的地域文化(Regional Culture)和建筑式样(Architectural Style)，也就形成了其独有的城市形象。历史文脉是需要继承的，它反映了城市的风貌和特点。因此，不仅要保持历史文脉的延续性，塑造与传统文化相融合的现代城市特色，还要为传统城市形态引入现代生活元素，赋予现代生活内容，实现老城区的有机更新[3]，重视随着历史发展而进化的空间类型学，并且在改进它们时赋予诗意的表达[4]。

城市中心区的发展应体现自身的特色以及城市的历史文化内涵，延续历史文脉，需要合理挖掘和利用富有地方特色的自然要素和人文环境。比如可以利用山地丘陵作为城市中心区的背景，创造丰富的空间层次，借助水体缓和中心区密实的空间氛围，并突现地方特点。城市中心区往往是文化内涵最密集的地区，其间记载着不同时期的社会风尚、情趣，充斥着特定历史阶段的街道、建筑和文物(见图 5-24)，中心区建设需要对此进行合理的保护与利用[5]。

---

[1] 陈志龙，诸民. 城市地下步行系统平面布局模式探讨[J]. 地下空间与工程学报，2007，3(3)：393～396.

[2] 张平，陈志龙. 历史文物保护与地下空间开发利用[J]. 地下空间与工程学报，2006(3)：354～357.

[3] 陈志龙，郑苦苦，付海燕. 旧城文脉的延续与空间的完善——以珠海市莲花路街区立体化改造为例[J]. 规划师，2006(4)：39～41.

[4] [美]罗杰·特兰西克. 寻找失落空间——城市设计的理论[M]. 朱子瑜，张播，鹿勤，等，译. 北京：中国建筑工业出版社，2008：225.

[5] 王建国. 城市设计[M]. 北京：中国建筑工业出版社，2009.9.

(a) (b)

图 5-24 青岛的自然与人文环境

(a) 青岛五四广场周边城市空间；(b) 中山路鸟瞰图

5.4 城市中央商务区空间设计

中央商务区(CBD)最初起源于 20 世纪 20 年代的美国，现代意义上的中央商务区是指集中大量金融、商业、贸易、信息及中介服务机构，拥有大量商务办公、酒店和公寓等配套设施，具备完善的交通、通信等现代化的基础设施和良好环境，便于现代商务活动的场所。CBD 对于城市发展的作用体现在 CBD 是城市经济活动的重要组成部分，促使城市空间结构演变[1]，是一个城市现代化的象征与标志，是城市的功能核心。

5.4.1 中央商务区的形成和发展

1. 发达国家(地区)CBD 的形成和发展

多数国际金融、贸易中心都是依靠优先发展制造业集聚经济实力，首先成为制造业中心；然后，生产出来的商品需要运输，进而发展物流运输。同时，制造业的发达也带来了充裕的资金，于是以经营资金为主，服务于生产、贸易和投资的金融业就应运而生。进而实现地区产业的升级换代，形成商贸中心和金融中心，例如东京、巴尔的摩、新加坡和香港等(见图 5-25)。

2. 中国 CBD 的形成和发展

20 世纪 90 年代起，我国一些先发展起来的大中城市，其产业结构已经由制造业迅速向高新技术和金融贸易等技术含量高、附加值高的产业转化，开始进入从工业化到后工业化的变革时期，为追求经济快速增长而提出建设 CBD。1990 年国务院开发浦东，把陆家嘴定位为金融贸易中心区，陆家嘴 CBD 从此建立；1992 年，《北京城市总体规划》提出建设北京商务中心区的构想，从此开始了 CBD 的选址及规划建设；1992 年在深圳福田中心区控制性详

---

[1] 李慧，张鲲. CBD 在城市建设发展中的作用[J]. 四川建筑，2009(4)：9～11.

(a)

(b) (c)

图 5-25 发达国家(地区)CBD(见彩图)

(a) 巴尔的摩 CBD；(b) 香港 CBD 夜景；(c) 新加坡 CBD 夜景

细规划编制中，提出建设深圳 CBD 的宏伟目标，深圳也是在全国城市规划中较早提出建设 CBD 的城市。

从总体上看，我国 CBD 的两个典型代表——上海浦东 CBD 和北京朝阳 CBD，都是以强大的政府推力为后盾迅速成长和发展起来的，而非在城市原有的中心地带自然生长。这种以提供办公设施为主的短期高速发展有点类似美国主要城市在 20 世纪 50 年代的高速增长，区别在于前者的发展以政府为主导，大规模开发新区，后者以私人投资商为主导，在旧市中心更新开发。从区位上讲，我国的典型 CBD 模式有点类似法国的德方斯新区和伦敦的道克兰新区，就是在传统城市中心之外建造大规模商务新区❶。

5.4.2 中央商务区必须具备的条件

1. 现代化城市的中心

现代 CBD 是以金融业为主的商务办公区，商业、娱乐、酒店和公寓等为 CBD 提供配套服务，资本、信息的高效流通是现代 CBD 的根本。

2. 以商务办公为主要功能

中央商务区包括金融中心、商务中心、信息中心和商业活动等功能，但是必须以商务办公为主要功能，它区别于城市商业中心等其他功能组团中心。

---

❶ 胡以志. CBD 的死与生[J]. 北京规划建设，2010(2)：118～121.

3. 第三产业集聚之地

产业结构升级途径为：劳动密集型——资金密集型——技术密集型——智力密集型。第三产业的集聚意味着产业结构已经处于技术密集型或智力密集型的高级阶段。

5.4.3　中央商务区的功能

1. 四类功能，缺一不可

中央商务区建筑功能分四类：办公、商业、公用设施和居住。这四类功能可以概括为"一主三副"：以商务办公为主，商业娱乐、公共设施和居住公寓为副，配套齐全。无论中央商务区发展到什么阶段，这四类功能必不可少。

2. 功能混合区是中央商务区发展的方向

中央商务区是第三产业的集中办公区，是以办公为主体的综合商业、文化娱乐、市政公共设施和居住等功能混合区，这种功能模式已经成为当今中央商务区的发展趋势。但是中央商务区的功能配套是随着市场需求逐步配套，经过相当长时间的积累以及市场的筛选才能相对完善。

3. 中央商务区的功能比例

商务办公大于 1/3：中央商务区中的办公建筑比例应占 1/3～1/2 以上，办公楼面积小于 1/3 的地区已不能称之为中央商务区，应按照其主导功能重新定位。

商业娱乐小于 1/4：对于中央商务区这样一个以办公为主要功能的区域，商业功能比例应控制在一定范围之内，比例过高，中央商务区就成了商业中心。

公共设施根据需求及政府实力而定：公共设施的数量和质量是一个城市的经济实力及中央商务区等级的重要体现，其建设总量在中央商务区中所占的比例，应视地方政府的财政实力和社会需求而定。

住宅小于 1/3：在保证中央商务区其他使用功能的前提下，合理安排一定比例的住宅、公寓等用地，既缓解中央商务区上下班交通的通勤压力，也增加了中央商务区夜间的生活气息。

5.4.4　中央商务区的空间特征

1. 高度的功能复合性

中央商务区不仅仅是进行各种商务活动的区域，而且还要成为娱乐、购物、健身并拥有浓厚文化氛围的人性化的场所，具有区域内最高的中心性（Centrality）和服务集中性（Service Intensity）。它所提供的服务，能够涵盖经济、管理、行政、文化和娱乐等多个方面，体现了区域的商业中心、综合文化和经济中心等高度的功能复合性。因此，中央商务区的规划建设，要考虑商务区、混合功能区和居住区在各个区域的综合布置，综合运用土地资源，提高空间的紧凑程度，保持用地平衡。

2. 高度的交通可达性和拥挤程度

可达性(Accessibility)是指到达一个地区或一个城市的难易程度。由于具备城市和区域中最发达的内、外交通联系，中央商务区区域内、外的交通可达性是最高的。同时，由于中央商务区容纳了非常密集的建筑、人流和车流，也极易造成拥挤。但是，紧凑的街道和建筑关系有助于产生最大限度的便利性，也有助于“人与人”面对面的交往和交流，这是城市集聚效益中最重要的方面之一[1]。

3. 高度的生态化和人性化

生态城市是城市发展的主要目标之一。作为城市的核心区，中央商务区可以通过科学、有效的规划优先成为现代商务和自然生态良好融合的区域环境，为人们创造充足的绿色环境，例如深圳福田中央商务区。同时，区内还应注重人性空间的塑造，突出以人为本的主题，关注公共活动空间的规划，增加人性化设计的成分。立体化的交通整合是实现高度生态化和人性化的必要手段，国内外的发展经验已经表明，中央商务区通过立体化的交通整合有助于实现公共空间与步行系统的最有效的联通，吸引大多数的人们进入地下，减轻地面交通的压力，释放地面上的空间并将其用于生态化建设。

4. 高度的地下地上一体化

高度的功能复合性、交通可达性、拥挤程度、生态化和人性化，要求中央商务区的规划建设尤其注重城市地上、地面和地下空间的开发与利用。完善地下地上的一体化设计，是实现紧凑城市理想目标的重要手段与保障。地下地上的一体化设计，重要的环节是做好区内的交通系统建设，依托于便捷的轨道交通，不仅可以在地下与其他交通工具和商务办公建筑空间相连接，而且能够最大程度地把人行通道和各种商业、文化娱乐等设施设置在地下，并相互连通。

5.4.5 设计案例分析——青岛中央商务区

青岛中央商务区(见图 5-26)是青岛市市北区于 2005 年获批动工建设的综合性商务中心，位于青岛市区中部，用地面积为 2.46km^2，建筑面积约 500 万 m^2。中央商务区功能定位为青岛中心区在功能上的补充和完善、空间上的拓展与延伸，建设商业、金融、中介服务和科技信息等现代服务业的高端产业聚集区和核心区。

青岛中央商务区的公共空间整合，与地面规划布局及建设对应实施，规划三条地铁线通过，并设有四个地铁站(鞍山路站、错埠岭站、延吉路站和敦化路站)，形成了商务区内功能互补、上下部空间三维一体的“一心、三线、多点、一网络”地下空间格局。地下空间分为地下步行系统、地下停车系统、地下商业以及地下市政设施等，开发总量 128 万 m^2。从中央商务区的长远发展出发，实行分步开发地下空间，通过纵横交错、四通八达的地下交通、地下商业以及地下市政设施系统将中央商务区连成一个有机的整体，达到集约利用土地，建设紧凑型城

---

[1] 丁成日. 高度集聚的中央商务区——国际经验及中国城市商务区的评价[J]. 规划师，2009，25(9)：92～96.

市的目的。

在青岛中央商务区中，地下高端商业中心及其地面的商务核心区将是人流最为集中的区域(见图 5-27)。

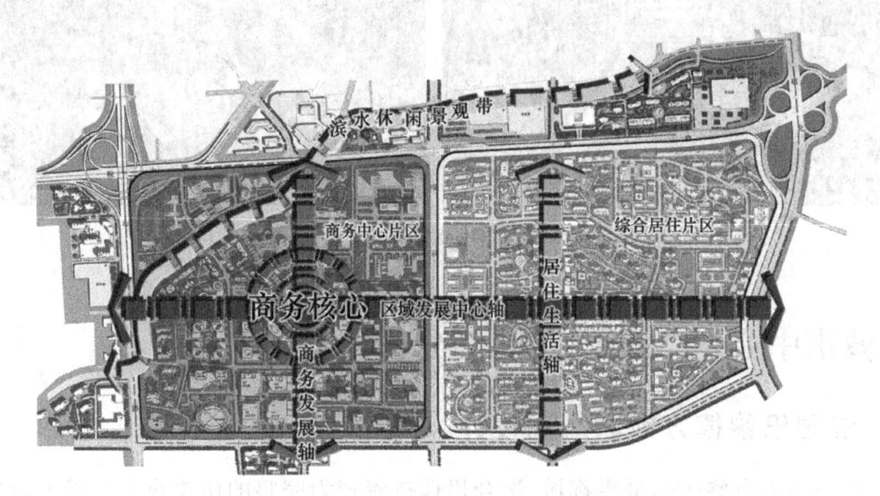

图 5-26 青岛中央商务区功能结构分析

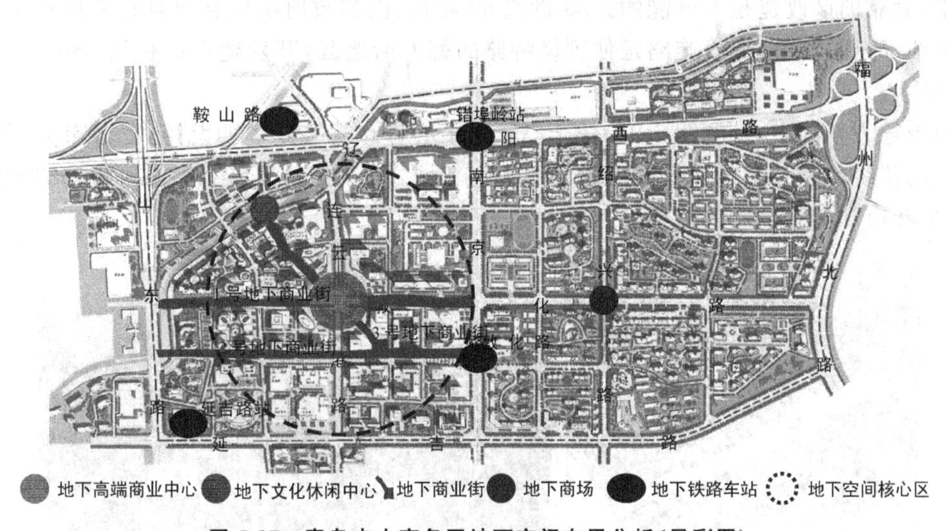

图 5-27 青岛中央商务区地下空间布局分析(见彩图)

通过规划 1、2、3 号地下步行商业街，将高端商业中心与主要节点敦化路、延吉路地铁站及滨河地下文化休闲中心连在一起。通过地下步行商业街的建设，行人可便捷地自延吉路地铁站穿越 2 号、3 号地下商业街到达商业核心区，也可自商务核心区穿越 1 号地下步行街到达敦化路地铁站。此外，在沿敦化路、连云港路和南京路的主要道路交叉点处规划地下人行过街通道，实现地块内及地块之间的地下互通，并结合开敞的中庭、宽阔的下沉广场和地下商业，以保证人行交通的安全和舒适。通过规划配建地下停车场 94.7 万 m^2，能够保证 70％的车辆停放到地下，缓解区域停车场地的紧缺状况，改善了区内地面空间环境(见图 5-28)。

图 5-28 青岛中央商务区空间环境

5.5 城市中心区空间设计案例分析

5.5.1 法国巴黎德方斯区规划设计

巴黎是一座历史悠久的世界都城，迄今仍保持着较为完整的历史风貌。然而，巴黎城市建设在现代化进程中，也面临着发展的巨大压力。事实上，要使巴黎适应高效率的现代都市的要求，紧靠旧区改建是不可能的。20 世纪 60 年代，巴黎政府决定在巴黎东西向城市发展轴线的西部延长线上，即凯旋路延伸到诺特路的德方斯地区，开发建设面积约 760 万 m^2 的城市副中心。

巴黎德方斯副中心(见图 5-29)位于巴黎市中心肯克德鲁广场西北，是巴黎市为了保护老市区的传统风貌和塞纳河景观而建设的 5 座新城之一，位于巴黎上塞纳河畔塞纳省皮托市、库伯瓦市和楠泰尔市的交界处。

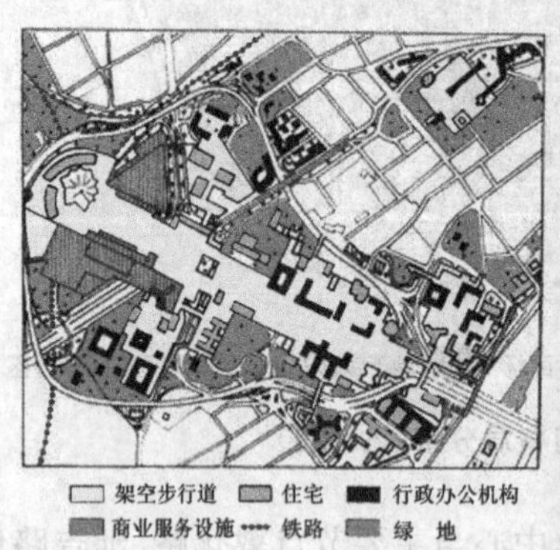

图 5-29 巴黎德方斯规划

1. 法国巴黎德方斯副中心的发展和建设历程

1932 年，塞纳省省会曾举办过一次对历史上形成的东西主轴线和星形广场到德方斯一带的道路进行整治美化的“设想竞赛”。1950 年，德方斯只有旧住房、贫民窟和小作坊等，为改变该地区的面貌，1956 年，法国重建部对该区进行了规划。1958 年成立的公共规划机构“德方斯区域开发公司”(EPAD)，提出要把德方斯建设成为工作、居住和游乐等设施齐全的现代化的商业事务区。1963年通过了第一个总体规划，包括东部事务区和西部公园区，规划用地760万m^2。1962—1965年制订的《大巴黎区规划和整顿指导方案》中，德方斯区被定为巴黎市中心周围的九个副中心之一。

1976年，巴黎大都市圈规划经过修订，决定在巴黎市中心肯克德鲁广场西北4km处建设德方斯新城。在其建设的过程中，除了受到两次经济危机的影响外，一直平稳建设至今，最终形成了目前世界上独一无二的新城，表5-1为德方斯新城建设的简要历程❶。

表5-1　德方斯新城建设简要历程

1956年	CBD第一轮规划办公面积27万m^2
1958年	成立了公共规划机构“德方斯区域开发公司”(EPAD)，提出要把德方斯建设成为工作、居住和游乐等设施齐全的现代化的商业事务区
1963年	通过了第一个总体规划，包括东部事务区和西部公园区，规划用地760万m^2
1964年	CBD第二轮规划办公面积85万m^2
1966—1972年	建设第一代高层办公楼，1970年地铁快线RER通车
1972—1980年	CBD规划办公面积160万m^2，建设第二代高层办公楼
1974—1977年	1976年，巴黎大都市圈规划修订，建设德方斯新城。受第一次经济危机的影响，办公空间市场严重饱和，德方斯76万m^2的办公楼中有60万m^2闲置
1978—1982年	经济复苏，德方斯规划增加35万m^2办公面积
1980—1989年	建设第三代高层办公楼
1989—1995年	建设第四代高层办公楼
1993—1997年	经济危机，办公楼总量维持在250万m^2
1998—2006年	办公楼市场需求量逐年上涨，投资激增，租金和市值都大幅增长
2006—2015年	计划新增30万m^2的办公面积

2. 德方斯新城特色分析

作为现代大城市CBD的代表，巴黎德方斯新城巨大的人工平台上设置了60多座公共艺术品，多数是邀请艺术家根据环境特征量身设计的，使得德方斯的地面开放空间化身为优美的雕塑公园。德方斯的规划和建设不是很重视建筑的个体设计，而是强调由斜坡(路面层次)、水池、树木、绿地、铺地、小品、雕塑和广场等所组成的街道空间的设计。

1) 空间形态

德方斯交通系统规划参照了柯布西耶的城市设计理念和原则，在巴黎历史古迹的延长线上建造，从卢浮宫到凯旋门，再到德方斯的大拱门都处在同一条直线上，这条中轴线把新老城区连接成为一个整体。德方斯全部交通设施置于地下三层的地下空间，地上层为架高的大平台，平台上建有步行道，步行道与各建筑门厅出入口相连，地面层以道路交通和公交地铁站厅为主，清晰的道路标志能够引导车辆快速通过(见图5-30)。地下一层主要为商业服务、专卖店和餐饮娱乐等，地下二、三层主要为地下车库，共提供了26 000个停车位。

❶ 陈一新. 巴黎德方斯新区规划及43年发展历程[J]. 国外城市规划，2003(1)：38～46.

图 5-30 德方斯空中鸟瞰图和地面环境

2）道路交通

人工地基下有高速铁路 RER 及车站、高速公路(A14)、国道(N13 号、N192 号)和换乘站,并与大都市圈内圈外形成网络,成为大交通枢纽。所有公交首末站或停靠站的等候休息都集中在一个大厅,市区到德方斯的 1 号地铁和郊区地铁站台紧挨着公交休息厅,具有良好的连通性和可达性。德方斯的公共交通非常发达,80%的人搭乘公共交通工具上班,例如搭乘火车、地铁和电车等,使得人流与车流有效分离。高速铁路 RER 于 1986 年开通,从德方斯到爱德华 5 分钟,到剧院站 7 分钟,地面全部为步行(见图 5-31)。

图 5-31 德方斯地下换乘大厅与机动车地下入口

3）公共空间

由于实现了人、车分离,更多的地面空间注重了景观建设,保持了建筑的多样性和新旧城的协调性,还注重了生态环境建设,人性化和创意地设计了专供人们步行的绿地,营造了和谐、舒适的环境,能够满足不同人群在使用各种设施时的公平性和开放性。通过公共空间的营造,还保护了该区的一座历史纪念碑,向公众传达了这里曾是法德战场的信息(见图 5-32)。

4）公共意向

德方斯新城的建设,保护了巴黎原有的文化遗产。矗立在广场最里端的主体建筑 Grande Arche 被誉为“德方斯之首”,即为图 5-32 与图 5-33 中的巨大拱门。德方斯的主轴线具有较强的凝聚力,大拱门成为德方斯的景观中心和标志,增强了新城的吸引力。德方斯新城重视文化设施建设,文化展览和艺术表演等不仅提高了新城的品位,而且增强了城市公众的文化认同感。

图 5-32　德方斯地面步行化空间和广场景观

图 5-33　德方斯新城的标志建筑——大拱门

5.5.2　东京新宿中央商务区

新宿中央商务区位于东京都中心区以西，距银座约 8km，是东京市内的主要繁华区之一，仅次于银座和浅草上野。20 世纪 50 年代，随着日本经济的发展，东京都心三区（千代田区、港区和中央区）已经不能满足发展的需要。为了缓解都心区政府机关、大公司总部、全国性的经济管理机构和商业服务设施高度集中以及地价高涨、交通拥挤、建筑物和人口高度密集的状况，结合周边地区发展需要，1958 年下半年东京都政府提出建设副都心（即新宿、涩谷和池袋）的设想，并首先从新宿着手。

1. 新宿中央商务区立体化建设概况

新宿原是东京的郊区，1885 年建成火车站，1923 年关东大地震后，居民向西迁移，新宿地区因此发展。第二次世界大战后，新宿地区的人口增长逐步加快，火车站增加到三个（西口、东口和南口），日客流量达到 100 万人。新宿是东京在 1958 年启动建设的第一批三个副都心之一，也是东京第一大副都心和新的商务中心区。经过 28 年的建设，1986 年在东京都的西部形成了新宿副都心，建成的新宿商务区总用地面积为 16.4hm^2，商业、办公及写字楼建筑面积为 300 多万 m^2，拥有超高层建筑近 50 座（见图 5-34）。

20 世纪 60 年代，东京开始着手全面规划新宿的立体化再开发，1960—1976 年间共完成

图 5-34 东京新宿中央商务区

了新宿东口(1964年)、新宿西口(1966年)、歌舞伎町(1975年)和新宿南口(1976年)四条地下街的建设,形成了一个地下综合体群。新宿商务区每天有360万人以上的购物人群,就业人口(通勤人口)高达30多万,以世界第一繁华的新宿站为中心的繁华街道包括周边新宿区域的乘车人数接近400万人,因此,新宿也成为典型的交通枢纽型商务中心区。

2. 新宿中央商务区特色分析

1) 空间形态

地铁的建设贯穿整个商务中心区,大型的公共场所,如大型百货商店、高层的办公大楼等为提高本身的可达性以及便于疏散地面的人流,把出入口和营业厅与附近的地铁枢纽相连通。由于地铁和与其相连的地下人行道成为人流的集中点和转折点,这样就为零售业和其他购物中心等提供了大量的人流,繁荣了地下商业街。

2) 道路交通

地铁是人们出行时的主要交通工具,四条地下街通过地铁车站,在地下相互连接。道路交通系统主要以新宿轨道站点为核心,在靠近车站的区域,地面道路间距较小,适合于人们步行通过。在距离车站较远的超高层建筑区域,道路交通规划建设采用了立体化的车行系统,减少了交通拥堵的可能性(见图5-35)。

图 5-35 新宿地区鸟瞰图及新宿西口地区立交道路

3）公共空间

新宿中央商务区在建设中强调了与周边建筑和环境的协调，综合交通系统把主要商业设施及新宿车站等公共空间连为一体，取得了与周边商业设施便捷的联系，既提高了安全性，又保证了人流量。地下公共空间在空气质量、照明以及建筑小品的设计上均达到了相当于地面空间的质量水平（见图 5-36）。

图 5-36　新宿地区下沉广场公共空间

4）公共意向

新宿中央商务区以商务办公活动和商业、文化活动为主要特点，各功能区还有良好的换乘系统，人们可以随意组合选用不同的公交工具。地下与地上的完美融合，释放了大量的地上空间，用以发展具有特色的各种商业、餐饮、文化和娱乐等设施（见图 5-37），为几百万的城市公众所认同。

图 5-37　新宿地区繁华的商业

思考题与习题

1. 城市中心区主要有哪些职能和特征？
2. 城市中心区规划设计的原则有哪些？
3. 城市中心区建筑空间设计需要注意什么问题？
4. 城市中央商务区的设计要点是什么？
5. 如何进行城市中心区的保护与更新建设？
6. 试述巴黎德方斯的城市设计特点。

第6章

城市广场空间设计

6.1 城市广场的内涵与分类

6.1.1 城市广场的基本内涵

从产生之日起，城市广场就作为城市外部公共空间体系的一种重要组成形态，在城市生活中扮演着重要的角色。它不仅是人流聚集的地方，更是现代城市空间环境中最具公共性、最富艺术魅力、最能反映现代都市文明和气氛的开放空间，常常是一个城市的标志。城市广场通常是城市居民社会生活的中心，在广场上可进行集会、交通集散、居民游览休憩、商业服务及文化宣传等活动，是城市不可或缺的重要组成部分。广场旁一般都布置着城市中的重要建筑物，广场上则布置各类设施和绿地，能集中地表现城市空间环境面貌。《中国大百科全书》给城市广场的定义是："城市中由建筑物、道路和绿化带围绕而成的开敞空间，是城市公众社会生活的中心。"它们如同一颗颗璀璨夺目的明珠，点缀在世界各地的城市中，见证了城市发展的过往和现在，发挥着重要的作用。如北京的天安门广场，既有政治和历史的意义，又有丰富的艺术面貌，是全国人民向往的地方。

一般认为，城市广场是为满足多种城市社会生活需要而建设的，以建筑、道路、山水、地形等围合，由多种软质和硬质景观构成，采用步行交通手段，具有一定主题思想和规模的节点型城市户外公共活动空间[1]。

6.1.2 按城市广场的性质分类

广场是由城市功能的需要而产生的，并且随着时代发展，广场性质也越来越多样化。按照主要功能、用途及其在城市交通系统中所处位置的不同，城市广场可分为市政广场、交通广场、纪念广场、商业广场、宗教广场和文化娱乐休闲广场六类。

1. 市政广场

市政广场也称市民广场或集会游行广场，多修建在城市的行政中心区，一般与城市重要的市政建筑共同修建，成为城市的标志性场所，可供旅游及一般活动，需要时可进行集会游行，是用于政治、文化集会、庆典、游行、检阅、礼仪和传统民间节日活动的广场。市政广场应有足够的面积并合理组织交通，能够满足人流集散需要。广场通常一侧与城市主干道相连，

[1] 王建国.城市设计[M].北京：中国建筑工业出版社，2009.9.

可达性强，另一侧则布置辅助交通线路，以不影响集会游行等活动。这类广场一般形状比较规则，朝向多为向南，多采用轴线手法布置建筑，不宜布置过多的娱乐性建筑及设施。例如，上海人民广场、青岛五四广场和奥地利圣珀尔滕市政广场均是这种类型。佛罗伦萨市政广场更是因其周围精美的建筑而被认为是意大利最美的广场之一(见图 6-1)。

图 6-1　市政广场

(a) 青岛五四广场；(b) 奥地利圣珀尔滕市政广场；(c) 上海人民广场；(d) 佛罗伦萨市政广场

市政广场上应适当布置具有使用功能和起装饰美化作用的环境设施及绿化设施，以加强广场气氛，丰富广场景观。市政广场建成后往往成为一个城市的标志性节点，是反映城市面貌的重要部位。

2. 交通广场

交通广场可分为两类。一类为几条主要道路汇合的大型交叉路口，多以交通岛的形式存在，用于疏导不同流向的车流与人流，多布置绿化或纪念物以增进城市景观(见图 6-2)。另一类为交通集散广场，主要解决人流与车流的交通集散，如影剧院前广场、体育场前广场、工矿企业前广场、火车站站前广场和机场前广场等，均起着交通集散的作用。这类广场多结合主体建筑布置，广场的空间形体应与周围建筑相呼应、相配合，富有表现力，能丰富城市的景观风貌，给过往旅客留下深刻、鲜明的印象(见图 6-3)。

3. 纪念广场

纪念广场是为纪念某些人物或事件而设置的广场，应突出某一主题，创造与主题相一致的环境气氛。广场上的重要位置一般建有具有重大纪念意义的建筑物或构筑物(如雕塑、纪

图 6-2　大连中山广场

资料来源：http://www.legeren.cn/index/

图 6-3　青岛火车站站前广场(张玲 摄)

念碑等)作为主题纪念物及标志物，供市民瞻仰、铭记、纪念及进行各种传统教育活动，在其前庭或四周布置绿化、铺地等各种环境设施。

纪念广场以纪念物为主，广场空间起到衬托作用，因此设计时应突出主体纪念物。在进行环境设施布置时，要重视这类广场的比例尺度、空间构图及市民观赏视线和视角的要求。纪念性强的广场还应远离商业区和娱乐区，或另辟停车场地，避免导入车流，因为宁静的环境气氛能突出严肃的纪念主题和深刻的文化内涵，增加纪念效果(见图 6-4)。

4. 商业广场

商业广场是用于集市贸易和购物的广场，大都位于城市的商业繁华地区，是商业中心区的精华所在，人们在此可以观察到最有特色的城市生活模式。商业广场多与商业步行街结合布置，使商业活动区更集中。商业广场设计必须结合整个商业街区规划的整体设计进行综合考虑，这样既可便利顾客购物，又可避免人流与车流的交叉，同时可满足人们购物之余的休憩、交游和饮食需求。一般来讲，商业广场位于商业区主要流线的重要节点上。

这类广场一般根据各自位置采用不同的空间环境组合，或重标志，或重绿化景观，或重休闲，仿佛戏剧的开端、发展、高潮和结尾。各类城市小品和娱乐设施在这里聚集，人们乐在其中，在购物的同时得到了休息和享受。商业广场的存在使得城市商业空间环境更加充满生机和富有吸引力，使城市商业区在取得经济效益的同时也具有良好的环境效益和社会效益。商业广场设计也可采用室内外结合的方式把室内商场与露天、半露天市场结合在一起。上海南京路世纪广场地理位置优越，配套设施齐全，成功地举办了各种公益和商业活动，已成为众多客户举办各种活动的首选场所，但广场上缺乏可供长时间休憩的场所和遮阳设施(见图 6-5)。

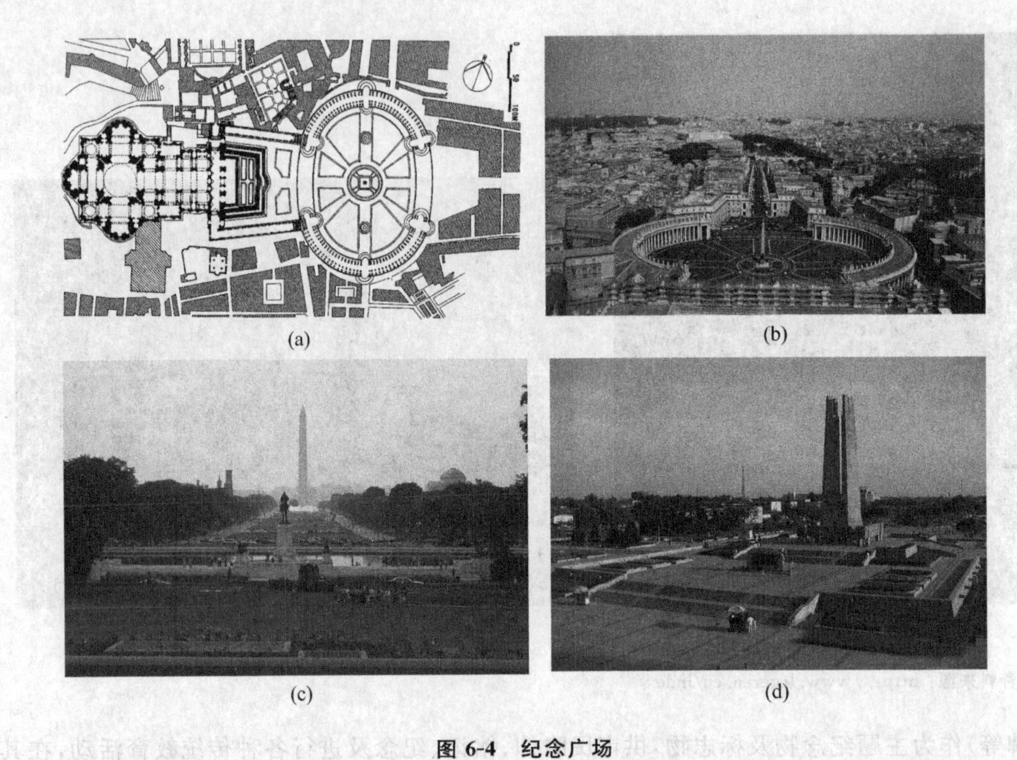

图 6-4 纪念广场

(a) 罗马圣彼得广场平面图；(b) 罗马圣彼得广场鸟瞰图；(c) 华盛顿纪念广场；(d) 唐山抗震纪念碑广场

资料来源：王建国. 城市设计[M]. 2 版. 南京：东南大学出版社，2004. 8

图 6-5 上海南京路世纪广场（赵景伟 摄）

5. 宗教广场

宗教活动是人类文化活动的重要组成部分，宗教广场是布置在宗教建筑前举行宗教庆典、集会和游行的广场。广场设计应以满足举行宗教活动的需求为主，同时表现宗教氛围和宗教建筑美，通常采用轴线对称的设计手法，广场上设有供宗教礼仪、祭祀和布道用的平台、台阶或敞廊（见图 6-6）❶。现代的宗教广场已逐渐起到了供市民休息、娱乐的作用。

---

❶ 田云庆. 室外环境设计基础[M]. 上海：上海人民美术出版社，2007. 4.

(a)

(b)

图 6-6　宗教广场

(a) 米兰大教堂广场；(b) 罗马广场

资料来源：(a) http://www.szjs.com.cn/index.html；(b) http://soso.nipic.com

6. 文化娱乐休闲广场

文化娱乐休闲广场是城市中供人们休憩、交友、演出及举行各种文化娱乐活动的广场。广场通常建在人口较密集的地方，以便于市民使用。在现代社会中，文化娱乐休闲广场已成为广大民众最喜爱的重要户外活动场所。广场的布局形式和空间结构应灵活多样，面积可大可小，但不宜太大，应符合人的尺度。它可以使市民在工作之余有效地缓解疲劳和精神压力。广场应具有层次性，常利用地面高差、绿化、建筑小品、铺地色彩和图案等多种空间限定手法对内部空间作第二次、第三次限定，以满足从集会、庆典和表演等聚集活动到较私密的情侣、朋友交谈等的空间要求。在广场文化塑造方面，文化娱乐休闲广场常利用具有鲜明的城市文化特征的小品、雕塑及具有传统文化特色的灯具、铺地图案和座凳等元素烘托广场的城市地方文化特色，使其达到文化性、趣味性、识别性和功能性等多层意义。

文化娱乐休闲广场可以是无中心的、片断式的，即每一个小空间围绕一个主题，而整体是“无”主题的。现代城市中应当有计划地修建大量文化娱乐休闲广场，广场可以位于城市中心区和居住小区内，也可以位于一般的街道旁，以供人们休憩、游玩、演出及举行各种娱乐活动。这类广场应具有欢乐、轻松的气氛，且达到使人舒适方便的目的。

6.1.3　按城市广场的空间形态分类

城市广场按其空间形态分为平面型和空间型两种[1]。

历史上以及今天已建成的大多数城市广场都是平面型广场，如北京天安门广场、广西北海北部湾广场(见图 6-7)等。而在现代广场设计中，也可利用空间形态的变化通过垂直交通系统将不同水平层面的活动场所串联为整体，上升、下沉和地面层相互穿插组合，构成既有仰视又有俯瞰的垂直景观，与平面型广场相比较，更具点、线、面相结合，以及层次性的特点，这种广场叫做空间型广场。空间型广场可以提供相对安静舒适的环境，又可充分利用空间变化获得丰富活泼的城市景观，通常可分为下沉式广场和上升式广场。由于处理不同交

[1] 王建国. 城市设计[M]. 北京：中国建筑工业出版社，2009.9.

通方式的需要和科学技术的进步，现代城市广场规划设计对上升式和下沉式广场给予了越来越多的关注。

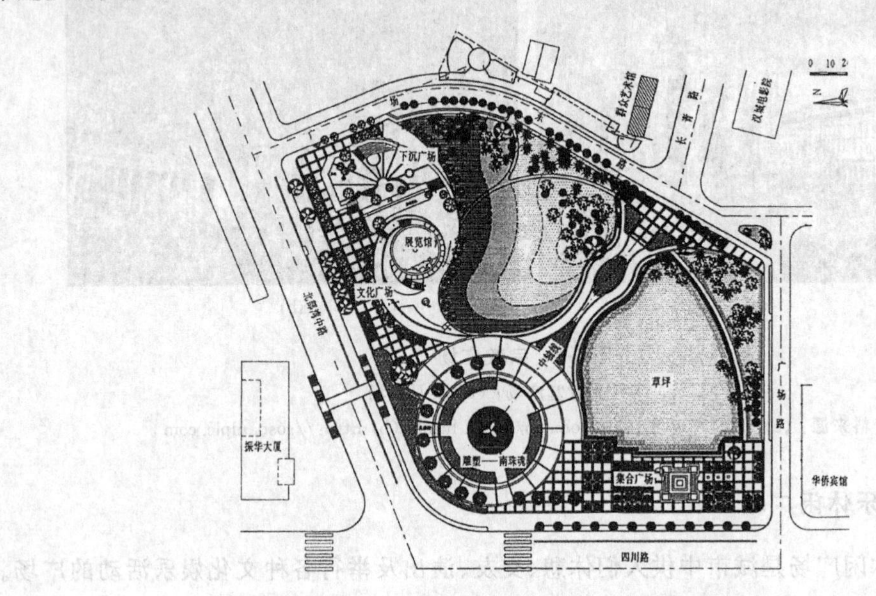

图 6-7 广西北海北部湾广场总平面规划

资料来源：王建国. 城市设计[M]. 2 版. 南京：东南大学出版社，2004. 8

上升式广场一般将车行道放在较低的层面上以实现人车分流。例如，巴西圣保罗市的安汉根班广场就是这方面成功的案例。该广场地处城市中心，过去曾是安汉根班河谷。上世纪初由法国景园建筑师 Bouvard 设计成一条纯粹的交通走廊，并渐渐失去了原有的景观特色，人车混行冲突导致了严重的城市问题。近些年重新组织进行了规划设计，设计的核心就是建设一座面积达 6hm² 的上升式绿化广场，将主要的车流交通安排在低洼部分的隧道中。这项建设不仅把自然生态景观的特色重新带给了这一地区，而且还能有效地增强圣保罗市中心地区的活力，进而推进城市改造更新工作的深入❶(见图 6-8)。

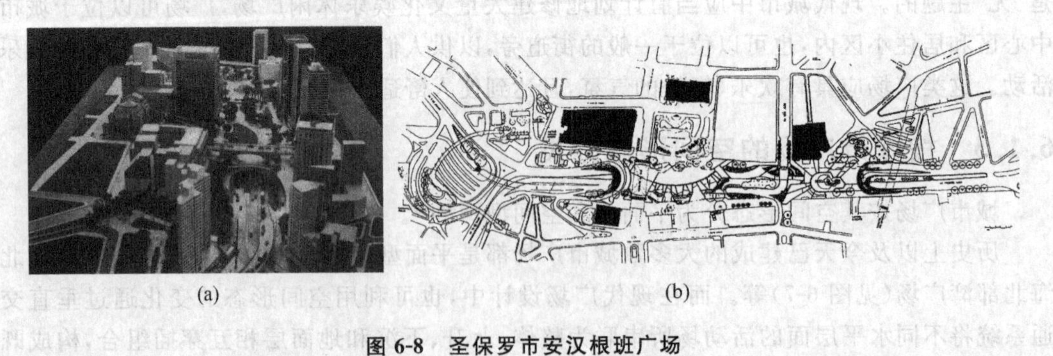

(a) (b)

图 6-8 圣保罗市安汉根班广场

(a) 广场模型；(b) 广场平面

资料来源：王建国. 城市设计[M]. 2 版. 南京：东南大学出版社，2004. 8

---

❶ 王建国. 城市设计[M]. 2 版. 南京：东南大学出版社，2004. 8.

下沉式广场在当代城市建设中应用很多，特别是在一些发达国家。相比上升式广场，下沉式广场不仅能够解决不同交通的分流问题，而且在现代城市喧嚣嘈杂的外部环境中，更容易取得一个安静安全、围合有致且具有较强归属感的广场空间。很多大城市的下沉式广场已综合了地铁和地下商业步行街的使用功能，成为现代城市空间中的一个重要组成部分。纽约洛克菲勒中心广场、上海静安寺广场都是很好的例子。

静安寺广场处于静安寺城市综合体的核心位置，是地铁二号线静安寺站的出入口，占地约 $1hm^2$，由 $8000m^2$ 地下商场和 $2800m^2$ 下沉广场组成（见图 6-9）。基地北侧、西侧分别为南京西路和华山路，南侧和东侧为静安公园。下沉广场形式使地铁出口能有地面感，合理组

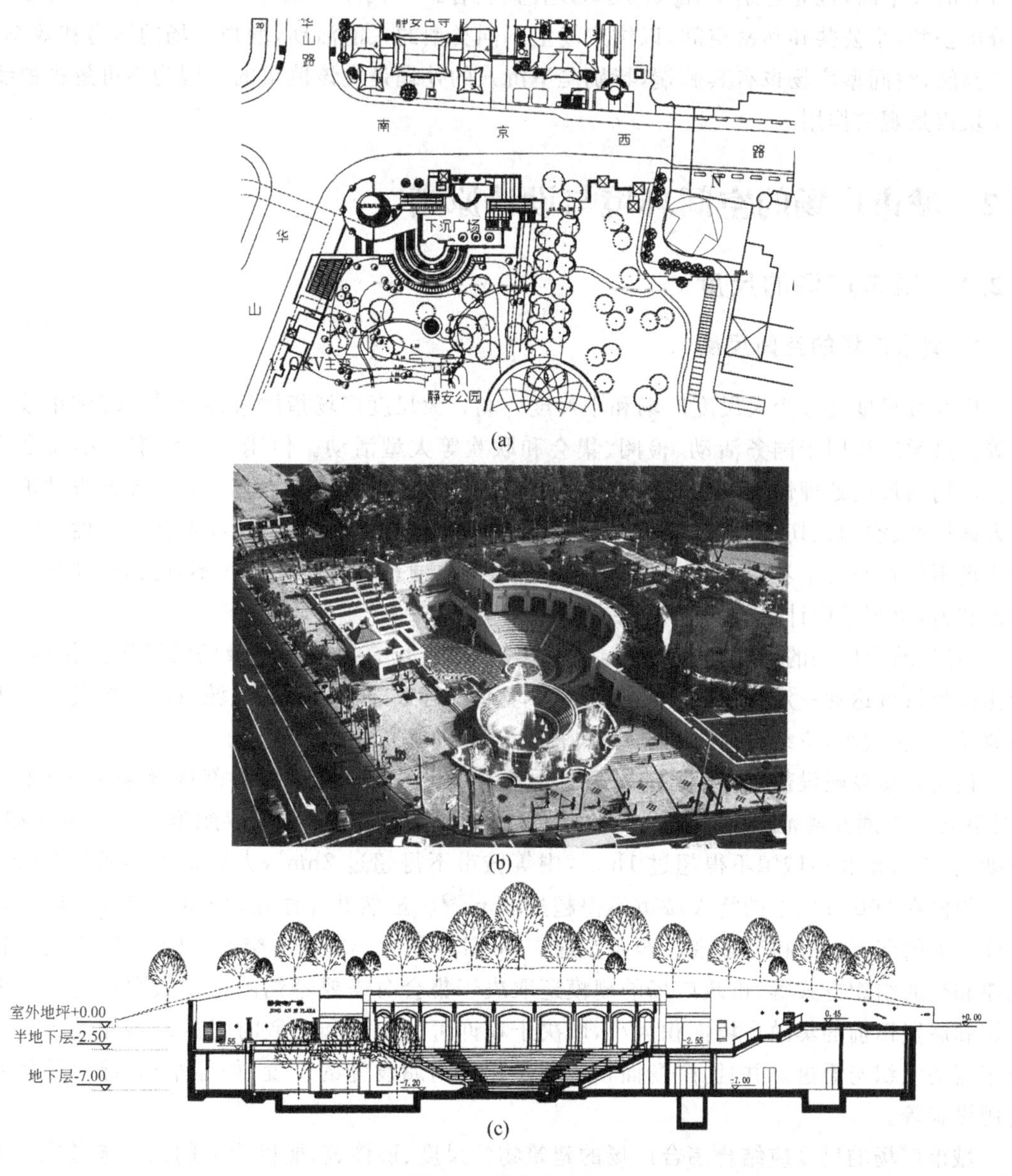

(a)

(b)

(c)

图 6-9　静安寺广场

(a) 广场在静安寺综合体中的位置；(b) 广场鸟瞰图；(c) 广场剖面图

资料来源：田云庆. 室外环境设计基础[M]. 上海：上海人民美术出版社，2007.4

织了立体化交通，促成了广场的高效使用。露天广场平时供市民自娱、休闲和交往，节日时组织演出和各种活动，静安寺广场已成为上海节日活动的主要场所。这种立体化的空间处理方式也使土地利用率大大提高。广场的地下商场共两层，高 9m，露出地面 2m，覆土 2～3m，植树建亭形成绿丘，与静安公园连成一体，既扩大了 4000m^2 公园绿地面积，又使下沉广场的仰视效果得到了进一步优化。

空间型广场多层次处理也可更好地实现广场空间领域化。上升、下沉或二者结合的处理可更好地根据人们环境行为的需要划分广场空间，形成不同层次的领域空间。有可容纳几百人的大空间，也有容纳十几人的小场地，直至容纳一两个人的个人空间。同时，也更易划分出公共、半公共和私密空间，以供广场上不同类型的人群活动，增强广场的活力和效率。

当然，空间型广场也有其弊端，特别是下沉式的处理是应该慎重的。因为不可忽视视线对于城市景观的作用。

6.2 城市广场的空间环境与设计原则

6.2.1 城市广场的尺度

1. 城市广场的空间尺度

广场按尺度可分为大尺度广场和小尺度广场。大尺度广场指国家性政治广场和市政广场等。这类广场用于国务活动、检阅、集会和联欢等大型活动。休闲广场则多为小尺度广场。广场的尺度处理恰当与否是城市广场空间设计成败的关键因素之一。相比西方城市注重人体尺度、空间亲切舒适的广场设计，我国城市广场往往尺度偏大，对人有排斥性。太大的广场不仅在经济上花费巨大，而且在使用上也不方便；同时，广场尺寸不宜人，会缺乏活力和亲和力，也很难设计出好的艺术效果[1]。

当然，城市广场的尺度不宜太小，因为现代城市广场有保护环境及防震防灾的作用，而绿化面积只有达到一定数值时才能对生态环境起到有效的作用。现代城市广场要发挥其生态效益，不宜太小，应结合相关数据选择相对合理的规模。

住房和城乡建设部、国家发展和改革委员会、国土资源部和财政部四部委于 2004 年 2 月联合下发通知规范城市广场、道路建设规划，要求各地建设城市游憩集会广场的规模，原则上，小城市和小城镇不得超过 1hm^2，中等城市不得超过 2hm^2，大城市不得超过 3hm^2，人口规模在 200 万以上的特大城市不得超过 5hm^2[2]。虽然并非法定，但也可看到我国广场尺度过大的问题已经得到重视。至于交通广场，其面积大小取决于交通量的大小、车流运行规律和交通组织方式等；市政广场的规模还取决于集会时需要容纳的最多人数；影剧院、体育馆和展览馆前的集散广场面积大小，取决于在许可的集聚和疏散时间内是否能满足人流与车流的组织与通过。并且，广场面积应满足相应附属设施的设置，如停车场、绿化种植和公用设施等。

城市广场的尺度应结合围合广场的建筑物的尺度、形体、功能以及人的尺度来考虑。大

---

❶ 田云庆.室外环境设计基础[M].上海：上海人民美术出版社，2007.4.

❷ 段汉明.城市设计概论[M].北京：科学出版社，2006.1.

而单纯的广场对人有排斥性；小而局促的广场则令人有压抑感；而尺度适中，有较多景观的广场具有较强的吸引力。

2. 城市广场的尺度相对性分析

广场空间的尺度对人的感情、行为等都有着巨大的影响。日本芦原义信提出了在外部空间设计中采用 20～25m 的模数，他认为："关于外部空间，实际走走看就很清楚，每20～25m，或是有重复的节奏，或是材质的变化，或是地面高差有变化，那么即使在大空间里也可以打破其单调……"。我们对于若干城市空间的亲身体验也表明，20m 左右是一个令人感到舒适亲切的尺度❶。

除了距离外，实体的高度与距离的比例不同，也会产生不同的视觉效应。尺度的相对性问题，是进行广场设计的关键。尺度的相对性即广场与周边围合物的尺度匹配关系，广场与人的观赏、行为活动和使用的尺度配合关系。

就人与垂直界面而言，主要由视觉因素决定。早在1877 年，梅尔滕斯就将前任的研究做了系统性的归纳，从视觉心理学的角度提出了观察细部和整体的三种距离关系。当眼睛视角为 45°时，只能看到对象的细节，有内聚、安定感；当视角为 27°时，对象成为完整的形，环境的干扰不存在，有向心之感；当视角为 18°时，对象丧失了独立性，它融入环境并与之成为一个整体，空间离散，围合感差❷(见图 6-10)。

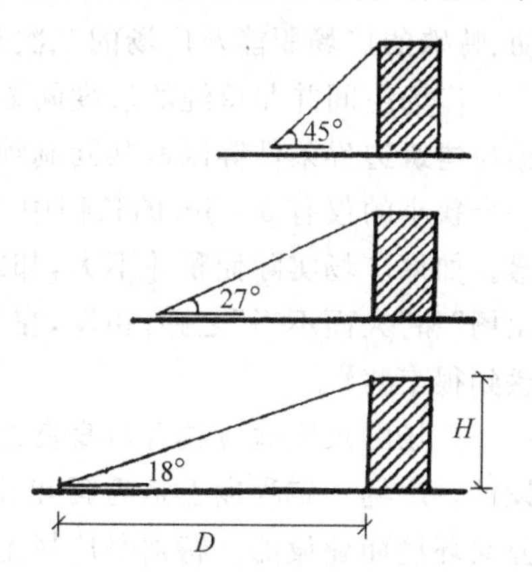

图 6-10　观察对象三种距离关系

资料来源：田云庆.室外环境设计基础[M].上海：上海人民美术出版社，2007.4

当人站在广场中，由建筑高度(H)与广场宽度(D)之间的尺度关系产生相应的空间效应和心理反应如表 6-1 所示。

表 6-1　建筑高度与广场宽度之间的尺度关系

D/H 值	空间效应	心理反应
$D/H<1$	封闭性极强，仅可观察建筑的细部	压抑
$D/H=1$	全封闭广场的最小宽度，能较好地观看建筑单体	内聚、安定
$D/H=2$	较强的封闭性，可完整地观赏建筑整体	内聚、向心
$D/H=3$	封闭广场的最大宽度，可观看建筑群体全貌的基本视角	围合感
$D/H=4$	不封闭，建筑成为远景	空旷、迷失、荒漠之感

当 $D:H$ 约为 1 时，是观看建筑单体的极限角；当 $D:H$ 约为 3 时，是广场最小的封闭空间。$D:H$ 小于 1 则感觉压抑，大于 3 则不具封闭性。由于日常生活中人们总是喜欢一种内聚、安定和亲切的环境，所以历史上许多好的广场空间 D 与 H 的比值均在 1～3 之间，

---

❶ 田云庆.室外环境设计基础[M].上海：上海人民美术出版社，2007.4.

❷ 蔡永洁.城市广场[M].南京：东南大学出版社，2006.3.

而 1～2 之间则是最紧凑的尺度，2～3 之间是较理想的尺度。

广场长宽比也是重要的尺度控制要素，但这很难精确描述，广场千变万化，也不尽规则。但是应明确"广场"是一个"场"，应突出它的这种空间特色。经验表明，矩形广场长宽比不应大于 3∶1。

若 L 为广场长度，W 为广场宽度，则有 $L:W<3$。

但是，这种比例关系也是相对的，大体上属于对空间的一种静态分析，如果加上人的活动、特殊的广场职能及广场的二次空间划分，该关系就要根据实际情况进行调整。

广场空间并非单纯的尺度问题，它是由活动内容、布局分区、视觉特性、光照条件、容积感与建筑边界条件等因素共同制约的，同时也与相邻空间的相互对比有关。如当人们走在一个狭小的仅有 3～5m 的长街中，突然走入一个有 20～30m 的开阔带，就会有步入广场之感。如果广场实际面积并不大，却缺少可供活动的设施和休息的依靠，也会使人产生"广而无场"和"大而不当"之感；相反，在大的广场中如有详细的活动分区和相应的设施，就会使人感到很丰实❶。

广场的尺度除应具有自身良好的绝对尺度和相对比例外，还需考虑结合人的尺度进行设计。广场一定程度上是为缓和、调剂现代人高节奏的城市生活，并让他们共享优美的城市公共环境而建设的。特别是广场上的环境设施布置，如路灯、花台、电话亭、广告标识、休息设施、界面铺装、材料色彩和植物花草等的配置更要以人的尺度为设计依据。济南泉城广场就划分为自西向东主题不同的十余部分，加之各类符合人的尺度的景观休闲娱乐设施，可以解决其长宽比较大的问题(见图 6-11)。

6.2.2 城市广场周围建筑物的安排

1. 建筑物对城市广场的围合

围合是界定空间的基本形式。围合广场常见的要素有建筑、树木、柱廊和有高差的特定地形等，其中以建筑围合较好。城市广场在大多数的情况下是由建筑实体围合而成的。目前国内的一些广场有不少都是用道路围合，或只在广场的一侧到两侧布置建筑，容易使游人在行为及心理上产生不安定的感觉，致使游人在广场内停留的时间缩短，降低了广场的内聚力及吸引力。在广场围合程度方面，一般来说，广场围合程度越高，就越易成为"图形"，中世纪的城市广场大都具有"图形"的特征。但围合并不等于封闭，在现代城市广场设计中，考虑到市民使用和视觉观赏，以及广场本身的二次空间组织变化，必然需要一定的开放性。

广场的围合有四种形式(见表 6-2)。其中，四面围合和三面围合是最传统和多见的广场布局形式，前者若要取得封闭向心的效果，规模尺度不宜太大。两面围合的广场常位于大型建筑与道路转角处，可以配合现代城市的建筑设置，也可借助于周边环境乃至远处的景观要素，有效地扩大广场在城市空间中的延伸感和枢纽作用；单面围合的广场规模较大时应考虑组织二次空间，如局部下沉或局部上升等。

---

❶ 田云庆. 室外环境设计基础[M]. 上海：上海人民美术出版社，2007.4.

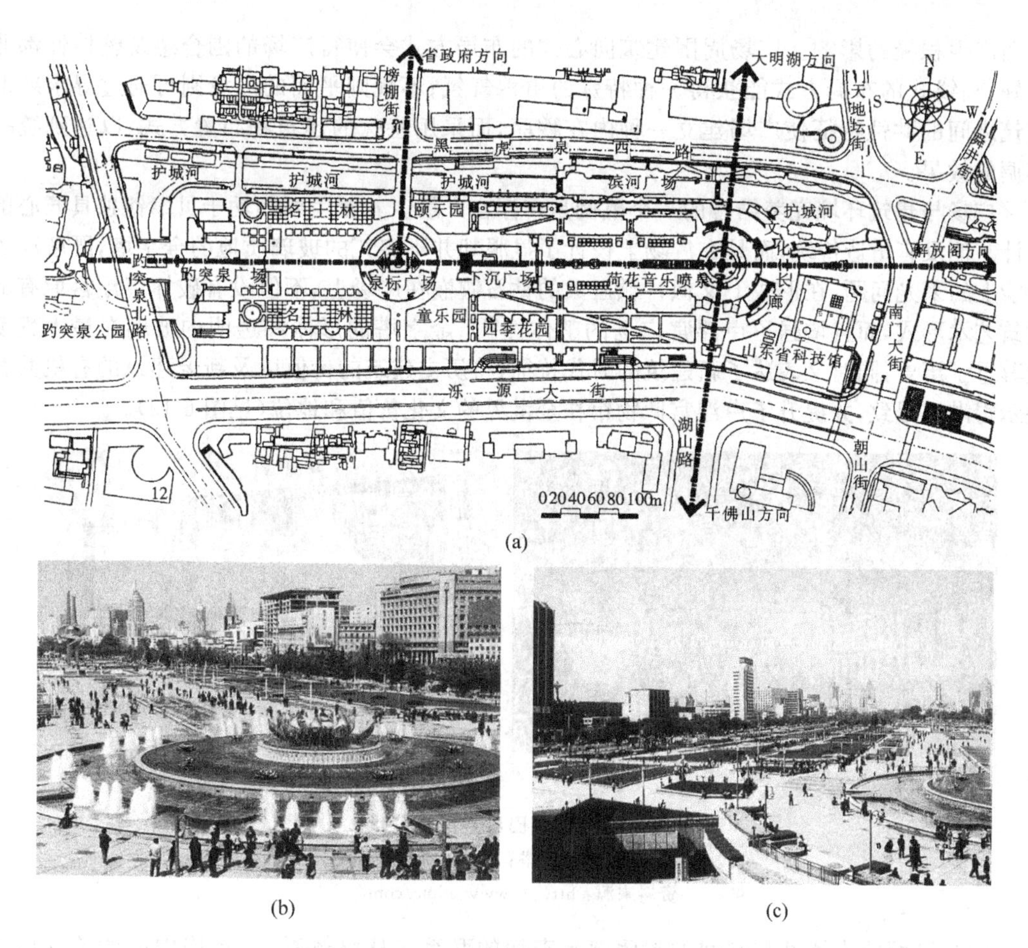

(a)

(b)　　(c)

图 6-11　济南泉城广场

(a) 总平面图；(b) 泉城广场东部地面景观；(c) 泉城广场南部地面景观

表 6-2　城市广场的围合形式及其空间感受

围合形式	封闭性	空间感受
四面围合	强	强烈的向心性和领域感
三面围合	较好	一定的方向性和向心性
两面围合	较弱	具有一定的流动性
单面围合	很差	领域感弱、空间离散

当然，建筑物对广场的围合，特别是四面围合，其实是有多种可能性的，即采用何种围合的方式，广场角部是开敞的还是封闭的，所产生的空间效果和采用的广场设计手法就会有所不同，这值得我们去认真分析。

2. 城市广场周围建筑物的布置形式

作为建筑群体，城市广场周围的建筑物在立面造型及体量上应是统一协调的，或是新旧建筑较好结合的，并应与城市广场成为一个整体，这样才能增强城市广场的整体性，对城市空间产生积极的影响。广场周围建筑向心式的布局方式会使得广场的围合感及整体性都非常好；轴线式的布局方式能获得一种特殊的肃穆气氛；不规则平面的广场则可通过寻求新旧建筑之间的共性特征使广场建立一种内在秩序，而采用特殊的建筑物布置方式，以达到统一协调的效果。

广场与建筑环境完美结合的一个范例是卢浮宫广场。其诞生要归功于贝聿铭独具匠心的设计。他没有仿造传统，而是在广场上设计了显眼却并不突兀的玻璃质地的金字塔，既解决了功能上的采光问题，在形式上又似一颗巨大的钻石镶嵌在广场上，不但没有破坏卢浮宫原有的建筑艺术形式，而且增强了卢浮宫广场的整体性❶。金字塔的形体和透明的玻璃在最大程度上尊重了历史，同时又表达了新建筑的时代特征，将历史建筑的价值以及新老建筑的有机共存展示得淋漓尽致，并提升了卢浮宫博物馆在全世界的文化价值和地位(见图 6-12)。

(a)

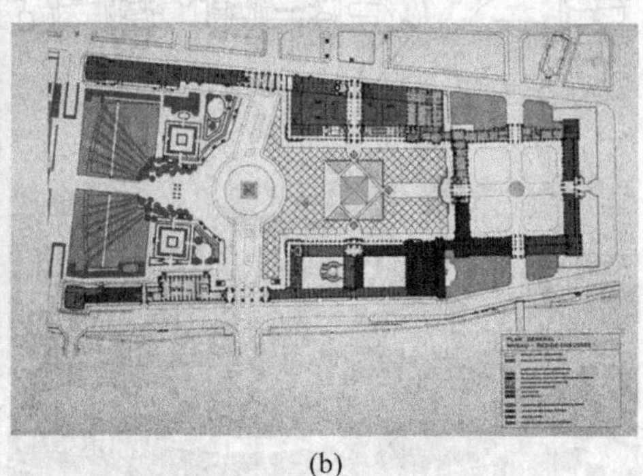

(b)

图 6-12 法国巴黎卢浮宫广场

(a) 广场上的金字塔；(b) 广场总平面图

资料来源：http://www.nipic.com/

围合界面的连续性与空间的封闭感有密切的联系。从整体看，广场周围的建筑立面应该从属于广场空间，如果垂直墙面之间有太多的开口，立面的剧烈变化或檐口线的突变等，都会减弱外部空间的封闭感。一般来讲，城市广场周围相邻建筑之间的正立面愈相似，间距愈小，广场空间封闭感就愈强，反之则越弱。而按照一个共同的模式设计建筑物是行不通的，也是不可取的，只能使大部分建筑的形式有某种相似性。当建筑的形式不同时，可采取视觉的处理手法使它们发生联系，如使用柱廊形式或在建筑物之间做一些转折变化连接两个构图，以获得统一感❷。威尼斯圣马可广场便是这种处理手法最杰出的例子。

6.2.3 城市广场的环境设施

1. 雕塑

在城市广场中，雕塑小品往往成为城市广场空间景观的视觉焦点，是连接人与环境的媒介和广场艺术升华的重要依托物，是体现广场人文精神不可或缺的元素。广场雕塑的设计除要考虑雕塑本身的艺术造型、比例和色彩等有形的层面，还要涉及外部环境各要素与人的行为整体和谐等无形的层面。

❶ 姚芸.城市广场及周围建筑和环境设计的探讨[J].广西城镇建设，2007(1)：59～61.

❷ 田云庆.室外环境设计基础[M].上海：上海人民美术出版社，2007.4.

青岛五四广场以雕塑“五月的风”直观、生动的形象来纪念五四运动的发生及对青岛主权回归做出重要贡献的人们，使广场具备集会、休闲和娱乐等功能的同时，主题亦得以深化，烘托了一种爱国主义教育的精神氛围，增加了公众与广场环境的沟通与交流，增添了市民大众对广场空间的认同感与归属感，增强了凝聚力。“五月的风”成为广场空间景观的视觉焦点，具有很强的装饰性，美化环境，提升广场的可识别性，同时，潜移默化地陶冶人们的心灵，唤起人们的公共精神与公共意识，无论在增强广场环境整体性还是精神整体性方面都功不可没。

2. 水体

水是城市环境的重要构成因素，水体在广场空间中是人们观赏的重点，常常成为引人注目的景观。特别是在气候温暖的地方，广场空间中的水体有重要的意义和价值。

就水景而言，有静、动之分。静水多是成片汇集的水体，恬静、舒展，反映出周围物象的倒影，使空间显得深远开阔。动水在现代城市广场中更多的是模拟喷泉的现象，多成为广场的中心或主要景观，丰富了广场空间层次，活跃了广场气氛。如与现代声控技术相结合构筑出新型的音乐声控喷泉，常会使人流连忘返[1]。

城市广场中的水体设计是对自然界中的江河、湖泊、瀑布、溪流和涌泉等自然景观的利用与再现，设计时既要师法自然，又要不断创新。具体来说，水体在广场空间的设计一般采用以下方法：一是水体作为广场主体，占广场相当大的部分，其他设施均围绕水体展开；二是水体作为局部主题，水景只成为广场某局部空间领域的主体，是该局部空间的主题；三是水体作为辅助和点缀，通过水体来引导或传达某种信息。

在水资源缺乏的地区，“枯山水”是一个很好的借鉴。现代园林中源于日本的“枯山水”手法，用石英砂、鹅卵石和块石等营造类似溪水的形象，颇具写意韵味，是一种较新的铺装手法。“枯山水”的处理方式对于严重缺水地区水景的营建具有特殊的意义，且这样的水景更易带给人更多的思考和体验。这也许是真实水景所无法比拟的。

3. 地面铺装

人们水平视野比垂直视野大很多，向下的视野亦大于向上的视野，在行走的过程中，总是注视着眼前的地面、人、物及建筑底部。人的这种视觉规律决定了广场地面铺装设计及地面上的一切建筑小品设计的重要性，地面铺装可以给人以强烈的感觉。

铺地是塑造城市广场景观的基本元素之一。在设计中通过不同铺装材料的运用，可以起到功能划分、空间界定和导向暗示的作用，同时通过铺装图案的变化，还可以创造视觉趣味和视觉艺术，构成空间个性。此外应注意，广场是室外空间，铺装宜简洁，切忌室内化。

1）地面铺装的图案处理方式[2][3]

（1）规范图案重复使用，有时可取得一定的艺术效果，施工方便，造价低。在面积较大的广场中可加入其他图案小品加以点缀，或用小的重复图案组织起较大的图案，使铺装图案更丰富，避免单调。

---

[1] 全惠民、李亚南．城市广场设计之艺术初探[J]．雕塑，2008(2)：62～63．

[2] 田云庆．室外环境设计基础[M]．上海：上海人民美术出版社，2007.4．

[3] 段汉明．城市设计概论[M]．北京：科学出版社，2006.1．

(2) 对广场进行整体性的图案设计。将广场铺装设计成一个大的整体图案,将取得较好的艺术效果,并易于把广场各要素统一起来,更好地体现其整体性。

(3) 广场边缘处理应明显,尤其是广场与道路相邻处,这样可使广场空间更为完整,使人们对广场图案产生认同感;反之,如果广场边缘不清,将会给人产生到底是道路还是广场的混乱与模糊感。如果是与交通性道路相邻时,还会使人产生不安全感。可以通过改变边界区域的铺装色彩、材质、构形或标高,设置隔离桩、缘石、绿化带等方式强化区域边界,增加场所感。

(4) 广场铺装图案应多样化,且不复杂、杂乱,给人以更大的美感。

合理选择组合铺装材料也是保证广场地面效果的主要因素之一。

2) 以广场性质为前提确定铺装形式

广场地面精心设计的目的在于强化广场空间的特色魅力,突出广场的性格。市政广场铺装设计应庄重、大方、气派,选择明度低、纯度高的色系。纪念广场地面铺装应确保营造出与主题相一致的环境氛围,加强纪念效果,产生更大社会效益。交通广场的铺装则是应充分利用铺装景观的交通功能解决复杂的交通问题,如集散广场的铺装设计为确保安全要尽量避免高差变化,应该形成合理的路径,诱导、疏散交通,一般采用冷色调,不应过杂,以一种或两种为主较好,以避免给人们带来烦躁不安的心情;交通岛广场铺装构形多采用发射形式,构形应简单,色彩应鲜明,吸引人们注意。商业广场的铺装风格应与周围环境协调统一,为满足人们的聚集要求,营造有效的交往空间,铺装整体面积一般较大,但设计尺度应符合人体尺度,给人以亲切感。要注意防滑问题,铺装色彩、图案应多样化,以浅色、明快色和暖色为主,使空间更丰富,具有活力,以突出广场繁荣热烈的商业气氛,恰到好处地营造充满生机的城市商业空间环境。文化娱乐休闲广场则可以通过地面高低变化、边界、构形、色彩以及材质的变化,配合绿化、水景等手段限定划分空间界限,将广场划分为若干小空间分别进行设计,以满足不同年龄、职业和文化层次人群的需要(见图 6-13)。即便如此,仍要保证广场空间的整体性。因此,为了避免空间零乱,常会采用呼应、对比、统一和重复等设计方法,使整体空间协调统一,且又丰富多彩。

4. 建筑小品

建筑小品泛指座凳、饮水器、公厕、垃圾桶、指示牌、电话亭、小售货亭等方便设施和花坛、廊架、街灯、时钟、雕塑等景观设施。一方面为人们提供识别、依靠、洁净等物质功能;另一方面具有点缀、烘托、活跃环境气氛,增添广场文化内涵和艺术感染力的精神功能。如处理得当,可起到画龙点睛的作用。

建筑小品设计,首先应与整体空间环境相协调,在选题、造型、位置、尺度和色彩上均要纳入广场环境的天平加以权衡,既要以广场为依托,又要有鲜明的形象。其次,小品应体现生活性、趣味性和观赏性,不必追求庄重、严谨、对称的格调,可以寓乐于形,使人感到轻松、自然、愉快。再次,小品设计宜求精,不宜求多,要讲究体宜、适度。

6.2.4 城市广场的设计原则

城市广场是城市道路交通系统中具有多种功能的空间,是人们政治、文化活动的中心,也是公共建筑最为集中的地方。不同性质、不同级别和尺度的广场在城市中应形成健全的

(a)

(b)

(c)

图 6-13　不同性质广场的地面铺装

(a) 交通广场冷色调铺装减少烦躁；(b) 纪念广场铺装营造哀伤的氛围；(c) 文化广场铺装错落以限定空间

体系。城市广场体系规划是城市总体规划和城市开放空间规划的重要组成部分，其内容包括：城市广场体系空间结构；城市广场功能布局；广场的性质、规模和标准；各广场与整个城市及周边用地的空间组织、功能衔接和交通联系。城市广场规划设计除应符合国家有关规范的要求外，一般还应遵循以下原则。

1. 突出主题原则

无论城市广场大小如何，首先应明确其功能，确定其主题[1]。围绕着主要功能、主题鲜明的广场能形成特色和内聚力与外引力，并能唤起市民强烈的归属感和自豪感，从而更加热爱自己的城市和国家。

当然，一个广场的主题不是生搬硬套，也不是规划师、建筑师的凭空臆造，它要求对城市广场的功能、区位、与周围环境的关系以及在城市空间体系中的地位作全面分析，在符合区位特点、满足功能需求、协调环境文脉和改进城市生态等方面反复推敲以后才能得出。

2. 尺度适配原则

首先应根据广场不同的级别、性质和主题，赋予广场合适的规模和尺度，如市政广场和

[1] 谭宏利，刘旋. 城市广场规划设计的原则[J]. 建筑科学，2002(1).

一般的文化休闲娱乐广场尺度上就应有较大区别。

从趋势看，大多数广场都在从过去单纯为政治、宗教服务向为市民服务转化。即使是天安门广场，也在改变以往那种空旷生硬的形象，逐渐贴近人的尺度。

3. 可持续发展的生态原则

城市生态环境质量逐渐恶化，人类面临着空前的因生态环境恶化而带来的压力感和紧迫感。重新审视自己的社会经济行为和走过的历程，人们已深刻地意识到再也不能片面地追求经济效益，而忽视生态环境的保护，认识到人类应与自然和谐共处，为后代提供一个良好的生态发展空间，实现可持续发展。

广场是整个城市开放空间体系中的一部分，与城市整体的生态环境联系非常紧密。过去的广场设计只注重硬质景观效果，大而空，植物仅仅是点缀和装饰，疏远了人与自然的关系，缺少与自然生态的紧密结合。因此，现代城市广场设计应从城市生态环境的整体出发，一方面应用园林设计的方法，通过融合、嵌入、缩微、美化和象征等手段，在点、线、面不同层次的空间领域中引入自然、再现自然，并与当地特定的生态条件和景观特点相吻合，使人们在有限的空间中，领略和体会自然带来的自由、清新和愉悦；另一方面，城市广场设计要特别强调自身生态环境的合理性，如日照、绿化和水体等应合理配合，趋利避害，创造宜人的空间环境。

现代广场的发展趋向之一是生态型广场。生态型广场是指绿化程度比较高，达到生态意义要求的广场。西方传统广场少有绿化，现代广场同其相比，变化最大的可能也就是这一点。绿化面积若达不到一定标准，在生态环境上的意义便不大，主要只是起到美化环境的作用。据科学测定，绿地面积大于 $500m^2$ 时才能对环境起有效作用，$0.5\sim1hm^2$ 才能对生态环境起有效作用。我国的现代城市广场面积都比较大，通过合理设计，使绿化面积达到能够改善生态环境的要求并不是很难的事情。上海人民广场的绿化面积占到了广场面积的70%，有效地改善了广场区域的小气候[1]。

4. 步行化原则

城市广场一般位于城市中心或某区域中心，其周围交通多较为繁杂。随着机动车日益占据城市交通主导地位，广场设计中要充分考虑步行化，这是城市广场的共享性和良好环境形成的必要前提[2]。除部分交通广场外，其他广场一般限制机动车辆通行，包括广场内部各空间之间及广场与周边建筑之间的联系，都要遵循步行化的原则。只有这样，广场空间和各种要素的组织才能做到支持人的行动，保证广场活动与周边建筑及城市设施使用的连续性。对于尺度较大的广场，还可根据不同使用活动和主题进行步行分区。

5. 公众参与原则

城市广场的规划设计、建设、管理和维护过程应充分体现公众参与的原则。城市中心广

---

❶ 何崴，虞大鹏. 阅读广场[M]. 北京：中国建筑工业出版社，2011. 9.

❷ 王媚，宋力，王瑛. 对大连星海广场艺术空间的再认识[J]. 沈阳农业大学学报：社会科学版，2009，11(2)：178～181.

场规划设计的审批，应组织专家论证，并须对公众意见进行全面审议和合理反馈。城市广场的使用应确保其公共性，政府要站在督导的立场，监督实施，加强宣传，让市民协助政府共同进行管理和保护。

6.3　城市广场设计中应注意的问题

6.3.1　城市广场的情趣区别

城市广场有其固有的构成，比如多数广场都有明确的入口、主题或局部主题、引导空间等，这是广场功能上的共通性。一个广场应形成自身良好的秩序，保证广场内的步行化，营造完整的自身结构形式。一个空间的情趣可以理解为这个空间满足人们使用需求之外的一种更高层次的内涵和精神，这种情趣吸引着人们反复解读和享受。但如果情趣雷同，便缺乏趣味了。具有自身特色和主题的广场无疑是最有情趣的，城市广场设计应注重广场的情趣区别。

如重庆人民广场通过空间处理的灵活性获取"情趣"变化，结合山地城市地形体现其特色。人民广场现状地形呈南高北低、东高西低的走势，最高点与最低点相差10m。因此，该设计充分利用了现有地形条件，利用原有的台地设计喷泉叠水；利用广场北侧原有洼地建设停车库；利用南部地形高差修建室外演出看台和地下停车库，并结合地形把广场的基础服务设施置于看台之下等。总之，通过对现状地形的利用，不仅保证了广场各项功能的充分发挥，而且促使广场空间环境更富有趣味性，同时避免了浪费。设计充分地利用了"空间渗透"的手法，巧借相邻空间，使广场外延尽可能扩大，并充分利用了水的特点，结合音乐、灯光，形成了既和谐统一又变化万千的壮丽景观[1]（见图6-14）。

6.3.2　提高广场场所的吸引力

任何环境对人所产生的影响都是衡量这个环境质量的一个指标，而不是把形态本身当作指标。一个成功的广场空间应能够最好地吸引人群参与和使用，在这个空间中与人交往，使用广场的设施，并产生情感上的共鸣。如何吸引人们加入广场中正在交往的人群，积极参与广场的使用，激发人们对广场的情感，是提高广场场所吸引力的关键所在。而人的心理需求往往决定着人的行为活动，因此广场设计要从人的心理需求入手来创造富有吸引力的场所。

从人性角度来分析，人处在城市广场这样一个典型的公共空间中，有与人交流、观察他人与被人关注和回归自然这三类最为重要的需求，还有对于广场场地设计艺术感和良好小气候环境的需求等。由此出发，我们提出以下几个提高城市广场场所吸引力的途径。

1. 促进和激发人们的交往

广场场所应具有一定的可视性和明显的公共性，场地出入口要明显且道路要流畅无阻，与周围的空间形成连续的整体，提升所处区域和城市的活力，实现使用者进出空间的便捷

---

[1] 曹春华.广场的秩序和情趣——重庆市人民广场空间环境设计[J].城市规划，2000(5)：58～60.

(a)

(b)

(c)

图 6-14 重庆人民广场

(a) 广场鸟瞰图；(b) 广场设计尊重原有地形；(c) 广场的"空间渗透"

资料来源：http://image.baidu.com/

性。在空间布局上，要便于交通又不易被过往人流打扰；场地应具有多样化的空间表现形式和特点，综合照顾包括特殊人群在内的各类群体各种形式的使用需求，满足多种形式的交往；服务于广场的环境设施和建筑功能也应多样化，纪念性、艺术性、娱乐性和休闲性兼容并蓄。但这种多样性应为主导功能服务，始终不争不抢。一个广场既有其相对明确的功能和主题，又辅之以相配合的次要功能，才能主次分明、特色突出，并能满足人们的多重需求。

如南京中山陵广场以具有重大纪念意义的孙中山纪念堂为制高点，设计时结合地形突出主体建筑物，比例协调、庄严肃穆，且交通方便，很容易发现和到达。广场内则完全步行化，既有适合人们缅怀历史的区域，又有适合观景的平台和供人休息、购物的区域(见图 6-15)。

2. 满足"看与被看"的需求

《大众行为与公园设计》一书中反复强调这个观点：人们闲暇的很多时间是用在看别人和被人看上面。在广场中，有的人不想被人看，却又有观察别人的需求，有的人有表现自我并希望被人看到的需求。广场中大多有完整的硬质铺地区域，或被合唱团体用来练歌，或被少年用来表演滑板，这些使用者有展示自我的需求，并乐于被其他人所关注。因此，在广场场所设计中，应选择人流聚集区设置这类场地，并注意在这些场地的边缘区域适当设置用来观看的多种类的休闲设施和较为私密安全的空间，这样可有效地吸引参与活动的团体及喜欢观察他人的人群。使用者各取所需，城市广场的吸引力也得到提高。

图6-15　南京中山陵(张玲 摄)

3. 满足人们亲近自然的需求

具有良好自然环境的场所或空间是城市中最受人们青睐的环境。乡土植物的应用不仅可形成自然美好的景观,还可反映场所的历史和文脉。水景的引入也会使人有亲近自然的感觉。富有自然生机的广场是极具吸引力的。如在波士顿基督教科学教会中心广场的设计中,设计师将自然生机注入城市广场环境,水池、喷泉、树木、花坛与广场周围有强烈节奏感和统一和谐的建筑群体,组成了一个颇为吸引人的整体环境,建成后成为市民们休闲聚会的佳地[1](见图6-16)。

图6-16　波士顿基督教科学教会中心广场

此外,广场作为活动的空间载体,应富有文化内涵,使人既受到文化的感染,又积极参与有文化意义的认知和理解活动,使广场具有永久的生命力和吸引力,如南京夫子庙广场的庙会等各种民俗活动。而只有满足了人们在公共空间中的各种心理需求,城市广场空间才能

[1] 钟晨.增进公共空间吸引力的设计途径——人介入空间的艺术[J].农业科技与信息(现代园林),2009(2)32～34.

真正吸引公众作为活动主体参与到广场的活动和事件中，发挥自己创造性的潜力，与广场场所发生关联，在参与中获得满足和记忆，领略其文化内涵，赋予广场以场所感。城市广场在最大限度地充当人们行为活动的媒体的同时，自身活动的深度和广度也得到扩大，把人带入丰富的生活世界，促进了人们的社会交往、思想交流和文化共享，获得了最高的社会效益。

6.3.3 突出城市地域文化

城市广场处于城市中重要的位置，而城市中心广场则是一个城市较特别的标志，是城市的名片，是人们解读城市的重要方面。一个城市要吸引人，让人留恋，必须要有独具魅力的广场。

在广场设计中应突出城市地域文化，即人文历史特性，这是一个城市最富有魅力、最令人骄傲的财富。这种文化继承的深层含意是人们怀念过去，研究过去，品尝意义，在积累信息的同时，保留共同的认可，延续着融入人类文化感情的历史文脉。

城市空间环境，特别是城市广场，作为人类文化在物质空间结构上的投影，其设计应尊重当地的民俗民情，注重当地文化的发展脉络，对其与众不同的历史文化特征进行认真的分析总结，以专业手法加以渲染，加以继承，这样才能成就自身个性魅力，避免千城一面、似曾相识之感，增强广场的凝聚力和吸引力，亦增强了城市的活力。

另外，城市广场还应突出其地方自然特色，即适应当地的地形地貌和气温气候等。城市广场应强化地理特征，尽量采用富有地方特色的建筑艺术手法和建筑材料，绿化宜采用本土植物，不仅经济，又能体现地方山水园林特色，以适应当地气候条件。如北方广场强调日照，南方广场则强调遮阳。一些专家倡导南方建设“大树广场”便是一个生动的例子❶。

6.3.4 城市广场设计手法的变革

现代城市广场无论其功能、内容和形式都必须适应和满足现代城市社会、经济发展的要求。在广场设计上出现了多功能复合、空间多层次、继承地方特色和历史文脉以及注重文化内涵建设这四种趋势。第一，广场的多功能复合是指力求在有限的场地上创造出多个供人活动的空间，广场周围建筑也力求彼此之间共生和相互对话，形成综合化的组合体。第二，广场空间的多层次体现在其空间形态、空间领域和室内外空间的相互渗透等方面。第三，以广场空间要素和主题思想来反映地方文化特征和文脉是重要的途径，同时也能向人们展现城市的历史和文明。第四，随着人民生活水平不断提高，市民闲暇生活不断丰富，城市中心已是一个文化水平高，技术、艺术造诣深厚，开放而广阔的市民层的生活舞台，广场文化建设成为设计主流，而广场文化又必须在公共空间的特定环境中得到实现，这也对城市广场空间环境提出了新的需求。

从我国城市广场建设的实践中，我们可以看到，现今城市广场的多数设计者也往往竭尽所能，在具体的设计手法上进行了许多积极的探索，这值得我们总结和借鉴❷。

(1) 乡土景观开始得到初步重视。广场设计开始注重气候的适应性，关注地方自然环境成为一些广场设计的重要出发点，草坪控制广场格局的现象多少有所改观。

---

❶ 经汉明. 浅谈城市文化广场的设计原则[J]. 法制与经济(下旬)，2011(9)：205～207.

❷ 曹文明. 城市广场的人文研究[D]. 北京：中国社会科学院研究生院，2005.

(2) 地方文化与民族文化开始得到体现与尊重。首先是在注重场所精神和文化内涵方面进行探索。如临沂人民广场内的书法广场，把民族文化形式尝试用于表达地方文化的内涵，中国的传统文化形式开始成为广场的一个要素，用于表述地方文化的浑厚与丰富；都江堰以二千多年历史的著名水利工程都江堰而得名，都江堰广场仍沿用此名，表明了厚重的历史感，丰厚的地方文化内涵成为广场的主题与形式。

(3) 园林式广场或园林化广场出现。园林手法的引入改变了大量的地面铺装与一览无余的地形处理方式，形成了变化多端的广场空间。这不仅指新建广场，还包括将中国园林的要素加入原有的广场。

此外，为使城市广场能满足包括残疾人等特殊人群在内的人们的各种需求，已经有人探索将广场智能化，运用高科技手段对广场空间进行非传统限定。如人工智能技术的应用，可为广场提供新的空间限定手段——听觉提示界面、视觉提示界面和触觉提示界面等。这些界面的运用对于残疾人更具有特殊意义，可以帮助我们从更高的标准上实现广场的人性化[1]。

6.3.5　城市广场空间艺术处理的重点

1. 与文化、自然环境完美结合

一个地区的地理位置、自然环境、历史、文化、宗教和民俗习惯等形成了这个地区的特质，这也是广场空间艺术所处的文化环境。广场空间与其文化环境结合能强化其场所特质，传递社会文化意义，激发环境的生气与活力，具有人性化的味道，让生活于这个环境中的人感到亲切，愿意去领略其精神，进而产生精神交流，将其纳入自己的生活，获得教益。

2. 实用性和装饰性结合

广场中的公共设施首先应服务于公众，体现对公众的关怀。同时还要配合环境进行艺术创作。广场中各类设施是广场空间艺术的主要表现形式，要注重自身的艺术价值，并考虑与环境的关系，其装饰效果要满足人类的心理需要。

3. 注重人性化设计

切忌“重物轻人”，要让人感到自己是空间的主体，以人为本，适应人的速度和舒适度，缓解人们的精神压力，满足人们对自然的渴望，充分展现空间的活力；广场中供行人使用的环境设施如座椅、雕塑和游乐设施等应以“人的尺度”为空间的基本标尺，尽量创造亲和感和温馨感，以满足人们的心理需求，鼓励人们积极利用和参与，并体现对儿童、老年人和残疾人等特殊群体的关怀；满足广大市民的需求和爱好，丰富广场可容纳的活动，包括集会、纪念、表演、锻炼、休闲、观赏、散步、浏览、娱乐、交谈和购物等，并根据地区文化特色有所侧重，形成各具特色的“广场文化”。例如欧洲一些城市广场设有露天咖啡座，我国一些城市广场成为儿童放风筝的场所等。

大连星海广场充分利用濒海的独特地理条件，设计建造了大量贴近海洋的景观和设施，突出展现了大海的辽阔和宽广，迷人的海景也给广场平添了几分动人之处。广场设计中体

---

[1] 王超. 面向市民的现代多功能城市广场设计手法探析[D]. 西安：西安建筑科技大学建筑学院，2004.

现了中华民族传统文化与现代文明相结合的设计理念，样式鲜明独特，成功避开了诸多城市广场风格雷同的弊端。星海广场独具匠心的风格及其优越的地理位置使其建成之后立即成为当地关注的焦点，成功地带动此地段成为大连又一集旅游、商贸和文化为一体的活跃地带，使点的繁荣扩大到面的繁荣。

星海广场是大连对外的"窗户"，能直观地反映城市的环境特征和文化内涵，丰富了城市空间，完善了城市功能，体现城市的精神面貌。这里坐落着历史意义深重的大连百年城雕，促使星海广场成为城市的标志和象征，已成功晋升为城市地标性建筑，是外地游客在大连的必游之地，是广场空间艺术处理的范例。星海广场在设计中很好地控制其整体性，同时也有效地把握人与广场的尺度关系，然而广场也存在环境设施人性化不足等细部设计问题[1]（见图 6-17）。

图 6-17　大连星海广场（见彩图）

资料来源：http://www.nipic.com/

6.4　城市广场设计的工程技术问题

6.4.1　城市广场的排水

广场排水主要是雨水的排放，应考虑广场地形的坡向、面积大小和相连接道路的排水设施，采用单向或多向排水。

（1）单向排水适用的情形主要有：广场地形向一侧倾斜；广场面积较小且采用集中式布置；广场单侧临路。

（2）多向排水适用的情形主要有：广场地形复杂，应根据地势起伏划分不同的排水分区多向排水；广场面积较大，单向排水不能满足的；地形平坦的或下沉式广场多采用向广场四周进行多向排水。

广场设计坡度，平原地区应小于或等于 1%，最小为 0.3%；丘陵和山区应小于或等于 3%。地形困难时，可建成阶梯式广场。与广场相连接的道路纵坡度以 0.5%～2% 为宜。困难时最大纵坡度不应大于 7%，积雪及寒冷地区不应大于 6%，但在出入口处应设置纵坡

[1] 王媚，宋力，王瑛. 对大连星海广场艺术空间的再认识[J]. 沈阳农业大学学报（社会科学版），2009，11(2)：178～181.

度小于或等于 2%的缓坡段。

广场中的绿地具有蓄水的功能，排水的目的主要是排除多余的雨水，以保证花草不被淹死。排除雨水的方式一般采用自然放坡排放，依据《公园设计规范》要求，采用坡度为 3%～5%。

在降雨量较大地区，面积较大的广场会存在不能满足排水要求的情况，这时应将雨水进行疏导，采用疏导法和盲沟排水相结合的方式解决。

6.4.2 城市广场的竖向设计

广场竖向设计应根据平面布置、土方工程、地下管线、广场上主要建筑物的标高、周围道路标高与排水要求等进行，并考虑广场整体布置的美观。

(1) 竖向设计是对广场所处区域进行地形的重新塑造设计，应利用原有地势进行设计，尊重自然地貌，突出原有的自然特色。

(2) 广场竖向设计除对地形进行设计外，还应与植物种植相结合。结合总平面的布置，地形的起伏应与植物种植的形式结合考虑。植物种植应该依山就势，疏密有致，除特殊景观要求以外，植物的竖向设计即植物的高低应该与地形的高低相对应进行。保持与自然生长状况一致的植物形式能形成较好的景观效果。

(3) 广场地形设计应回避其中的主要引导空间——道路。除满足排水外，道路的标高、坡度等应尽量缓和，以满足人们步行的需要。

(4) 地形的竖向设计还应该充分考虑广场内照明以及各类景观设施的存在，对于需要经常养护维修的设施应该适当予以回避，以避免在维护过程中产生的麻烦，而对于永久性的设施，可以与之结合进行空间和场地的设计，这样也可起到保护的作用。

(5) 竖向设计应体现人文关怀，要营造亲切平和的空间感受。人们从心理上都存在对于安全空间的需求，地形的塑造应该充分予以考虑，宜保证人们视线的畅通，增强现实和精神上的安全感和领域感，使人们更加愿意走出门，走近自然。此外，对于道路转角处、视野开阔处以及需要进行无障碍设计的位置等，应该满足基本要求进行设计，以充分体现人性化的理念。

6.4.3 城市广场的照明

良好的广场景观照明不仅要给人提供美的视觉感受，而且要能够体现一定的空间环境风格。应充分利用照明艺术手法，捕捉已有的物质空间，结合空间功能和设施材质等因素来塑造和谐的景观气氛和意境，使人得到美的享受和心理的愉悦与满足。

1. 广场照明的设计要求[1]

人们在城市广场中的活动行为，对光环境的需求应该是一致的。使用者对广场照明的需求可以分为觉察到障碍物、视觉定向、个人特征识别和舒适愉快等方面。

(1) 广场照明应满足功能要求，保证广场的照度达到规范指标，起到指示的作用。广场内步行空间的灯光更要根据安全照明需要，光线宜柔和，以营造幽静、祥和的氛围(见

[1] 田云庆. 室外环境设计基础[M]. 上海：上海人民美术出版社，2007.4.

图 6-18）。

图 6-18　圣马可广场祥和的步行空间（见彩图）

(2) 广场的照明应能使不太熟悉周围环境的人一进入广场就能粗略感知整个空间，因此照明不能只照亮地面，还应包括空间中各垂直面的照明。如对广场周边建筑进行适宜的照明和对标识、指示牌的照明都能帮助人们确定方向（见图 6-19）。

图 6-19　济南泉城广场上的文化长廊

(3) 若要满足人对于场所的安全感和安定感，夜间广场的照明应能满足人在近距离接触之前相互识别，并提供足够的视觉信息来判别广场上一定距离内的其他人，从而可有充足时间进行应对。

(4) 广场的照明要使人感到舒适和愉快，还应该做到造型立体，如对于雕塑照明不宜均匀，而应对雕塑各部位亮度进行设计，运用灯光的艺术表现力，创造光影适宜、立体感强、个性鲜明并有一定特色的夜景景观（见图 6-20）。水景照明也宜柔和，即使是表现活泼和动感时，也不应过于强烈而破坏了平静祥和的氛围，给人留下不愉快的印象。建筑、雕塑、绿化和水体等广场构景元素的照明，亮度比不宜太大，若超过 1∶10，会对道路上的汽车司机造成干扰，并且各个构景元素之间的亮度分布应遵循主从关系，达到整体的和谐统一。

广场照明可采用多种照明光源，具体要根据照明效果而定，应尽量做到功能和装饰性并重。白炽灯和高压钠灯由于带有金黄色，可用于需要暖色效果的受照面上。汞灯的寿命长，光效好，易显示出带蓝绿色的白色光，金属卤化物灯的光色发白，均可用于需要冷色效果的

图 6-20　青岛五四广场雕塑照明凸显其立体感

受光面上。光源的照度值应根据受光面的材料、反射系数和地点等条件而定。广场照明大部分采用泛光灯。

当然，城市广场的照明并不能一概而论，不同性质的广场侧重点也不一样。如交通广场对照明的照度和照度均匀度的要求高，以功能性照明为主，照度一般在100lx左右。市政广场和纪念广场的照明应有层次感，除标志性建筑要亮一些，其他地方的照度可控制在10lx以内(见图6-21)。文化娱乐休闲广场的照明要适合游人的生理、安全和交往要求，以景观照明为主，注重灯型、灯具的视觉效果。商业广场以商业经营为目的，为体现繁华应采用显色性好的光源以渲染气氛。

图 6-21　美国越战纪念碑广场照明

我国现阶段的一些亮化工作过粗、过滥，缺乏统一规划和精心的设计安装，造成了能源浪费和光污染，使得夜景照明走入另一极端。一些业主和设计者只知道采用高亮度来凸显建筑物及广场，而不考虑城市自身的功能、个性及经济能力，缺乏统一规划。殊不知大量无序的亮化照明不但浪费能源，还会产生严重的光污染，结果往往是事与愿违、得不偿失。

2. 广场照明的新趋势[1]

1）灯光雕塑的兴起

作为城市广场的一部分，有些大型照明器本身就是广场的一个景观。它们白天是景点，晚上是亮点，如南昌市青山湖畔的“青山湖明珠”由数百个变色灯具组成，白天洁白如玉，晚上七彩斑斓。

2）新型电光源的运用

太阳能电池已在广场庭院灯中广泛使用，白天太阳能对电池充电，晚上自动开灯照明，既节能又环保。动感照明，将声、光完美融合在装饰照明中，如使用自动系统中的发光移动控制各部位的照度。通过声音旋律的变换控制灯饰的色彩、明暗，产生奇妙效应，赋予广场照明新的内容。在滨湖、滨海广场通过激光器产生的彩色光束被大气杂质折射，产生令人神往的动感景象。

6.5 城市广场设计实例

6.5.1 坎波广场(Piazza del Campo)[2]

坎波广场是中世纪意大利公共广场中的杰作，其前身是锡耶纳城(Siena)的一个大集市。广场始建于1293年，随后逐步形成了广场现在的样子。广场的铺地及市政厅建筑是在13世纪完成的。广场是个长约140m、宽约100m的大空间，围合广场的建筑多为5～6层，扇形的广场地面是由9个三角形组成，据说是象征着当时锡耶纳的最高掌权者“九个理事会”(The Council of Nine)至高无上的权威(见图6-22)。

图6-22 锡耶纳坎波广场区位和鸟瞰图

广场的设计利用了地面的倾斜营造出了独特的广场空间，地面倾斜的最低点并不是设置在广场中心，而是设置在广场的一侧，对着广场教堂的入口，引导人流的行进，凸显了中世纪宗教在人们心目中的主导性地位。这一点体现出锡耶纳坎波广场的有机发展，通过对地形的巧妙利用，将设计难点转化成了亮点。

[1] 周广郁.城市广场照明的探讨[J].灯与照明，2003(3)：8～9.

[2] [美]艾瑞克·J.詹金斯.广场尺度：100个城市广场[M].李哲，译.天津：天津大学出版社，2009.3.

这里作为每年一度的派力奥(Palio)赛马节的举办地而闻名于世,参加赛马节的是锡耶纳城内的各个地区。作为锡耶纳最主要的市民广场,坎波广场充斥着来自世界各地的游客,但它仍然是锡耶纳市民集会的场所。当举行这一传统庆典活动时,除广场上挤满成千上万的狂热者外,人们还从建筑的窗子里为骑手们呐喊助威(见图 6-23)。平时的坎波广场,宁静轻柔,游人可以看到成群的鸽子在广场上嬉戏。此外还有一些临时摆设的摊位。有11条小巷顺应地势通向广场,入口大多数都采用了过街楼的形式,因此环绕广场的建筑立面是连续封闭的,构成了广场空间的弓形内壁。广场中央有一古老的喷泉,其水源来自于已有500多年历史的沟渠,它给散步者以宁静轻松感,在人造环境中渗入了自然的因素。如同大多数欧洲广场一样,锡耶纳的坎波广场是游客和市民们谈天说地,打发悠闲时光的美好场所(见图 6-24)。

图 6-23 坎波广场赛马节情景

图 6-24 坎波广场上的钟塔

6.5.2 圣马可广场[1]

圣马可广场(Piazza San Marco)又称威尼斯中心广场，一直是威尼斯的政治、宗教和节庆的公共活动中心，被誉为"世界上最美丽的广场"之一。圣马可广场不是一次性就建好的，而是经历了几个世纪的时间，建于 9 世纪的圣马可大教堂控制着整个广场的重心(见图 6-25)。

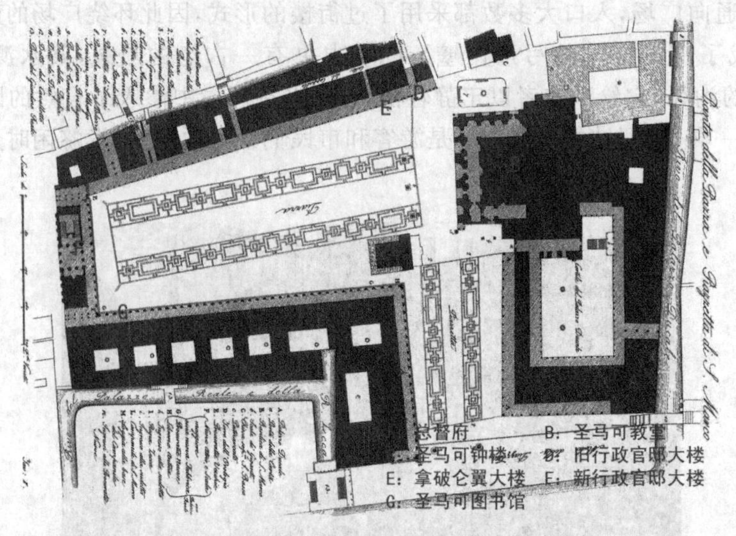

图 6-25 1831 年圣马可广场的平面示意图

圣马可广场成功的原因主要归功于一层建有拱廊的正立面，拱廊是通透的表面，为人们从拥挤的城市建筑群中进入广场时提供一种过渡。尽管这种边界非常统一，但实际上，它并不像看起来那样统一。最为明显的变化就是它的梯形设计方案。

广场由两个大小不同的梯形组成。其中大梯形广场面积为 1.32hm^2，小梯形广场面积为 0.45hm^2，前者是后者的 3 倍。圣马可广场整个空间系统的最大成功之处在于两个梯形广场在主轴线上的方向变化，形状不规则，但直角相接的相邻墙面巧妙地把这种空间上的冲突转化协调。其中，圣马可教堂是主宰，对于整个广场的布局与构图起到决定性的作用。整个广场的中心位于钟塔处，它是两个梯形的连接点，在从大广场步入小广场时提供了一种动态的变化，是控制空间的最高标志物(见图 6-26)。这些变化具有显而易见的重大意义，如果将这些变化移除或规范化，圣马可广场便很有可能成为一个平淡无奇的广场。

广场对地面界面的运用也是值得借鉴的，精致的铺装图案，形成一定的空间组织与空间导向。与整个广场的空间轴线基本一致，地面铺装导向将人引向圣马可大教堂这一主要建筑上面。

威尼斯圣马可广场的形成以及空间构成历经数百年，在建筑风格、形式和广场地面的处理上都大不相同，但却能保持极大的协调统一。这是因为长时间以来，圣马可广场所形成的独特界面，其功能也随着时代的推移趋向功能复合化。适中的尺度和建筑作为周边空间界面的围合，将两个空间巧妙联系，带来了较强的活动复合性。在形态定位上，我们可以汲取

---

[1] [美]艾瑞克·J. 詹金斯. 广场尺度：100 个城市广场[M]. 李哲，译. 天津：天津大学出版社，2009.

图 6-26 圣马可广场上的钟塔

这种利用富有特色的形态对空间产生“视错觉”的艺术效果。在与城市空间结构的关系上，该广场逐渐成为城市的新中心，也说明广场在城市中的重要性。

6.5.3 深圳市华侨城生态广场❶❷

生态广场位于深圳华侨城中心，占地面积为 4.6hm²。广场的设计充分结合地形高差，力图使地域内的有限资源利用最佳化，保护其美景度和丰富性，创造人与自然和谐发展的城市空间(见图 6-27)。生态广场的设计充分体现了满足人的需求是增强广场吸引力的最有效途径，把尊重并满足人的生理及精神上的需求作为其关注的焦点。

图 6-27 深圳生态广场结合地形高差的地面景观设计

❶ 苗壮. 深圳华侨城生态广场的宜人设计[J]. 城乡建设，2008(6)：62～63.

❷ 杨灵芝，张祥智. 谈城市广场设计的生态性和文化性——以深圳华侨生态广场、罗湖区创意文化广场为例[J]. 工程建设与设计，2011(9)：77～80.

1）最大限度地满足人的生理舒适感

生态广场地理位置的选择考虑到太阳的四季运行，以及已建成或将建的建筑对它产生的影响，争取最多的阳光。广场西面与欢乐谷隔街相望，北面是中旅学院与燕晗山，东面是中小学体育场，南面是中旅广场。这样的地理环境保证了广场内阳光明媚。在气候温和的早春、晚秋及冬季，有无数游客和市民在此享受阳光的沐浴。

为创造温度适宜的环境，生态广场设计没有拘泥于传统广场以硬质铺地为主，而是从当地自然气候条件出发，提供了有效的遮阴设施和一些其他降温手段。设计者在圆形水池的两侧布置了四排凤凰木，其下设座椅；在大面积滨水处设计了膜结构步行廊，其下设置了一个木材构成的休息平台；在热带景区种植了成行的大王椰；在自然景区围绕着圆形水池保留了24颗百年榕树，这些设施都为游人提供了有效的遮阴。即使是在炎热的夏天，人们也会在广场中找到一处属于自己的纳凉之地。此外，设计者还采用了加大广场绿地比重（是硬质铺装面积的8倍）、提高乔灌木覆盖率、利用地形营造自然循环流动的水系等手法来获得适宜的温度。广场中的水景在起到有效降温作用的同时，还满足了人的“亲水”需求，使人在广场中的任何地方都可以方便地感受水的舒适与惬意（见图6-28）。

图6-28 深圳生态广场丰富的遮阴设施和水景

2）力求人在广场中的“心理满足感”

安全感：生态广场通过设置围栏、标志牌和无障碍通道等，为公众提供了安全感，充分考虑了可视性，减少产生犯罪隐患的死角。

领域感：生态广场结合地形、乔木的使用以及周围建筑的围合，创造了一系列宽高比例适宜的连续公共空间，具有适宜的开阔性、公共性及广场凝聚力；通过环境小品的精心设计，创造了一些私密空间，广场中的公共空间和私密空间在相互调节和补充中达到自然的平衡。

归属感和认同感：生态广场水池、旱喷、膜结构步行廊、大王椰树阵、百年大榕树、通透的玻璃桥和特色鲜明的水景等，成为极富亲切感的标志物和辨别空间的便利符号。这些各具特色的设计元素界定了空间，使人们产生“这是我们的广场”的概念，帮助公众建立归属感和对广场的认同感。

公众参与感：广场吸引了大量市民在此休息和交往。年轻人和孩子们在喷泉和戏水池周围嬉戏，中老年人喜欢坐在水景附近的座椅和草地上，享受温馨与静谧。通过设计者的精心构思和公众共同参与，营造出轻松、愉快的生活氛围。

深圳生态广场的设计强调人与自然的相互关联与相互作用，设计师在进行生态设计时并没有只偏袒“人”的需求，而是同时兼顾了“自然”的感受。这实现了人与自然和谐共处及发展的可持续性，提高了人类居住、工作、学习和娱乐的质量。再者，生态广场的生态性并非运用了高科技手段来达到生态性和可持续性，而是立足于基本设计，创造出自然环境，利用自然内在的调和和运动来取得生态效益。城市的发展是动态演变的过程，注重“此时此地”，充分考虑人的需要，采用适当的手段，才能设计出高质量的城市空间。

6.5.4 西安钟鼓楼广场[1]

钟鼓楼广场位于西安市中心，国家重点文物保护单位钟楼和鼓楼之间，地理位置显要。场地东西长270m，南北长约100m，共计占地2.18hm²，总建筑面积4.4万m²（见图6-29）。

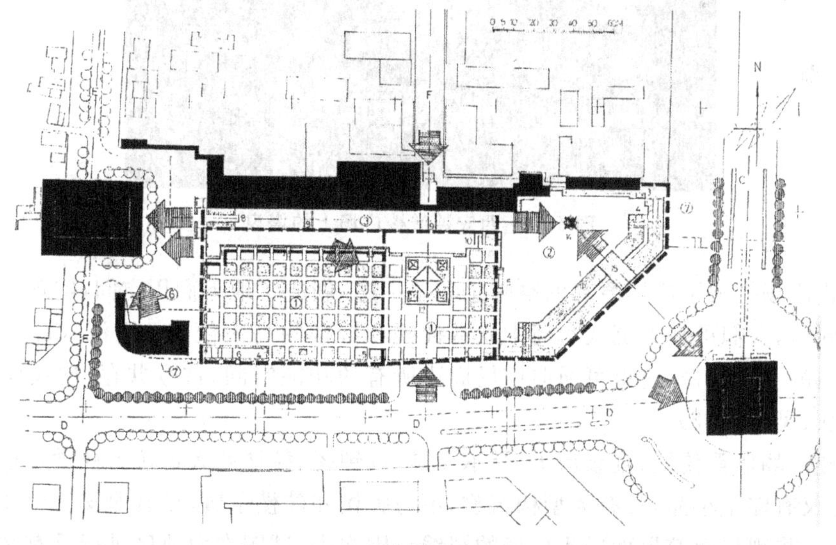

图6-29 西安钟鼓楼广场总平面图

[1] 中国城市规划设计研究院，建设部，上海市城市规划设计研究院. 城市规划资料集第5分册：城市设计（下），2005(1).

钟鼓楼广场的主体核心是绿化广场、下沉式广场和下沉式商业步行街。

绿化广场为市民提供交流、休憩和娱乐的空间，是广场的主要使用部分。绿化广场以网格草坪为主，草坪四角设石凳，相邻“田”字方格四角的石凳相对，虚拟地围合出一个可供人坐赏美景的怡人空间(见图 6-30)。草坪北部设下沉式带状休息空间，营造出相对安静的休闲环境。

图 6-30　西安钟鼓楼广场鸟瞰图和石凳营造的领域感

广场上的塔泉更是特色构景要素，并为地下商城提供自然采光，是很好的地下空间建筑艺术处理手法(见图 6-31)。

图 6-31　西安钟鼓楼广场上的塔泉

下沉式广场打破了广场原有的空旷感和单一感，创造了地下商用空间，实现了广场的经济效益。同时，人们可在下沉式空间中欣赏钟楼和鼓楼的高大俊美。下沉式商业步行街是钟鼓楼之间的重要纽带，这里可通向广场周边所有的功能空间，古今共存，现代风格与民族特色相辉映(见图 6-32)。

钟鼓楼广场尊重传统、延续历史、继承文脉，以钟楼、鼓楼两大古迹为视觉及空间的主导因素，地上仅有雕塑小品，没有大型构筑物，不与钟楼和鼓楼争辉，结合西安历史文脉进行设计。同时，又将现代建筑界面融入广场的视线范围之中，试图在商业区进行具有文化意义的活动，展示钟楼、鼓楼的完整形象，古中有今，今中溯古，具有鲜明的地方特色，增强了市民的归属感和自豪感，同时吸引着广大游客，带来明显的社会效益。钟鼓楼广场是西安市城市规划、古城保护的杰作。

(a)

(b)

图 6-32　西安钟鼓楼广场中的下沉式空间

(a) 下沉式广场及地下商场入口；(b) 由地下商业街望向鼓楼

可以看到，整个广场空间多元、交通流线灵动、传统与现代结合，体现了城市规划、建筑设计、环境设计、文物保护与经济效益等多方面因素的结合与创新。

但是，西安钟鼓楼广场也有需改进之处，如整体缺乏供人休闲时遮阴的场所，广场上塔泉的开关还需经过地下商城的同意，降低了广场的利用率。

思考题与习题

1. 城市广场按照其性质和空间形态分别是如何分类的？举例说明。
2. 城市广场设计的原则有哪些？
3. 构成城市广场的环境设施有哪些？
4. 如何提升广场场所的吸引力？
5. 在你所处的城市选择一到两个广场，分析其尺度和围合情况。

第7章

城市街道空间设计

7.1 道路与街道的含义

道路与街道的共性是，两者都是城市的基本线性开放空间，在很多情况下，城市公众是不对两者加以区分的。“街道”是一个不可分割的词汇，它集商业、休闲、交流和交通功能于一体[❶]。事实上，广义的城市道路包括两个方面的含义，一是指融合了人们的日常生活、商业、社交和游憩等多种生活功能的空间，街道两侧沿街一般具有比较连续的建筑围合界面，这些建筑与其所在的街区及人行空间成为一个不可分割的整体[❷]；二是指提供人或车的交通通行为主的空间，该空间具有交通功能，一般功能性相对单一，对空间的围合要求不大。所以，习惯上对前一类空间称为“街道”，而将后一种空间称为“道路”。

大部分的城市街道都兼有“街道”和“道路”的特征（见图 7-1），只是在不同情况下各有侧重。道路主要满足人和车辆等的交通通行功能，是按其所承担的交通流量来划分等级的。一般情况下，道路等级越高，围合空间感越弱，说明车行流量越大，步行流量越少，道路的特征越显著，如城市快速路和城市主干路；相反，道路等级越低，围合空间感越强，说明车行流量越小，步行流量越大，街道的特征越显著，如城市次干路和城市支路等。街道的主要目的是社交性，这赋予其特色：人们来到这里观察别人，也被别人观察，并且相互交流见解，没有任何不可告人的目的，没有贪欲和竞争，而目标最终在于活动本身[❸]，衡量生活品质的是街道，而不是道路。

城市发展的历史表明，很多传统城镇聚落的形成都与线性道路的发展有关。如我国一些江南水乡城镇早先就是以自然河道为基础发展起来的，这些早期的道路其实就是“街道”。早期的人们主要依靠双脚出行，以人力或畜力为动力源的交通工具对在道路上行走的人们也产生不了多少威胁。因此，早期的道路是完全属于人的街道空间。

进入工业时代以后，道路的性质发生了实质性的改变。汽车的出现，使得高速通过能力成为道路设计中越来越重要的衡量标准，街道文化中的天平开始不断向交通功能倾斜，而其所承载的丰富的步行活动及街道生活则不断弱化[❹]。电车、火车和汽车等现代交通工具促使城市边界不断向外扩张，道路作为联系城市内部各点之间的路径，交通地位日益提升，机

---

❶ 沈磊，孙洪刚. 效率与活力现代城市街道结构[M]. 北京：中国建筑工业出版社，2007.

❷ 陈喆，马水静. 关于城市街道活力的思考[J]. 建筑学报（学术论文专刊），2009(1)：121～126.

❸ MARSHALL B. All That Is Solid Into Air. New York：Viking Penguin，1982.

❹ 沈磊，孙洪刚，邱枫. 现代城市规划中的“街”与“道”[J]. 规划师，2007，23(8)：86～88.

(a)　(b)

图 7-1　城市街道的两种特征

(a) 欧洲传统街道街景；(b) 北京西单北大街街景(张晓玮 摄)

动车道与停车场侵占了道路的大部分用地，生活空间则被压缩到交通安全岛和人行道等极为有限的区域(见图 7-2)。“快车道抽取了城市的精华，大大地损伤了城市的元气。这不是城市的改建，这是对城市的洗劫。”[1]现代城市多年以来过度强调道路交通功能，忽视街道生活功能的做法，引发了许多社会和环境问题。“街道是建立在人类活动的线性模式基础上”，就“人性城市”本质而言，关照城市各类人群的利益应是首要目标[2]。现代城市的交通政策要给步行者和骑自行车出行者以优先权，而且要促进公共交通的使用，这必须要降低交通工具的速度并更加严格地限制噪声和污染，还要认识到街道还有作为社会生活聚集地的功能[3]。

图 7-2　现代城市的街道空间

资料来源：http://soso.nipic.com

街道的界定体现在两个方面：垂直方向与水平方向。垂直方向同建筑、墙体或树木的

---

❶ [加]简·雅各布斯.美国大城市的死与生[M].金衡山，译.南京：译林出版社，2005.5.

❷ [丹麦]扬·盖尔.交往与空间[M].何人可，译.北京：中国建筑工业出版社，2002.10.

❸ [英]梅尔·希尔曼.支持紧缩城市[G].紧缩城市——一种可持续发展的城市形态.周玉鹏，龙洋，楚先锋，译.北京：中国建筑工业出版社，2009：38～47.

高度有关，水平方向受界定物的长度和间距的影响最大。也会有些界定物出现在街道的尽端，既是竖向的又是水平的。建筑通常是构成界限的要素，有时候是墙体、树木或者两者的综合体，而地面总是发挥界定的作用。所以，街道的空间环境是由沿街建筑立面、道路路面、街道绿化以及卫生和服务设施等要素共同构成的。城市街道的更新与发展从“以车为本”向“以人为本”、“以生态为本”的方向发展，从“技术主义”街道设计范式向“城市主义”、“新城市主义”街道设计范式转变，更加趋向人性化、文脉化、多样化和可持续化发展[1]。

7.1.1 城市道路网和道路等级的设置

1. 城市道路网

城市道路网(Urban Road Network)是城市范围内由不同功能、等级和区位的道路，以一定的密度和适当的形式组成的网络结构。城市道路网的格局是在一定的自然条件、社会条件、现状条件和当地建设条件下，为满足城市交通及其他要求而形成的，路网布局的合理性，直接关系到城市发展的合理性及城市发展轮廓。

1963年由英国交通部授权，以布恰南教授为首的研究小组在研究了城市中的交通问题之后提出的一份报告书，其正式题名为《城市交通》。报告主要讨论了逐渐恶化的交通对英国城市环境的严重损害问题，内容包括环境标准问题、机动车可达性问题和财政资源的可利用性问题等，第一次提出大规模的道路建设可能会对城市结构产生影响，第一次将城市环境和小汽车的可达性相结合，认为城市环境，应该成为未来交通规划的一个主要考虑因素。报告提出的一个中心问题是：“如何使巨大数量的机动车有效分布到或者到达巨大量的建筑，同时能够达到一个令人满意的环境标准。”报告还认为城市道路应该按照干线分散道路、地区分散道路、街坊分散道路和出入道路进行分级。布恰南教授的这份报告对现代城市道路网的规划与布局无疑发挥了重要的作用。

在整个城市道路网中，每一条道路都应当根据与城市用地的关系，按道路两旁用地所产生的交通流性质来定义明确的功能，主要分为以下两类：

(1) 交通性干道：是以满足交通运输的要求为主要功能的道路，承担城市主要的交通流量；

(2) 生活性干道：是以满足城市生活性客运要求为主要功能的道路，主要为城市居民购物、社交、游憩和观光等活动服务，以步行和自行车交通为主。

从城市道路网布局上看，城市道路网格系统的布局类型通常有方格网式(棋盘式)、放射式、环形放射式、混合式和自由式五种类型。

2. 城市道路等级

1) 城市快速路

城市快速路是全市性的交通干道，联系城市中各个组团，服务于中、长距离的客货运输，同时又是城市与高速公路的联系通道。快速路两侧应设置一定宽度的辅道，但不设非机动车道。与快速路交汇的道路数量也应严格控制，当快速路与快速路、快速路与主干道相交时

---

[1] 钟虹滨，钱海容. 国外城市街道改造与更新研究述评[J]. 现代城市研究，2009(9)：58～64.

应设置立体交叉,次干道与快速路相交时,只接辅道。支路不能与快速路相接。

2) 主干道

主干道是城市道路网络的骨架,是连接城市各主要分区的交通干线,以交通功能为主,与快速路共同承担城市的主要客货流量。主干道上的机动车和非机动车应实现分流,主干道两侧不宜设置吸引大量人流和车流的公共建筑入口。主干道与主干道相交时设置立体交叉(近期可采用信号灯控制),主干道与次干道、支路相交时,可采用信号灯控制或渠化路口。

3) 城市次干道

城市次干道是地区性的车流、人流集散道路,可以设置大量的公交线路,广泛联系市内各区。次干道两侧可以设置吸引人流和车流的公共建筑、机动车和非机动车的停车场地、公交车站及出租车服务站。次干道与次干道、支路相交时,可以采用平面交叉。

4) 支路

支路是次干道与小区道路(或街坊内部道路)的连接线,可以设置大量的公交线路。在整个规划道路网中,支路所占的比重最大,支路与支路相交时可不设管制或信号控制。

7.1.2　城市的街道景观

城市街道本身就是城市景观的重要组成部分,是展示城市文明风貌的"橱窗",是人们生活交往的重要空间场所。因此,城市街道除了要承载城市交通运输这一基本职能外,城市街道的视觉景观需求同样重要(见图 7-3)。城市街道景观的设计应突出城市自身的形象特性,并考虑时间变量因素,充分展现城市特色[1]。

(a)　(b)　(c)　(d)

(e)　(f)　(g)　(h)

图 7-3　国内部分城市街道视觉景观(张晓玮 摄)

(a) 北京前门大街;(b) 北京南锣鼓巷;(c) 西安书院街;(d) 济南芙蓉街;
(e) 南京夫子庙;(f) 济南泉城路;(g) 苏州博物馆西街;(h) 西安书院门

城市的街道景观可分为静态景观和动态景观两种。城市街道的静态景观主要是指与道路交通有关的相对固定的客观实体系统,在构成上可以分为建筑立面、人行天桥、街道设施

---

[1] 姚阳,董莉莉. 城市道路景观设计浅析[J]. 重庆建筑大学学报,2007,29(4): 35～38.

(功能性设施、信息性设施、休息性设施和观赏性设施)、街道绿化、街道广告和艺术品等。作为城市景观的构成要素,它们的造型和色彩等对体现城市的景观特色具有重要的意义。城市街道通过融入人们的公共活动进而形成丰富的城市动态景观,这些公共活动均是城市活力与生机的体现,反映了一个地方的风俗与文化传统。各种交通工具在城市街道上所形成的交通流,同样是城市动态景观的重要构成(见图 7-4)。

(a)

(b)

(c)

图 7-4 墨尔本与波特兰的城市街道景观

(a) 墨尔本伯克大街中段:步行和电车;(b) 波特兰特别设计的电车站;(c) 波特兰城市街区的人行道

资料来源:[丹麦]扬·盖尔,拉尔斯·吉姆松.新城市空间[M].何人可,张卫,邱灿红,译.2版.中国建筑工业出版社,2003.1

城市街道景观除了具有视觉景观功能这一本质属性外,还有两方面的功能特征:认知功能和社会生活功能。

1) 认知功能

城市街道的景观对其他意向要素起着串联和组合作用,是人们感知整个城市意象的关键渠道,同时也是环境定位、环境指认和感知城市特色的重要因素。

街道是意象中的主导元素,人们正是在街道上移动的同时观察着城市,其他的环境元素也是沿着街道展开布局[1]。意象与认知理论是通过对城市居民所描绘的、其头脑中对于城市的意象图加以分析而得出的结论,证明了人的心理感受与城市空间的关系是密不可分的,人们对街道的认知功能体现为以下四个特征。

(1) 方位感。方位感是人们在城市中运动及滞留时与空间发生的基本关系,街道的方向性对于人们判断自己的位置,并在城市中保持方位感具有重要的意义。

(2) 标识性。标识性是人们获得方向感最直接的渠道,包括道路交通标志和路面划线等。街道标志应该是街道中与周围环境有着强烈对比或具有统领性的实体或空间,它在人们心中的熟悉程度影响着街道的"知名度",对人们认知城市和街道有着重要的作用[2]。

(3) 整体性。清晰的结构是人们形成城市整体意象的基础,街道的布局对于城市结构的清晰度起着决定性作用,其布局必须是有规律的和可预见的,结构形式也需清晰明了。

(4) 层次性。城市中除了干道系统外,还需要有附属于干道系统的各类层次的道路。

2) 社会生活功能

人们对街道本身形形色色的人的活动有更大的兴趣,因此,各种形式的人的活动应该是最重要的兴趣中心[3]。街道除了满足一般的交通性功能外,还要具备容纳多种深入的社会

---

[1] [美]凯文·林奇.城市意象[M],方益萍,何晓军,译.北京:华夏出版社,2001.4.

[2] 杨厚和.浅谈街道意象设计[J].华中建筑,2004,22(1):77~79.

[3] [丹麦]扬·盖尔.交往与空间[M].何人可,译.北京:中国建筑工业出版社,2002.10.

活动功能的条件。

城市街道为人而存在，人是街道空间的主体，街道必须适合人的活动[1]。街道空间本身是不存在活力的，但是，城市街道空间的作用在于它可以为人们提供一个活动的场所，而街道的活力正是来自街道场所内人们的各种社会交往和活动，如健身、下棋、交谈和儿童嬉戏等。美国密支安大学教授 James Chaffers 发展引申了凯文·林奇提出的城市设计几个要素，他提出城市设计的要素应变为以人为本的特定的文化特征，其中之一就是"城市路径应演化为居民之间的亲密交往空间"。简·雅各布斯在她的著作《美国大城市的死与生》中也写道："城市街道是城市最重要的公共活动场所，是城市中最富有生命力的'器官'……。当我们想到一个城市时，首先出现在脑海中的就是街道。街道有生气，城市也就有生气；街道沉闷，城市也就沉闷。"[2]

7.2　街道空间设计的原则

美国街道设计具有五个方面的新趋势[3]：活动的多样性、步行的网络化、视觉的美观性、地域的特色化以及生态的可持续性。城市街道空间设计的要求主要在于，以相关城市规划成果确定的道路性质、位置和宽度等属性为依据，完成细化与完善工作。可以概括为在确保街道交通功能的前提下，通过多种途径营造良好的空间氛围，提高街道使用的舒适程度和便捷高效性。街道空间的设计原则如下。

7.2.1　安全性与舒适性的原则

街道不仅是市民交通的载体，更是各种活动（上班、购物、游憩和交流等）的重要公共场所。城市街道无论是车行还是人行，都要在设计上符合安全、舒适的原则。

从表面上看，道路交通安全问题是与人车混行的交通模式紧密相关的，但是这种现象也只是街道空间设计存在缺陷的一种反映。波特兰的交通规划人员先前把城市街道网作为主要的交通系统来考虑，并且把重点放在提高街道通行能力以适应汽车交通发展。但在 20 世纪 70 年代后，按照"城市的空间根据其综合功能来定位"的设计要求，在市中心区，城市街道的设计重点是为行人提供宽阔的人行道及停留和休息的场所，并使人们能够更方便、安全地穿过十字路口。人行道非常宽敞，并被分为几个区：最靠近道路的是路标和街头设施，包括雕塑、公共汽车站和座椅等，中间是步行区，靠建筑立面留有余地供人观赏橱窗（见图 7-5），在建筑物群与公共空间之间创建了非同寻常的关系，而且给街道景致增添了变化多端的韵律[4]。

城市街道的舒适性是指行人能从中获得舒适宜人的空间感受。如果在道路系统中，引入以生活为主的街道，强化对沿街建筑和街道设施形象的塑造，使街道成为城市流动的景观轴，并通过限制车速容纳街区内部的车流量，则有利于塑造宜人的城市景观[5]。为此，一方

---

[1] 刘剑刚. 城市活力之源——香港街道初探[J]. 规划师，2010，26(7)：124～127.

[2] [加]简·雅各布斯. 美国大城市的死与生[M]. 金衡山，译. 南京：译林出版社，2005.5.

[3] 林磊. 从《美国城市规划和设计标准》解读美国街道设计趋势[J]. 2009，25(12)：94～97.

[4] [丹麦]扬·盖尔. 交往与空间[M]. 何人可，译. 北京：中国建筑工业出版社，2002.10.

[5] 沈磊，孙洪刚，邱枫. 现代城市规划中的"街"与"道"[J]. 规划师，2007，23(8)：86～88.

(a)

(b)

图 7-5 国内外街道空间的对比

(a) 波特兰的城市街道空间；(b) 上海福佑路街道空间(张晓玮 摄)

面需要通过对沿街建筑高度体量、栽植和交通设施进行合理设计，并结合街道断面、线型等要素，形成快速交通行进途中的大尺度优良景观，同时又要通过对建筑底层界面、街道铺装和街道设施等要素的精心布置，界定人的非交通空间，形成符合人体尺度的步行区，营造舒适的城市生活氛围。

墨尔本通过加宽人行道并铺设当地的传统建筑材料——玄武岩石，种植许多新的行道树，提高了街道的舒适性，改善了城市公众的步行空间。波特兰《中心城市规划基础设计指南 1990》(简称《指南》)第二部分关于步行者优先权，包括了城市步行环境的七条准则，其核心是为行人创造高质量的整体环境。《指南》从如何创造受人们喜爱的舒适环境以确保公共空间的合理利用，到提供良好采光的详细规范，无所不有。其核心的思想就是确保城市空间的高品质，宜人而安全，并与其他步行区保持联系。

7.2.2 地下地上一体化的原则

城市中心区建筑密度和人口密度是城市区域中最高的，土地使用紧张，街道空间难以扩张。而且，中心区的主要街道交通需求高、车流量大，所承担的各种生活功能非常复杂，极易产生拥堵和各种交通事故，对城市空间也会产生消极影响。先进的交通工具可以在古老的街道使用，但是不能破坏原有街道系统和街景❶。因此，中心区主要街道应结合各种需求，整合地下和地面空间，通过开发地下商业和文化娱乐街道空间，合理吸引地面人流进入地下，结合地下停车、地下铁路等空间设施，缓解城市地面街道空间的交通压力，改善街道空间环境(见图 7-6)。

以交通功能为主的街道空间设计，主要通过整合地下空间中的地铁线路、地下共同沟以及地下快速路、过街人行道等来扩大城市交通容量，提高城市交通运输效率，满足城市市政设施的空间需求。当然，在这种整合空间的方式下，也可以将城市地面上的街道完全整合于地下空间中，从而能够实现地面空间的完全步行化和开敞化，实现“人在地上，车在地下”的理想城市空间(见图 7-7)。

应当注意的是，城市街道空间的地上地下一体化，不能仅局限于街道下部空间的开发利

❶ 陈一新. 中央商务区(CBD)城市规划设计与实践[M]. 北京：中国建筑工业出版社，2006.9：57.

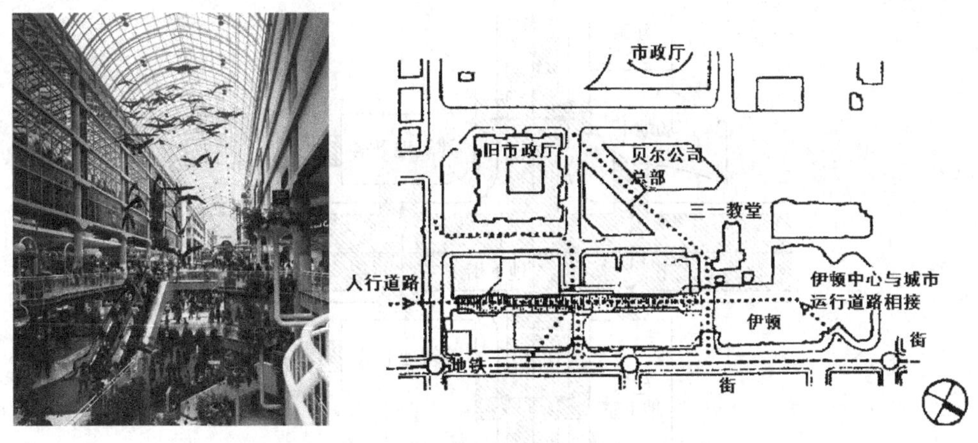

图 7-6　加拿大多伦多伊顿中心

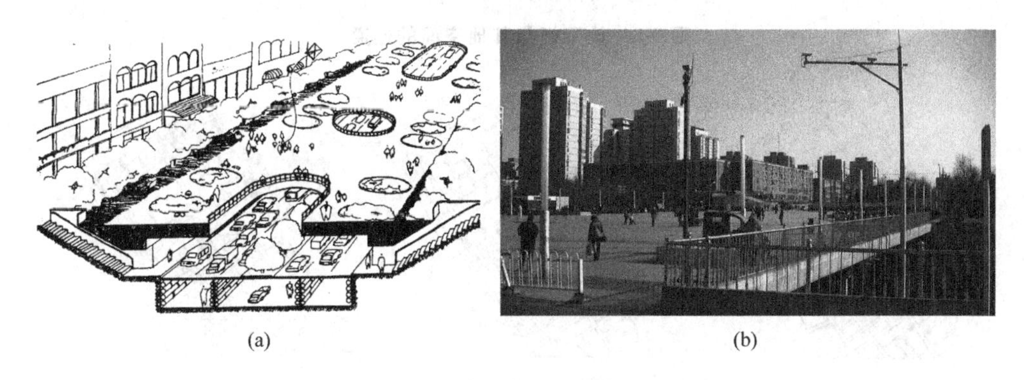

(a)　(b)

图 7-7　交通性街道上下一体化的设计

(a) 道路空间利用示意；(b) 北京某交通性道路上的广场空间(张晓玮 摄)

用，还应将此部分地下空间向街道两侧的地面建筑以及地面广场和公园绿地的下部空间延伸，借助于地下线性空间连结点状地下空间形成片状开发模式。这不仅扩大了城市的界面，提高了地下空间的连通性和土地的集约利用，而且地下街道也能够形成具有特色的外形与特征，并增加在城市地面的存在感[1]，如图 7-8 所示。

线性的地下街属于步行设施，没有机动车的干扰，因此这种线性地下街可以以一个地下综合体或是交通枢纽为核心，继续扩展到其他街道地下空间、停车场、综合体或是交通换乘中心，最终形成城市区域内的地下线性网络，交通目的与商业利益紧密结合在一起。显然，城市街道三维空间的整合有利于发展网络形态的地下街空间体系，图 7-9 是加拿大蒙特利尔 1962 年以来至 2003 年发展形成的地下街体系(或称为地下步行系统)。

7.2.3　局部步行的原则

标准化和技术化的城市街道设计虽然满足了车辆驾驶的需要，但在有意无意之间却忽

---

❶　吴涛，陈志龙，谢金容. 地下公共建筑外形及特征设计模式探讨[J]. 地下空间与工程学报，2006(7)：1191～1195.

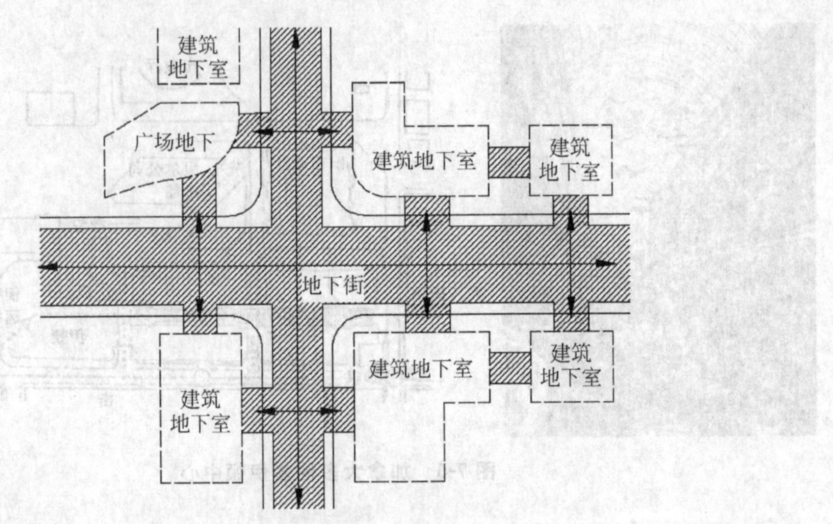

图 7-8 地下街与其他空间的连通

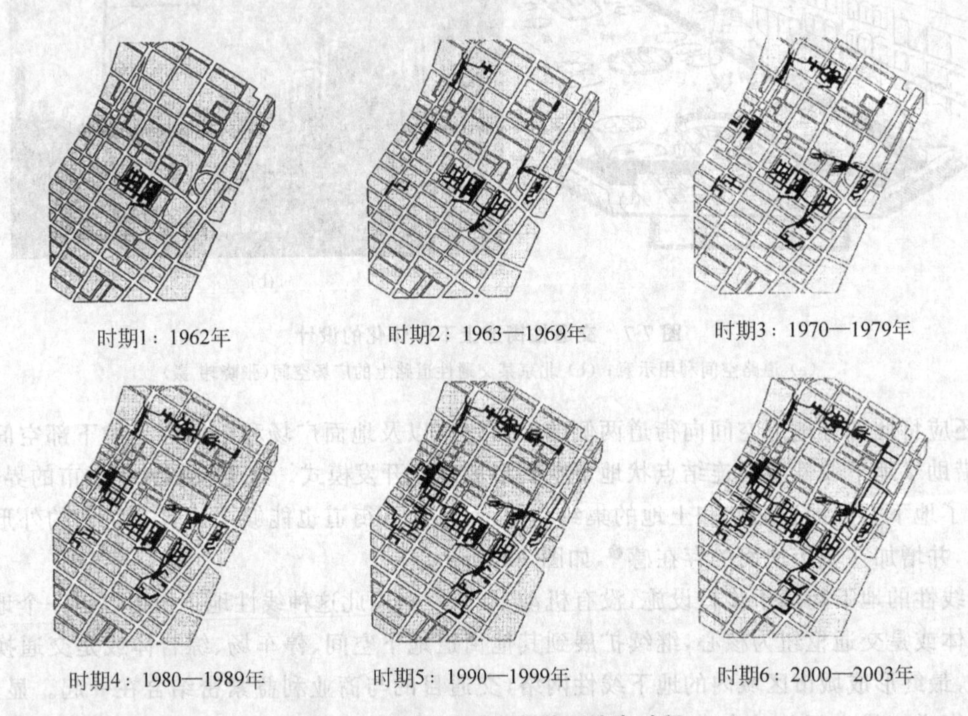

图 7-9 蒙特利尔地下街体系演变过程

视了城市步行者的权益[1]。欧美发达国家以及我国的上海等城市的成功经验表明，可以在城市的局部地段，如中心区、商业区和游览观光区等建立地面步行街（区），实行相对彻底的人车分流，如斯图加特、旧金山、多伦多、东京和上海等。

斯图加特城市中心已经形成具有网状结构的大规模步行区，步行街总长度超过 5km。步行区包括中世纪老城部分（历史建筑与广场区），以火车总站为起点的国王大街沿线新区

[1] 谭源．试论城市街道设计的范式转型[J]．规划师，2007，23(5)：71～74.

集中了以购物、餐饮为主的零售业和文化娱乐设施，步行区辐射至邻近的服务部门和管理设施(如银行、办公区域)。不断延伸的步行街网，还将王宫花园和城市及州立的重要文化设施联系在一起。以国王大街为主轴，与之相关联的街道，都逐步实施了步行化或是交通安宁措施，使得适宜步行的区域逐渐扩展至整个城市中心，将市中心的各个功能区域有机联结到一起。通过广阔的步行区所建立的安全而舒适的步行环境，人们可以轻松而顺利地步行到达市中心区域的所有服务、文化和零售单元。斯图加特的未来总体规划是：通过建立适宜步行的绿色交通网络，促进王宫广场、王宫花园和邻近环路的城市公园与大学花园等城市中心绿化休闲空间的一体化(见图 7-10)[1]。

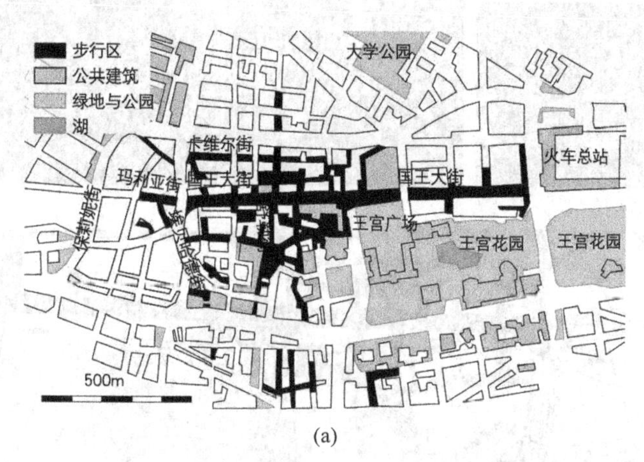

(a)

(b)

(c)

图 7-10　斯图加特城市步行区及街道景观

(a) 斯图加特城市步行区平面；(b) 轻轨车站地下入口；(c) 由火车总站直达步行区国王大街通道口

7.2.4　公交优先的原则

公共交通优先本质上是一项城市公共政策，它不会直接影响街道空间，而是通过优先扶持城市公交系统的建设减少市民对私家车的依赖，通过完善城市公交线路、开设

---

[1] 刘涟涟，陆伟. 公共交通在德国城市中心步行区发展中的作用——以斯图加特市为例[J]. 城市规划，2010(4)：54～59.

公交专用道、设置自行车专用道和发展建设城市轨道交通等方式，缓和人与车的矛盾(见图 7-11)。

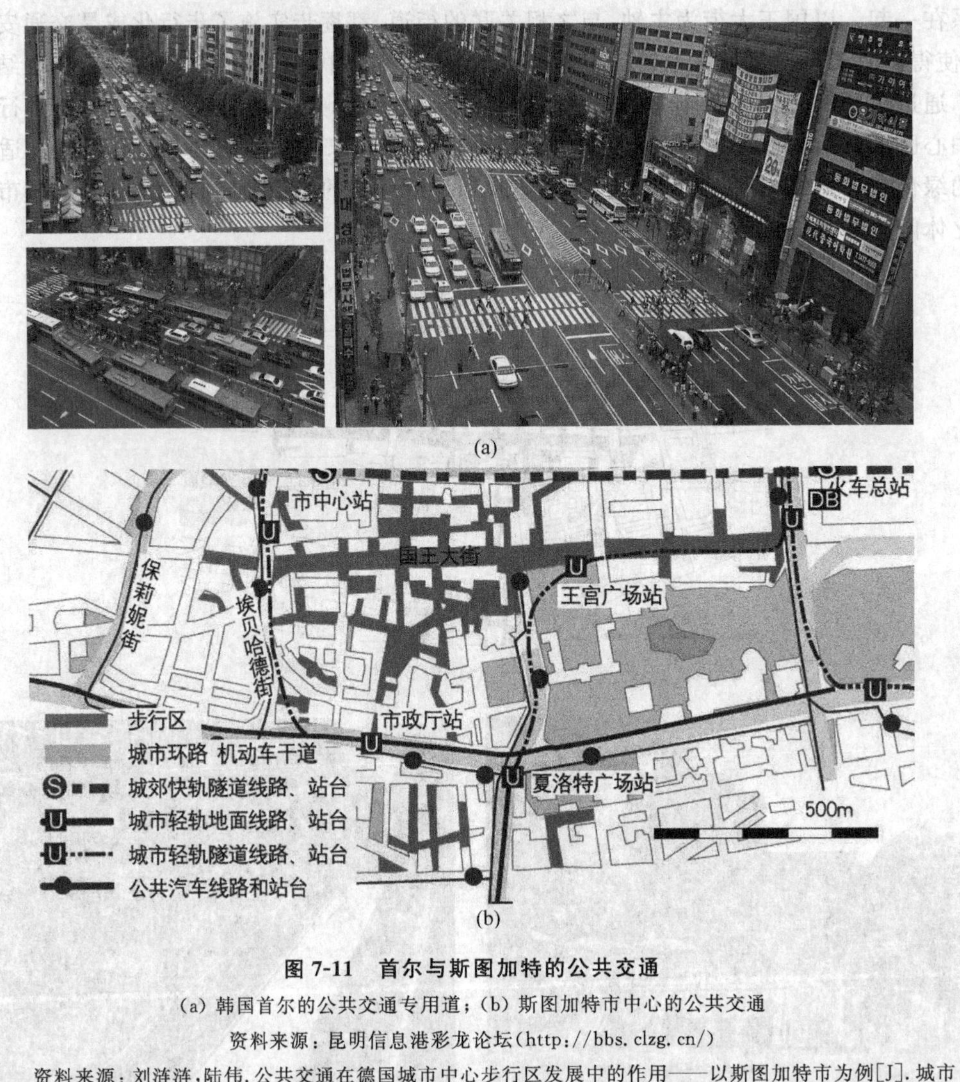

图 7-11 首尔与斯图加特的公共交通

(a) 韩国首尔的公共交通专用道；(b) 斯图加特市中心的公共交通

资料来源：昆明信息港彩龙论坛(http://bbs.clzg.cn/)

资料来源：刘涟涟，陆伟. 公共交通在德国城市中心步行区发展中的作用——以斯图加特市为例[J]. 城市规划，2010(4)：54～59

公交优先具有两个方面的含义，一是制定有利于公共交通优先发展的政策和措施，如财政、税收等产业倾斜政策、公交站场等优先规划以及提高公交职工待遇等；二是采用适当的交通管理和工程措施，使公共汽车优先在道路上通行，可以极大地减少由于交通拥挤而浪费的时间，降低空气污染，改善城市街道景观，最终也能够达到减少能源消耗的目的。

鼓励步行和自行车出行，也是城市公交优先政策的一种体现，国内外有些城市还建立了一系列自行车免费租用点，如哥本哈根、巴黎、伦敦、里昂、杭州和北京等。2010 年以后，我国的许多城市已经积极开展、推广城市公共自行车服务，这些公共自行车在规定的时间内是完全免费使用的，为市民的出行提供了很大的方便(见图 7-12)。

(a) (b)

图 7-12 鼓励步行与自行车通行

(a) 自行车专用道；(b) 杭州公共自行车租用点

7.3 街道的尺度与线型设计

7.3.1 街道的尺度

建筑对街道的限定往往取决于街道宽度(D)与建筑界面高度(H)之间的比例关系。芦原义信(1979 年)在考察欧洲与亚洲的街道空间后，对街道中建筑的间距 D 与建筑界面高度 H 的比例与人的心理感受之间的关系进行了详尽的研究，他认为[1]：以 $D/H=1$ 为界限，在 $D/H<1$ 的空间和 $D/H>1$ 的空间中，$D/H=1$ 是空间质的转折点。

(1) 当 $D/H<1$ 时，空间具有一定的封闭感；

(2) 当 $D/H>1$ 时，随着比值的增大街道空间会逐渐产生宽阔感：①在 $D/H=1\sim3$ 时，空间存在围合感；②在 $D/H>2$ 时，空间产生宽阔感；③在 $D/H>3$ 时，空间几乎不存在围合感。

美国 Allan B. Jacobs(1993 年)对分布在世界各地的数百条街道进行测量和分析后，发现所有的伟大街道的高宽比(H/D)都介于 1∶4 到 1∶0.4 之间，并且绝大多数是在 1∶1.1 到 1∶2.5 之间的，而有些特别宽阔的街道(如巴黎的香榭丽舍大街和巴塞罗那的格拉西亚大街)，往往是通过紧密排列的行道树而不是建筑充当着强化和限定街道边界的作用[2]。

因此，对于大部分城市道路而言，$D/H=1\sim2$ 是比较理想的断面构成比值，此时的空间宽度与高度之间存在着一种均衡、匀称的关系，多用于城市次干路等级以下的城市街道。$D/H<1$ 的断面多用于城市支路和巷道等街道，以创造亲切宜人的生活尺度与氛围(见图 7-13)。

在传统街道设计中采用的单一形态与职能的街道空间，不仅无法满足不同利益主体的需求差异，还由于盲目建设导致街道闲置与成本浪费[3]。因此，对于一些交通流量较大而导致路幅较宽的道路(如城市快速路和主干路等，D/H 值常常大于 3)，为弱化路幅过宽引起的道路空旷感，有的也是为了能容纳多种不同的社会活动功能，利用复数列的行道树对道路

---

[1] [日]芦原义信. 街道的美学[M]. 尹培桐，译. 天津：百花文艺出版社，2007.

[2] JACOBS A B. 伟大的街道[M]. 王又佳，金秋野，译. 北京：中国建筑工业出版社，2009.

[3] 张彦芝，华晨. "道""街"双系统模式——谈利益主体诉求差异下的街道设计对策[J]. 规划师，2012，28(3)：102～106.

(a) (b)

图 7-13 亲切宜人的城市街道

(a) 法国巴黎城市街道；(b) 瑞士伯尔尼城市街道

资料来源：http://soso.nipic.com

断面进行细分(见图 7-14)，营造多层次的街道景观与功能复合的社会活动空间。

图 7-14 南京虎踞北路

资料来源：http://soso.nipic.com

Allan B. Jacobs 与 Elizabeth Macdonald、Yodan Rofe 在《The Boulevard Book》中提出了一种"Multiway Boulevard"(复合型林阴大道)的概念❶，它将包含近距离交通和步行交通的低速交通与快速的穿过性交通平衡协调在一条道路之内。步行领域(Pedestrian Realm)是复合型林阴大道最为核心的一部分内容，它的范围是从临街建筑的边缘到分隔带的外边缘，包括人行道、辅路和植树的分隔带。复合型林阴大道具有许多优点。复合型林阴大道能够平衡城市作为一个整体和地方市民之间矛盾，可以解决城市区域机动车交通和临街可达交通之间的很多问题；作为一种城市空间，它支持城市生活的很多重要内容：可居住性、机动性、安全性、趣味性、经济机会、生态、大量交通以及对开放空间需求等。

在实际生活中，人们对于道路空间的感受不是静止的，而是在持续进行的过程中逐渐形成的。街道主要承载的是人的线性活动模式，其空间尺度的认知与人的运动速度密切相关。也就是说，人在运动中对街道空间的认识和感受呈现了街道的时间尺度，基于不同速度的视

---

❶ JACOBS A B, MACDONALD E, ROFE Y. The Boulevard Book: History, Evolution, Design of Multiway Boulevard[M]. Mit Pr, 2005.7.

点会产生不同尺度的空间片段[1]。道路的长度(L)及其宽度(D)之间的比值成为体现道路连续性与统一性的重要指标。芦原义信认为人作为步行者活动时，一般可使心情愉快的步行距离为 300m，超过这个距离时，根据天气情况而希望乘坐交通工具的距离为 500m，而凯文·林奇则认为街道是被一系列节点所激活的路径，这样的节点应以 200～300m 为间隔。克利夫·芒福德认为街道的连续不间断长度的上限大概是 1500m，超出这个范围，人们就会失去尺度感[2]。因此，将 D/L 值控制在一个合理的范围内，将有助于增强人们的线性空间感，D/L 值过大或过小都会减弱城市街道空间的尺度感。

7.3.2　街道的线型[3]

城市街道的线型大体可以分为直线型和曲线(折线)型两类。线型不论是直线型还是曲线型，都有它本身的美学特点，应根据动态视觉特性，对线型进行必要的景观分析。

直线型街道具有明确的方向性和始终如一的平面线型，空间视线通畅，交通流量与速度相对平稳，基础设施与市政管线铺设便捷，因此大部分城市街道，尤其是交通功能突出的宽幅街道，多采用直线型。在景观上，直线型街道多为从起点至终点的长景，所以历史上许多城市常常通过街道两侧庄严对称的空间布局，营造庆典、纪念和迎宾等具有特殊意义的城市公共街道，并在街道尽端的中央或一侧设置标志建筑制造端部对景，形成视觉焦点(见图 7-15)。正如芦原义信在《街道的美学》中所写："在街道中，若尽端什么也没有，街道空间的质量是低劣的，空间由于扩散而难以吸引、留住人。相反，在尽端有目的的物或吸引人的内容时，线型空间的中部也容易感动人"。为矫正因近大远小产生的视觉误差，端部建筑的体量与尺度往往有所夸张。

图 7-15　直线型街道的尽端处理

资料来源：http://soso.nipic.com

与视线方向始终如一的直线街道相比，曲线(折线)街道可以通过一次或多次的方向转换创造出景观多变的空间体验，中世纪的欧洲小镇就是这种曲线街道空间的典型代表。曲折的街道可以造就多变的空间与景观，但线型骤变、行车视距小和视野盲区大等因素也在一定程度上影响交通的流量与速度。曲线型街道多应用于以下两种情况：一是交通功能弱、

---

[1] 陈泳，许天. 城市街道尺度的营造——以长兴公路段管理办公综合楼设计为例[J]. 华中建筑，2011(12)：43～46.

[2] [英]克利夫·芒福德. 街道与广场[M]. 张永刚，陆卫东，译. 2 版. 北京：中国建筑工业出版社，2004.

[3] 王建国. 城市设计[M]. 北京：中国建筑工业出版社，2009. 9.

生活功能强的窄幅街道，通过路面线型的变化创造丰富趣味的生活空间；二是有地形需要的场合，如山地和滨水地带等，为保持城市自然地形的原生型，曲折的线型是最常用的选择，且在有需要的前提下，平面的曲线还会与纵向坡度结合，形成立体的曲线街道系统。Allan B. Jacobs 指出，城市街道绝非仅交通这一功能，它还有多方面功能，并认为只有使城市各区域多种多样的复杂功能互相穿插渗透，使不同时间、不同目的人共用区内各种设施，才能提供安全而又充满生命力的城市街道空间。为此，她坚决反对国际现代建筑协会（CIAM）单纯追求效率的直线型城市道路系统，认为大部分街坊要短，使街道有频频转弯的机会。

曲线型街道的转折处往往会形成直线型街道尽端的空间效果，因此是设置标志建筑的良好位置（见图 7-16）。

图 7-16　曲线型的伦敦摄政街（见彩图）

资料来源：http://hjqs. tuchong. com

7.4　沿街建筑布置

沿街建筑是构成道路空间的垂直界面，对行人空间体验有着重要的影响。

人的眼睛总是不停地移动，出色的街道空间需要有一些物质特征来让眼睛做它们想做也必须做的事情——移动，这是每条出色的街道必备的品质。大体上说，许多不同表面上的持续光影变化总能吸引眼睛的关注。而风格各异的建筑、各式各样的门窗或表面的微妙变化都能达到这种效果。

改善城市街道活力，提高公共空间的质量，需要对沿街建筑的布置与设计提出更多的要求，比如增强街道空间的围合性，规定街道建筑底层用作商业用途以增加对行人的吸引力[1]，形成街道空间使用的连续性、协调性和整体性等。

---

[1] 谭源. 试论城市街道设计的范式转型[J]. 规划师，2007，23(5)：71～74.

7.4.1　沿街建筑的连续性

建筑功能在一定程度上制约着道路氛围的形成，建筑的连续性对于人们形成良好的街道空间认知具有非常重要的影响。凹凸不一的建筑外墙面容易造成空间的破碎感，造成视觉方面的混乱，不利于街道空间的整体感受（见图 7-17，图 7-18）。所以，在满足地方各级规划功能的前提下，沿街建筑尤其是生活特征显著的道路底层建筑功能宜保持一定的连续性。这是因为相同的功能有利于建筑底部外立面造型的整齐一致，而且行为方式的有效聚集也有利于形成良好的生活氛围[1]。

图 7-17　阿根廷佛罗里达大街

资料来源：http://www.sintu.com

图 7-18　纽约曼哈顿第五大道

资料来源：http://soso.nipic.com

对于以车行为主的街道建筑界面，影响其连续性的主要是一些宏观元素，如建筑高度、建筑后退红线距离、建筑色彩和建筑屋顶形式等[2]。而对于以步行为主的街道建筑界面，影响其连续性的还有许多其他元素，如建筑的性质、底层空间的高度、建筑面宽、墙面的凹凸、

---

[1] 王建国. 城市设计[M]. 北京：中国建筑工业出版社，2009.9.

[2] 赵丛霞，周鹏光. 街道城市设计概念方法研究[J]. 华中建筑，2007，25(3)：97～99.

建筑界面上的门窗形式及比例、建筑形式组合、入口的位置和处理方式、建筑界面的材质和色彩、建筑檐口的轮廓以及阴影模式的构成等。

7.4.2 沿街建筑的协调性

世界上大部分城市典型街道空间两侧的建筑，都具有很高的协调性。协调性并非千篇一律，而是体现了建筑间相互的尊重，在高度和外观上尤其如此。沿街建筑的檐口轮廓、立面上的装饰构件、建筑物尺寸、窗的形式和细部处理、入口、底层走廊、悬挑物以及阴影轮廓等，通过相似元素或形式的重复，可以使建筑组合获得一种秩序，从而创造或感知沿街建筑的协调程度。

此外，沿街建筑的材质和色彩也是影响建筑协调性的因素。如果能够根据城市的自然环境和人文环境特色确定城市的色彩基调，并在此基础上对外墙面的材料和色彩加以引导和控制，就能够形成协调性较好的街道建筑界面(见图 7-19)。

图 7-19 巴黎街道的建筑

需要强调的是，街道形成时建筑外墙起着至关重要的作用，具有高度协调性的沿街建筑能够决定街道空间的高品质。但是在现代城市街道空间中，由于各种因素的作用，沿街建筑立面被许多广告牌、商店招牌以及户外空调挂机等遮挡，改变了原本非常协调的建筑立面，影响了整体的街道景观，这种现象在日本、韩国和中国等亚洲国家和地区的街道空间中最为常见(见图 7-20)。根据芦原义信的理论，广告是街道建筑的“第二次轮廓线”，因其无秩序、非结构化且不能成画，故应当减少“第二次轮廓线”，琳琅满目的广告只会影响到街道的环境品质❶。因此，对于建筑外墙面的广告牌、商店招牌等从建筑物本体中突出的附属物，在突出墙面的宽度、高度、位置以及与建筑墙面的附着方式等方面，如果能够在一定程度上相互呼应、搭配，也能够创造出秩序良好而又充满活力的街道景观。

7.4.3 沿街建筑的整体性

人们在城市街道中的活动和行为的连续性特征使相邻、相近的景观要素之间产生了复杂的内在联系，这就要求人们感知的城市沿街建筑景观应当是一个“连续”的整体，而非“局部”的整体。从城市宏观整体的角度分析，整体性要求沿街建筑景观具有统一性，而可识别

---

❶ 王德，张昀.基于语义差别法的上海街道空间感知研究[J].同济大学学报(自然科学版)，2011，39(7)：1000～1006.

图 7-20　东京新宿街道空间

资料来源：http://www.chinaface.com

性要求它们具有强烈的个性。因此，沿街建筑景观应该是个性与统一性的和谐共生，个性存在于统一性中，在整体协调的基础上寻求对比[1]。中外的城市经典街道实践说明，相对一致的建筑高度、基本建筑物和标志性(特殊性)建筑物的适度对比，容易使人产生规整统一的感受，过多的变化、缺乏连续性的整体，即使在局部有整体感，也会显得杂乱无序，沿街建筑景观最终仍是混乱的。

此外，在水平方向上，沿街建筑对街道空间的限定则取决于建筑临街界面的宽度(W)和建筑之间的间隔距离。一般而言，单栋建筑的临街界面宽度越小，间隔距离越大，限定感也就越弱[2]，也就是说街道建筑景观具有较弱的整体性。所以，保持建筑物的连续性并适当控制建筑外墙的位置是获取良好整体性的重要方法。

7.4.4　沿街建筑的活力性

富有变化并充满趣味的沿街建筑充满活力，对行走于其中的人们具有极大的吸引力。一般来说，人性化的底部设计、狭小的商业店面划分、多种功能的混合使用、众多的建筑出入口、开放的橱窗设计以及丰富细腻的材料细部都会增加人的视觉体验，使人们的步行活动更加有趣且充满活力。为了分析建筑底层临街界面的尺度关系，Llewelyn Davies(2000 年)曾以 100m 的街道段落中所包含的建筑单元数量、功能混合程度、门窗数量与渗透度以及细部等因素为标准，将临街界面分为 5 个活性等级，作为评判街道设计成效的依据[3]。不同层面的街道空间与建筑尺度处理是否得当，都会对人的视觉及心理感受产生不可忽视的影响，只有将人的尺度作为空间量度的标准，把人的行进体验与活动需求作为设计的依据，才能塑造

---

[1] 周术，任书斌，宋晓华. 城市沿街建筑景观的整合——当代中国城市景观设计策略之一[J]. 四川建筑科学研究，2007,33(3)：206～209.

[2] 陈泳，许天. 城市街道尺度的营造——以长兴公路段管理办公综合楼设计为例[J]. 华中建筑，2011(12)：43～46.

[3] [英]CARMONA M，HEATH T. 城市设计的维度：公共场所——城市空间[M]. 冯江，袁粤，万谦，等，译. 南京：江苏科学技术出版社，2005.

出人性化的街道空间❶。

为了产生充裕的行人步行空间和良好的视觉效果，许多街道都采用了外墙后退的方法，归纳起来可以通过三种方式获取(见图 7-21)：一是将整个墙面后退，设置展示橱窗或是露天的展示空间，更好地吸纳步行人流，同时为街道设施的布置、绿化的栽植以及街头公园广场的形成创造条件；二是建筑底部一、二层墙面后退形成柱廊，提供室内外过渡的灰空间，为市民提供良好的风雨庇护；三是建筑塔楼墙面后退，主要用于路幅较窄的街道，可以通过上部墙面的后退增加道路开放感，获得清新明快的空间感受。

图 7-21 街道空间与两侧建筑形态的关系

1. 如果沿街布置的建筑物都很细高，那么街道空间给人以很高的印象。当高层建筑设有一至二层的裙房时，其高度效果则逐级加强，路灯、树木的高度要考虑与裙房的高度保持一定的平衡关系。

2. 由于商店、雨棚、树木或为街道的一部分，这些景物对视觉的高度感觉起到了限制作用，可能引起高度感觉的变化。

3. 采用柱廊和骑楼形式之后，由于各种屋顶覆盖了街道空间，使得高度效果明显减弱。

资料来源：[德]迪特尔·普林茨. 城市景观设计方法[M]. 李维荣，解庆希，译. 天津：天津大学出版社，1989

7.5 城市街口设计

在城市道路网格局中，城市街道的相交形成街道的交叉口，即城市街口。城市街口所处环境的特殊性决定了其交通、建筑和景观都具有不同于其他场所的特性。街口承担着重要

❶ 陈泳，许天. 城市街道尺度的营造——以长兴公路段管理办公综合楼设计为例[J]. 华中建筑，2011(12)：43～46.

的交通职能，是城市社会活动最频繁的场所，街口还担负着多种城市功能，因此是城市设计中重要的组成部分。

城市街口的空间形态和建筑对城市街道空间的整体塑造和标志性起到了重要的作用，其"尺度和形式在很大程度上也影响着整个城市的微环境与微气候[1]"，是街道空间衔接的重要节点。凯文·林奇(Kevin Lynch)在《城市意象》中将城市意象的五要素划分为：边界、路径、区域、节点和标志。"节点是观察者可以进入的战略性焦点，多半指的是道路交叉口、方向变换处十字路口或道路汇集处以及结构的变换处等"，"标志是观察者从外部观察的参考点，有可能是在尺度上变化多端的简单物质元素，其关键特征具有单一性，在某些方面具有惟一性，或是在整个环境中令人难忘"[2]。城市街口的节点和标志是指城市重要的街道街口或广场、公园等与周边建筑及环境的综合。

城市街口节点构成要素可以分为物质性和非物质性两部分。常见的物质性要素包括建筑、喷泉、雕塑、广告宣传设施以及绿化种植等，非物质要素包括人流的交织和车辆的行驶等(见图 7-22)。城市设计中恰当的处理这些街口的构成要素，是创造良好的城市空间节点及标志性的关键，"街道景观主要还是依靠其转角的处理和连接来获得更多的生气。街道聚会场所的充分表现，会从尺度、韵律等方面影响到人们对城市结构的感受，城市的路径和节点因地标而富有生气，而且更易成为生活和工作于其中的人们记忆的意象"(克利夫·芒福德)。比如在曼哈顿，一条宽达 30m 的百老汇大街，在为现代地面交通带来无数麻烦的同时，却与规整的路网形成了若干颇具特色和趣味的精致城市广场，如时代广场(与第七大道)、哈罗德广场(与第六大道)和老麦迪逊广场(与第五大道)[3]。

图 7-22　法国巴黎戴高乐星形广场平面及鸟瞰图

资料来源：http://www.tianzhilou.com

7.5.1　城市街口的平面形态

城市的街口形态是由所有相交街道的布置格局和相对位置关系形成的，可以分为十字型、T 型、X 型、Y 型、错位和多路(复合性)，现将各种街口的形态特征总结于表 7-1 中。

---

[1] 钟珂，燕铭，王翠萍. 城市街口规划设计与城市空气环境的关系[J]. 中国环境科学，2001，21(5)：460～463.

[2] [美]凯文·林奇. 城市意象[M]. 方益萍，何晓军，译. 华夏出版社，2001.4.

[3] 沈佶，沈伦. 曼哈顿的街道——1811 年"行政首长计划"谈[J]. 城市，2007(6)：58～61.

表 7-1 各种街口的形态特征

街口类型及示意	特征分析	对应实例
十字型	形态规整，各地块没有明显的主次之分。四个转角是建筑形态设计的重点处理部位，建筑通过加强转角退让，相互之间形成一定的呼应，很容易形成完整的空间形态	北京西单街口
Y型	各用地方向性产生差异，黑色部分是整个街口中方向集中的焦点，其建筑形态的处理对整个街口建筑景观有着直接的影响，而两侧的建筑形态则起一种背景作用	深圳地王大厦
X型	X型街口常常有两个锐角转弯，车辆交通在此处容易形成冲突，因此该处的建筑应格外注意向后退让，使街口的视野开阔。两个锐角地块形成强烈对峙之势，建筑形态上的处理应尽量相互协调	布宜诺斯艾利斯街口
多路型	当各条街道均匀分布时，各个转角建筑用地没有主次之分。道路格局有强烈的向心性，并能影响到周边的建筑，容易使周边建筑统一于整体当中。当采用不均匀分布式时，最好使道路形成一定的关系而不要随意分布，以免使道路夹角过于狭小，街道关系的不规则平面也会导致街口空间难以形成明确的中心，使街口的城市意象不鲜明	上海五角场街口平面
T型	T型街口是用于封闭街景从而使之形成一定场所感的一种传统的道路连接方式。黑色部分建筑位置显赫，与两个转角地块不同，它的轴向性和引导性很强，能成为正对街道的对景，能给人留下深刻印象，因而是路口中建筑形态处理的重点	北京前门大街北端正阳门

续表

街口类型及示意	特征分析	对应实例
L型	交通量较小，空间形态比较封闭，围合感强，容易创造安静的生活氛围，适用于小型的、生活区内的道路。黑色部分建筑较为重要，是两条街道的对景，引导行人向前走，并暗示道路的转折	法国巴黎城市街口形态
错位型	封闭性、围合性更强，沿街建筑的重点处理位置也和 L 型相类似，曲折多变的街道给人以丰富的空间体验	

7.5.2　城市街口设计的影响因素

1. 交通要素

城市街口的基本功能是合理组织城市街道的人流、车流的正常行驶与转向。

1）视距三角形

由于城市街口的车辆及行人来自于不同的方向，为了保证街口的行车安全，必须为车辆司机留出足够的安全距离，即“停车视距”。所以，在街口处要根据视距三角形注意建筑的退让，以保证过往车辆及行人的视线要求。视距三角形是由街口内最不利的冲突点，即靠最右侧的直行机动车与右侧横向道路上最靠近中心线驶入的机动车在交叉口相遇的冲突点起，各向后退一个停车视距，将这两个视点和冲突点相连，构成的三角形称为视距三角形（见图 7-23）。在视距三角形内不允许有任何阻碍视线的内容，但街口处可以允许株距在 6m 以上、干高在 2.5m 以上、树干直径在 0.4m 以内的行道树伸入视距三角形内，这时司机仍可通过空隙看到街口附近车辆的行驶情况，防护绿篱或其他装饰性绿地的株高不得超过 0.7m。

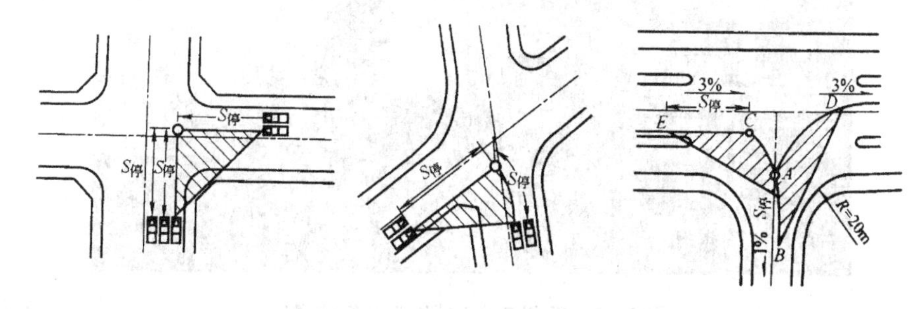

图 7-23　街口的视距三角形

2）人流的聚集与导向

城市街道的步行由于受到城市机动车交通的影响，常常在某些街口发生中断而变得具有间歇性，人们经常在红灯亮起的时候在街口的某个区域驻足等待，致使街角地带（尤其是商业中心地带）成为人多拥挤的地方，在此位置作建筑退让的处理，可以对人流在街口空间的聚集起缓冲和过渡作用。此外，建筑转角的形态要有利于人们的识别并引导方向。这就要求建筑转角形态应具有个性特征，使人们可利用其识别方向，最好有一些能够引导方向的处理（如利用圆角的处理，连廊的引导等）形成自然转向，同时能够满足人们趋近心理的需要（见图 7-24）。

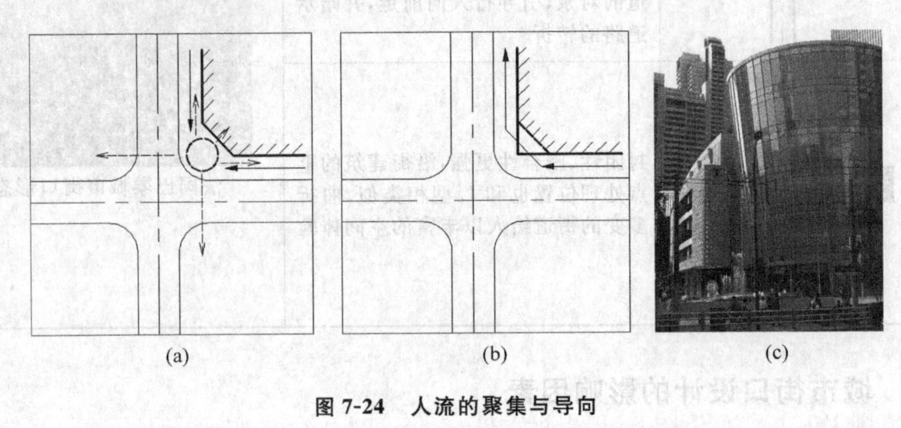

图 7-24 人流的聚集与导向

(a) 人流的聚集区域分析；(b) 人们的趋近心理分析；(c) 上海市南京西路陕西北路街口

2. 建筑要素

建筑是城市街口的一个重要的构成要素，街口转角的建筑比一般位置的建筑受到更多制约因素的影响，其平面形态、材质、色彩以及细部构造等，都会影响人们对该街口空间的视觉和空间感受。不同的建筑视觉显著点具有以下的作用[1]：对形态起强调和突出的作用，是视觉的趣味中心和知觉中心；形成视觉的休憩点和观赏点，以消除视线四处扫视却一无所见而导致的视觉疲劳；利用视觉显著点吸引视线的“重力”优势达到视觉平衡的作用；对形式美、构图法则及视觉效果等方面的装饰作用或对使用功能等的标志作用：使建筑形态、历史传统及地方特色联系起来而达到情感的认同（见图 7-25）等。

图 7-25 郑州二七广场“二七纪念塔”

资料来源：http://www.ha.xinhuanet.com 2008-3-26

[1] 刘平. 城市道路平面交叉口景观设计研究——以福州市为例[D]. 福建农林大学，2010.

1）文脉延续

文脉是“历史上所创造的生存的式样系统”（克莱德·克拉柯亨），是“深层次的文化理念，而非单纯的文化痕迹的集合”[1]。由于自然条件、经济技术和社会文化习俗的不同，城市环境中总会有一些特有的符号和排列方式，形成这个城市所特有的地域文化和建筑式样，也就形成了其独有的城市形象。

城市的每条街道都承担着一定的功能，一条街道的名称往往就反映了当时的历史文化[2]。在城市街道空间中，常常存留一些有一定规模，状况较好，而且与新建建筑的功能接近或有一定历史价值的建筑。街口转角建筑的风格除了达到本身建筑美观的要求之外，还要适合并满足其周边历史建筑的整体形态和风格，如街道中建筑布局所形成的几何形状，建筑的轴线、边线及其延长线，高度线或相关建筑的材料、符号和风格等。

2）平面构图

围合的形态能够加强空间的整体性与人们视觉心理上的形象聚合。而且，朝向共同方向的诸多形态能够在视觉上产生聚集效应，人们倾向于把它们当作一个整体来看待[3]（见图 7-26）。因此，把位于城市街口的建筑组织在一个向心的构图中，并具有围合形态，是使街口空间呈现出整体感的最直接办法。

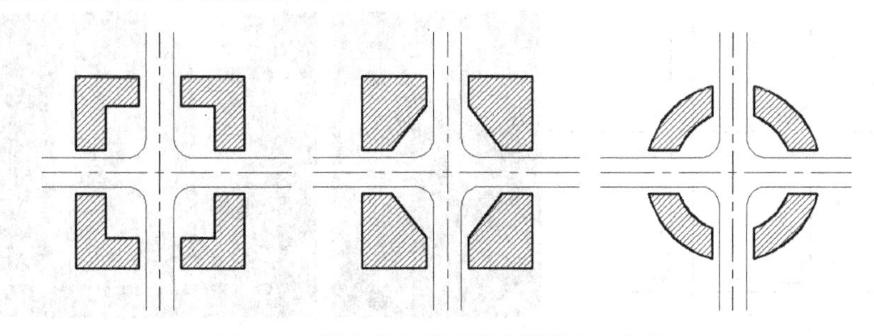

图 7-26　城市街口的建筑平面构图（自绘）

伦敦的牛津商业圈[4]（见图 7-27）是一个类似北京王府井的地区，同样是商业性质的十字路口，建筑与路口的关系则采用了整体的设计手法，四个方向的建筑物被设计成圆弧形，采用了统一的比例、体量及柱廊、门窗等细部设计。这样设计的优点在于路口的向心性和构图的完整性得到充分的体现，整个路口的建筑及空间形态非常完整统一，达到了一种视觉美学上的舒适。

3）转角形态

街口转角部位的空间处于建筑整体布局的转折与结束之处，它的形状和比例要有利于整体建筑空间序列形成良好的起承结合关系。由于平面是空间的直接反映，若平面的图形有良好的秩序，那么整体建筑空间的秩序一般也会比较好。为了在建筑转角处形成空间秩

---

❶ 姚喆，周正明．城市街道的文脉探索与个性确立——浅析无锡市梁溪路景观改造[J]．规划师，2006，22(6)：35～37．

❷ 扈万泰，魏英．传统风貌街道解析——以重庆为例[J]．规划师，2008，24(5)：66～71．

❸ 包纯．交叉路口的建筑形态研究[D]．重庆大学，2004．

❹ 吕超．北京城市道路交叉口建筑及空间形态研究[D]．北京工业大学，2009．

图 7-27 伦敦牛津广场街口转角

资料来源：http://daily.cnnb.com.cn 2009-11-4

序的转折点与结束点，可以使用一些独立性和中心感较强的图形，如圆形和方形(见图 7-28)。

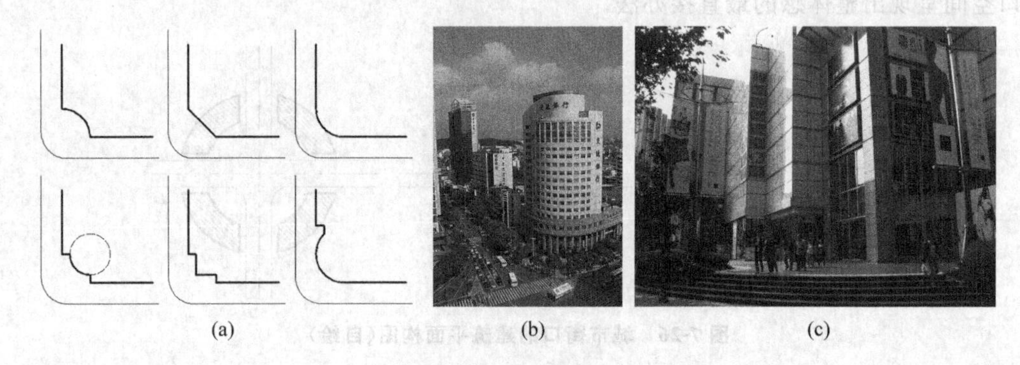

图 7-28 建筑的转角形态

(a) 建筑转角形态示意(自绘)；(b) 交行绍兴分行大楼；(c) 上海南京西路江宁路转角建筑

有时，人们视点上的美学感受不能仅仅通过构图来完成，城市街口处可以用标志性建筑提升空间节点的视觉感受。这时就要考虑将转角建筑形象塑造成一个视觉显著点❶。通常，依据不同的整体造型条件可以将建筑转角塑造成为整体建筑形象的主要视觉显著点(对建筑转角进行强化的处理)、次要视觉显著点(对建筑转角形态做中性化处理)和非视觉显著点(对建筑转角形态进行弱化处理)❷。与街道中的建筑不同，转角建筑的造型塑造可采用切挖、附加、偏转、扭曲和锐化等方法，或者选用卵形体、球形体等来提高建筑的视觉显著点(见图 7-29)。

---

❶ 视觉显著点是著名的美学家贡布里希提出的概念，当外部世界固有的秩序发生变化时，即从秩序过渡到非秩序或从非秩序过渡到秩序时，我们在观看的时候视知觉就会受到震动，这种震动就是由于秩序的延续性受到中断所产生的效果。发生中断的部位为视线的集中点，即“视觉显著点”。

❷ 刘玉国，徐洪澎. 建筑转角的视觉特性与形态塑造[J]. 低温建筑技术，2009，31(12)：25～26.

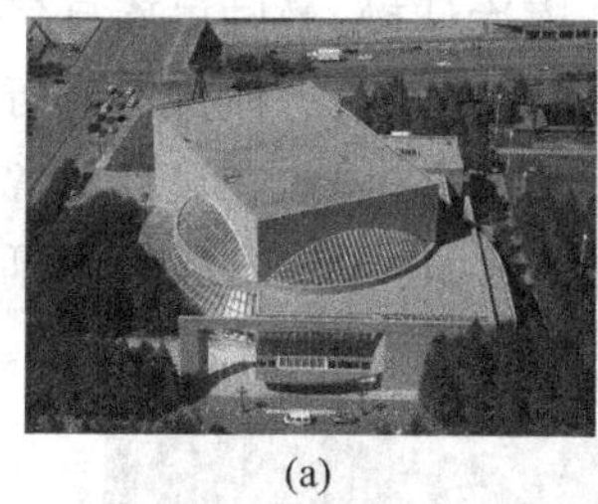

(a)　(b)　(c)　(d)

图 7-29　城市街口建筑的标志性

(a) 贝聿铭设计的达拉斯音乐厅；(b) 浦东国际金融大厦；(c) 瑞士 RE 总部大楼；(d) 捷克"会跳舞的房子"

3. 景观要素

作为一个场所空间，城市街口往往与场所的风格紧密地联系在一起，通过改善和美化环境来突出城市和地区的个性与特色，丰富城市的文化内涵，增添城市的魅力[1]。城市街口的景观构成要素中，除了前面已经提及的街道本身与建筑以外，还包括街道的小品与绿化。虽然不在街口的整体景观中起主导作用，但它们所提供的各种功能却是街口景观中不可或缺的。

1) 街道小品

街道小品一般是指街道空间内具有使用功能和景观装饰功能的道路交通设施及其他附属设施，如照明设施(路灯、草坪灯及其他装饰性的灯具)、标志设施(信号灯、指示牌、雕塑及其他标志性构筑物)、隔离设施(护栏、护柱、路墩等具有隔离作用的设施)以及街道家具(垃圾箱、休息坐凳、电话亭、邮箱以及公共艺术品)等。这些小品不仅具有使用和服务的功能(如休息、照明、通信、通行和防护等)，还具有重要的美化功能，是城市景观设计的要素之一，是组成城市景观的重要内容(见图 7-30)。有时，城市中主要的街道在交汇时容易形成一个较大的转角空间，如果在这个空间中适当布置绿化或大型雕塑，甚至一个中小规模的转角广场，将有效改善城市街口空间的景观特色，增加从街口一侧向另一侧眺望时的空间层次。

(a)　(b)　(c)

图 7-30　上海的街口景观小品(张晓玮 摄)

(a) 南京西路街口喷泉；(b) 南京西路的雕塑展；(c) 豫园商业街的坊门

城市的历史和丰富的文化是城市悠久历史的见证，是城市重要的物质财富和精神财富，

[1] 刘平. 城市道路平面交叉口景观设计研究——以福州市为例[D]. 福建农林大学，2010.

具有感召力和凝聚力。它们对于提高社会的文化素养和思想品味，陶冶情操，激励民族自信心和增强爱国主义等有着极其重要的作用❶。城市的街道小品往往能够体现这种特定的历史和文化内涵，并且能够打破街道沉闷乏味的环境而使之更富有生活气息，因此在设计中常常渗入当地的历史和文化元素。这些元素具有强烈的时代感和地域性，其文化内涵是不可移植的(见图 7-31)，小品的设置力求简明、小巧、别致和富有意境特色。

图 7-31 富于地域特色的街道小品(张晓玮 摄)

2) 绿化

城市街口的绿化空间结构形态呈现由分散小点状到集中大点状再到群组小点状进行演化的规律，较小的街口绿化空间一般规模非常小，仅以街道路段绿化端点向街口延伸的分散小点为主，随着街口的规模扩大，可用于绿化的用地面积不断加大，最终能够形成集中大点状绿化结构形态❷。绿化不仅直接参与街道空间的构成，形成林阴庇护，提供视觉连续性，还能够通过地域性植物特有的活力、形态、色彩与季节变化形成独特的街景(见图 7-32)。

图 7-32 上海浦东世纪大道街道绿化(张晓玮 摄)

作为城市绿地系统的“点”元素，城市街口空间的植物不但满足作为城市绿地系统的所有功能，也是街口景观空间相对其他硬质景观惟一具有生命特征的软质景观元素。将植被设置在分隔带、中心岛、导流岛和安全岛，能够起到丰富、统一街道立面，分割、组织道路空间的作用，还可以为整个街口空间带来活力与生机，同时也有利于街道体系视觉的延续性(见图 7-33)。此外，结合景观要求种植绿色植物还可以起到净化空气、减弱噪声、减尘和改善小气候的作用。

❶ 陈宇. 城市街道景观设计文化研究[D]. 东南大学，2006.

❷ 付君，张泳，陈力. 城市道路交叉口的绿化空间结构、特征及其演化——以泉州为例[J]. 合肥工业大学学报(社会科学版)，2008，22(4)：164～167.

图 7-33　伦敦街口景观

资料来源：http://soso.nipic.com

7.6　城市街道空间设计案例分析

7.6.1　巴黎香榭丽舍(Champs-Elysees)大街[❶❷]

香榭丽舍大街的历史悠久而丰厚，其演变同巴黎的市政发展紧密相连。1667 年法国皇家园艺师勒诺特为拓展杜勒里皇家花园(Jardin des Tuileries)的视野，将其东西向轴线延伸至圆点广场(Rond-Point)，由此形成香榭丽舍大街的雏形。1828 年巴黎市政府为它铺设人行道，安装路灯和喷泉，使它成为法国第一条林阴大道。1863 年凯旋门在香榭丽舍大街的尽头(星形广场)落成。300 多年来，这条街道见证了法国的许多历史时刻，早已成为巴黎最具景观效应和人文内涵的街道。20 世纪 90 年代初，针对交通拥堵、行人受车辆干扰和街道景观混乱的状况，巴黎市政府启动整修工程，令香榭丽舍大街再次焕发活力。

香榭丽舍大街被巴黎人毫不谦虚地称为“世界上最美丽的林阴大道”(见图 7-34)。整条大街呈直线型，东起协和广场，西至戴高乐星形广场。雄伟庄严的凯旋门(星形广场)与直立高耸的方尖碑(协和广场)是大街两端的视觉中心。大街以圆点广场为界，分为风格迥异的两部分：东段 700m 以恬静的自然风光为主，车道两侧是平坦的英式草坪和高大的乔木，再外侧是林阴步行道；西段 1100m 则是 7 层左右的高级商业建筑，这些建筑的色彩、高度相近，细部丰富，令街道界面统一、尺度亲切。繁华的商业区内，世界名牌云集，其中时尚与美容类产品占据主导地位，与其相邻的人行道区域是巴黎最主要的步行空间。在历史的积淀与磨合之下，香榭丽舍大街的高档商业氛围、世界时尚气息以及人工建筑与自然景观之间形成了一个古老与时尚、恬静与华丽的复杂混合体，正是这种复杂性为它带来了无穷的魅力。

香榭丽舍大街位于巴黎老城区的核心地段，更是采取多种手段控制和减少车流量，降低车行交通对于环境以及人的活动的影响。香榭丽舍大街及其周边共有 7 条地铁线和 1 条区域快速铁路线路，在不到 2km 的街道范围内设有 5 个地铁站，其中 4 个是换乘站。除地下轨道交通外，香榭丽舍大街还有数条公共汽车线路，与地铁之间换乘十分方便。

为改善街道西段的步行环境，香榭丽舍大街于 1992 年进行了改建。大街原有的双向十车道路幅保持不变，以地下停车库(约 5 层、850 个停车位)取代原来的 12m 宽的地面停车

---

❶　孙靓. 交通·景观·人——比较上海世纪大道与巴黎香榭丽舍大街[J]. 华中建筑，2006，24(12)：122～124.

❷　王建国. 城市设计[M]. 北京：中国建筑工业出版社，2009.9.

道，从而将步行道由 12m 拓宽至 24m，将停车占用的街道空间重新还给行人，使步行更加安全和舒适(见图 7-35)。

图 7-34　巴黎香榭丽舍大街平面及鸟瞰图(见彩图)

图 7-35　香榭丽舍大街步行区域

资料来源：http://soso.nipic.com

新拓宽的路面采用花岗石铺装，用简洁而连续的浅灰色路面统一街道的整体风格，中间嵌有深色花岗石作为装饰，纵向上用深灰色装饰带将步行区分为四个区域。在最靠近建筑的 5m 范围内，沿街餐馆可设玻璃屋和露天桌椅提供餐饮服务(见图 7-36)。第二个区域是向外侧新拓的步行区，在新老步行道之间加种了一排行道树，加上原有沿街树木，形成双排树的林阴大道。其余两个区域是较窄的带形区，设置了休息长椅、路灯及其他街道设施，采用灰黑色基调。

图 7-36 香榭丽舍大街的餐饮服务空间

资料来源：http://soso.nipic.com

香榭丽舍大街的美丽不仅在于街道本身，更因多样的场景和丰富的街道活动为其增添了一份高贵优雅的气质。香榭丽舍大街每天吸引许多人逛街、散步、赏景、驻足和小坐，虽然街道改建增加了 1 倍的人行道面积，但仍然被人们挤得满满的，他们在享受着城市、街道和生活的乐趣。

7.6.2 旧金山花街[❶❷]

美国旧金山的罗姆巴德大街(Lombard Street)在经过俄罗斯山时，有一段 40°的陡坡，形成了由八个急转弯组成的蛇形曲线路段。这个路段位于南北走向的海德大街(Hyde Street)与莱温沃斯大街(Leavenworth Street)之间，呈东西走向。配合着弯曲的路形，路的两侧布置了树篱和花坛。远远望去，整条街道被鲜花和绿丛所充满，行车道被全部隐藏起来，这段街道因而被人们称为“花街”。

罗姆巴德大街的连续性在这里好像忽然被绿化打断了，路面铺装材料的材质也发生了变化，颜色则变成了暗红色。这种变化使该路段与其他路段之间产生了一种戏剧性的对比效果。整个路段从下往上望去犹如一个意大利式的台地园，绿篱所形成的曲线随着街道有韵律地上升。沿街道两侧垂直等高线方向布置了阶梯式人行道，人行道旁种植着低矮的经过修剪的小树冠行道树。汽车在这段路上不得不降低速度，左拐右拐缓慢行驶。

为防止上下坡发生交通事故，设计者特意在弯曲的车道两旁修筑了许多花坛，让车辆绕着花坛盘旋行驶，街道两侧的居民也在自己的门前栽树种花，为街道添姿增彩。经过精心修养的鲜花美景，高低疏密，色彩搭配，四季轮替。花街的独特景观使其成为旧金山一条有吸引力的标志街道。到旧金山的游客都要慕名前往，去领略一下这条别具一格的街道。城市中那些由混凝土和沥青筑成的街道已经使人们感到厌烦，绿色街道的设置有助于重新唤起人们对街道景观的关注和喜爱(见图 7-37)。

---

❶ 孙成仁.城市景观设计[M].黑龙江科学技术出版社，1999.

❷ 王建国.城市设计[M].北京：中国建筑工业出版社，2009.9.

(a)

(b)

(c)

图 7-37 旧金山花街街景(见彩图)

(a) 旧金山花街的仰望街景；(b) 旧金山花街的俯视街景，远处为罗姆巴德大街；(c) 旧金山花街局部街景

资料来源：(a) http://soso.nipic.com；(b) http://bbs.photolive.com.cn；(c) http://soso.nipic.com

7.6.3 巴塞罗那兰布拉斯(Lamblas)林阴道[1]

被塞万提斯誉为世界最美丽之城的巴塞罗那是西班牙第二大城市，其充满文化气息与生机的城市环境给来访者留下了深刻的印象，而兰布拉斯林阴道则是城市独特的地域文化和悠久历史的集中体现。兰布拉斯林阴道位于旧城中心，向北通向城市扩展区，向南通向滨

[1] 盖世杰，戴林琳."巴塞罗那经验"之城市街道解读——以兰布拉斯林阴道为例[J].中外建筑，2009(1)：55～59.

海地带，是内城与海洋之间的景观廊道(见图 7-38)。作为巴塞罗那最重要的街道，它不仅是连接城市滨海区与扩展区的重要通道，其充满活力的开放空间形态与格局更是全世界城市街道改造的蓝本，成为机动车与步行道和谐共存的典范。

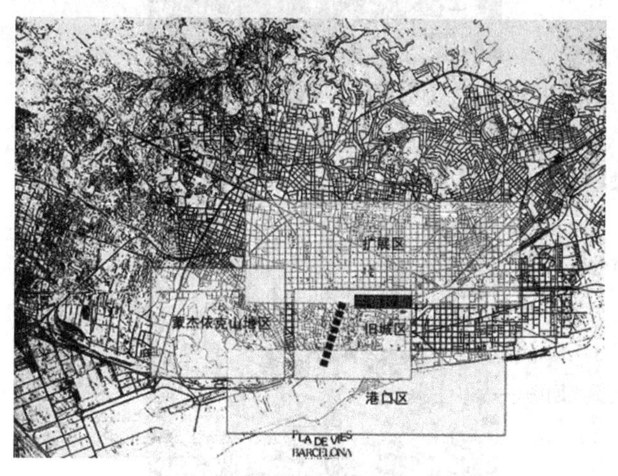

图 7-38 兰布拉斯区位图

兰布拉斯林阴道初步形成于 1704 年，在之后的 200 多年内逐渐发展成为现今充满活力的欧洲著名林阴道。现今兰布拉斯林阴道的繁华主要得益于 20 世纪 80 年代开始的城市改造计划，通过缩减机动车道、恢复历史广场、道路无障碍设计和沿街建筑立面整治等一系列工程的实施，形成了独具特色的城市街道空间建设与发展模式，进而成为“巴塞罗那经验”的重要组成部分。

兰布拉斯林阴道始于港口之滨的哥伦布纪念碑，向北延伸至扩展区边缘的加泰罗尼亚广场，全长 1.8km，贯穿整个旧城区。由于街道较通常的步行街要长，再加上地处城市中心地带，为了方便集散，该地区采用半开放式交通组织，允许汽车通行，但以公共交通为主。街道两端及中间分别有地铁出入口，每隔 400～500m 设置公交车站。

按照街区的景观特色，整个林阴道分为五个街段，从南向北依次是圣莫尼卡街、卡布辛克斯街、花卉街、学院路和卡那雷特斯街。其中，圣莫尼卡街两侧遍布艺术中心、画廊、教堂和咖啡馆等市民游憩场所，除了建筑室内的展览活动，这里也是举办周末露天手工艺品集市的场所；卡布辛克斯街主要是由教会产业收归公有后改造而成，包括利塞奥大剧场和雷阿尔广场等；花卉街则是花卉交易的室外场地；学院路最初因中世纪的城市大学而得名，17 世纪校园被迁到城外，目前这里是露天鸟市(见图 7-39)。

机动交通与步行活动两项城市活动之间存在着一定的城市制度界面，而街道本身的物质结构就是两者进行物质、信息和能量交换的界面，它应该既不受机动交通完全控制，又不被步行活动全然占领，是一个让两者处于“流动着的和解状态”的领域[1]。兰布拉斯林阴道采用树木作为步行道与车行道之间分隔的布局形式，其街道两侧建筑大多为 5～6 层高，建筑底层为沿街传统店铺，局部底层为架空沿廊。道路平均宽度约为 30m，包括 12m 中央步行道，两侧分别为 6m 宽单向行驶的机动车道，其余部分为临街步行区。街道的空间设计手

[1] 寇志荣. 城市街道中机动交通与步行活动的共生条件研究[J]. 华中建筑：2012,30(1)：21～25.

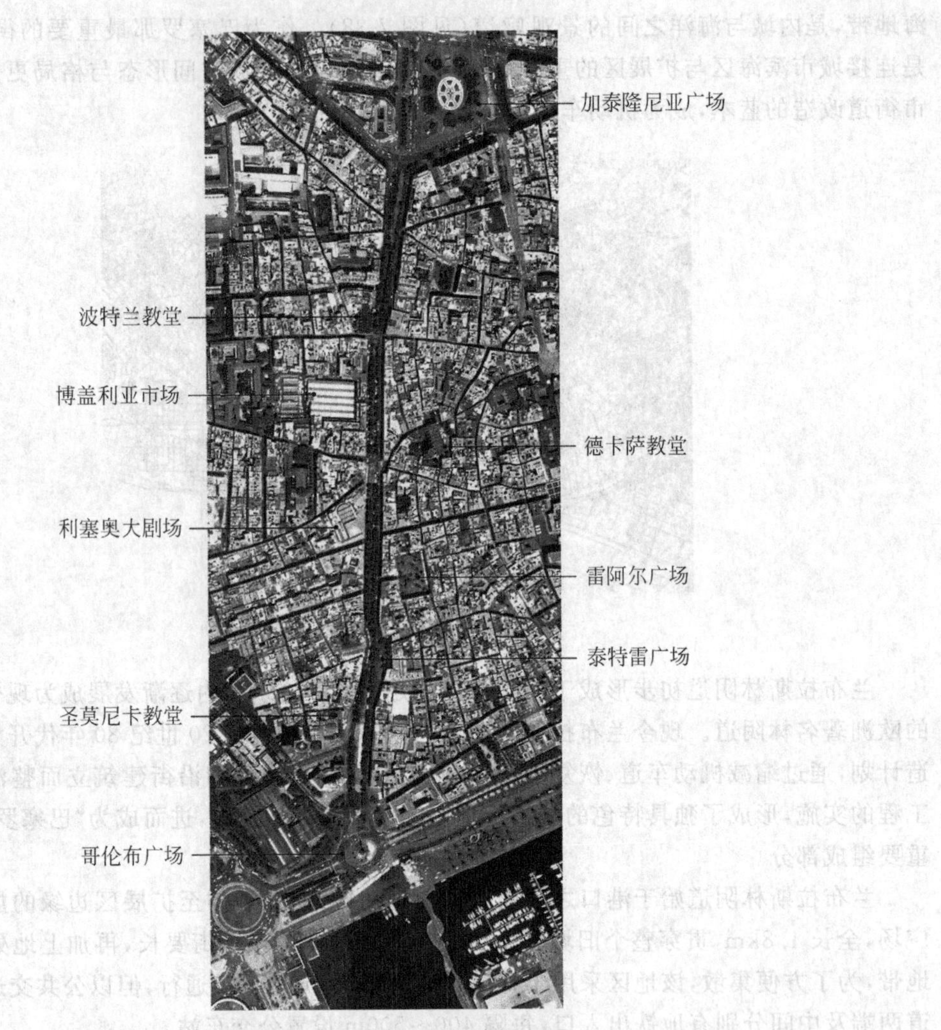

图 7-39　兰布拉斯林阴道平面图

法成熟而丰富，空间处理极富变化，中央步行道自始至终种植双排悬铃木，密布售货亭及露天艺术展示，是步行者的天堂(见图 7-40)。

兰布拉斯林阴道以通长的线性街道串联了临近街区的众多文化设施和开放空间，如雷阿尔广场、语言学院广场和泰特雷广场等(见图 7-41)。街区综合了商业、娱乐、餐饮、居住、教育和办公等功能，有意保留了传统的底商模式，延续了既往的街道生活传统。林阴道两侧的建筑形式多样，有新哥特风格的戈诺夫诊所，现代主义风格的博盖利亚市场，后现代主义风格的语言学院和新现代主义的圣莫尼卡教堂等，更多的则是形成于 18—19 世纪的古典主义风格的官邸或住宅。

为反映街区的历史面貌，林阴道的步行区采用波浪型马赛克铺装来象征地下的水流。街道小品除了保留 19 世纪的街灯、雕塑之外，大多是后来新设的，数量多、造型简洁，具有宜人尺度。街道上设有数量众多的真人雕塑(见图 7-42)，或背靠一颗悬铃木，或依附一盏街灯，奇装异服的表演者更是展现了历史人物、故事和传说等场景，吸引过路人驻足，形成了充满活力的城市街道空间。

图 7-40　圣莫尼卡街街景，远处为哥伦布纪念柱

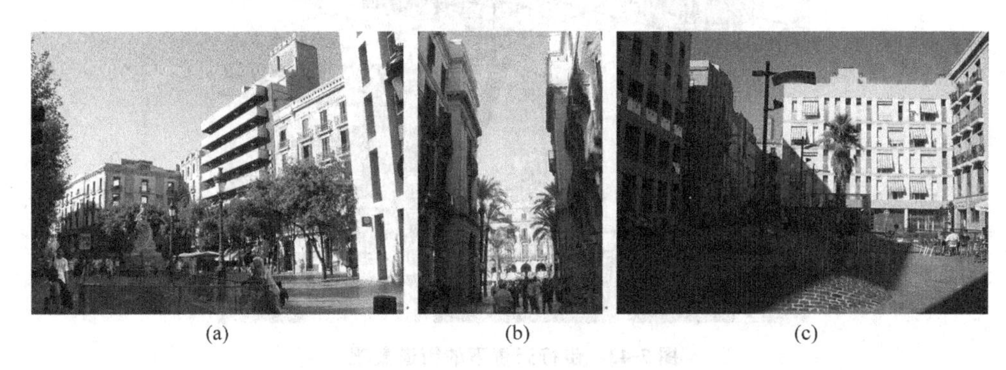

(a)　(b)　(c)

图 7-41　兰布拉斯林阴道连接的广场空间

(a) 泰特雷广场；(b) 雷阿尔广场；(c) 语言学院广场

图 7-42　兰布拉斯的真人雕塑

7.6.4　城市街道小空间——步行天桥下的街道景观[1]

设计者充分利用十字型街口步行天桥的功能需要，在其形成的半围合环境中构思了一个现代的人文园林景观。天桥、广场和建筑之间采用半弧形的柱廊巧妙地结合在一起。从形态方面来看，它的几何造型成为主干道上一个醒目的环境景观标志；从功能方面来看，运用现代景观中的建筑、广场、小品、水幕、绿化和道路等要素合理组合，融为一体，充分体现回

[1] 刘恒．城市小空间——从步行天桥看街道景观设计[J]．华中建筑，2006，24(9)：92～94．

归自然的主题(见图 7-43)。

图 7-43 步行天桥下的街道景观

整个区域以步行天桥为引导,街口空间则以矩形的环境小品为母题,通过小品与环境景观的穿插来形成秩序。天桥的围合成为整体环境线形的统领要素,由点状小品要素的布置形成中心的休闲广场,并强化这一领域的认同感。通过这一系列的设计,点、线、面的强烈秩序得到了形成,从而创造出了有机和谐的整体景观。

环境小品的设置借鉴了园林中善于借景的手法,以小见大,将自然的生息浓缩进有限的空间中,并在活动空间的周围适当地配置了不同景观特色的园林植物,使人们可以随着时间的变幻欣赏不同的景色。尤其当你走在水幕柱廊下时,透过流动的水体观看外面的景色更是另一番情趣,所有静态的景物都随之跳动起来。水落在一个有层次的梯形水池中,周围小品的倒影静静地浮在上面,同时又随意地放置了几块石阶供人们在上面行走,使得静与动的景观相映成趣,不但给行人视觉的体验,还给予了听觉、嗅觉等感官的体验。在外部环境中,能让人们感受到的每一个实体都是环境的要素,也正是通过这些实体要素不同的表达形态和构成方式使人们获得了丰富多彩的兴趣与品位。

设计还考虑到整个城市环境公共活动领域的连续与衔接。街角广场结合人行天桥的设计,除了方便人们全天候的安全穿梭,满足城市功能的需要,还给人们提供方便休憩和观赏的理想街道景观。设计巧妙地利用过街天桥这个城市小空间,把城市交通功能、建筑的形态意义与人文景观环境完美地融合在一起,真正做到了城市、建筑与景观的三位一体。

在营造城市街道景观环境时，要力求人与环境景观的高度融合，在街道景观设计中利用一切空间与可能，加强自然景观要素与城市构筑物的结合，恢复和创造城市中的生态环境。从这个街道景观设计可以看到，街道的节点往往放大形成广场，成为公众活动的集中场所。因此，街道的节点的位置十分重要，应该有鲜明的特征，尽量考虑围合、半开敞和公共活动空间，为人们的相互交流、景观的构成和交通的集聚与疏散创造条件。

思考题与习题

1. 城市街道的含义是什么？城市街道与道路有何区别？
2. 如何创造舒适宜人的城市街道景观？
3. 城市街道的两种线型是什么？各有何特点？
4. 城市街道建筑的设计要求有哪几个方面？
5. 城市街口的功能是什么？
6. 城市街口的设计应该包括哪几个方面的内容？

第8章 城市步行空间设计

8.1 城市步行空间的构成

8.1.1 城市步行空间的概念

1. 步行在城市中的地位演化

步行是相对于车行而言的概念，是人类个体最基本的运动方式和空间易地形式。在城市中，步行作为人类社会活动中一种短距离且灵活的交通出行方式，是居民出行中必不可少的组成部分。扬·盖尔在《交往与空间》一书中将步行定义为："步行首先是一种交通类型，一种走动的方式，但它也为进入公共环境提供了简便易行的方法。"所以他认为"步行活动常常是一种必要性的活动，但也可能仅仅是一种进入活动现场的托词——我只是打这儿路过。"[1]

步行作为一种古老而广泛使用的交通方式，随着经济的发展、社会的进步和交通工具的改进，其在城市交通系统中的地位也在不断变化。在城市发展初期，生产力发展水平低下，人类的代步工具较少，出行主要靠步行。进入马车时代，马车的出现第一次使步行者受到了威胁，但马车一般为贵族使用或者用于远途交通，在城市内部尤其是普通民众依然以步行交通方式为主。汽车时代的到来加重了对步行交通的威胁程度，机械化交通以快速、方便和运距长的优势成为城市内部以及城市之间的主要交通方式，并开始挤压甚至蚕食城市步行空间[2]。一方面，汽车时代的到来顺应了现代化社会对快捷交通的要求，另一方面也给步行者的安全保障带来了灾难性的影响，步行空间不连续、被车辆挤占，不仅降低了步行交通者的安全感和舒适度，还造成极大的交通安全隐患[3]。进入后汽车时代，随着对"人性回归"的呼唤，步行再次受到广泛关注和尊重，城市规划中将步行和其他交通方式放在同等重要甚至更为重要的地位加以考虑[4]。另外，对于人类自身而言，步行作为一种健康、绿色和便捷的出行方式，起着健身、保健的作用；对于社会而言，起着减少污染，改善城市交通，优化城市环境，提升城市活力的作用；对于城市景观而言，步行是可欣赏建筑局部、细部和城市细节的唯

---

[1] [丹麦]扬·盖尔. 交往与空间[M]. 何人可，译. 北京：中国建筑工业出版社，2002.10.

[2] 卢柯，潘海啸. 城市步行交通的发展——英国、德国和美国城市步行环境的改善措施[J]. 国外城市规划，2001,6：39～43.

[3] 陆化普，张永波，刘庆楠. 城市步行交通系统规划方法[J]. 城市交通，2009,7：53～58.

[4] 孙靓. 城市步行化——城市设计策略研究[M]. 南京：东南大学出版社，2012.

一方法[1]。因此，城市步行环境受到越来越多的重视，各国政府相继采取了一系列保护行人和居民免受机动车干扰、改善城市步行环境的政策和措施。

2. 城市步行空间的概念

城市步行空间(Urban Walking Space)是以步行为主要交通形式的城市公共空间的总和，是保证城市生活品质的必要因素。作为城市步行系统的重要组成部分，城市步行空间经由城市的道路交通系统与城市其他空间相联系。

根据环境性质和使用功能的不同，一般可将城市步行空间分为以自然环境为主和以人工环境为主两种形式。其中诸如公园道路、滨水散步道和步行林阴道等空间，与优美的自然风光相结合，为人们的休闲活动提供场所(见图 8-1)。而以交通、购物、社交和娱乐活动为目的的步行空间，如人行道、步行广场、人行天桥和步行街等主要是以人工环境为主(见图 8-2)。

图 8-1　香榭丽舍大街步行林阴道

资料来源：百度图片(http：//image.baidu.com)

在城市步行空间里，步行者具有交通优先权，其行动不受或较少受到汽车等机动交通的干扰和危害。步行空间不仅在减少汽车对环境的压力，保障市民的安全感上起着重要作用，而且有利于增进人际交流和地域认同感，促进街区商业的发展；再者，作为城市空间的重要组成部分，步行空间也是构成城市形象和城市景观的基本要素，体现着城市的建设水平、地域特征和历史文化。

M. 盖奇和 M. 凡登堡指出："步行环境是连接分散于城市中开敞空间的步行网。"在现代城市里，步行环境日趋体系化，它将城市中心区、商业区、交通枢纽区和居住区等一系列城市地面步行空间结合地下和空中步行空间形成三维化的步行空间网络。在规划设计时，出于对出行安全、增强街道活力等方面的考虑，应致力于将城市中大小不一的步行空间有机地联系在一起，并与城市道路交通系统相结合，形成完善的城市步行系统。

---

[1] 乐音，朱嵘，马烨，等. 营造商业环境魅力的节点——关于上海南京路步行街世纪广场空间行为的调研分析[J]. 新建筑，2001，3：6～8.

图 8-2 北京王府井商业步行街

资料来源：百度图片(http://image.baidu.com)

8.1.2 城市步行空间的组成与分类

1. 城市步行空间的组成

城市步行空间既要满足人们通行的交通要求，又要满足购物和文化娱乐等生活要求，因而应具备安全、便捷、景观良好和连续完整等基本要求，才能确保步行双重功能的实现。作为一种实际存在的空间形式，城市步行空间是由空间形态要素和物质构成要素组成的。

1) 空间形态要素❶❷

城市步行空间的存在形式有多种，根据平面形态和三维形态的不同，可将形式各异的城市步行空间进行分类。

(1) 按平面形态分类

点状空间：指在交通工具转换之处，本身占地面积较小的空间，诸如公共汽车站、地铁换乘站和停车场等。

线性空间："线"指城市中的路线网，可以是单纯的交通空间，如人行道、台阶和坡道等；也可以是包含多种活动的线性空间，如步行商业街、滨河步道和胡同等。线性空间一般都是连续的空间，可分为有方向和无方向两类。直线形和折线形的空间有一定指向性，方向感较强，而环形空间一般不具有方向性。

面状空间：指边界确定，被建筑实体围合或由其他元素如道路、河流等界定的步行区域，一般面积较大，亦可指在路线上供人们停留、聚集和集散的空间，譬如商业广场、步行街区等(见图 8-3，图 8-4)。

"点"、"线"、"面"空间三者相互联系，构成二维步行空间系统，但是三者间的界定并不是严格的，比如一般而言广场是面状空间，而相对于很长的街道，面积较小的广场即可视为线上的"点"。

---

❶ 孙俊.城市步行空间人性化设计研究——以烟台为例[D].同济大学，2007.

❷ 孙靓.城市步行化——城市设计策略研究[M].南京：东南大学出版社，2012.

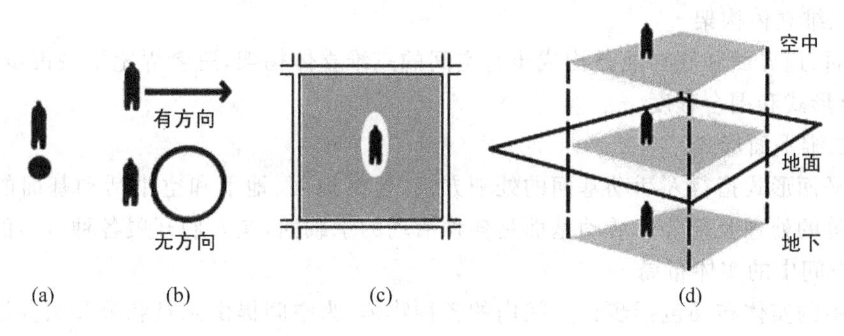

图 8-3 步行空间形态

(a) 点状空间；(b) 线性空间；(c) 面状空间；(d) 三维空间

资料来源：孙靓. 城市步行化——城市设计策略研究[M]. 南京：东南大学出版社，2012：32

图 8-4 洛阳万达广场（方岩 摄）

(2) 按三维形态分类

按三维形态，可以将步行空间划分为地面步行空间、地下步行空间和空中步行空间。最常见的是地面步行空间，如地面商业街、林阴步道和地面步行广场等。地下步行空间和空中步行空间是城市空间立体化发展的主要趋势，有利于节约城市用地，提高城市空间利用率。其中，地下步行空间的组成要素有地下通道、地下步行街和地下广场等。空中步行空间包括空中步行街、天桥和屋顶平台等形式。

城市步行空间的空间形式是多种多样，富于变化的，并向着多种形态组合的趋势发展(见图 8-3)。

2) 物质构成要素❶❷

在《寻找失落空间》一书中，罗杰·特兰西克将城市空间划分为软性空间 (Soft Space) 与硬性空间 (Hard Space) 两种基本形态。软性空间是指城市内以自然环境为主的场所。硬性空间是指主要由建筑壁面界定、以人工环境为主的空间，通常是社会活动集聚的主要场所。城市步行空间中的软性物质构成要素包括花草树木等植被情况和山川河流等自然条件；硬性物质构成要素包括三维立体构架、二维平面形式和空间中的实体布局。

❶ [美]罗杰·特兰西克. 寻找失落空间——城市设计的理论[M]. 朱子瑜，张播，鹿勤，等，译. 北京：中国建筑工业出版社，2008.

❷ 李晓琳，杨岩松. 城市步行街区的功能与空间构成分析[J]. 低温建筑技术，2006，4：28～29.

(1) 三维立体构架

顶界面、边界面和底界面是构成步行空间的三维立体构架，三者界定了城市步行空间的领域、围合形式和围合程度。

(2) 二维平面形式

二维平面形式指行人活动基面的处理方式，包括地面、地下和空中活动基面的材料、质地和组合等的处理及配合。活动基面是各种活动的承载面，是人们开展各种行为的场所。

(3) 空间中的实体布局

空间中的实体布局包括步行空间内的各种物体，为空间提供家具和公共服务设施，如标示设施、交通信号设施、坐憩设施、卫生设施、照明设施、通信文化设施、环境小品、报刊亭和商店招牌等。

2. 城市步行空间的分类

城市步行空间包含的范围很广，主要有以下几种划分方法。

1) 按照受天气影响的程度以及与建筑的关系分类

(1) 室内步行空间。室内步行空间位于建筑内部，从形式上属于建筑空间，但在使用性质上属于公共空间。诸多室内商场、连锁超市和室内步行街等均属于此类。洛阳万达广场即是一个很好的例子(见图 8-4)。此类空间受天气状况的影响较小，借助空调等人工设施，不管是严冬酷暑，还是刮风下雨，都可以为人们提供较为舒适的步行环境。

(2) 室外步行空间。室外步行空间指露天的、位于建筑外部的步行空间。此类空间形式较多，如横滨都市轴心步行系统、成都琴台路(见图 8-5)和洛阳王城公园等。这类空间受天气的影响程度较大，当天气状况不好时，该类空间的使用率较低。

图 8-5 成都琴台路（方岩 摄）

当前存在着建筑空间城市化、城市空间建筑化的趋势，室内外步行空间之间的联系也越来越紧密，因而在进行步行空间的整体设计时，应考虑室内外步行空间、甚至步行空间与其他城市空间之间的相互衔接。

2) 按照对车辆的管理程度与方式的不同分类[1]

(1) 完全步行空间。完全步行空间指人车完全分离，除急救、消防车辆外，禁止其他车辆进入，专供人行的空间，多用于历史保护街区和特定设置的步行区，如现代城市的商业步行街和步行广场等。合肥市的城隍庙商业步行街以及西安大雁塔广场即属于这一类型。

(2) 半步行空间。半步行空间包括限时性步行空间和限速性步行空间。需要推行步行

[1] 梅小妹，苏剑鸣. 人性的回归——城市步行空间的创造[J]. 安徽建筑，2000，6：53～54.

化的空间往往也是城市交通的重要节点，完全步行空间的实现有难度，因此很多城市退而求其次，推行半步行的空间形式。通过分时段限制车辆通行及限制车辆的流量和速度的方式都可以在一定程度上保证行人的步行环境少受汽车的影响，实现人车共存。苏州观前街以及日本东京世田谷区豪德寺商品街都在禁止车辆通行的标志上规定了时间限制，属于限时性步行空间。德国法兰克福歌德大街上允许汽车单向行驶，并可在路边停车（见图 8-6）。在人车共存的步行区，通过设置隔离墩、隔离绿带和栏杆等限制物件，对空间进行有效划分，以此保证步行者的安全和活动自由度以及交通运输的需要。

图 8-6 德国法兰克福歌德大街停车

资料来源：http://bbs.ixinwei.com/forum.php?mod=viewthread&tid=8077

(3) 公交步行空间。公交步行空间指只允许公共交通如公交车、专用客车和旅游观光车等进入，限制其他机动车进入的空间。尤其在大城市，当周边的公共交通并不能完全解决步行环境内的交通问题时，公交步行空间凭借公共交通与步行交通互为补充的优势，获得较成功的发展。

8.2 城市步行空间的设计理念和方法

8.2.1 城市步行空间的设计理念

1. 遵循以人为本的原则，进行人性化设计的理念

雅各布斯在《美国大城市的死与生》一书中指出："都市规划的精神，最重要的在于要了解都市本身的运作方式，以及人如何在内里生活。"[1]在城市步行空间的设计上，"以人为本"是应遵循的最重要、最基本的原则，应基于人在生理、心理、户外活动和社会交往等方面的基本需求来进行规划设计。

从生理和心理角度而言，人对步行空间的环境质量要求与自身的主观感受关系密切。一般情况下，人们乐意步行的最大距离是 500m。而如果道路铺装舒适、景观优美且人自身心情愉悦，步行距离会出现增加的趋势。再如着急上班、上学的人最希望走捷径，而出门散

[1] [加]简·雅各布斯. 美国大城市的死与生[M]. 金衡山，译. 南京：译林出版社，2006.

步、锻炼身体和遛弯的人群并没有明确的方向性，喜欢闲逛。因此，在设计时，针对不同人群的心理和生理需求，既要设置便捷的步行通道，也要设置步移景异，富有变化，供人们驻足、交流和健身的空间，这样才能提高空间的利用率和吸引力。

从人们对户外活动的需求角度讲，城市步行空间是人们大量户外活动的发生地，如散步、聚会、购物和娱乐等。扬·盖尔在《交往与空间》的序言中强调设计师应"善待市民和他们珍贵的户外生活"，并将户外活动分成三类：必要性活动、自发性活动和社会性活动。其中，必要性活动如上班、上学、等人和候车等日常工作和生活事务，对户外环境的要求较低，但是宜人、优美的户外环境可以吸引人延长停留时间；而自发性活动和社会性活动对户外环境的质量要求较高，只有良好的环境才能使人有参与的意愿[1]。因此，在设计步行空间时，既要满足人们不同户外活动的使用要求，又要营造优美的景观环境。

从社会交往和城市本原的角度讲，城市步行空间为人们的交往提供了场所和机会。路易斯·康认为"城市始于作为交流场所的公共开放空间和街道，人际交流才是城市的本原"。最低层次的交流方式通过人们擦肩而过，互相打了个照面即可进行，观望驻足是进一步的交往方式，而亲切交谈则是较高层次的社会交往方式。通过合理设置停滞空间，而不是大片的"通过式"空间，即可增加人们相互接触的机会，促进人与人之间的交流。

2. 注重文脉，体现人文内涵的设计理念

步行是一种古老的活动方式，诸多城市步行空间都是从传统步行空间发展而来，见证了城市的荣辱与兴衰。在设计时，应充分挖掘城市步行空间蕴含的文化内涵，注重文脉的传承。都江堰风景游览区距离主入口较近的喷泉，在围绕喷泉四周的竹篓里装满了石头，这是模仿李冰修建都江堰时采用的一种方式，体现了历史文化上的承继（见图 8-7）。此外，西安回民街、成都锦里、威尼斯水街和巴黎香榭丽舍大街等国内外优秀的步行空间也都有着城市文化深深的烙印。

图 8-7 都江堰风景游览区喷泉（方岩 摄）

[1] [丹麦]扬·盖尔. 交往与空间[M]. 何人可，译. 北京：中国建筑工业出版社，2002.10.

3. 生态规划的设计理念❶

生态规划的设计理念指尤其在与自然环境有很好结合的步行空间,如滨水步道和湿地公园等环境,顺应基地原有的自然条件,尊重地形地貌特征,建立“点、线、面、网”于一体的绿地系统,并注重生态多样性的保护,体现自然元素,减少人工痕迹。在设计中应强调可持续发展和环境保护意识的重要性,合理利用土壤、植被、日照和降水等自然资源,与人工环境相结合,构建完整的生态系统格局,形成景色优美、环境宜人的城市步行环境。

4. 系统化、整体化的设计理念

现代社会进入多模式发展的交通时代,人们不仅需要快速便捷的城市道路交通系统,也需要系统化的步行系统,并且要求步行系统与城市道路交通系统有着紧密的联系。因而,应秉承系统化、整体化的理念,构建与城市道路交通系统完美对接的步行交通系统,解决好步行与公共交通、机动化交通相结合的问题。巴黎德方斯新区通过立体分离的方式较好地解决了多种交通方式的衔接问题(见图 8-8)。

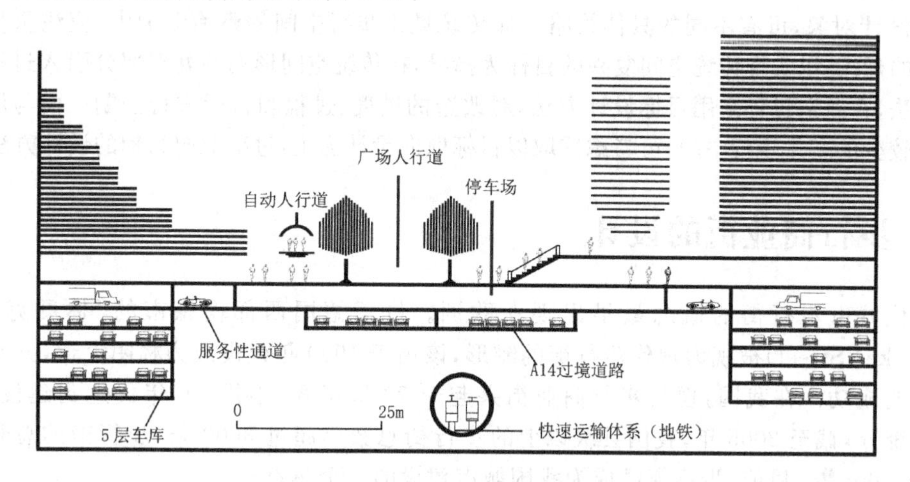

图 8-8 巴黎德方斯大平台地下交通道布置

资料来源:北京市城市规划设计研究院.城市规划资料集第6分册城市公共活动中心[M].北京:中国建筑工业出版社,2003:130

8.2.2 城市步行空间的设计方法❷

从方法论的角度,城市步行空间的设计方法可划分为以下两种:过程取向设计和目标取向设计。

1. 过程取向设计

传统的城市步行空间形成过程是缓慢且预先没有目标的,随着城市的发展和人们意识的变化而不断变化。这种形成过程犹如有机体的自然生长,其发展完全出于功能需要,是一

❶ 倪军,杨兵,李琪,等.小议城市道路两侧地段城市设计和地域文化的结合[J].理想空间,2010,38:50~55.

❷ 王峰,段巧玲.营造有魅力的城市生活——长沙太平街街区历史街巷的复兴[J].理想空间,2010,38:4~6.

种生活状态下的自然过程取向。这种没有既定的单一目标，随时间推移和人们意识转变发生变化的设计方法，即是"过程取向设计方法"。通过长年累月的积淀，这类空间一般具有自由的空间形态，承载着丰富的城市生活。我国传统的街巷空间和西方中世纪的城市空间都是过程取向设计方法引导下创造的宜人环境。

2. 目标取向设计

目标取向设计指在统一的设计理念下，由强烈的动机驱使，具有明确目标的设计方法。这类城市步行空间的形成是突发的，其设计和建造过程是在严格的理性规范的指导下进行的，呈现出规整、有序的空间形态，表达了最初的设计意愿。这种设计方法更适合新建的城市步行空间。

在设计过程中，这两种方法不是截然分开的，过程取向是一种动态的设计方法，可以更好地与人们的日常生活相融合，促进文脉的延续，但建造过程缓慢；而目标取向则是静态的设计方法，但可以更迅速地解决建设问题。因而，将两种方法有机结合不失为一种好方法，设计师应既重视对空间形态和城市生活的延续，又要重视设计统一性和连续性的表达，针对不同的设计对象，可有不同的具体策略。如传统城市步行空间的整治保护中，应注重传统空间肌理的延续，以实现传统空间复兴的目标为指导，在传统空间形态的处理部分引入过程取向设计方法，在改造过程采用目标设计方法，对改造的进度、过程和目标进行控制。而与历史因素联系较少的新建步行空间，可考虑采取以目标取向设计为主，过程取向为辅的设计方法。

8.3 步行商业街的设计

现代城市步行街的概念最早出现在欧洲。位于德国西部埃森市的"林贝克"大街(Limbecker Street)被视为现代步行街的雏形，该街于1930年建设成为林阴大道，并获得了商业上的成功。在我国，现代步行商业街兴起于20世纪80年代，90年代达到建设高潮。据相关统计，截至2005年，我国县级以上的步行街总数已超过3000条，步行街的总长度已超过1800km[1]。目前，步行街已成为我国城市建设的一个热点。

在现代社会，步行商业街作为城市空间的重要组成部分，代表一座城市的特色，体现最具活力和魅力的城市生活。它以人为主体，以步行为特点，是城市中商业活动集中，以大量的零售业、服务业商店为主体的空间，为人们的购物、娱乐、休闲、饮食、旅游等活动提供场所。与供通行的人行道不同，步行商业街具有交通和生活的双重功能，为人们提供"停留"空间，而不是一个"通过"空间。在空间组成上，步行商业街不仅包括交通空间，还包括街道两旁的商店、各类公共服务设施、建筑小品以及绿化带。

8.3.1 步行商业街的特点与分类

1. 步行商业街的特点

1) 安全性和步行化

安全性是指人们通行活动的安全。步行商业街以步行交通为主要交通方式，保证人们

---

[1] 廖妍珍."休闲经济"下步行街更新的研究——以上海南京路步行街为例[D].中南大学，2010.

“步行”的权利，为人们提供安全的、不受机动车和噪声影响的活动区域。

2）便捷性和可达性

便捷性指步行商业街为人们交通、购物和娱乐等多种活动提供便利。可达性指步行商业街一般位于城市中心或人流聚集的位置，通过多种交通方式与城市道路交通系统有着紧密的联系，便于城市中的居民来去步行街。

3）宜人性和社交性

步行商业街具有优美的环境，不管是以人工景观为主还是以自然景观为主，均为人们创造富有个性、宜人舒适的空间环境。为了吸引人流，步行商业街除了开展商业活动外，还融合了购物、餐饮、娱乐和交往等多种活动，在增加人与人之间交流机会的同时，使整个步行环境充满活力。

2. 步行商业街的分类

按照不同的分类方式，城市步行商业街可分为以下几类。

1）按交通组织方式分类

（1）完全步行商业街。完全步行商业街实行人车完全分离，无任何车辆，只供步行者使用，禁止任何机动车辆通行。在步行街两侧的交通性道路或小路上，留出商店送货口。在完全步行街上，一般设置有路肩或者其他细部阻止车辆的进入。国内的实例有成都春熙路、上海南京东路、哈尔滨中央大街、重庆解放碑商业步行街以及南京新街口等。有时也有“定时式”步行街，如南京的湖南路大街在周末晚间改为全步行区。

（2）半步行商业街。半步行商业街也可称为人车共存步行商业街。步行商业街一般位于商业繁华地段，交通和商业功能并重，因而半步行商业街是在无法实现完全舍弃街道的城市交通功能时，采取的一种形式。在这类街道里，一般性机动车禁止进入，只允许公交车辆、服务性车辆和观光游览车辆进入，并通过各种环境设计限制街内交通量和车速，形成以步行为主，适度机动交通运行的人车共存体系。

2）按空间形态分类[1]

（1）开放式步行商业街。开放式步行商业街是一种常采用的步行街空间形式。街道由人工或自然环境围合而成，其上方没有构筑物和建筑物遮挡。

（2）半封闭式步行商业街。半封闭式步行商业街是由沿街两侧建筑物挑出顶棚，部分遮挡街道上空的一种形式，也被称为带悬挑式顶棚的步行商业街。

（3）封闭式步行商业街。封闭式步行商业街是由人工环境完全围合的空间形式，包括街道上方覆盖顶棚的步行商业街、室内步行商业街和地下步行商业街。

在气候舒适、风雨天气较少的地区，开放式的步行街可使步行过程最大程度享受阳光和空气。而在多风雨或阳光暴晒的地区，步行街往往被设计成（半）封闭的形式。半封闭式步行街通过街道两旁建筑上悬挑出的顶棚来抵消部分恶劣天气的影响。而封闭式步行商业街可免除风雨等不利自然条件的侵袭，辅以空调设备，为人们提供风雨无阻、冷热无忧的舒适步行环境。

---

[1] 俞元吉．城市商业步行街的街具设计研究——以上海市南京东路步行街为例[D]．同济大学，2008.

8.3.2 现代步行商业街设计的基本要求

1. 满足不同使用者的基本需求

步行街对于城市的意义首先是生活，然后才是交通。因而设计者应研究步行街中人的多层次行为需求和活动规律，满足使用者可坐、可达、可观、可乐、可谈、可逛的生理和心理需求，进而在空间设计中确定行为的领域，提供相适应的场所及设施，促进适当的活动发生，以达到人际交流的本原目的。

人们在步行商业街主要进行两类活动：消费活动和公共活动，分别发生在消费空间和公共空间里。消费活动主要是指人们的购物活动，还包括休闲娱乐类活动，一般在步行街的商业建筑内或者室外摊位进行；公共活动指除消费活动外，人们在步行商业街进行的必要性、自发性和社会性的活动，如穿行、散步、休憩、交谈、欣赏街景和观赏表演等[❶]。承载公共活动的空间不仅要为人们的主要交通方式——步行提供“通过式”空间，更重要的是要为人们停留、驻足和社会交往等活动提供“停滞性空间”，对空间的形态、尺度和景观系统等内容进行规划设计，营造舒适的步行环境。

2. 塑造富有特色的空间环境

设计应遵循因地制宜的原则，根据不同的自然地理条件和历史文化特色，采用地方性材料和技术，塑造富有个性和可识别性的空间环境。还应综合运用形式、色彩、光影、地形和地貌等综合手段，增强建筑形式特征和环境起伏的表达[❷]。作为城市生活的重要“舞台”，步行街环境对人和城市生活质量的影响力是至关重要的。环境与人的行为之间存在着紧密的关系。一方面，物质环境为各种人群的行为活动提供了选择空间；另一方面，有特色、有吸引力的空间及良好的环境品质将大大地促进行为活动的发生。

3. 注重步行商业街的视觉美学设计

步行商业街应具有良好的景观环境和吸引人的景观要素，应遵循形式美法则，对步行商业街的空间界面、空间序列和空间节点进行设计。步行商业街主要由周边建筑的外立面进行围合，在建筑外立面的设计上，应遵循统一与多样的原则，建设连续而又富有变化的空间界面。在空间形式上，打破过于封闭、单调和易使人疲劳的线型街道空间，结合绿化、喷泉、雕塑、座椅、灯柱、报亭、公交站台、游乐设施和公共厕所等环境小品和公共服务设施，精心安排空间序列，使整个步行空间步步有景，步移景异，进而形成可连续感知的整体景观序列，并在节点处将线性空间放大，营造供人们停留、休憩和交流的场所。如果步行商业街附近有较好的自然景观或人文景观，可采取借景的手法，丰富步行商业街的空间层次。另外，在游客流量较大的特色步行商业街，更要在建筑外立面、门头和景观小品以及公共设施的设计上结合地方特色，塑造舒适、宜人、可游可赏的步行空间。

---

❶ 蔡嘉璐，王德．城市步行商业街中观层面的研究进展[J]．理想空间，2008，28：8～11．

❷ 陶筱玲，李豪．商业步行街空间设计[J]．华中建筑，2007，25：105～107．

4. 构建多元复合的功能结构

雅各布斯在《伟大的街道》一书中指出："多样用途会对街道和街区发生活化作用，让各种各样的人带着各种各样的目的前来此地，让街道运转。""一个物质环境所呈现出的多样性、活力和烟火气，似乎都是多元用途的结果。"罗马的朱伯纳里大街是一条至今尚存的中世纪伟大街道，长约 275m。在这条并不长的街道上，不仅分布着店铺和公寓，还有一所学校、一些办公建筑、一些党派的总部、一家电影院、两座教堂以及不少餐馆。所有这些，都为街道增加了趣味和活力[❶]。

现代的步行商业街不只具有购物功能，而是集购物、娱乐、餐饮、观光和休闲等内容于一体，并向着功能多元化的方向发展。一条优秀的步行商业街，应使不论年轻人还是老年人，不论是本地居民还是外地游客都能找到他们感兴趣的商品；光临此处的顾客，既是都市风情画的一部分，也是观看熙熙攘攘人群的观众；此外，书店和电影院也能为步行街带来稳定的人流，使步行商业街上人们的活动更丰富，避免了单一的购物活动，使人们在最短的时间内达到需求的最大满足[❷]。

在步行商业街的设计和实施过程中，人始终作为街道的使用主体。调查和分析表明，人及其活动是最能引起人们关注和感兴趣的因素[❸]。人们在逛街的过程中感受步行商业街的环境氛围，而活动的人群也构成步行商业街里最重要的一道风景线。从心理学角度，人们都有聚众心理，"人往人处走"，活动越丰富，聚集的人群越多，步行商业街就越能吸引人流，越能提升街区的活力。步行商业街虽然主要提供商业服务，但是，城市中各种丰富的活动内容都可以在此体现。浓厚的生活气息才是步行商业街建设的最终目标，才能真正在高楼林立的城市里还人们一个彼此亲近的空间。

此外，从商家的角度出发，功能多样化有利于满足多层次投资者和多种经营方式的需求，进而满足不同人群的需求，最终促进商业街的繁荣。

当前步行商业街的发展呈现多样化、规模化的发展态势，打破了原有的一条街或几条街的发展模式，占地规模逐渐扩大，步行街逐渐发展成为步行街区，涵盖了办公、金融、体育、影视、商贸和娱乐等生活的各个方面，成为一个城市中最具魅力的地区。如北京王府井商业区南起东长安街，北至五四大街，东起东单北大街，西至南河沿大街，面积 1.65km^2。其总体布局以商业商务设施为主，还包括宾馆酒店、文化娱乐、公寓住宅和医疗卫生等其他功能。在规划设计上，改变了"一条街两层皮"的单一商业街格局，形成以道路红线宽度 40m 的王府井大街为主街，辅以树枝状步行商业街为支街的 5 个商业分区的总格局[❹]（见图 8-9）。

5. 与城市建立良好的关系

其一，在空间体系上，与城市整体空间格局和功能结构相适应，比如在选址上与城市中

---

❶ JACOBS A B. 伟大的街道[M]. 王又佳，金秋野，译. 北京：中国建筑工业出版社，2009：300.

❷ 许峰，陈天. 创造丰富、人性的城市空间——步行街设计中的心理、行为因素探析[J]. 河北建筑科技学院学报(社科版)，2005，22：17～23.

❸ [丹麦]扬·盖尔. 交往与空间[M]. 何人可，译. 北京：中国建筑工业出版社，2002.10.

❹ 北京市城市规划设计研究院. 城市规划资料集第 6 分册城市公共活动中心[M]. 北京：中国建筑工业出版社，2003：135.

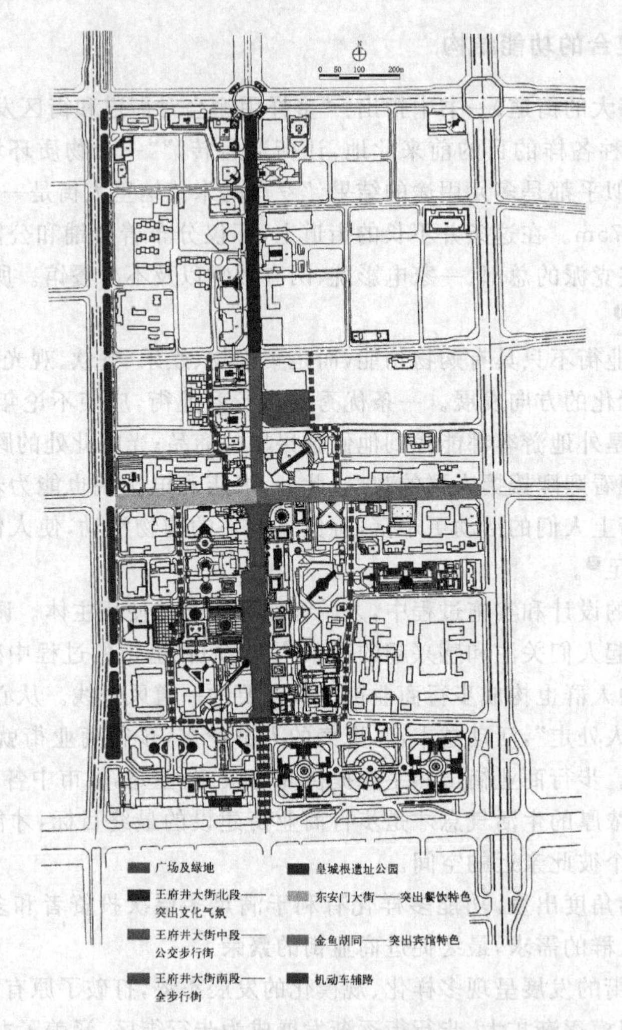

图 8-9 王府井商业区公共空间分布图

资料来源：北京市城市规划设计研究院. 城市规划资料集第 6 分册城市公共活动中心[M]. 北京：中国建筑工业出版社，2003：136

心、商圈和人流较多的区域相联系，远离污染严重、环境较差的地区。

其二，在交通上，与城市道路网系统相联系，使步行环境与机动交通尤其是与公共交通紧密联系，满足使用者对步行商业街可达性的需求。比如巴黎香榭丽舍大街及其周围共有7 条地铁线、1 条区域快速铁路线路和数条公共汽车线路，在不到两公里的街道范围内设有5 个地铁站，其中 4 个是换乘站。在香榭丽舍大街的任何地点，步行不超过 5min 就会到达地铁站，一票换乘制令轨道交通非常便捷。另外，公共汽车线路与地铁之间的换乘也十分方便，真正实现了步行交通与公共交通、轨道交通的有机衔接❶。

其三，在文化上，应体现城市历史文化，注重文脉的延续，通过挖掘历史记忆，使人们对步行环境产生认同感和场所感。在现代社会，人们普遍存在着一种怀旧心理，这促使

❶ 孙靓. 交通 · 景观 · 人——比较上海世纪大道与巴黎香榭丽舍大街[J]. 华中建筑，2006，24：122～124.

人们从对步行街购物条件的关注转到了对生机勃勃街道生活氛围的关注。上海城隍庙步行商业街、南京夫子庙步行商业街等传统街区更新改造的成功都说明了人们对传统街道空间尤其是庙会活动的向往与复归。因此,步行商业街的规划设计应充分考虑城市居民的情感因素,展现民风民俗和地方文化个性,追寻一种亲密的、充满人情味的生活氛围,使步行环境成为人们与历史对话的舞台,营建步行商业街区历史、现实与未来和谐永恒的局面[1]。

8.3.3 现代步行商业街设计的空间尺度、形式与商店布置

1. 空间尺度

1) 步行商业街的长度

步行商业街的适宜长度与人的步行距离和步行时间密切相关,并受到人们的生活习惯、街道环境条件、环境的吸引力、街区设施和气候条件等的影响。街道过长容易使人产生单调和疲劳感;过短则影响经济效益,不易形成商业规模经济。根据步行环境的不同,人们乐意行走的距离会有所不同(见表 8-1)。

表 8-1 不同环境条件下的步行距离(单位: m)

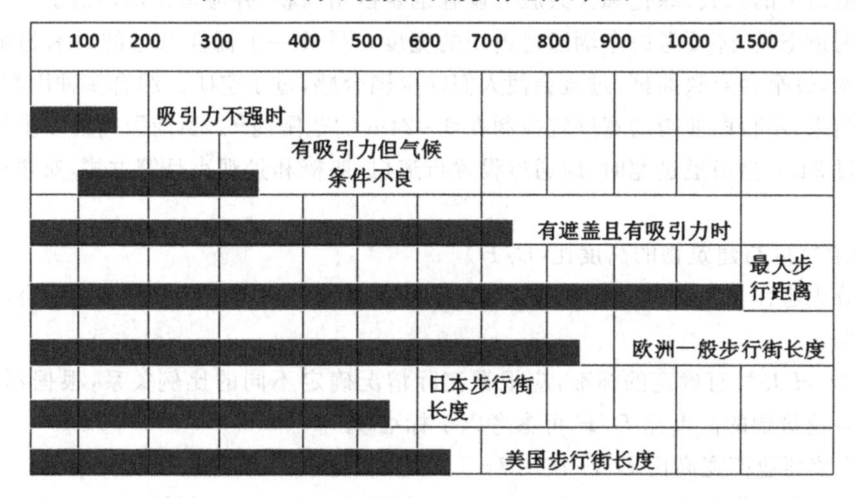

资料来源:孙靓.城市步行化——城市设计策略研究[M].南京:东南大学出版社,2012:101

各国经济社会和地域气候等因素的差异使得步行商业街的规模也不尽一致,日本、美国和欧洲的步行商业街平均长度分别为 540m、670m 和 820m。从我国实际出发,一般认为步行商业街长度在 800m 左右为宜,但更长的步行商业街也是实际存在的(如表 8-2 所示)。通过在较长的步行商业街某些地段的变化,如采用曲折的线形、建设富有特色的商店和设置供人休憩的广场等方式,可以增大对行人的吸引力,促使他们步行更长的距离而不觉得疲惫。

[1] 荣夏明.城市步行街区人性化规划设计方法研究[J].中国新技术新产品,2009,18:84.

表 8-2 国内外著名街道的长度一览表

名　称	长度/m	名　称	长度/m
上海南京东路步行商业街	1033	威尼斯大运河水街	3200
北京王府井步行商业街	1150	巴黎香榭丽舍大街	1800
哈尔滨中央大街	1450		

资料来源：方岩整理

而罗马的朱伯纳里大街虽然只有275m，但人们漫步其中时，并不觉得它很短，因为它呈曲线形状，并且在行进过程中，街道的宽度在不断变窄，使人们在街道的一端看不到它的尽头。因而从生理角度讲，步行街的长度应有适宜的距离；但从心理角度讲，很难确定步行街适宜的长度，因为通过不同的设计手法，可以使实际长度较短的街道变得空间丰富，也可以在较长街道上的某些位置制造变化，达到吸引人行进的目的。因此，步行商业街的长度应因地制宜进行确定。

2）步行商业街的宽度

影响步行商业街宽度的因素很多，其中最重要的是要考虑人流量的大小以及行人的环境感受。街道中的家具、绿化和公共服务设施也要占用面积，并应留出消防通道。如果是人车共存的街道空间，还要考虑车辆通过占用的宽度。另外一个需要考虑的因素是街道两侧建筑的高度，过窄会导致拥挤，过宽会使人们缺少围合感，过于空旷。综合多种因素，加上调查研究的结果，步行商业街的宽度宜控制在9～24m的范围内[1]。目前国内诸多步行街的红线宽度超过24m，当街道过宽时，应通过设置行道树、座椅和景观小品等方式，对步行街进行空间划分。

3）街道宽度与建筑物的高度比（D/H）

本部分内容详见第7章。我国若干城市商业街宽高比与芦原信义的理论研究略有出入（见图8-10）。

因此D/H并没有确定的标准，应根据实际情况确定不同的比例关系，根据不同情况，街道宽度与建筑物的高度比D/H可参考以下标准[2]。

（1）传统商业街宽高比D/H在0.7～1.5之间，宽6～8m为宜；

（2）干道商业街宽高比D/H在1.5～3.3之间，宽20～40m为宜；

（3）建议一般新建步行商业街宽高比D/H在1～2.5之间，宽10～20m为宜；

（4）邻街商业建筑高度为2～4层，高层后退为宜。

2. 空间形式[3]

1）平面布局形式

（1）贯通式。贯通式多是传统的线性步行商业街。根据线形的不同，贯通式大体可分

[1] 孙靓.城市步行化——城市设计策略研究[M].南京：东南大学出版社，2012.

[2] 北京市城市规划设计研究院.城市规划资料集第6分册城市公共活动中心[M].北京：中国建筑工业出版社，2003：132.

[3] 王军，柯余祥.浅析商业步行街的设计原则——商业步行街的空间尺度及交通环境[J].重庆建筑，2011，98：6～9.

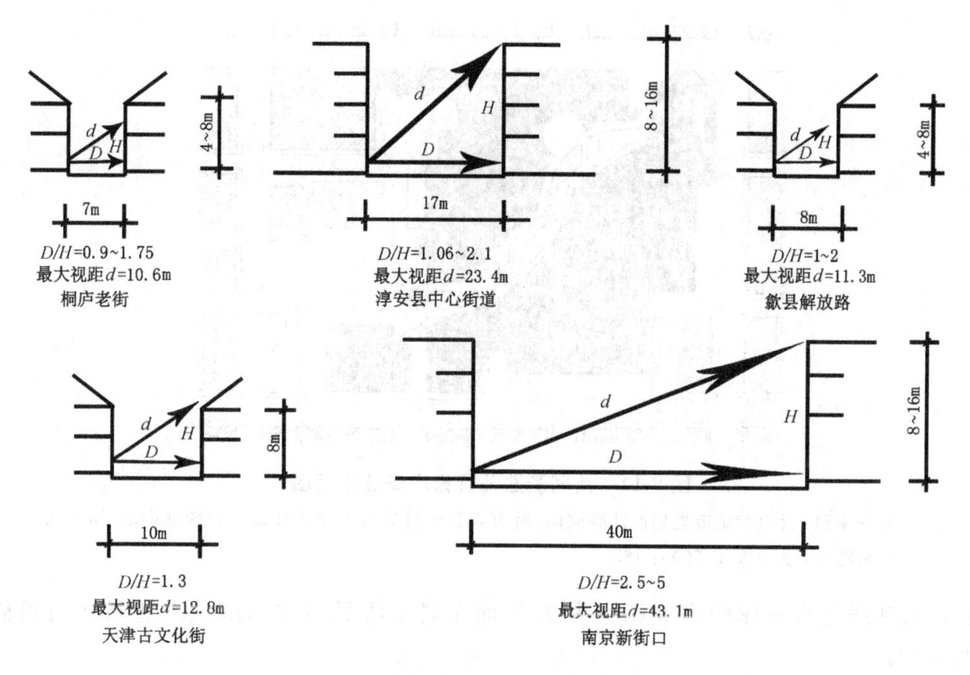

图 8-10　中国若干城市商业街道宽高比

资料来源：北京市城市规划设计研究院．城市规划资料集第 6 分册城市公共活动中心[M]．北京：中国建筑工业出版社，2003：132

为直线形(见图 8-11)、折线形、曲线形和复合线形等。贯通式步行商业街不宜过长，而且应在线形空间上，通过节点放大和路线曲折变化等方式，增加空间的魅力。如美国圣迭戈霍顿广场是个贯通式的购物中心，但并不是空间单调的直线型步行街，而是由两个半圆形广场连接而成的线型街区。人们行走其间，空间时宽时窄，心理感觉有张有弛，极富趣味性(见图 8-12)。

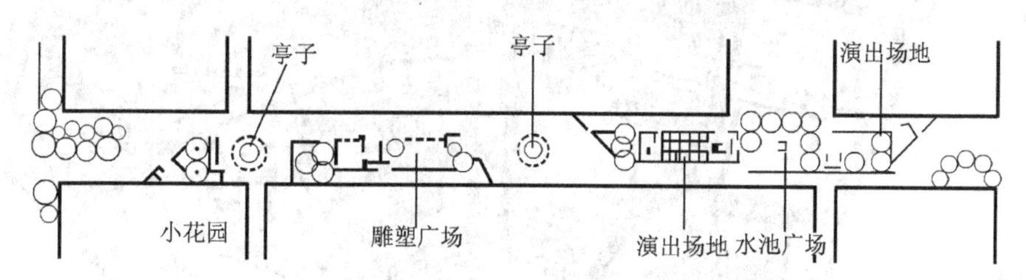

图 8-11　美国路易斯维尔江河市区步行林阴商业街

资料来源：吴志强，李德华．城市规划原理[M]．4 版．北京：中国建筑工业出版社，2010：593

(2) 庭院式。根据街道上方是否被覆盖，庭院式还可分为室内式和开敞式，但都是被人工建筑环境界定而成的庭院空间，与贯通式相比，庭院式围合感更强。

(3) 复合形式。复合形式是指将贯通式和庭院式相融合的空间形式。在当代，步行商业街常与城市综合体、商场和商厦相结合，组成步行街区，如万达广场和北京王府井都已不是传统社会单纯的街道空间，已成为多种空间形式复合而成的步行街区。再如湖南邵阳九井湾步行商业街位于邵阳市中心地区，规划建设面积 20.19hm^2，是一个集行政办公、商贸、

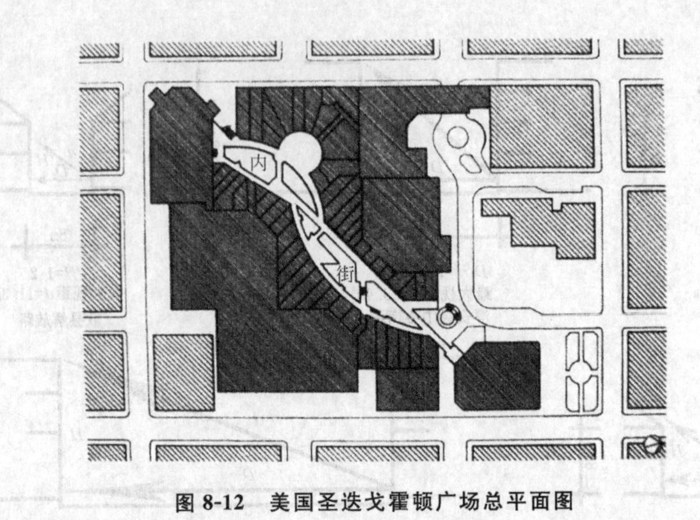

图 8-12　美国圣迭戈霍顿广场总平面图

资料来源：北京市城市规划设计研究院. 城市规划资料集第 6 分册城市公共活动中心[M]. 北京：中国建筑工业出版社，2003：163

金融、娱乐和居住为一体的商业街区[1]，在平面布局上将贯通式与庭院式进行了有机融合(见图 8-13)。

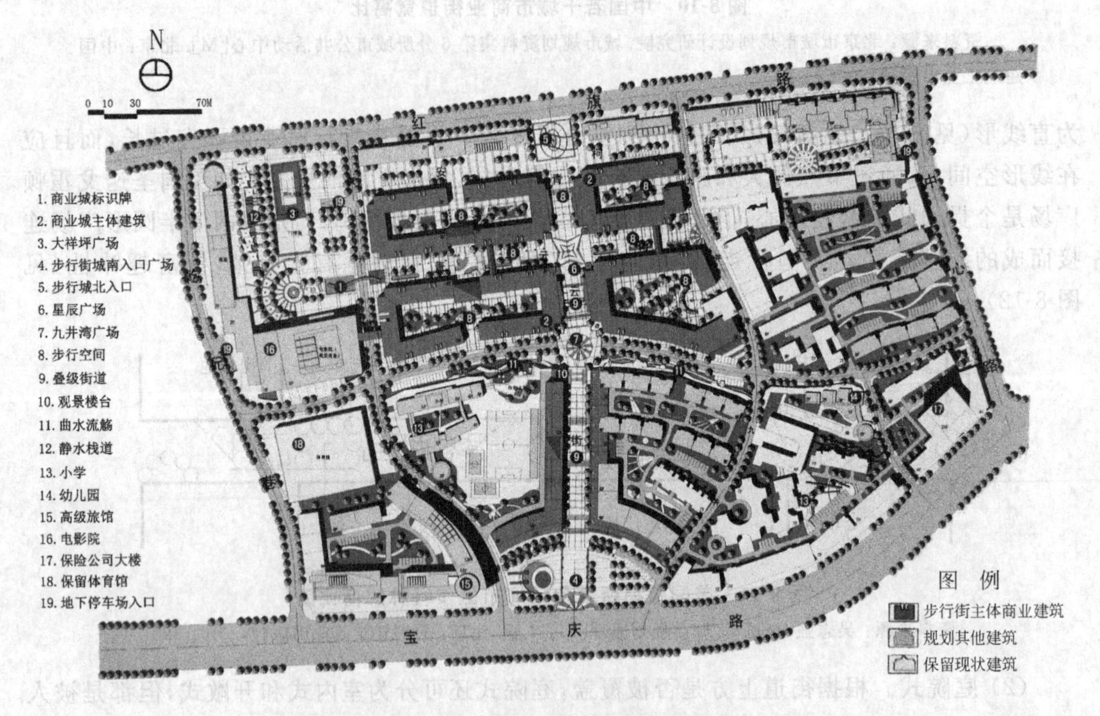

图 8-13　湖南邵阳九井湾步行商业街规划总平面图

资料来源：疏良仁. 整体形态与情感空间——上海同异城市设计有限公司作品集(2002—2004 年)[M]. 香港：香港科讯国际出版有限公司，2005：63

---

[1] 疏良仁. 整体形态与情感空间——上海同异城市设计有限公司作品集(2002—2004 年)[M]. 香港：香港科讯国际出版有限公司，2005：62.

2）立体布局形式

随着城市用地的日益紧张，步行商业街开始向立体空间发展，逐渐形成“地下-地面-空中”一体化的空间组合形式。在提高空间利用率的同时，丰富的空间层次也会赋予步行商业街活力，通过空间变化、内外空间渗透、空间立体式发展及秩序组织等，形成丰富的景观序列，带给行走其中的人们步移景异的新奇感受。以美国霍顿广场为例，其活跃的商业气息是由富于变化的平面布局与活跃的空间结构共同营造的。商业街两侧的商店二、三层都做成外廊，再通过过街天桥联系各外廊，由此形成内与外、上与下、左与右等相互交融的环境氛围，有利于人流的流动及商业氛围的形成。由此可见，平面布局形式与立体布局形式不是截然分开而是相互联系的，在整体空间形态的设计上，应综合考虑二者间的关系。

3. 商店布置

步行街与商业的发展是紧密相连的，国内外著名的步行街都以聚集着货品齐全、种类丰富的商店为主要特点。享誉世界的美国纽约第五大道被誉为“购物者的天堂”，几乎拥有全球所有顶级的品牌店，成为高雅和时尚的代名词。而提到北京王府井、上海南京路等国内著名的步行街，也总会让人联想起诸多老字号店铺或是国际国内的知名品牌。因此，商业是否成功往往是步行街设计成功与否的一个重要指标，商店布置是步行商业街设计中不容忽视的一环。为促进步行商业街的繁荣，商店布置可从以下两个方面着手设计。

1）功能混合，业态多样

步行商业街是城市生活最富活力的场所，街道上的活动多种多样。因而，在商店设置上，应涵盖多方面内容，避免单一业态，混合布置服装店、化妆品店和珠宝店等商铺。还要考虑人们购物需求以外的活动需求，除商铺外，还应设置咖啡厅、冷饮店、快餐店、书店和电影院等为人们提供餐饮、休闲、娱乐和交往的建筑，以满足人们多样化的购物和休闲需求。

2）注重门面和橱窗的设计

为营造吸引人的商业氛围，商店在门面和橱窗设计上要多下工夫，结合各自商店商品的特点，通过色彩搭配和空间引导等方法，设计富有个性的门面和招牌来招徕客人。通过精心摆设橱窗里的样品，也会提高人们驻足和购买的欲望。如洛阳万达广场“谭木匠”的橱窗设计以中式元素为主，将中式扇面和盆景与其产品——梳子设于橱窗之中，并采用传统的中国红作为主色调，起到了吸引人们眼球的作用（见图 8-14）。而在美国纽约第五大道上，有的商家甚至采用真人模特进行橱窗设计，以达到吸引人们视线的目的。

图 8-14　洛阳万达广场“谭木匠”橱窗（方岩 摄）

8.4 步行商业街(区)设计案例分析

1. 上海南京东路

上海南京东路(见图 8-15)是上海乃至全国最繁华的商业街,素有“中华商业第一街”的美誉,影响遍及海内外,成为上海的城市标志之一。

(a) (b)

图 8-15 上海南京东路步行街

(a) 步行街入口;(b) 步行街街景

资料来源:百度图片(http://image.baidu.com)

1) 历史沿革[1]

南京路已有 100 多年的历史,1851 年英国殖民者从外滩到河南路抛球场辟筑一条小路,取名花园弄(即“派克弄”),即是南京路的雏形。

同治四年(1865 年),上海公共租界工部局将其改名为南京路。

光绪三十四年(1908 年),南京路开通有轨电车,路面用铁藜木铺成。

1945 年,上海市政府统一将南京路更名为南京东路,原静安寺路更名为南京西路,统称南京路,全长约 5km。

1956 年,南京东路拆除铁藜木路面,改铺混凝土路面。

1992—1994 年,由商店自筹资金进行“南京东路改造十大工程”,但经济效果不够理想。

1995 年试行周末步行街,人流最高达 170 万人次,成为上海融娱乐、休闲、观光和购物为一体的新人文景观。

1998 年,上海市政府决定将南京东路改造成步行商业街,作为新中国成立 50 周年的国庆献礼,对南京东路进行全面的改造和商业结构调整。

1999 年 9 月,南京东路改造工程竣工。

---

[1] 王德,朱玮.商业步行街空间结构与消费者行为研究[M].上海:同济大学出版社,2012.

2）空间序列组织[1]

南京东路完全步行街，从河南中路到西藏中路，全长 1033m，共聚集了 66 家左右的商店。这里主要介绍南京东路的空间序列组织（见图 8-16）。

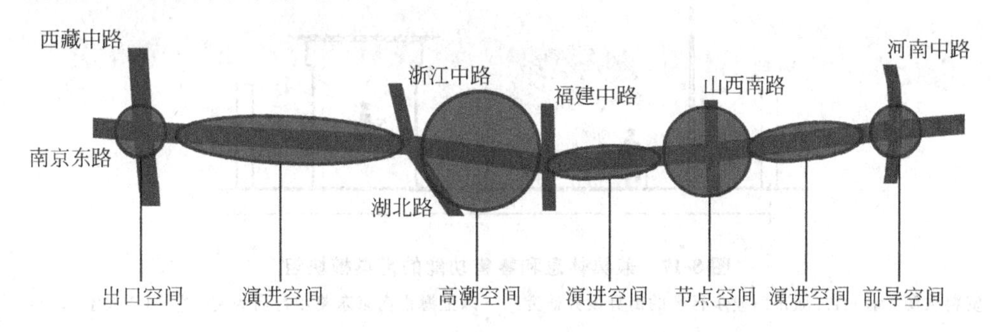

图 8-16　南京东路空间序列分析图

资料来源：方岩整理

从整个空间序列来看，南京东路主要包括前导空间、演进空间、节点空间、高潮空间和出口空间五类。首先是入口前导空间——购物者由河南中路的步行街入口进入。设计者在河南路广场结合地铁通风井、残疾人电梯和车站入口设计了占地 600m² 的立体花园，作为整条步行街的前导空间。接着进入了步行街的演进空间——由“金带”和店铺等组成的线性空间，供人们购物、停留和休憩。继续向前，在距入口 250m 左右处，人们会来到置地广场——一个节点空间。在这里，人们进入了一个小高潮空间，可进入商场进行购物、休息或娱乐等活动。距入口 500m 左右，人们来到步行街主题广场空间——“世纪广场”。世纪广场作为整条街道的高潮，空间较为开阔，是进行演出、商品展示和大型活动的理想场所。经过高潮空间，人们的活动行为到达最高点，再次经过“金带”和店铺等演进空间，最后到达第一百货商场和西藏中路出口广场，完成整个购物休闲行为。

3）“金带”设计[2]

贯穿整个街道的“金带”宽 4.2m，是南京东路的设计灵魂，但它并没有位于道路正中央，而是向北偏移道路中心线 1.3m。这种不对称布局既可以使“金带”一部分位于阳光照耀之下，又满足了紧急时刻通行的需求。整条街道以“金带”为主线，形成连续的线性空间。

“金带”上布置公共服务设施和休憩设施，并以 75m 的长度作为一个标准单元，留出足够的南北向步行空间，让游人自由穿越“金带”。这样的设置既满足了人们休憩、停留等静态活动的需求，又保证了街道的交通功能。集中设置在“金带”上的街具，如座椅、购物亭、问讯亭、广告牌、雕塑小品、路灯、废物箱、花坛和电话亭等，使整条“金带”具有了人性化的使用功能；而街具连续间隔的设置方式也使得南京东路步行街形成了视觉环境上的连续与统一。同时，“金带”之上的街具系统采用了“成组模块”的布局形式。在间隔 12m 的两块广告立牌之间，以公共座椅为中心，辅以不同的街具设施，形成各种功能模块连续设置的布局形式——这为更丰富、更有趣的户外活动创造了良好的物质条件（见图 8-17）。

“金带”上的另外一个特殊设计是雨水窨井盖的设计。“金带”上共有 37 个雨水窨井盖，

[1] 陶筱玲，李豪．商业步行街空间设计[J]．华中建筑，2007，25：105～107．

[2] 俞元吉．城市商业步行街的街具设计研究——以上海市南京东路步行街为例[D]．同济大学，2008．

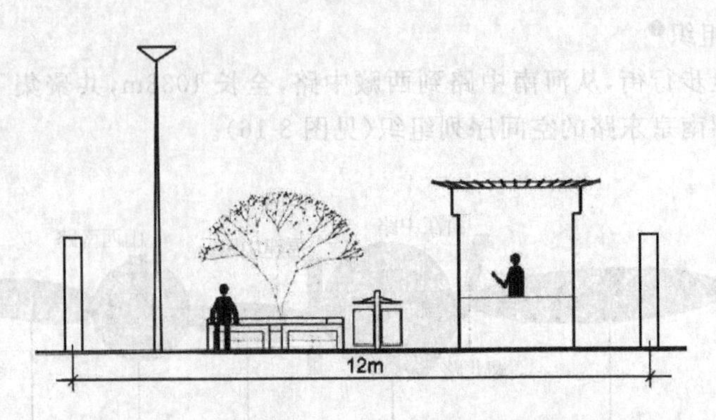

图 8-17 兼具休息和零售功能的街具模块组

资料来源：俞元吉. 城市商业步行街的街具设计研究——以上海市南京东路步行街为例[D]. 同济大学，2008

全部用合金铜浇铸。每个窨井盖都经过精心设计，其盖面上的图案各不相同——37 个窨井盖上分别刻有 37 个上海开埠以来各时期的代表性建筑物和构筑物浮雕，并标注建造年份，成为上海百余年来城市建设发展史的一个缩影(见图 8-18)。

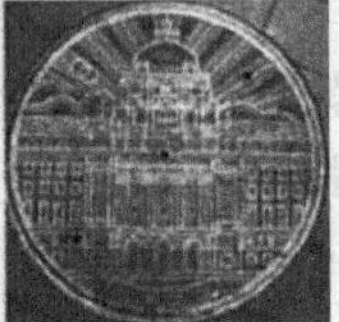

图 8-18 "金带"上的雨水窨井盖

资料来源：百度文库(http://wenku.baidu.com/view/4410080976c66137ee0619ef.html)

"金带"上选用了三组铸铜雕塑，分别为"少妇"、"三口之家"和"母与女"。雕塑采用真人比例的写实手法，造型上与日常购物人群相似，有利于营造祥和温馨的氛围(见图 8-19)。

图 8-19 "金带"上的三组铸铜雕塑

资料来源：百度文库(http://wenku.baidu.com/view/4410080976c66137ee0619ef.html)

2. 北京三里屯 SOHO[1]

北京三里屯 SOHO 是三里屯商业区核心地段的商业、办公和居住综合区，由日本建筑

[1] 虞大鹏. 自我的存在限研吾设计的北京三里屯 SOHO[J]. 时代建筑，2011，3：92～97.

师限研吾设计。整个项目占地 51 245m²，由 5 个购物中心、9 幢高低错落的写字楼和高档公寓楼组成。

1）区位分析

北京三里屯 SOHO 项目位于北京市朝阳区工体北路南侧，南三里屯路路西，紧邻 CBD、燕莎、东直门和朝外等区域的核心位置。它位于三里屯商圈的中心区域，由众多国家驻中国使馆环绕，毗邻三里屯酒吧街及工人体育馆。该项目周边交通条件便利，紧邻东三环交通枢纽，距北京国际机场仅 30min 车程，距北京国际贸易中心仅 15min 车程，距离地铁 10 号线团结湖站约 500m（见图 8-20）。

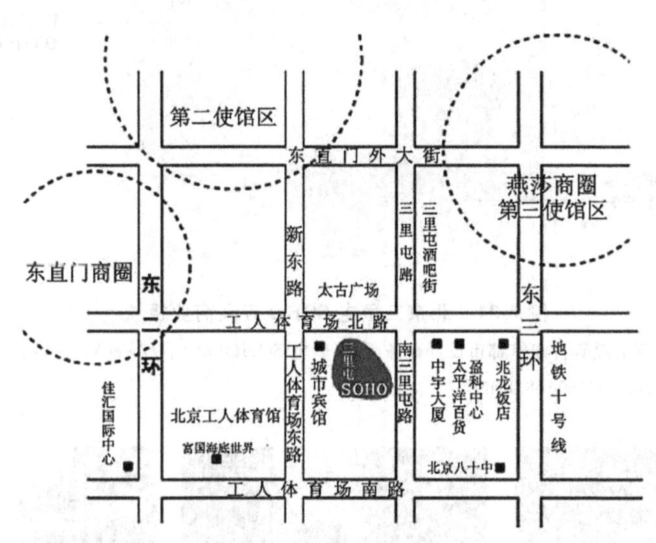

图 8-20　北京三里屯 SOHO 区位图

资料来源：限研吾建筑都市设计事务所. 三里屯 SOHO（http：//wenku. baidu. com/view/d182af0eeff9aef8941e06b8. html）

2）功能分区

该项目规划总建筑面积约为 46.568 万 m²，地上约为 31.568 万 m²，由 4 个公寓楼（南区）和 5 个写字楼（北区）组成；地下共 4 层，约为 15 万 m²。

三里屯 SOHO 裙房（一至四层，局部五层）及地下一层作为零售商业，由 5 个不同规模的商业板块组成，并通过连续的地下一层大商业区相连通（见图 8-21）；在商场之上，有 9 个平面形状各不相同的高层，建筑高度最高可达到 97m；高层的五层及以上用作写字楼和公寓；地下二至四层用作停车场、设备机房和服务管理用房。其中商业面积约为 12.8 万 m²（一般 4 层，局部 5 层）；办公面积为 10.2 万 m²（共 5 栋）；公寓占 11.98 万 m²（共 4 栋）。

在建筑之间，由溪水蜿蜒贯穿其中的下沉花园广场以及旱冰场将 5 个购物中心串联起来，使三里屯 SOHO 的室内外步行空间相互交融。

3）建筑设计

整个项目采用开放式的设计理念，体现了限研吾式的建筑风格：使用多种建筑材料；建筑外观呈现有机形态；注重建筑与人类、自然的关系（见图 8-22）。

建筑平面设计以曲线为主，楼间无棱角，构成连续、流动和柔和曲线形态的室外空间。

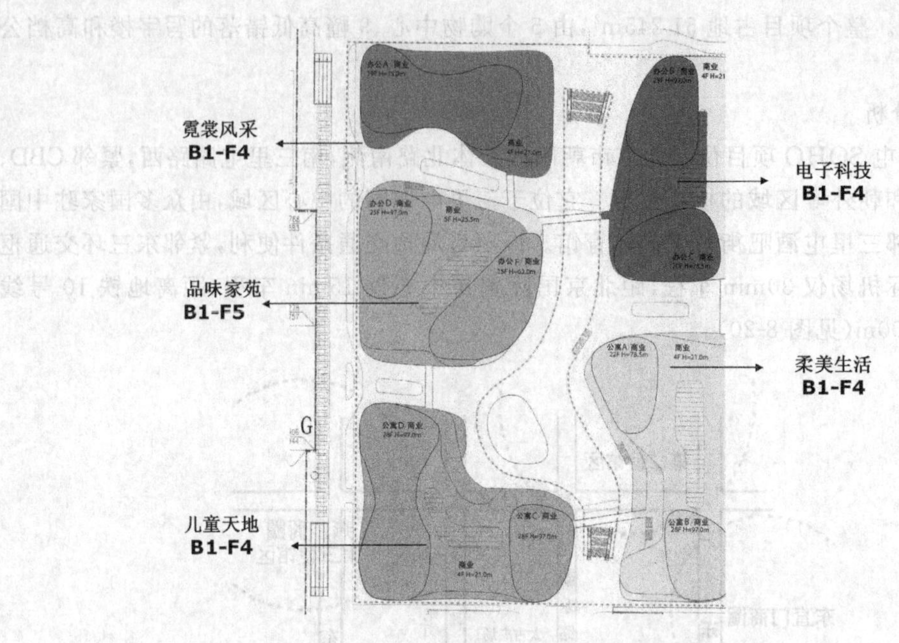

图 8-21 北京三里屯 SOHO 五大商业板块

资料来源：隈研吾建筑都市设计事务所. 三里屯 SOHO(http://wenku.baidu.com/view/d182af0eeff9aef8941e06b8.html)

图 8-22 北京三里屯 SOHO

资料来源：SOHO 中国官网(http://www.sohochina.com/about)

建筑立面设计主要采用两种方式，一种是采用玻璃和铝板幕墙构成的垂直形式，呈现出自然的竖向纹理，以体现塔楼的纤细形态；另一种立面是由石材和彩色玻璃等暖色物质构成的水平形式，以突出塔楼无棱角和曲线形外表的连续形态。

思考题与习题

1. 城市步行空间包括哪些类别？
2. 在城市步行空间的设计中，应重点考虑哪些因素？应遵循哪些设计原则？

3. 结合国内外实例，谈谈我国城市步行空间设计方面存在的问题以及未来的改进方向。

4. 步行商业街的设计应遵循哪些原则？

5. 步行商业街的设计要点有哪些？

6. 如何判定一个步行商业街的设计是否优秀？

第9章

城市滨水空间设计

城市的发展与水有着密切的联系，古代城市大都傍山筑城，逐水而迁。江河湖泊孕育了许多城市，城市由水而生，因水而兴衰的例子也很多。利用特有的自然景观和广阔的水面空间，创造供人们聚集、游憩的优美空间环境是都市人们一直以来的追求，滨水公共空间的设计也就成为设计师们的重要职责。城市滨水公共空间（滨水空间）是指城市中濒临江、河、湖、海等水体的公共空间，是城市中最具魅力的公共空间之一。

人类最早对滨水空间的设计仅仅局限于对水利和防洪等的治理，随着城市开发浪潮的推动以及城市规划设计研究的进一步深入，人们逐渐认识到滨水空间是城市中极其珍贵的开敞地带，优秀的滨水空间设计可以创造亲切宜人的环境，满足人们与生俱来的亲水天性，而且环境优美、独具特色的城市滨水空间还可以提高城市的品位，因此滨水空间的设计在现代城市建设中越来越受到重视。

9.1 城市滨水空间的相关概念

城市滨水区笼统说就是“城市中陆域与水域相连的一定区域的总称”，一般由水域、水际线和陆域三部分组成，特点是水体与陆地共同构成环境的主导因素，相互作用，共同形成城市中独特的建设用地（见图9-1）。如今，世界城市滨水区的开发建设情况大致呈以下的发

图9-1 城市滨水空间

展趋势：①滨水用地多功能化；②强调滨水区的生态化和可持续发展；③更加重视滨水区的景观和旅游功能；④强调滨水区开发对于城市经济发展的带动作用；⑤注重滨水区的城市形象塑造功能。

滨水空间(Waterfront Space)是城市中一个特定的空间地段，系指“与河流、湖泊、海洋毗邻的土地或建筑，亦即城镇邻近水体的部分。”人们对城市空间的感受，首先是对形成城市空间的各种有形要素的综合印象，如空间的高低错落、压抑和开敞，建筑的形式、风格，空间中的绿化、水体和设施等各种要素的综合体现，即城市空间形态。心理学的研究认为，形态具有其构成要素没有的新性质，即心理学所谓的形态质。因此，空间形态具有超越各组成要素的意义和组织内容。

由于自然环境和人文环境的独特性，城市滨水区往往构成城市空间中的生动部分，丰富着城市空间，也往往成为一个城市的主要特征之一。把握城市滨水区空间形态的独特性以及滨水区城市形态的构成与发展，可以为滨水地区的城市设计与开发建设提供理论基础与操作纲要。

9.2 城市滨水空间的分类与景观特征

9.2.1 城市滨水空间的分类

城市滨水空间可有如下分类。

(1) 按濒临水体性质，可分为河滨、湖滨、江滨、海滨等。

(2) 按所处地形，可分为平原型滨水空间和山地型滨水空间。

(3) 按主要功能分类。美国学者安·布瑞和蒂克·瑞克比(Ann Breen & Dick Rigby)根据用地性质的不同[1]，将城市滨水区分为商贸、娱乐休闲、文化教育和环境、居住、历史、工业港口设施六大类。

杨保军(2007年)按照城市滨水地区的用地性质将城市滨水地区的功能类型分为五类(见图9-2)：①与城市中心区相连的滨水地区，往往是多重功能混合的地区，也是公共性较强的开放空间；②以旅游休憩功能为主的滨水地区；③与城市旧工业、仓储和码头区相连的滨水地区，随着城市产业的“退二进三”，目前往往处于改造和再开发阶段；④与城市居住区相连的滨水地区；⑤以生态保育为主的滨水地区，多位于城市边缘或不同组团间的隔离绿带。

9.2.2 城市滨水空间的景观特征

1. 自然环境特征

1) 微气候环境

滨水区的微气候环境与城市“内陆”地区有较大差异，绿地与水面对微气候的调节起巨大作用；由于地面与水面的蓄热散热系数不一致，滨水地区在昼夜因水陆升降温速度不一，形成海陆风；流动的空气也使滨水区空气经常保持清新。滨水地带地势开阔，大自然风霜雨

[1] 王建国. 滨水地区城市设计——宜兴团桑滨水地段改造[J]. 建筑创作，2003(7)：84～89.

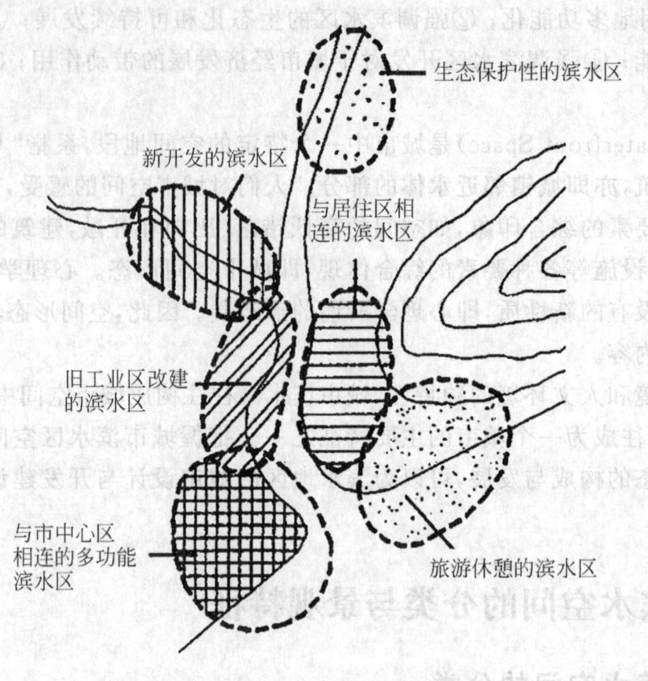

图 9-2　城市滨水区的分类

资料来源：张庭伟，冯晖，彭治权. 城市滨水区设计与开发[M]. 上海：同济大学出版社，2002

雪的脉动在这里表现得十分明显，它给人从视觉到触觉的全信息感受(见图 9-3)。开阔的地势、充足的阳光以及无高楼阴影遮挡的困扰，想必会给整天在日光灯下工作的人们带来一片明朗的温情。

图 9-3　滨水空间的微气候环境特点

2）声环境

城市生活中噪声的来源主要有三种：交通噪声、工业噪声和生活噪声。从环境保护角度看，噪声是指那些人们不需要的、令人厌恶的或对人类生活和工作有妨碍的声音，一般认为 40dB 是正常的环境声音，超过 40dB 的就是有害的噪声。

从人的感受上，声音可分为两类：

C(Comfortable)类：舒服的声音，如音乐、歌唱和生活中的交谈等；

U(Uncomfortable)类：不舒服的声音，如噪声、爆炸声和刺耳的啸叫声等。

有时，C 类和 U 类是会互相转化的，如邻居的歌声、节日里的爆竹声等。

城市滨水区具有独特的声环境，把城市规划的表现形式巧妙地运用到声景观设计上来，使喷泉水声、绿化所带来的自然声活跃滨水公共空间的氛围，减弱诸如建筑施工噪声、道路交通噪声等带来的影响。[1]

3）生态环境

城市滨水区是城市中最复杂的生态地段，同时也是最为敏感和脆弱的生态区域之一。近年来，一些城市通过大面积围湖造地或利用河、海岸线范围内的滩涂、填河造地或填海造陆等掠夺性方式获取新的城市滨水建设用地，对滨水生态环境产生了不良的影响。

滨水的自然条件对填河（海、湖）造地的工程建设可行性常常起控制作用。过度索取必然导致水文、滨水边缘地形构造、岸线的稳定及沿岸植被和海洋生物的栖息环境发生改变，以致降低水体的自净能力。另外，由于泥沙长期淤积影响航行，严重的会因为遭受洪水、滑坡、飓风和海啸等自然生态的破坏而威胁到城市的安全[2]（见图 9-4）。

图 9-4　滨水城市容易受洪灾影响

2. 社会环境特征

1）人文历史环境

城市的人文历史环境在很大程度上表现在现存的文物古迹中，这也是城市发展过程中最直接和最重要的历史见证。城市滨水区保留的文物古迹（古炮台、古代水城门）、场所（渔村、渔港）、文化遗址（城堡废墟）、历史性建筑物（海关、教堂、银行、古坊）和构筑物（灯塔、古桥、码头栏杆、河道驳岸）、邻水街区、地段和特定历史条件下的整个水上古城镇（威尼斯、周庄、南京）在沧桑的印迹中饱含着更有价值的文化感和美感（见图 9-5）。

2）多元化的社会生活环境

人类的生活领域包含物质与精神两个方面，寻求物质利益与精神需求的平衡，获取更好的生活质量也是人类的理想生存状态。随着经济的飞速发展，人们的生活方式从简单、单一朝着复杂、多元化的方向发展，作为城市公共空间的滨水区设计必须适应多元化的社会发

---

[1] 张森，马惠．海河亲水空间声环境分析及声景观表现方式[J]．噪声与振动控制，2011(3)：119．

[2] 邬建国．景观生态学——格局、过程、尺度与等级[M]．北京：高等教育出版社，2000．

图 9-5 南京秦淮河滨水空间的历史人文环境

展，使之在满足人们物质利益的同时也能极大程度地满足人们的精神需求，即找到物质与精神的平衡点，谋求更高的生活质量，创造更多丰富多样的城市空间环境，满足人们多样性生活的需求❶。

城市滨水区拥有形态丰富的场地和水文条件，为各种特性的活动提供多种环境条件❷。在同一水域环境里，既包括有组织的大型文化活动，又有以个人、家庭为核心的自发活动，几乎所有不同的活动都能在滨水区城市空间中找到适当的场地（见图 9-6）。这使不同年龄、性格、背景和教育程度的人走到一起，体现出滨水区开放空间的环境价值。

图 9-6 青岛海滨景观（赵景伟 摄）

3. 城市滨水区环境的二重性

城市滨水区作为户外活动的场所，既有别于纯粹的人工场所，又有别于荒洪蛮野的纯粹

❶ 张慧．构筑多元化城市公共空间[J]．安徽建筑，2005(1)：9～13.

❷ 刘滨谊．现代景观规划设计[M]．3 版．南京：东南大学出版社，2010.1.

自然场所，它是被驯化的自然环境，又是保有自然造化的人工环境。滨水区的魅力就在于具有这种“人工-天然”的两重性。

城市滨水区的城市性与自然性之间存在着一个微妙的平衡。二者相互冲突而又相互依存，过度城市化会使自然属性遭到破坏，而丧失地理资源优势；片面的自然保护又会使城市功能与水岸环境相互剥离，使水岸环境丧失活力，可见两重性向任何方向倾斜，都会降低滨水区户外活动的环境质量(见图9-7)。

图9-7 青岛开发区唐岛湾城市滨水空间(代朋 摄)

这个两重性是丹麦心理学家D.琼治所说的“边界效应”，即人工环境与自然环境的交汇处。人们在户外活动过程中，同时得到两方面的感受：既能感受人工设施的便利，又能感受大自然的清新；既能体察人工环境的精巧亲切，又能感到大自然的雄浑广博❶。

9.3 城市滨水空间设计的原则与理念

9.3.1 城市滨水空间的设计原则

城市滨水地区规划设计内容是对城市滨水地区的功能、空间、景观、绿化、环境和交通等各方面所进行的综合设计，是城市建设、景观塑造重要的组成部分，是城市规划设计的重点和亮点。

1. 整体性原则——创造系统的城市空间

滨水地区是城市整体开放空间的一个有机组成部分，考虑滨水区城市形态，应该把研究水体、滨水两岸地区与整个城市结合起来，从大局入手，以整个城市结构和城市空间形态为背景，即立足于景观、历史、经济、文化和生态等诸方面整体效应，从城市的角度出发，成为城市空间结构的完善和延伸，形成完整的滨水城市形态，城市形态设计应促进城市的整体活力和繁荣。

---

❶ [丹麦]扬·盖尔. 交往与空间[M]. 何人可，译. 北京：中国建筑工业出版社，2002.10.

在空间布局上，力求用一个开放空间体系将滨水地区与原有市区联系起来。也就是说，城市的滨水区与市区之间要加强联系，防止将滨水地区孤立地规划成一个独立体，而是要从点、线、面三个层面来系统考虑。一个"景点"的设计必须放在整条"景观带"的层面上进行考虑，一条"景观带"的设计必须放在整个城市"面"的层面上进行考虑。进行城市滨水区设计要时时想到整个城市，把市区的活动引向水边，以开敞的绿化系统、便捷的公交系统把市区和滨水区连接起来，保持原有城市肌理的延续。滨水区内虽然会因为各地块的属性不同而导致使用性质的不同，但是各地块之间的风格应该统一，在整体效果上具有和谐感(见图 9-8)。

图 9-8 加拿大多伦多滨水空间

资料来源：http://tieba.baidu.com/p/573735428? fr=image_tieba

2. 延续性原则——与城市整体结构的联结

1) 文脉的延续

滨水城市依水而建，滨水区蕴藏着丰富的历史与文化内涵，有着独特的城市空间形态和城市结构，以水为文化基础，产生了许多特殊的民风民情，滨水区大量的古建筑、历史遗迹和风景名胜等增强了城市的魅力(见图 9-9)。城市空间形态除了作为场所存在，更为重要的

(a)

(b)

图 9-9 城市滨水空间的文脉延续

(a) 青岛栈桥-中山路城市空间；(b) 扬州瘦西湖滨水空间

资料来源：http://soso.nipic.com

意义是它的场所精神即灵魂，它折射出的正是城市文化、历史内涵、市民精神、社会审美与意识形态等。因此，滨水区城市设计应该从城市的历史性空间入手，对有价值的历史景观采取保护和维新等措施，保持和突出滨水区建筑物和其他历史因素的特色，包括地理条件、景观构成因素、区域社会构成、历史建筑物现状和街区人文历史，发掘地方历史，延续文化传统，体现城市的独特性。

2）视觉的延续

保持视觉延续的途径，总结起来有以下几种。

（1）利用滨水丘陵的有利地形、地势设置观景点。如南京玄武湖南岸的北极阁、九华山公园依地理高势建造鸡鸣寺塔、古城墙，在高处可鸟瞰玄武湖和周边城区，提供了多角度的丰富城市景观（见图9-10）。

图9-10　南京鸡鸣寺

资料来源：http：//cache.house.sina.com.cn/citylifehouse/citylife/57/65/20090609_24688_1.jpg

（2）通过大面积玻璃幕墙保持建筑室内公共空间与水域的视觉联系，使室内外空间结合当地气候特点，靠近水边的建筑底层架空或局部透空，形成半公共空间，吸引人的活动，同时也使滨水景观成为视觉焦点。

（3）与城市功能分布相适应，在滨水边缘地带特殊地段，人流密集、多种交通方式交汇的地方，开辟公共广场。

（4）运用人工方法开挖河道将水体引入滨水岸域，这种方法尤其适用于滨水娱乐休闲区和滨水居住区。

（5）滨水区的建筑高度分区控制，城市滨水区的建筑布局和形体设计应有意识地预留视觉廊道通向水域空间，靠近水域的建筑不能阻挡街区内部的建筑朝向水域的视线。

（6）桥是特殊的景观和观景点，通常位于滨水景观最具魅力的地方，其地点的选择、与周边环境的协调以及桥本身的形态都很重要，应慎重行事。

（7）考虑从水上或者对岸观赏沿河景观时水域与周边城市环境的和谐。此时，防洪堤的形态是否妨碍视线通畅这一问题尤其突出。严格控制建筑与水体边缘的距离，水边设连续的散步道和绿化林带，改变建筑阻挡水体、行人在街道上看不见水、无法接近水的状况。[1]

[1] 黄翼．城市滨水空间的设计要素[J]．城市规划，2002，26(10)：68～72．

3. 以人为本的原则——人性化的设计

城市滨水区应师法自然，并突出人与自然和谐共处的理念，“人是一切设计的核心，使滨水区的人居环境高度和谐和人性化”，这是城市滨水空间设计最基本的理论。规划设计的理论、技术和方法必须服务于人类社会生活的最基本的需求，解决人类的基本生活问题，把对最基本的人的关怀落实到规划设计的每一个层次上。在城市滨水区设计中，应体现“人性化”的设计尺度和环境品质，提倡以人为本。也就是要求滨水区设计要体现对人的行为活动的支持，以及对人的实际使用活动多样性的考虑（见图 9-11）。“规划人们的活动必须考虑时间因素和位置关系，这样便于解决使用上的矛盾和综合使用问题”。

图 9-11 滨水空间的人性化设计

4. 生态优先的原则——营造和谐的自然空间

城市滨水区通常是城市的“绿肺”、“蓝带”，对整个城市的生态环境具有重要作用。在城市滨水区设计中，要注意自然环境与人工环境的协调，遵循生态学的原理，建设多层次、多结构、多功能和多学科的仿自然植物群落，建立人类、动物和植物相联系的新秩序。运用系统工程学指导城市滨水区的建设，使生态、社会和经济效益同步发展，实现良性循环，为人类创造亲水的生态环境❶。

首先，要保护滨水自然格局的完整性，利用河流、湖面、开放水面和植物群落等自然因素把郊外凉风引入城市以缓解热岛现象。滨水开放空间廊道还应与城市内部开放空间系统组成完整的网络。线性公园绿地、林阴大道、步行道及自行车道等皆可构成水滨通往城市内部的联系通道，在适当地点还可进行节点的重点处理，放大成广场、公园或地标。

其次，还应保护水体不受污染，禁止城市污水未经处理就直接排入水体，以保证水体干净清澈，这是滨水开发的前提。滨水区的绿化应尽量采用自然化设计，按生态学理论把乔木、灌木、藤蔓、草本和水生植物合理配置在一个群落中。

最后，在滨水护岸方面，采用“自然性护岸”技术，即放弃单纯的钢筋混凝土结构，改用无混凝土护岸或钢筋混凝土外覆土植被的非可视性护岸。采取以上措施的目的都是为了创造自然型的滨水区，同时也提高了滨水区的防洪能力，从而真正达到美观、防洪和安全的完美统一。

---

❶ 陆邵明，张惠姝. 古运河环境景观设计及理论纲要——以无锡市环城四公园景观规划为例[J]. 华中建筑，2005，23(7)：56.

5. 共享性原则——城市滨水区是公众的空间

城市滨水区往往是一个城市景色最优美的地区，作为城市公共空间的有机组成部分，城市滨水空间在用地形态上应力求开放化、公共化，实现滨水岸线的景观共享。岸线资源共享与社会公正也是世界公认的滨水区城市设计依据和原则。

滨水区城市设计应为不同社会阶层的人提供各种商业、工业、文化和居住的机会，使滨水空间资源真正为全民所享有。滨水地带是城市公共空间中不可缺少的景观要素。连续的滨水开放空间是汇聚人群的重要场所，最大限度地实现滨水地带与城市空间的联系，保持其共享性，将有利于实现城市开放空间效应(见图 9-12)。历史上，城市的滨河旧区多为商业、娱乐和游憩休闲等公共空间，也正因为如此，传统城市的滨河旧区才一直具有旺盛的活力，能够持续不断地发展。因此，滨水区的设计应当遵循"共享性"原则，尽可能鼓励土地的混合利用，加强公共设施和项目的建设，促进空间的公共性和公平性的实现，尽量减少私人领域对滨水地区的侵占(见图 9-13)。

图 9-12　横滨"未来港湾 21 世纪"城市设计全景鸟瞰图(见彩图)

资料来源：http://www.nipic.com/show/1/74/5175764k94269a0b.html

图 9-13　亲水平台及滨水空间

资料来源：http://soso.nipic.com

6. 可达性原则——便利的交通及各类辅助设施

城市滨水区以开敞的绿化系统、多样便利的交通方式成为人们喜爱的场所，人们的活动也从市区引向水边。因此，滨水区应特别注重街道的设计而不是个体建筑的设计，注重滨水视线走廊，保持从市中心到水边的视线通达性。滨水区的街道应更加强调吸引力和步行化设计，从街道的尺度、形状、个性和绿化率等方面着手，使城市空间和滨水区空间有一个自然的、柔性的过渡。

城市滨水区要鼓励多种交通方式的运用，具体包括陆地交通和水上交通两种方式。地面交通应使步行者、公交使用者和自驾者都能方便地进入滨水区，并提供合适的停车场。水上交通可采用水上巴士、水上游艇和水上步行桥等方法来解决，要引起特别注意的是驳岸和码头的设计要组织合理[1]（见图 9-14）。

图 9-14　某滨水空间设计

1）交通可达性

(1) 对外交通。对外交通的可达性往往以移动时间、距离和便利程度为标准，同时应该鼓励无污染、绿色交通方式的运用，限制机动车直接进入滨水区。

(2) 立体化。滨水空间往往是吸引大量人流和车流的地带，交通状况复杂而混乱。立体化的交通组织通过交通的地下化或高架形式解决这一问题。车行交通以及大规模停车场的地下化有力地保证了地面行人的安全和便捷，消除了噪声和废气对滨水空间的行人和绿化的危害，并且可争取更多的地面活动和绿化种植面积，是最常用的立体化交通方式。另外，高架也是实现人车分流的一种有效途径。

(3) 内部步行系统。为使滨水地区的景观具有可观赏性，首先是应能接近水面，进而是能让人沿着水滨散步。因此，滨水区内部应建立以滨水步行道为主的，辅以适当非机动车健身道的交通系统，强调安全性、易达性、舒适性、连续性和选择性，减少机动车的干扰，以确保系统的畅通。

2）体力可达性

体力可达性指以人的步行支持限度为尺度来设置休憩的场所与设施，以保证到达滨水

---

[1] 陈伟，洪亮平. 公私合作进行滨水区开发：以美国托莱多市为例[J]. 国外城市规划，2003，18(2)：54.

空间的人有足够的体力进行活动。扬·盖尔在《交往与空间》一书中建议在公共空间中至少每隔100m设置一条供人们歇息的座椅，因为老人、儿童及病弱者的体力支持距离比正常人要少得多；花坛、雕像的基座以及建筑的底层边沿也应考虑到人的休憩需求，做成"辅助座位"。连接不同高差的台阶在较多时应设置扶手，并考虑无障碍设计。总之，使大众在滨水空间的活动可以在体力支持范围之内，才能支持滨水空间活动的可达性。

3）室外设施——安全、实用、舒适、美观

室外的一些设施对于城市滨水区活动也是非常重要的。它们不仅在功能上满足居民的行为需求，还可以给人们带来舒适的美好感觉。这些设施主要包括路灯、座椅、电话亭、广告牌、交通牌、交通标志、垃圾桶、花坛、雕塑和小品，甚至包括活动厕所、室外遮阳设施等。如果能够对同一地区内所有的设施进行整体构思，统一设计，不仅能满足居民的行为需求，还能形成特色城市形象。除此之外，对一个场所是否感觉适意，是否愿意在此处活动，在一定程度上取决于能否有效防止危险和伤害的发生，能否有效防止和避免由于犯罪或交通事故带来的不安全感。危险的威胁是滨水空间可达性的最大障碍，对犯罪的防范也是现代城市公共空间面临的重要课题。为保证夜晚的安全，在过于隐蔽的角落可以设置不易破坏的照明及报警设施，或者努力避免这种角落的出现。铺地的材料应防滑、耐磨，也可以采用一些具有健身按摩作用的材料敷设，如卵石等，但要注意大小合适、均匀，避免过于尖锐。凹凸不平的地面、起伏的高差等都会给夜间行走的人带来不便，需要进行重点照明处理[1]。

7. 多样化原则——灵活的功能布局

1）共享人群的多样化

不同年龄的人群对城市滨水区的要求不同，不同性格的人对活动领域的需求也完全不同。阿尔伯特·J.拉特利奇在《大众行为与公园设计》一书中对此有生动的描述。在同一个公园内，有些人希望被人看到，有些人不希望被人注视，还有些人悠然自得、不在意别人的存在，这些不同的人会选择不同的领域及行为空间。日光浴者喜欢处于能看与被看的空间内，悠然自得的人在树阴下散步，而性格内向的人则在树阴稠密的草坪上远眺篮球比赛。忽视这些行为的规划设计会导致某些性格的人群的一些行为无法实现。要想使城市滨水区成为人们向往的场所，必须满足不同性格人群的需求，让不同的人们各得其所。

2）活动方式的多样化

因受气候影响，公共空间的露天活动有很强的季节性，如嬉水只适于夏季，而溜冰只可在北方冬季进行。若公共空间的功能太单一，必然导致长时间的空置。考察人群在特定空间的活动，可以总结这一区域不同时间段内人们的主要活动内容，并据此进行统筹安排和设计。扬·盖尔通过观察希腊北部约安那城广场上人群的活动，发现不同的人群对于公共空间的使用时间和活动方式有很大的差别：下午以老人及带儿童的人在四处漫步和小坐观赏为主；夜幕降临后，老人与儿童先后离去，许多中年人开始散步；而到天黑后，广场上最喧闹时，主要是年轻人了。对于为附近居民提供日常生活活动场所的滨水空间来说，就应满足下面的需求：清早晨练；白天老人的休憩、聊天、晒太阳以及孩子们的嬉闹；傍晚人流量较大的散步及片刻停留；夜晚年青人偶尔的聚会及恋人的约会；节假日的街头表演和街头市场等。

---

[1] 贺晓辉，安慧君，于靖裔，等. 城市绿地景观可达性分析研究进展[J]. 现代农业科技，2008(1)：39～41.

因此，不能设置太多不可改变的固定设施，应该通过设置可移动的设施来支持空间功能的可变性和多样性❶。

8. 审美性原则——美好景观的形成

城市滨水空间赐予人类的美景是令人陶醉的，水环境是客观的天然体。有人说水的美不在于自然水本身，而在于人的主观意识，人赋予水以生命和幻想，观水美感的产生乃是主观对于客观美的反映。因此，人为的滨水空间设计和处理手法就显得十分重要，可以巧妙运用多趣的设计构思唤起人们各式各样的情感与联想❷。

1）滨水景观的序列、层次

景观的感受是一个不断变换的过程。从不同的角度看，城市内部的各要素可以形成不同的组合，另外，气候、时间和人物的变化也会给城市景观增添变幻的色彩。根据滨水区域空间形态的不同，可将景观序列划分为不同功能区，结合各段的特色，提出相应的景观对策，开展相应的滨水游憩项目，可对驳岸、生物多样性、水体净化、桥梁景观、码头景观、雕塑、景观小品、夜景照明和标识系统等进行专项设计，以形成滨水景观的独特性与惟一性。

景观的感受是依靠视觉来实现的，因此景观的层次感也与距离密切相关。扬·盖尔在《交往与空间》一书中讨论过视觉与距离的关系。扬·盖尔所讨论的距离与视觉的出发点是人与人之间的社会交往，而这一标准也同样可以推广到城市滨水区的尺度设计。

（1）滨水城市意象。城市意象指城市整体布局形态和结构以及由若干个空间标志节点和大环境形成的空间格局关系。滨水城市借助水在城市中的形态比较容易获得清晰的城市意象（见图 9-15）。格式塔心理学的研究认为，在我们对物体的感知中，整体先于局部而存在，并制约着局部的性质。城市滨水天际轮廓线作为一个整体，往往被抽象为城市滨水空间的形象代表，成为具有象征意义和地标性质的景观。

（2）滨水场所环境意象。城市公共空间是为人的活动服务的。要创造滨水空间场所感，最重要的是要以公共活动吸引公众的参与。举办活动可以按照古老传统，每年在一定的时候举行某个文化活动，可引导市民和旅游者参观文物、古建筑和历史遗迹，观赏风景，了解风土人情和民俗习惯。

2）植物景观

绿色植物是城市滨水区内不可缺少的控制元素，可以弥补人工环境的某些不足，在有限的城市滨水空间中创造更多的生态环境。滨水区的景观设计应以植物造景为主，模仿自然滨水植被的生态群落结构特征，多采用自然化设计。在传统的植物造景的基础上，除了满足观赏性方面的要求外，还要结合地形的竖向设计，模拟水系形成的典型地貌特征（如河口、滩涂和湿地等），创造出滨水植物适宜的生存环境。但要注意，不能由于过度种植，阻碍了朝水面的展望效果，要充分考虑城市滨水地区植物的种类和种植它们的场所，需保证水边眺望效果和通往水面的街道的引导，保证合适的风景通透线。

3）硬质景观

滨水硬质景观包括建筑、园林小品、滨水广场和室外照明等。

---

❶ [丹麦]扬·盖尔. 交往与空间[M]. 何人可，译. 中国建筑工业出版社，2002.10.

❷ 荆其敏，张丽安. 城市休闲空间规划设计[M]. 东南大学出版社，2001.7.

图 9-15　滨水城市意象

资料来源：http：//soso.nipic.com

滨水建筑包括以商贸、金融、办公、会议和旅游服务等为代表的大中型公共建筑和以庭园住宅、公寓、别墅为代表的小型居住建筑。由于所处的特殊地段，滨水建筑在体量、尺度、色彩和材料上都要体现出与自然的和谐统一，同时还要有一定的城市特色，用特定的城市符号给城市居民真切的体验与持续的记忆，并产生识别感和认同感。

园林小品包括亭、廊、榭、座椅、铺地、栅栏、景石、指示牌和桥梁等，这些都是塑造滨水景观不可缺少的因素，经过精心设计，可以演变出各种各样具有艺术形态的空间。

滨水广场是城市空间与水域自然空间的聚集地，也是人工要素和自然要素的集粹点，是滨水区作为公共空间的最合适的设施之一，可作为游乐场、娱乐场、休息的场所、会面的场所、谈话的场所以及举行庆典的场所等。城市滨水区常以广场为中心，建造开放空间，广场是城市滨水区带型空间的节点。室外照明不仅给夜晚增添美景，在白天也能起到路景变化的作用。特别在滨水区，利用彩色照明器具会创造出一种港湾的气氛，所以经常被设计人员采用[1]（见图 9-16）。

---

[1] 黄翼. 城市滨水空间的设计要素[J]. 城市规划，2002，26(10)：68～72.

图 9-16 青岛开发区唐岛湾公园夜景

资料来源：http：//www.nipic.com/show/1/47/01a885d3e82aa2e3.html

9.3.2 城市滨水空间的设计理念

城市滨水区在地理环境上占有得天独厚的优势，滨水区的规划设计要素包括滨水区自然环境、建筑风格和节点空间等。必须将景观形象、区域规划、道路交通、环境绿化、夜间景观、商业环境以及水系的保护很好地融会贯通在一起。城市滨水区景观设计涉及水利工程、城市生态、地域文化、区域社会和政治经济等多方面的问题，是个多学科交叉的工程。滨水区在城市的自然系统和社会系统中具有多方面的功能，如水利、交通、游憩、城市形象以及生态功能等。滨水工程涉及航运、河道治理，水源储备与供应，调洪排涝，植被及动物栖息地保护，水质、能源和城市安全以及建筑和城市设计等多方面的内容。

滨水区的城市设计涵盖着物质空间与人文景观两种概念。由于滨水区既是有机联结城市陆域和水体的中间地带，也是协调城市宏观环境与微观环境的中介空间地位，是城市生态与城市生活最为敏感的地区之一，具有自然开放、公共活动、功能复杂和历史文化因素丰富等特征，是自然生态系统与人工建设系统交融的城市公共开敞空间。自 20 世纪 80 年代以来，几乎世界上每一大洲的国家，都充分利用滨水区的优势，以滨水区景观的开发来取得城市更新和经济发展，这也使得对滨水区的规划成为了一种世界性的现象。

由于所处的特殊空间地段，滨水区往往具有城市的门户和窗口的作用，因此一项成功的滨水城市设计，不仅可以改善沿岸生态环境，重塑城市优美景观，提高市民的生活品质，而且往往能增加城市税收，创造就业机会，促进新的投资，并获得良好的社会形象，进而带动城市其他地区的发展。

综上所述，在城市滨水区的规划设计中，应重点遵循以下设计理念。

1. 驳岸地区共享化

在城市滨水空间规划设计中，利用连续的公共空间(如林阴带、滨水步道等)沿整个水边地带布置，是保证驳岸地区共享性的好方法。例如，旧金山的渔人码头一带，是连续不断的步行绿带、商业广场和“节日广场”等公共空间，使滨海驳岸地带完全成为 24 小时有活动的公共空间，创造了对旅客有吸引力的、闻名于世的旅游景观(见图 9-17)。另外，在美国的芝加哥沿密歇根湖滨地区，专门有一条长 32km、宽 1km 的永久性公共绿地，并受法律保护。除了体育场、美术馆和旅游码头公共建筑外，这片公共绿地没有任何其他的建筑，充分体现驳岸地带共享性的设计原则。对于那些由于城市结构变迁，而远离城市生活中心，逐渐被人们淡忘，直至荒废衰退的滨水区，城市设计应着重关注滨水区机能的复活和水际空间新功能的导入，特别是商业、游览设施的开发，从而最大限度地利用城市滨水环境，展示历史文化特色，使这些地区重新获得生命。同时，还应保证滨水区有一定比例的居住用地和绿化用地，以消除市民与水的隔离，使滨水区重新回到人们的生活中来。上述两种滨水区功能配置的方式都是以维护城市总体风貌为指导思想的，将城市中滨水区视为由水脉线状相连的统一体，通过完善城市水脉景观结构，平衡滨水区功能，以建立一个丰富、高效和动态平衡的城市滨水景观体系。

图 9-17　美国旧金山渔人码头

资料来源：http：//tour.jschina.com.cn/node4064/userobject1ai1948529_3.shtml

2. 沿水景观系统化

在明确主要景观路线和公共活动场所的基础上，城市滨水区建立公共活动系统，确定景观焦点，组织沿水景观。景观路线由滨水步行带、连接滨水与腹地的绿化步行道以及通向水边轮渡站的主要生活性道路组成。在滨水重点公共建筑、河口绿地和轮渡站等活动交汇节点，布置滨水广场、旅游设施等驻留点，以此为主要视点组织沿水景观。

3. 视线设计渗透化

在视线设计上，建筑形式力求多样化，但要保证视觉上的通透。通过路径、视觉景观通廊等把驳岸景观和水面景观渗透到滨水空间设计之中，使得人工景观与自然景观、内部景观与外部景观相互辉映，相得益彰。

驳岸是整个滨水区景观特色较为突出、自然生态性最强的地带，是滨水区的重要形象组成部分，具有景观导向性明确、生态元素渗透性强的空间特质，是自然生态系统与人工建设系统交融的城市公共开敞空间。而滨水区作为水体与陆地之间的过渡地带，是人们重要的公共活动场所，与水的亲密接触使城市居民感受到大自然的灵气，从而得以放松和休息。滨水区的水文化是城市和景观空间中容易吸引人的景观要素，也是形成美好城市意象的景观空间。

9.4 城市滨水空间的设计要素及要求

在城市滨水空间的设计领域中，滨水空间涵盖的要素非常广泛。从宏观层面上讲，包括滨水区的整体规划设计，空间定位与周边关联区域的关系；从中观层面上讲，包括与城市滨水空间的形态和肌理密切相关的水体、岸线、绿化、道路、桥梁及建筑等要素。在微观层面上讲，则与环境行为学和人体工程学关系更为密切，可以具体到与人关系最为直接的设施、尺度、形状、色彩和质感等细微层面。在城市设计中，综合组织中观层面的各个组成要素成为滨水空间形成和发展的关键所在。因此，本书将对中观视角下的水、堤、岸、路、桥和建筑等城市设计要素进行详细的分析。

水。水是城市滨水空间设计的主体，水的特性、水质的优劣、水域的气候和水域的形态都影响着整个滨水空间设计趋向。

堤。堤是沿江、河、湖、海的岸边修建的挡水构筑物，借以防止洪水泛滥，具有防洪和亲水的双重责任。

岸。岸是濒临江、河、湖、海等水域边缘的陆地。其目的是保护河岸和堤防避免受水流的冲刷作用。滨水绿地和广场等公共活动空间多设在护岸之上，因此城市护岸是人与水接触的支撑点。

路。城市滨水区的道路包括：机动车道路，用作完成与城市大交通系统的衔接；非机动车道路，用作游憩和观光功能，为自行车和观光车服务；步行道路，专为滨水漫游步道做准备；静态交通，包括水路换乘的站点枢纽和停车场的设置。

桥。桥梁本质是在两点之间提供通达的可能，用以跨越自然和人工的障碍。桥在滨水空间中具有景观和交通的双重功能。

建筑。滨水建筑作为一种建筑类别，是对与水域发生关系的建筑的总称。

9.4.1 水——城市滨水空间的主体

水是滨水空间最重要的自然要素，发现或者创造出适合本地区的滨水空间的形式，使水域特色和魅力得以保持和增强，是进行城市滨水空间规划设计的根本。因此，在进行城市滨水空间设计时，首先要了解水体及其周围环境的潜在因素，在适宜的场所、以恰当的表现形式，进行被人们所喜爱的、与周边环境相协调的城市滨水空间设计。

1. 水陆布局关系

滨水区要在陆地和水域两类不同性质的空间领域展示个性，需要用两种语言去表达。讨论水与城的关系，主要是指空间形态的特征关系。第一种，水网城市如威尼斯、阿姆斯特丹和苏州等。这些城市水网密布，城市空间与水系交融在一起，成为“你中有我，我中有你”的形态，处处都是临水空间，通常水域宽度相对较小，水岸空间以及人的活动更加密集紧凑。第二种，城市依水而建，如多伦多、纽约等。这种水体往往是海、湖等大水体，具有难以跨越的特点。第三种，水从城中穿过，如伦敦、巴黎和上海等。这类城市的滨水区一般是城市中心区的精华地段，具有较大的地域空间(见图 9-18)。

图 9-18　威尼斯、多伦多、伦敦(由左至右)

资料来源：Google earth

2. 水域宽度

作为城市滨水空间的设计主体，水域本身的宽度对滨水空间要素的组织有着重要的影响。水面安静狭窄，适宜设置亲水设施。水流流速湍急，水面辽阔，亲水空间的设计更应结合安全性考虑。水域的宽度不仅影响着人们的视觉体验，同样也影响着城市的开放空间和两岸的空间关系。

随着水域宽度的增加，水岸两侧的联系也随之变化。两岸的联系包括物理联系(桥梁、隧道和跨河建筑的架构等)、功能联系(城市功能是否具有同质性和相关性)、情感联系(水域两岸是否有统一的场所认同感)和视觉联系(观看对岸景物的层次)。物理联系和视觉联系随着水域的增宽明显呈反比变化，河流越宽，联系越弱；而功能联系与水域宽度不具有明确的比例关系，只要两岸功能布局相关合理，这种联系就不会随水域宽度的增加而减弱；情感的联系与水域宽度存在着间接的比例关系，河流宽度较小、功能配置相近时，两岸滨水空间具有情感上的认同感，但也可能由于两岸功能组织不利，没有一致的场所感，不存在绝对的比例变化关系。

因此，面对不同地域特色的水体环境，应根据水体本身尺度对两岸界面进行设计。虽然两岸功能上的联系、情感上的共通并非一日可以建成，但城市设计者在项目设计过程中需尽量对这些潜在的因素加以考虑，从而使水体以及滨水区成为联系城市而非隔离城市的场所。

9.4.2　堤——阻隔城市亲水的要素

很多城市为达到安全排洪的要求而筑堤，却阻隔了人与水的亲近，切断水域环境生命的衍生。因此，研究堤岸与水的关系，要以安全性为前提，营造亲水、多样且生态的水岸环境。

1. 防洪型堤坝

在堤坝的设计中，首先应满足防灾的要求，规划前要充分调查洪水周期、淹没范围等防洪资料，确立防洪标准。同时，应避免城市建设侵占水体的作法，防止因河流排洪断面减少，或湖面蓄洪面积减少造成洪水灾害的严重后果。我国的防洪型堤坝根据城市防洪等级分为千年一遇、百年一遇的设置标准，多采用垂直型的混凝土堤坝。

2. 亲水断面的处理

护岸的形式影响着人与水体的亲近关系。通过对护岸断面的不同处理，可以创造出各种各样的水迹空间，断面处理要综合考虑水位、水流、潮汛、交通和景观效果。

图 9-19 塞维利亚滨水空间

资料来源：http://blog.163.com/baigujing_cm/blog/static/162086282201191074434881/

在保障防洪、防潮和安全的条件下，可以将堤岸分层处理，一方面满足了水位落差影响，即洪水位、常水位和枯水位之间的高差，另一方面也考虑到多层次的立体景观效果。在滨水腹地宽裕的情况下，将防汛堤顶大幅度后退，在不同的高程上安排观景平台，分层将人的活动引入岸区。多层平台按照不同水位设计，底层台阶按常年水位来设计，每年汛期来临，允许淹没，不设建筑；中层台阶只在较大洪水发生时，才会淹没，设临时建筑；高层台阶作为千年一遇的防洪大堤，设永久性建筑。下面两层台阶因为亲水性较好，可以作为游憩空间，形成一个立体的景观系统。

塞维利亚的河滨断面设计，按照淹没周期，分别在水平面层、中间层和城市平面道路层布置平台，有效解决了水位问题，而且观景空间富于层次（见图 9-19）。

在用地紧张的情况下，垂直型的河岸同样可以在常水位设计亲水步道，使步行空间与车行空间有所分离，同时让人们有机会在亲水层面展开活动。

另外，倾斜式的护岸使人容易接触水面，有较强的亲水性，从安全方面也比较理想，不失为一种好的护岸亲水断面的处理方法，适用于滨水腹地较宽裕的地方。护坡随着倾斜度不同和表面堆砌方法的不同，敷设在护岸的石面构造与间隙绿化所展现的美观程度也不同，有较大的景观展示面。同时将人的活动层分设在不同高度，景观更加丰富（见图 9-20）。

图 9-20 某城市滨水堤岸

3. 生态护岸的营造

堤岸的生态质量不仅影响了水岸地区的生态平衡，同时也深刻影响着陆域与水域双重生态系统的健康。常见的混凝土护岸用坚实的人工材料把河流水体同自然土地、植被完全隔离，破坏了护岸的自然调节机能。生态护岸是指恢复后的自然河岸或具有自然河岸“可渗透性”的人工护岸（见图 9-21）。它拥有渗透性的自然河床与河岸基底、丰富的河流地貌，可以充分保证河岸与河流水体之间的水分交换和调节功能，同时具有一定的抗洪功能。

图 9-21　生态护岸

资料来源：http：//info. tgnet. com

根据环境的不同特点，可以采用以下几种方法建设生态护岸。

1）传统河工学中的生态护岸方法

植物整理方法：直接种植柳树、水杨、芦苇和菖蒲等喜水植物，或在岸边种植白杨树和榛树，利用植物发达的根系来强化土体的物理强度、弱化水流侵蚀，属于自然原型生态护岸。

工程治理措施：传统的工程方法主要有抛石护岸、砌石护岸和混凝土护岸等，适用于洪水压力较大的情况；而人工型生态护岸所用材料一般为天然石料、木材、植物、多孔渗透性混凝土及土工材料等[1]。

2）生态新型材料的应用

铁丝网与碎石复合种植基、植被型生态混凝土和水泥生态种植基等多种新型材料的应用不仅保证了河岸的自然性，而且大大加强了抗洪压的能力，属于人工自然型护岸。

9.4.3　岸——城市与水接近的场所

岸在此处指代滨水空间的绿地和广场，是城市滨水空间公共活动的主要载体。和城市腹地的开放空间相比，滨水区的绿地沿水岸形态呈带状布局，易与水体建立互动关系以及生态价值高的特别之处。而广场的设置则着重体现水域的开敞性，有些甚至将水体引入成为广场的重要部分。因此，在对“岸”的平面组织上，尽可能地将沿水迹边界的“线”状组合向

[1] 张光莉. 多种生态护岸形式在堤防工程中的应用[J]. 广东水利水电，2011(11)：33～36.

"面"状组合转化,让水体空间成为具有辐射力与穿透力的区域。

滨水岸地形坡度的不同,会形成不同的空间景观格局。当坡度很小时,从陆地上看水面的视角较小,视线易被遮挡,所以要特别注意岸边建筑和绿化的尺度。当坡度为5%~30%时,形成一种山地景观。陆地和水面形成较大的夹角,滨水岸的视野普遍较好。当坡度较陡,水与岸的高差较大,需要在近处和高处才能看到水,所以建筑物不宜太靠近水边,而应该把临水边留给观景空间。这种地形往往给人一种原始、自然的美,不宜建造太多人造物。

在城市设计阶段,宜将滨水广场和绿地穿插布局,形成点、线、面结合的开放空间结构。如果说场地的划分和建筑的塑造对空间进行了第一次空间的分隔和围合,那么绿化植被的选择则是第二次围合的重要因子。好的栽植设计应该用来表现形式主义的功能和加强边界,尤其是在城市条件下以及道路临近河流的地方。强烈的景观处理手法,被推荐用在那些建筑混乱及视线分裂的地方建立连续和协调。不合时宜的滨水绿地常常出现大片的草坪绿地,虽然造价低,视觉效果好,但实际的使用功能往往不尽如人意。而水边的绿篱则遮挡了人们的观水视线,阻断了亲水可能。

9.4.4 桥——连接水域两岸的工具

桥梁的主要功能和作用体现在以下几个方面。

(1) 连接河流两岸。"桥使人占有河流空间成为可能,由于桥梁,人一方面归属于本来的整体统一性,一方面又在两个不同的领域之间往返运动,可以同时感受到内部和外部,开敞、自由和保护。"

(2) 延续城市路网。桥梁与道路连成一体,共同构成城市的骨骼,形成一个完整的交通系统(见图9-22)。作为城市道路在水岸的延续和对水域的跨越,桥梁提供的是一种交通的服务功能,对于桥梁选址,桥头空间格局处理也应纳入到城市整体交通框架之下。

图9-22 滨水空间的交通模式示意图

资料来源:http://www.nipic.com

(3) 水上观景平台。在水域两岸,人们常常被停泊的船只和岸地的建筑遮挡了视线。而凌驾于水面之上的桥梁,却为人们提供了开敞的观赏水景的空间。河水中央的桥面上,是人们看到纵深水景的最佳观赏点——河岸两侧的景致和河水本身构成了一幅优美的画卷。

(4) 休闲娱乐场所。桥梁坐落在安静的水面时,常被用作休闲娱乐的场所。穿行的人群构成了这些休闲设施的使用者，而独特的造型设计和线形设计让桥梁成为最活跃的水上中心。

(5) 滨水空间象征。日本著名桥梁学者伊藤学教授在他的《桥梁造型》一书中说道："桥能满足人们到达彼岸的心理希望，同时也是使人印象深刻的标志性建筑，并且常常成为审美的对象和文化遗产"。

9.4.5 建筑——提高滨水活力的节点

1. 建筑群体结合岸线布局

1) 滨水岸线的利用

由于自然形态或历史遗留等原因，滨水岸线通常都有一些局部形态的变化。这些变化导致了岸线形成凸出的岸线和凹入的岸线(见图9-23)。因地制宜地结合特殊的滨水岸线形式进行建筑群体的布局，一方面可以减少由于变更岸线所带来的土方运作，另一方面也有助于形成富于地域特色的城市滨水景观。

图9-23 澳大利亚悉尼滨水岸线

资料来源：http://www.nipic.com

(1) 凸出的岸线。作为视觉焦点，凸出岸线上的建筑群更多地作为外部形象被周围环境感知。建筑物或建筑群体被推向开阔的水面，其统领空间的作用不言而喻。在凸形岸线上设置标志性建筑群体或单体成为最实用的手法，以构成滨水空间局部高潮和精彩的区域核心。

(2) 凹入的岸线。凹入的岸线本身具有内向的环境构成，常常形成内聚化的建筑群体和水域空间。采用内港式空间布局，可将水景引入建筑群的内部，形成水域空间与广场、庭院的有机融合。

2) 滨水群体建筑视线组织

滨水区建筑群体布局要为建筑群体争取到更多可能的到达水域的视线通廊。结合朝向和气候要求，尽可能地为重要的建筑物留有通向水体的通道，同时兼顾水域空间观察建筑群落的层次感。在群体布局中，通过前后建筑的错落布局，使后排建筑通过前排建筑的间口(即建筑之间的缝隙)获得水景，同时在越临近水景一侧，建筑层数要较后排建筑低些。群体建筑布局可采用以下方式：

（1）点式布局与板式布局相结合；

（2）形体扭转，预留视线通廊；

（3）采用群体围合呈合院式，向水面敞开或半敞开。

3）水岸轮廓线的塑造

城市滨水环境具有广阔而且水平延伸的特征，人们看到的是由建筑群整体与自然交织在一起的天际线的城市景观。当观者在较远距离观看时，沿河建筑的界面是剪影式的，因此对建筑天际线的合理组织很重要。然而，在实际案例中，却存在着没有良好地把握建筑与城市、个体与整体的关系，带来了天际线组织的混乱与无序，比如前景天际线中出现连续的高层，对背景天际线严重遮挡；建筑物的设置，没有考虑地势地形本身的特点；各个建筑为了追求各自的出众，采用形态各异的屋顶形式，带来了缺乏整体性的建筑轮廓景观。

因此，在营造城市天际线时，一方面要突出重要的节点，另一方面要强调天际线的层次关系。

（1）前景天际线主要由高度和体量较小的建筑组成，强调水平方向构图，烘托以竖向构图为主的背景天际线，二者之间通过强烈的水平、垂直的对比使得城市天际线生动而富有变化。

（2）尽量避免在前景中出现高层，尤其是板式高层，如果必须设置，则应该在造型、色彩和材料上与周围环境取得一致。

2. 建筑单体协调水体

滨水环境是建筑形态构成的基本依据，一方面基地环境特征反映在建筑构成中，另一方面建筑布局对外部环境产生反作用（见图 9-24）。这种建筑设计对场地的呼应最终体现为滨水建筑的布局形式与形态特征。

图 9-24 巴尔的摩内港的滨水空间

资料来源：http：//www.nipic.com

1）建筑与水的布局形式

从建筑单体与水体的位置关系来看，可以将滨水建筑分为临水式、贴界式、探入式、离岸式和跨越式五种类型。

2）建筑形式考虑亲水互动

为了能使使用者从更多视角、更多形式欣赏水体景色，滨水建筑多在不同的位置和高度结合建筑屋顶、露台、阳台、挑台、地面和下沉地面等设置观赏、体验滨水空间的驻足点。

高角度可以获得良好视野，能掌握水体整体形态，但失去与水的互动联系；中层适宜观赏水的动势，同时感受阳光、风和温度等水域气候的特点；将水体引入建筑内部，可以让人们最直接地感受到水的动态。

3）滨水建筑的象征意义

面对水这一灵动的自然环境，建筑师在创作的过程中总会涌现出奇妙的灵感，在水域环境中创造出良好的建筑形象，使建筑形式与水体呼应，形神兼备，从而体现滨水建筑的象征意义。象征性形体是滨水建筑的一种典型类型，建筑形象与水体共生，建筑形体对与水相关联的事物进行模仿，如悉尼的歌剧院、中国香港会展中心、横滨亚太贸易中心主楼和毕尔巴鄂古根海姆博物馆等。

9.5　滨水区城市设计案例分析

9.5.1　上海外滩滨水区城市设计❶

外滩滨水区是上海市最具标志性的城市景观区域，同时也是城市中心最重要的公共活动场所之一。但外滩大部分滨水空间被城市快速机动交通所占用，存在公共活动空间局促、舒适性较差和外滩历史建筑未得到充分展示等问题。2010 年上海世博会的举办，对黄浦江两岸的公共空间和环境建设提出了更高的要求。外滩地区的城市公共活动功能有待进一步提升，现有的滨水空间环境亟需改善。

正在建设的外滩地下通道用以疏导过境交通，使地面交通压力得以缓解，进而减少地面车道数量，使外滩地区滨江环境的建设获得更为充分的空间，为改善外滩环境、重塑外滩功能、重现外滩风貌，提供了极好的机遇。为了提升外滩滨水区空间环境品质，迎接世博会的召开，以外滩地下通道的实施为契机，规划对北起苏州河口，南至十六铺水上旅游中心北侧，岸线总长度约 1.8km 的外滩滨水区域进行综合改造（见图 9-25）。

图 9-25　上海外滩滨水区夜景

❶　奚文沁，徐玮．百年外滩，再塑经典——上海外滩滨水区城市设计暨修建性详细规划[J]．城市建筑，2011，(2)：42～45．

1. 改造前问题分析

100 多年间，由于交通工具的更替和城市发展的需要，外滩滨水区进行过多次改造，滨江大道不断向东拓展。最近的一次改造是在 1990 年年初，包括对滨江道路、绿化和防汛工程的整体化改造。外移的箱形防汛工程内设停车库，顶部则为市民提供了公共活动和观景场所，这在一定程度上解决了外滩的交通、防汛、观景和活动等问题。但随着市民、游客对公共活动需求品质的提高，还是显现出几方面的问题：一是繁忙的过境交通占据了大量的滨水空间，增加了滨水区可达的难度；二是缺乏休憩设施，人性化程度低；三是公共活动空间局促，尤其是每年五一、国庆等高峰日最高达到每日 100 万人，存在严重的安全隐患；四是缺乏观赏外滩历史建筑的场所，历史建筑未能得到充分展示。

2. 规划目标

在设计构思中，针对外滩的特殊情况和限制条件，努力寻求解决问题的良策。充分借鉴了国外滨水区建设的经验，汲取了从国际方案中征集的灵感，形成以下三个设计目标，以充分发挥该地区独一无二的优势。

(1) 秉承“外滩滨水地带是历史建筑配角”的理念，追求整体、简洁、大气的空间形态，力求最大限度地体现外滩地区的历史文化风貌与现代气息，打造上海最经典的滨水城市景观。

(2) 集中关注人的活动和观景需求，释放公共活动空间，最大限度地为市民和游客提供优美舒适的公共活动空间。

(3) 改善外滩地区的生态环境，优化和整合其公共服务和旅游休闲功能，全面提升外滩品质(见图 9-26)。

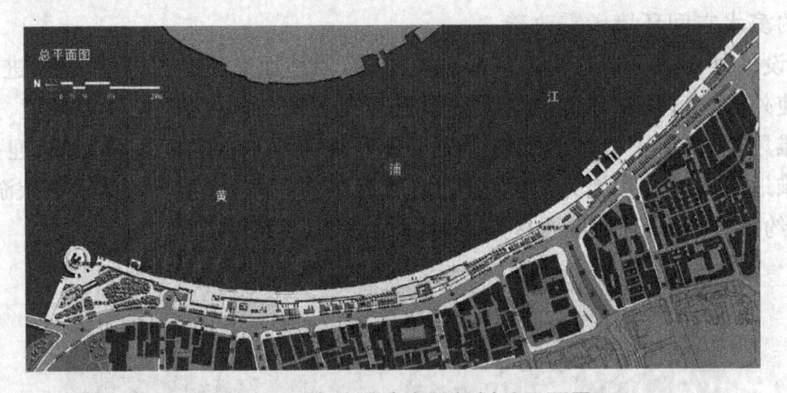

图 9-26 上海外滩滨水区规划总平面图

3. 规划特点

1) 营造活动场所

精心设计公共活动空间，营造氛围，保障安全，最大限度地满足人们对于公共活动和观景的需求。外滩地下通道建成后，地面道路由 11 车道缩减至 4 条机动车道和 2 条备用车道，地面公共活动空间较现状增加约 40%。此次设计以不同标高的平台、广场和坡道作为滨水地区整体环境的重点，形成丰富充裕的公共活动空间序列，提高人流容纳量和活动舒适度。

(1) 广场。在主要人流交汇处和重要观景点设置广场，以容纳大量人流的停留休憩，并提供举办节庆活动的场所。主要广场有四处：北侧的黄浦公园拆除大门、围墙和零星建筑，以人民英雄纪念碑为核心形成纪念广场，黄浦公园与外滩源绿地同步开放；位于南京路口的陈毅广场将比现状扩大 1 倍，以陈毅像为中心形成外滩重要的人流集散、观瞻和休闲的纪念广场；在福州路口增设中间层次标高的金融广场，以外滩建筑群中最具标志性的浦发银行和海关为对景，提供观赏历史建筑和举办节庆活动的场所；在延安路口，以气象信号台为中心形成广场，展示外滩历史变迁(见图 9-27)。

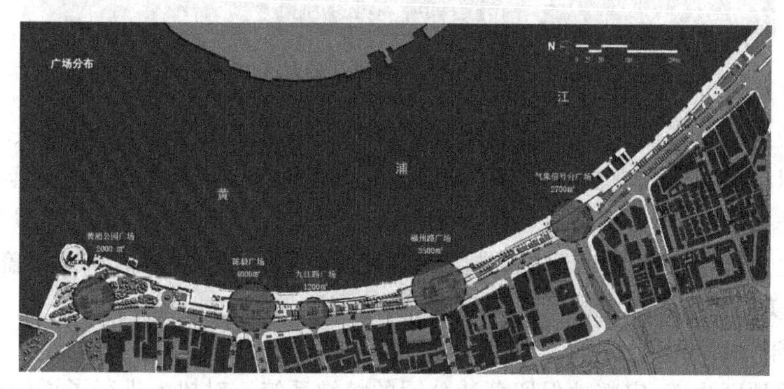

图 9-27　上海外滩滨水区广场分布图

(2) 平台。规划对现有防汛空箱顶部平台在局部节点适当放宽，在陈毅广场北侧增设观景平台，平台稍作抬高，提供视野更广阔、更清晰的观赏对岸陆家嘴的场所，可上可坐的台阶、亲切典雅的木质铺砌提供了宜动宜静的驻足休憩空间。

(3) 坡道。九江路和广东路附近设计了两组坡道，分别以中国银行与和平饭店、亚细亚大楼和外滩信号台为对景，形成安全、舒适、自然的高差过渡和富有趣味性的观景走廊，使人在对历史建筑的流连注目中不知不觉走下防汛墙，舒缓的坡度(3%～5%)消除了大量人流时的安全隐患。

(4) 通道。空箱顶、中间层面的广场活动和平台以及地面人行道形成三条南北向连续贯通的人行通道，疏解高峰时段的南北向人流，有利于保障活动的安全。三条通道在功能、游览方式和观景特征等方面各有侧重：空箱顶人行流线主要以观赏陆家嘴景观以及外滩历史建筑景观为主；广场-平台流线主要以观赏历史建筑、举行小型庆典活动和人流休憩集散为主；地面人行道主要以过境穿行交通为主。此外，还适当加宽了中山路东西两侧的人行道，增加紧邻历史建筑界面的活动和观景空间。

2) 提高活动可达性

外滩防汛墙达到黄浦江“千年一遇”的防汛标准，顶部与地面有 3m 多的高差，可达性规划针对不同区段的人流活动特点、景观特征和腹地进深条件，因地制宜地采用多种高差处理方式，如大台阶、坡道、楼梯和垂直绿墙等，并增加垂直交通的密度，提供多种丰富有趣、具有选择性的可达路径，使防汛标高与地面的高差自然过渡(见图 9-28)。

3) 展示历史文化

外滩滨水区设计既要充分展示历史建筑风貌，又要挖掘和延续地区深厚的文化内涵。

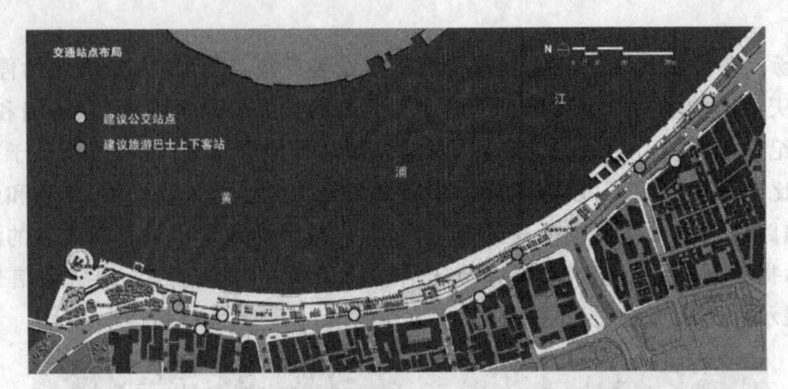

图 9-28 上海外滩滨水区交通站点布局图

平台、广场、坡道和人行道，形成聚焦外滩历史建筑的丰富观景空间，人们可从不同的位置、角度和高度以不同的方式观赏外滩精美的建筑。新增乔木以落叶树种为主，具有夏日遮阴、冬日观景的季节变化，缓解了原有常绿乔木对历史建筑过多遮挡的问题。在景观要素方面，提取外滩历史建筑中所蕴涵的历史古典元素，应用到灯柱、栏杆、铺地和窨井盖等环境设计之中，形成秀美而富有古典韵味的形象氛围，唤回市民的记忆。

4）提升环境品质

着力改善地区生态，完整地保留黄浦公园的植被系统。对树木进行了详细调查，平台布局尽量予以避让，局部采用特殊的处理方法保留原址。改造后虽然总的绿化面积与原绿化面积基本持平，但通过适当增加乔木与灌木形成立体绿化、增设硬地树阵和设置垂墙绿化等多种形式，在保证公共活动和展示历史风貌的同时，使地区的整体生态环境得到一定程度的改善。

此外，规划保留了人民英雄纪念碑、陈毅雕像等重要雕塑，并结合绿地和广场适当增设雕塑，如华尔街铜牛雕塑等(见图 9-29)。

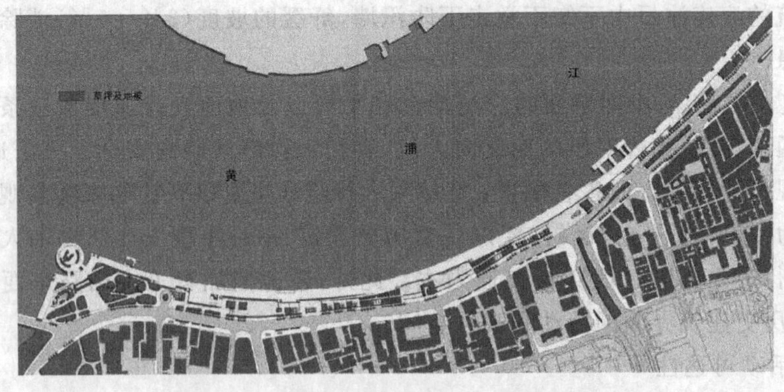

图 9-29 上海外滩滨水区草坪及地被规划图

5）完善设施配置

针对外滩各类设施布局分散混乱、景观品质和服务层次较低的情况，优化和整合了外滩地区的公共服务和旅游休闲功能，全面提升了外滩作为城市窗口的服务品质。设施规划包括停车设施、功能性设施和服务性设施，主要利用了平台下部空间。设施功能以保证游客基本需求为原则，规模和布局根据游客需求和空间特点确定(见图 9-30)。

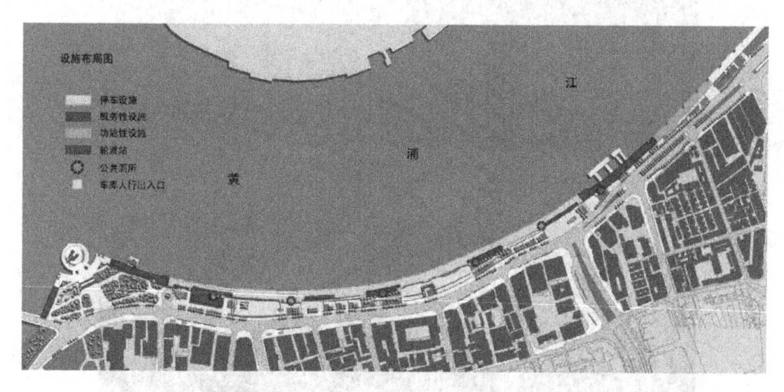

图 9-30　上海外滩滨水区设施布局图

6) 统筹建设实施

外滩地区情况复杂，改造工程涉及防汛、交通、市政和景观建设等多个方面，兼顾公共活动空间组织、防汛空箱结构安全、城市道路与交通系统建设、地下各类市政管线的避让和敷设以及日常应急管理等多方面的问题，同时应解决施工作业空间、工期衔接以及施工期交通组织等问题。在规划编制过程中，对防汛墙防渗处理、轮渡站交通组织和地下通道设置等问题都进行了专项研究，与水务、交通、市政和绿化等多个专业系统进行了广泛的统筹协调，最终方案既兼顾了设计的科学性和结构的安全性，又具有实施的可操作性，而且确保工程在世博会之前完工(见图 9-31，图 9-32)。

图 9-31　上海外滩滨水区整体鸟瞰图

2010 年 3 月，百年外滩以其崭新、典雅的面貌迎接世界各地的游客，很好地展现了上海作为国际化大都市的魅力。

4. 外滩规划设计点评(唐子来)

上海外滩滨水地带既是城市景观的标志区段，也是公共活动的核心场所。地下过境交通隧道的建设，为外滩滨水地带的改造提供了十分有利的机遇。作为城市滨水地带改造的

图 9-32 上海外滩滨水区气象信号台广场鸟瞰图

成功实践，该规划体现了如下特点：第一，采取简洁和整体的空间形态格局，考虑到滨水地带和外滩历史建筑风貌的协调关系；第二，结合地下过境交通隧道的建设，减少地面道路宽度和增加滨水开放空间，有效地满足了超大人流对于滨水开放空间的需求，并使城市生活和滨水岸线形成紧密联系；第三，通过合理的竖向设计，形成三个层面的公共开放空间，不仅成功地处理了城市地面和防汛堤墙之间的高程衔接关系，也使长达 1.8km 的滨水开放空间产生变化，富有层次感和序列感；第四，改造项目涉及防汛、交通、市政和景观工程，确保了各项建设在时间上和空间上的综合协调；第五，外滩滨水地带的各个区段和节点形成各自的形态特征和场所特色，为本地市民和外来游客提供了令人难忘的滨水体验。

9.5.2 SASAKI 事务所滨水城市设计作品❶

SASAKI 事务所是美国著名设计机构，由 Hideo Sasaki 于 1953 年在波士顿创立，目前是拥有 270 名专业人员的综合性规划和设计机构。设计业务涵盖城市规划、城市设计、景观设计、建筑设计和室内设计等多个领域。从其完成的大量作品中(包括美国以外的作品)，可以看出 SASAKI 对“关联性”(Connection)和“综合性”(Interdisciplinary)的重视。前者的核心意图是综合考虑人与自然、设计场地与城市、改造建设与历史等各种要素之间的联系；后者的意图是用多学科的视点提出解决方案，而不是将建筑设计、景观设计、城市设计，甚至局部设计各个孤立起来。这种设计理念使 SASAKI 的作品，尤其是在那些与城市结构、城市景观以及大片区域改造或开发有密切关系的项目中表现出较强的优势。

1. 印第安纳波里斯中心区河滨改造(印第安纳波里斯，印第安纳州)

印第安纳波里斯中心区河滨改造工程穿越印第安纳波里斯市中心，将长约 14.49km 的早已废弃的白河沿岸土地改造成统一的城市开放空间。这一新的开放空间体系成为连接周围城区和城市滨水区的纽带(见图 9-33)。规划目标主要有三点：首先是要将白河改造成城市的一个重要资源，使其服务于市民和来访者；其次是使白河沿岸地区成为代表城市特征的

❶ 沙永杰，汤朔宁. SASAKI 事务所滨水城市设计作品[J]. 城市建筑，2005(2)：36～43.

一个重要地理标志；第三是通过改造来扭转这一地区环境和经济恶化的趋势。

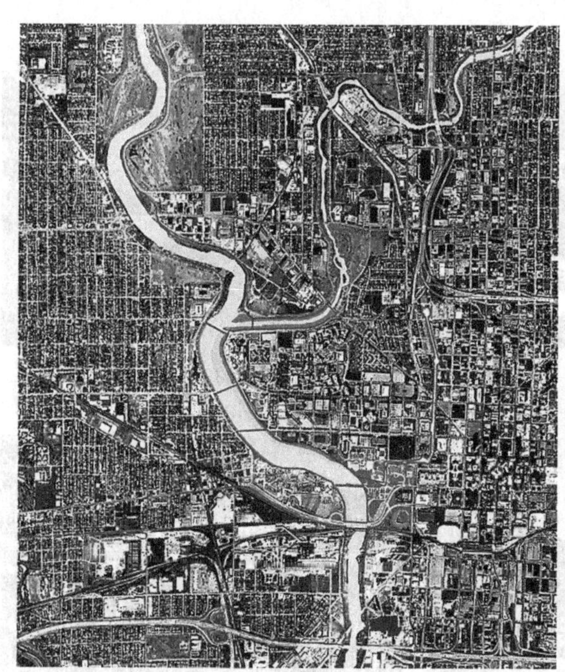

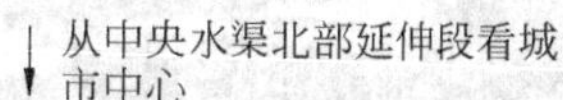

图 9-33　印第安纳波里斯中心区河滨改造工程(见彩图)

规划设计了一个城市公园体系，长 1.5km 的白河穿市区而过成为一条城市走廊，防汛墙等用来隔离白河与城市的障碍被清除，白河两岸的公共步道联系起市中心的街网系统，延续商业娱乐功能，而在重要节点处设置的公共开放空间又连接起滨河步道与周围街区。最初的基地上有过去遗留下来的道桥、工业和商业建筑、纪念物、水渠、防汛墙和堤坝等(这些遗留物几乎可以看作是印第安纳波里斯在过去 175 年间成长和变迁的见证)，规划用现代的语汇重新诠释了这一段历史。两条重要路线横贯于这一公园体系，将城市中心和河滨连在一起。其一是具有历史意义的中央水渠(见图 9-34)，另一条是 19 世纪 30 年代最早通达印第安纳波里斯的国家道路之一，改造后这条历史道路成了主要的行人散步路线。公园体系也沿着白河两岸向欢庆广场以南和以北延展，使城市中心与周边的城市肌理更紧密地结合在一起。这个改造不仅连接起了印第安纳波里斯市中心城区和白河沿岸土地，同时为今后公园周围土地的开发创造了新格局，为中心城区的经济、社会和文化的恢复提供了刺激因素，也使得白河不再是城市的“后院”，而日渐成为城市的“心脏”。

2. 惠灵河滨公园(惠灵市，西弗吉尼亚州)

俄亥俄河沿岸 1.26hm^2 的河滨公园是惠灵城市改造和社区扩展项目的一部分。惠灵国家历史地块保护机构计划在滨水区域创建一个公园来展现惠灵的自然风貌、城市文化和历史传统。新的河滨公园为商业娱乐提供了场所，并为当地居民和游客提供户外的公共活动空间。在国家公园专管机构的财政支持下，基地中心旧的船只停放库被拆除。新公园由一个露天剧场、入口广场和沿河步道组成，沿河配有停泊设施为大型的来访船只提供服务。这个河滨公园以台阶状的露天剧场结合步道，将城市中心和河滨紧密地连接起来，建成以后成为举办每年一次的"意大利节"的场地，也是欣赏"独立日"焰火和每周三晚间现场音乐会的场所(见图 9-35)。

↑中央水渠沿岸景观
↓中央水渠延伸向白河

↑穿过NCAA总部的中央水渠
↓中央水渠和草坪台阶

图 9-34 中央水渠景观节点

↑河滨公园全景
←河滨公园内的露天剧场
↓露天剧场的晚间音乐会

图 9-35 惠灵河滨公园(见彩图)

3. 圣地亚哥历史港口城市设计(圣地亚哥市,加利福尼亚)

SASAKI 和 QUIGLEY 建筑师事务所合作赢得了圣地亚哥市中心的历史港区改造竞赛,为圣地亚哥沿海 10.13hm² 的区域复兴提供了规划和设计。基地从北 Embarcadero 开始到南部沿海的会展区域,包括了 1939 年体现西班牙复兴的地标式建筑——原警署总部大楼以及一个商业餐饮集中区(见图 9-36)。

图 9-36 港区与圣地亚哥城(见彩图)

设计寻求城市与海岸的结合,以吸引市中心的居民和游客到滨水沿岸。设计将原有的城市道路系统和样式扩展到滨水地带以联系起现有的城市肌理,设计强调了一个长 1097.3m 的圆形码头和一个 2.63hm² 的开放式圆形广场(见图 9-37)。圆形码头不仅起到防洪堤的作用,还将为市民提供一个尽览城市风光和海湾景色以及休闲散步的场所,而圆形广场更为市民提供了公众聚会和娱乐的开放空间。原警署总部大楼将改造为社区商业服务中心,拓展到海边的格网道路联系起市中心和交通站点,穿过改造后的原警署总部大楼到达沿海的各

图 9-37 港区的圆形码头(见彩图)

种娱乐场所以及海边的水上运输点。

4. 底特律河滨步道(底特律,密斯根州)

底特律河滨步道成为一个纽带,将河滨沿线众多重要的社会、文化、经济和纪念场所连接在一起,同时也将城市本身与底特律河连接在一起。作为以往的工业中心,底特律城市与水的关系正在慢慢淡化。如同其他地区的滨水地带一样,底特律河河滨逐渐退居为城市的“后门”。新规划希望挖掘河滨吸引公众的潜力,以期达到提升底特律河形象的目标。

在改造之初,河滨主要被地面停车场占据,同时支撑上空高架道的柱子散布在基地中。尽管如此,底特律河开阔的景观以及河对岸加拿大温莎的城市风光为基地的开发提供了多种可能性。SASAKI 的设计植根于底特律的历史,通过在河滨步道上设立的雕塑和纪念性场所等颂扬了城市的成立以及城市在农业、航海和工业时代的辉煌历史。在 914.4m×16.78m 的带状基地上,深色与浅灰色交替的人行道以北边波浪形的可坐矮墙、精心种植的草坪和常青树木为界,成为底特律河与临河街道的一个缓冲区(见图 9-38)。波浪形矮墙环绕着表面上看起来无序的高架路的柱子,把它们整合到设计的几何构架里,试图把这些表面毫无关联的元素组织到一个连贯的系统里。整块基地在各个重要地段和入口作了专门的灯光设计,为晚上徜徉于此的人们提供了一个独特的视点。

底特律河滨步道与市中心

波浪形的可座矮墙与铺地形成了步道的边界

沿河布置的带有纪念意义的场所为步道增添了气氛

图 9-38　底特律河滨步道

5. 赫尔辛基 Kalasatama 港区[1]

Kalasatama 地区位于赫尔辛基城市中心区的东部海岸线,原为海洋运输与仓储转运口岸。近年来城市经济形势面临着新的变化,城市住宅的需求日益增加。2004—2005 年,赫

---

[1] 王健,徐怡芳. 城市设计丰富滨水地区的多样化功能[J]. 建筑学报,2009(7):94～96.

尔辛基市启动了名为“多彩的城市边际”的城市设计竞赛，竞赛提出：Kalasatama 的面积为 $135hm^2$，建筑面积 130 万 m^2，海岸线长度约 5km，人口 1.7 万人，可提供 1 万个工作岗位，计划建设周期为 2009—2035 年(见图 9-39)。

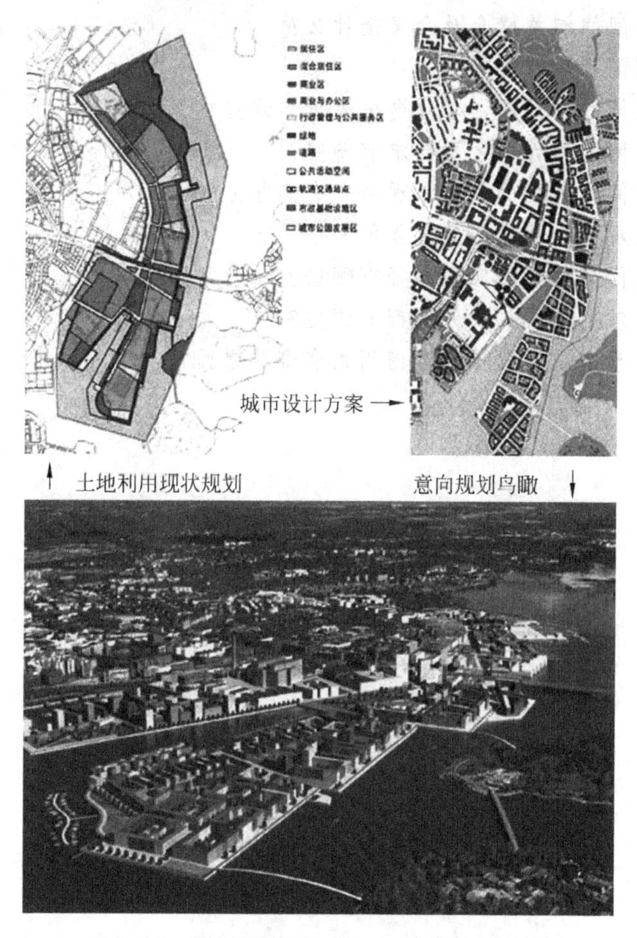

图 9-39　赫尔辛基 Kalasatama 港区城市设计

城市设计的要点包括：移除港口的运输功能，将其改造成具有复合功能、交通便利、能够融入都市的高密度现代化住宅区。为城市居民营造可接近的、步行系统完善的滨水环境，并将海岸线建成连接城市绿化网络的生态绿带。由于考虑到未来居民的多样性，新区的住宅类型以小户型住宅为主，也包括都市型别墅和联排住宅，空间布局尽量朝向水岸。

以 Kalasatama 地铁站为核心，规划公共车库容纳社会车辆，增设公共交通线路，改善交通效率和区内的可达性。规划多功能的行人环境，围绕公交站点设置集中式商业中心，而小型商店、餐馆、保健中心和办公楼设在主要道路两侧，以形成静谧的公共空间。

已有百年历史的发电厂和天然气厂将被改造成为一个多功能文化中心(包括剧院)，电缆厂将接纳小型文化机构。原有工业区的开敞空间将成为适合于举办各种文化和庆祝活动的场所，天然气塔和电厂烟囱将被作为工业文化的符号保留在原地。

思考题与习题

1. 城市滨水空间的相关概念及含义是什么?
2. 城市滨水空间景观特征有哪些?
3. 城市滨水空间的设计原则与理念主要包括哪些方面?
4. 城市滨水空间的设计要素及要求有哪些?
5. 城市滨水空间休闲性的具体体现形式有哪些方面?
6. 城市滨水景观设计的发展趋势如何?
7. 城市滨水空间公共性的实现路径有哪些?
8. 城市滨水景观的文化构成元素都有哪些?
9. 城市滨水区生态设计的重点考虑因素有哪些方面?

第10章 城市历史地段的保护与更新设计

10.1 历史地段概述

在世界文化和自然遗产中，历史地段占有很大的比重并具有重要的地位。城市中具有浓郁历史文化氛围的地段所营造出的特有的场所感和认同感，构成了所在城市魅力与活力的重要部分。因此，在城市更新过程中，最具文化沉淀代表的就是旧城中的历史地段，于是，在国内外的旧城改造过程中，历史地段的保护与更新便成为了规划设计及历史文化遗产保护的重点讨论对象。

10.1.1 历史地段的概念

虽然世界文化遗产的保护工作已经开展了150多年，但保护与人类密切相关的活的历史地段却是20世纪60年代才开始的。在第二次世界大战之后，欧洲的经济开始恢复发展，城市开始了大规模的住宅建设，当时普遍的做法是拆掉老城区，盖起新楼房。但是这样做的结果是改善了建筑面貌，却破坏了历史环境。城镇历史联系被割断，特色在消失。人们开始意识到，一个国家、一个民族不能割断历史，而文物古迹、历史地段等正是历史文化发展的实物例证。所以，除了保护文物建筑之外，还应保存一些成片的历史地段，以保有历史的记忆，保存城镇历史的连续性。人们对历史遗产保护有了更高的认识，保护的概念也逐渐扩大、深化，从单体建筑扩大到周围环境以至历史地段。

历史地段的概念首先来源于1933年形成的《雅典宪章》。在当时召开的国际现代建筑协会第四次会议通过的《雅典宪章》中指出：由历史建筑群及历史文化遗址所组成的区域称为历史地区。

1964年，在意大利举行的第二届历史古迹建筑师及技师国际会议上通过的《威尼斯宪章》进一步提出：历史地段的保护“不仅包括单个建筑物，而且包括能够从中找出一种独特的文明、一种有意义的发展或一个历史事件见证的城市或乡村环境”；“包含着对一定规模环境的保护——不能与其所见证的历史和其所产生的环境分离。”

1976年11月，联合国教科文组织在内罗毕通过的《关于历史地段的保护及其当代作用的建议》(内罗毕建议)中提出“历史地段是各地人类日常环境的组成部分，自古以来，历史地段为文化、宗教及社会活动的多样性和财富提供了最确切的见证。它们……，提供了与社会多样性相对应所需的生活背景的多样化。因此，保护它们并把它们纳入现代社会生活环境之中是城市规划和国土整治的一个基本因素。”文件肯定了历史地段在社会、历史和使用方面具有的普遍价值。

1987 年，在美国华盛顿召开的国际古迹遗址理事会通过的《华盛顿宪章》中，对《威尼斯宪章》里有关历史地段的概念做了修正和补充，提出历史地段是指："城镇中具有历史意义的大小地区，包括城市的古老中心区或其他保存着历史风貌的地区"，"它们不仅可以作为历史的见证，而且体现了城镇传统文化的价值。"《华盛顿宪章》对历史地段的内涵作了迄今为止最为完善的概括。

中国《历史文化名城保护规划规范》中采用"历史地段"这个词，并且给出定义：历史地段是文物古迹比较集中、连片，或能较完整体现出某一历史时期的风貌和民族地方特色的地区。

10.1.2 历史地段的特征[❶]

1. 风貌完整性——有一定规模，并具有较完整或可整治的历史风貌

历史地段拥有集中反映地区特色的建筑群，有历史典型性和鲜明的特色，能够反映城市较完整而浓郁的历史风貌，代表城市的传统特色以及这一地区的历史发展脉络，是这一地区历史的活的见证。

2. 历史真实性——有一定比例的真实历史遗存，携带着真实的历史信息

历史地段不仅在地段内存在着一定比例的"有形文化"的真实遗存——建筑群及构筑物，还包括蕴含其中的"无形文化"和场所精神，如生活在该地段中的人们所形成的传统价值观念、生活方式、组织结构和风俗习惯等。

3. 生活真实性——是生生不息的活力地段，在城市生活中仍起重要作用

历史地段不但记载了过去城市的大量文化信息，还继续记载着当今城市发展的大量信息。在历史地段内，物质环境被很好地保留和传承下去，它既承载着历史，又延续着现代文明，同时，随着城市经济的发展，历史地段延续相应的城市功能，不断得以更新、振兴，从而适应现代的生活方式。

10.1.3 历史地段的范围[❷]

历史地段保护范围的合理确定是保护性更新设计有序进行的基础。根据史蒂文·蒂耶斯德尔和蒂姆·希思的观点，有三种方法可用以限定历史地段的范围，即划定物质边界、独特的地段个性和特色以及通过功能和经济方面的关联性等。

1. 物质边界

地段可以通过模糊或明显的边界来限定。边界可凭借明显的地貌、自然的障碍物或地界来限定，如一条河流或一条繁忙的城市道路等，又可为了管理的方便而人为地限定，边界也可能自然形成，然后为了管理的目的而加以规范。具有清晰边界的历史地段有助于强化

❶ 王建国. 城市设计[M]. 2 版. 南京：东南大学出版社，2004.8.

❷ [英]史蒂文·蒂耶斯德尔，[英]蒂姆·希思，[土]塔内尔·厄奇. 城市历史街区的复兴[M]. 张玫英，董卫，译. 北京：中国建筑工业出版社，2006.

该地段的认同感，便于地段内部功能、经济和社会等各方面因素的互动，促使不同方面共同发展。

2. 特征与个性

林奇在他的城市意象组成元素分类中，设想构成城市的中型到大型组成部分都有二维平面的范围，而这两个平面因一些共同的、有个性的特点而被进入其内部的观测者从心理上识别出来，这就是地段具有的区别于城市其他部分的特性。它们一般从内部看是可识别的，从外部看也是可见的，通常也用于外部空间的参照。“一个地段共同的、可识别的特点同时具有物质和功能的尺度。地段的特征及个性可能融于场所中的砖块和灰浆中，也可能是由地段内各种传统活动所形成。”

3. 功能与经济方面的联系

经济上相互依赖、紧密联系的聚集性活动可成为一个地段的特征，如商业街、珠宝街和美食街（见图 10-1）等。许多地段都聚集一定的特殊功能从而形成地区特征，而地段中被聚集的各行业公司之间往往在功能上进行整合并调剂劳动力的使用，从而在经济整合中获得利益，并在一系列不同功能振兴地段之间取得一种平衡。

图 10-1　北京前门鲜鱼口老字号美食街

资料来源：http：//neimengzhiqing. blog. sohu. com

10.1.4　历史地段的分类[1]

按照历史地段的属性和特点，可将其分为传统风貌型和历史遗迹型两大类。

1. 传统风貌型

完整保留了历史上某一时期或某几个时期积淀下来的建筑群、遗迹等，这样的街道或地段属于传统风貌型的历史地段。传统风貌型历史地段内的建筑并不是都具有文物价值，但它们通过整体环境和秩序反映出某一历史时期的风貌特色，是从整体上代表某种文化传统的物质典型。该类历史地段分布范围较广，数量较多，按照职能性质大致分为居住、产业、商

---

[1] 张俊贤. 基于保护视角的历史地段旅游开发研究——以西安鼓楼历史地段为例[D]. 南开大学，2009.

业、文化和公共等几类，各种职能类型之间并没有明显的界限。

(1) 居住型——完整、充分、典型地反映本地建筑风格、居民传统的生活方式和生活状态的地段，主要包括名人故居型(见图 10-2)、特色民居型(见图 10-3)等。

图 10-2 绍兴鲁迅故里

资料来源：http://img.88gogo.com

图 10-3 老北京四合院

资料来源：http://static.panoramio.com

(2) 产业型——集中反映历史上某一重要产业或某些重要产业发展历程的特色地段，如原为军工企业的南京市 7316 厂地块(见图 10-4)。

(3) 商业型——历史上曾是地域内的商贸集散中心，地段内保存有大量的商铺和老字号，如平遥南大街(见图 10-5)，宁波老外滩(见图 10-6)。

(4) 文化型——典型代表是古城文庙周边的历史地段，如西安的书院门历史地段(见图 10-7)。

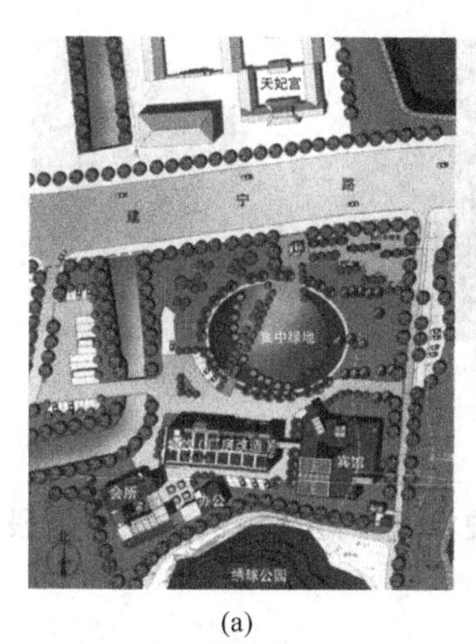

(a)

(b)

图 10-4　南京市 7316 厂地块

(a) 改造后总平面；(b) 厂区更新改造后实景

资料来源：王建国，蒋楠，周玮．基于城市设计的产业类历史地段再生途径——以南京 7316 厂地块改造为例[J].建筑学报，2011，(7)：26～30

图 10-5　平遥南大街

资料来源：http：//images.ctrip.com

图 10-6　宁波老外滩

资料来源：http：//postimgl.mop.com

图 10-7 西安书院门古文化街

资料来源：http：//image. baidu. com

(5) 公共型——进行民间传统活动的场所，能够反映历史上特定地域民俗文化的地段。如上海城隍庙(见图 10-8)，西安的都城隍庙(见图 10-9)等。

图 10-8 上海城隍庙——民俗灯会

资料来源：http：//file. online. sh. cn

图 10-9 西安都城隍庙——新春庙会秦腔表演

资料来源：http：//www. xiancn. com

2. 历史遗迹型

历史遗迹型历史地段是由文物古迹(包括遗迹)集中的地区及其周围的环境组成的地段，同时也包括以反映历史的某一事件或某个阶段的建筑物(群)为显著特色的地段(见图 10-10)。这种类型的历史地段现存数量较少，由于是史料价值较高、纪念意义深厚的历史性建筑遗产，为避免人为的破坏，大都有明确的保护范围界线、保护法规和专门的管理机构。

图 10-10 意大利圣保罗古建筑遗迹

资料来源：http：//soso. nipic. com

10.1.5　历史地段的价值[1]

里普凯马指出："保护经常谈及各种历史资源的'价值'：社会价值、文化价值、美学价值、城市文脉价值、建筑价值、历史价值以及场所感的价值。事实上，一种最强有力的理由是，对其所在的地段来说，一座历史建筑具有多层次的价值"。然而，支撑其他理由的最终基础是"经济价值"。保护与更新的要求最终一定是一种合理的经济和商业目标的选择。如果历史地段只是由于法律和土地利用规划的控制才得以保护，那么在缺乏商业性经济理由的情况下，往往不能有效地保护那些公众认为值得保留的建筑，各种问题也会接踵而至。因此，分析历史地段的价值内容并辨析其中关系，不仅是认识历史地段的基础，也是做好历史地段保护与更新设计的前提。

历史地段的价值分为本体价值、社会价值和经济价值三个方面。

1. 本体价值

历史地段的本体价值由构成历史地段的历史建筑、传统建筑群和历史环境等共同体现。具体包括内在价值和功能价值两个方面内容。

1）内在价值

（1）历史价值。历史地段不仅是不同时期历史遗存的积累或某一历史时段风貌的集中体现，而且也反映了现实的多样性生活；它是城市发展进程的实体记载，承载着历史事件和人物；提供了研究建筑、文化和社会形态等重要的历史信息。随着时间的流逝，历史地段记载过去、包容现在、迎接未来，反映着地段乃至整个城市的兴衰和人文的变迁。

（2）文化价值。作为反映生活与文化多样性的场所，历史地段提供了连续性文化记忆的实物载体。一方面，历史地段具有真实的物质实体，包括标志性建筑、有地域特征的建筑和建筑群以及古树名木，这些都是"有形文化"的组成部分；另一方面，历史地段具备较为完整的历史风貌，蕴含宝贵的地域文化，诸如传统商业文化、居住文化和丰富多彩的庙会、杂耍等民间艺术，从多角度反映出了人们的生活方式、风俗习惯和价值观念，形成了地段的文化内涵即"无形文化"。它们共同反映出历史地段的文化价值，有助于人们建立文化认同感，以及明确当代社会与历史传统的关联性，并赋予其现代含义。

当今城市的文化地域性特征与文化传统受到来自于经济全球化带来的不断挑战与冲击，历史地段的文化价值尤为突出。

（3）美学与艺术价值。历史本身自有其内在的美学价值。老的建筑和地段因为其古老而产生出珍稀性的美学价值。从整体来看，历史地段的建筑布局肌理，建筑与场地的图底关系极富美感（见图 10-11）；从局部来看，地段里数量可观的文物建筑、民居和构筑物具有很高的美学与艺术价值。它们的设计构造和建筑风格所展示的高水准的艺术与技艺能够带给人们精神上的享受。

（4）科学价值。历史地段中各种历史建筑的存在是特定地区时代变迁的见证，记录了真实的历史信息，传承了宝贵的历史文脉。地段的整体形态、建筑艺术、历史环境和风土人情等都具有极高的科学研究价值，为研究聚居学、建筑学、人类学和社会学等多门学科提供

---

[1] 张俊贤．基于保护视角的历史地段旅游开发研究——以西安鼓楼历史地段为例[D]．南开大学，2009．

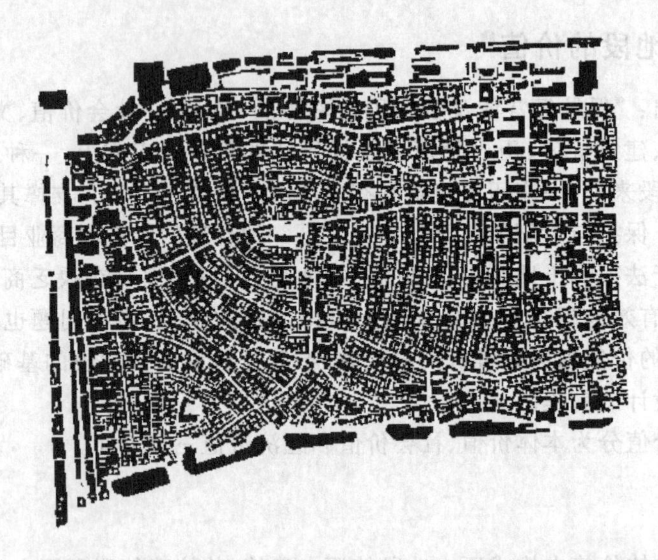

图 10-11 北京前门东侧路以东地区顺应河道的街巷肌理形态
资料来源：前门东侧路以东地区保护规划文本

了实体研究对象。

(5) 环境价值。历史地段中街道宜人的空间尺度、建筑与环境的有机融合为地段提供了良好的环境。建筑立面、街道铺地、河系、古井和小桥等空间构成要素使得历史地段环境更具多样性。人性化尺度的历史地段环境与尺度巨大的现代城市环境形成强烈对比与反差，更加凸显了历史地段的宜人的环境价值(见图 10-12)。

图 10-12 苏州临水而居的环境
资料来源：http://image.baidu.com

2) 功能价值

历史地段还具有作为城市地段的功能作用。与一般的城市地段相比，历史地段的功能价值有其共同性和特殊性。从功能价值的共同性看，历史地段仍然是城市的一个重要组成部分，是居民的生活场所(见图 10-13)；和其他城市地段一样，历史地段担负着城市居住、商业、游憩和交通等多种功能；由于城市发展的原因，历史地段往往位于城市的中心区域，是城市各种活动的重要区域(见图 10-14)。从特殊性看,历史地段具有重要的历史文化价值,对城市文化发展的影响作用尤为突出;地段的建成环境与文化内涵使之能够成为城市独特的游憩场所;历史地段的稀缺性更凸显其功能的特殊性。

图 10-13　佛山东华里居住街道空间

资料来源:http://www.fsqs.cn

图 10-14　广州上下九街现仍是最为繁华的商业区

资料来源:http://commondatastorage.googleapis.com

2. 社会价值

历史地段拥有各种本体价值的同时,也就具有了重要的社会价值。同时,历史地段的稀缺性和不可再生性使其社会价值更为宝贵。它是人类社会共同的财富,具有极强的社会公共性。历史地段对城市居民的社会价值在于它所承载的历史文化信息能够教育社会公众;并为居民提供了重要的生活场所,保留了原有的社会结构;另外,地段融洽的邻里关系使得城市居民能够从中得到归属感及认同感(见图 10-15)。

图 10-15　成都宽窄巷子安逸生活的人们

资料来源:http://pic.hefei.cc

历史地段是城市肌理的重要组成部分,承载了重要的风貌景观;它还是城市用地的重要组成部分,仍然担负着多种城市职能。因此对城市而言,历史地段的社会价值表现为展示城市历史与独特风貌以及彰显城市魅力；历史地段功能的良性发挥能够促进城市社会的整体发展。

3. 经济价值

历史地段具有的本体和社会价值自然而然地产生出经济和商业价值。从历史地段经济价值表现的形式来看，可以将其分为内部直接经济价值和外部间接经济价值两个方面。

1）内部直接经济价值

历史地段所占有的土地属于城市用地，因此就具有一般城市用地的土地经济价值。另外，历史地段仍然承担着诸如居住、商业和游憩等多种城市功能，而且通过对历史地段的保护与更新，既能强化这些城市职能作用，还能促进诸如旅游、休闲和文化等产业的发展。这些都是历史地段内部直接经济价值的体现。

2）外部间接经济价值

历史地段的外部经济价值表现为地段价值的实现带来的外部正效应。地段的历史文化等内在价值能够提升片区的竞争力，使得周边地区的土地增值。通过发挥地段内部经济价值，还能增强周边地区的经济活力。例如历史地段旅游业的发展能带动周边相关配套产业的兴起。

4. 价值的角色定位

综上所述，历史地段的本体价值、社会价值和经济价值三个方面共同构成历史地段的价值体系。

1）本体价值——历史地段价值体系的根本和基础

其中的内在价值相对稳定，但会随着时间的流逝、城市的发展而不断积累；功能价值是历史地段城市属性的体现，随着城市用地结构和功能的调整，历史地段的功能常常不能适应现代城市发展的需求，导致地段出现衰退。因此，需要对地段功能作适当的调整，才能更好地发挥其功能价值。

2）社会价值——历史地段价值体系的核心

社会价值是全面、整体的，会随着社会的发展和认识的提高而逐步增强。例如，随着我国经济实力和人民生活水平的提高，人们在追求物质财富的同时，将会有越来越多的目光投注在精神财富之上，使得历史地段的社会价值得以加强和充分展现。

3）经济价值——本体价值和社会价值的共同体现

在市场经济条件下，经济价值会受到历史地段的保护成效以及市场波动和城市发展的影响，因此，它是动态变化的。

一般来说，经济价值不能反映地段全部的本体价值与社会价值，它所反映出来的仅仅是地段的一部分价值，或者说是现时的实用价值。既然本体价值是历史地段价值的根本，那么发挥地段价值也必定以本体价值实现为基础。在保护历史地段内在价值的前提下，通过优化地段的功能，增强历史地段的功能价值。本体价值的实现又能够促进历史地段社会价值的发挥。经济价值应以本体价值和社会价值为基础，不能以损害本体价值和社会价值来实现。而合理发挥历史地段的经济价值，又往往是发挥历史地段本体价值、社会价值的关键。正确认识和处理历史地段价值体系中三者的关系（见图 10-16），建立科学的历史地段价值观，是做好历史地段保护与更新设计工作、处理好保护与利用关系的根本和前提。

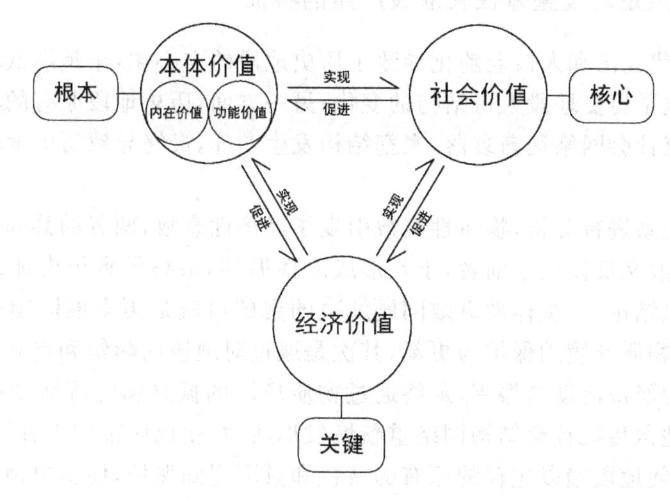

图 10-16　历史地段价值关系分析

资料来源：张俊贤. 基于保护视角的历史地段旅游开发研究——以西安鼓楼历史地段为例[D]. 南开大学，2009

10.1.6　历史地段存在的问题[1]

历史地段的现状问题是一个综合性的社会问题，呈现的最基本特征是一种整体性衰败的局面，它涉及社会、经济、文化、历史和政策等各方面的因素。借鉴柴彦威在《城市空间》中把城市空间分为"物质空间、经济空间和社会空间"[2]的分类方法，把历史地段的整体性衰败分为物质性衰败、经济性衰败和社会性衰败三个方面。

1. 物质性衰败是地段整体性衰败最基本的特征

物质性衰败主要是由市政基础设施不全、房屋老化造成的建筑质量问题，加建改建造成的建筑风貌问题以及公共空间不完善等问题而产生的。历史地段需要比常规的持续性保养投入更多的力量予以修复与维护，没有彻底的维修，地段的物质环境条件将会影响其使用功能。北京市社会科学院 2005 年发布的《北京城区角落调查》显示，"在崇文区辖内的前门地区，严重破损和危险的房屋比例高达 47.5%。宣武区辖内的大栅栏地区情况同样严重。据房管部门调查，三、四、五类危旧房面积比例逐年增大，已达 90%以上，其中四、五类危房达 30%以上。"

2. 经济性衰败是地段整体性衰败最关键的特征

经济性衰败主要表现在老字号商业萎缩、商业特色不明显、商业类型单一、商业环境条件差、从业人口和消费人数少以及消费档次低等方面。

---

❶ 韩高峰. 历史地段城市设计导则研究——以北京鲜鱼口地段城市设计导则研究为例[D]. 北京建筑工程学院，2008.

❷ 柴彦威. 城市空间[M]. 北京：科学出版社，2001.

3. 社会性衰败是地段整体性衰败最严重的特征

一方面，新生代迁出和人口老龄化导致了历史地段的空心化，于是靠低租金吸引的一些外来务工人员导致了历史地段人口结构的变化；另一方面，历史地段原有的具有较强的地缘和血缘特征的传统社会网络逐渐衰落，家庭结构发生变迁，最终导致历史地段原有社会特征的衰败。

就以上三者关系进行分析，物质性衰败引发了经济性衰败，两者的共同作用引发了社会性衰败，社会性衰败又反作用于前者，于是形成恶性循环，最终导致历史地段整体性衰败的困境。由此可得出结论，对整体性衰败问题解决的突破口就是历史地段物质性衰败问题的解决，即历史地段物质环境的保护与更新，其次是通过对地段内建筑和空间中的功能的改善或者多样化来实现经济活动的振兴，最终通过物质环境的振兴和经济活动的复兴两方面的共同作用使历史地段传统社会结构网络重新焕发出活力，变成城市中十分活跃、充满动感和生机勃勃的地方，使地段赖以生存的原有的特色和氛围得到保护，使历史地段再次成为一个具有吸引力、富有魅力的、适合于投资、生活、工作和娱乐的地区。

10.2 历史地段相关概念辨析

10.2.1 历史街区与历史地段

历史街区是历史地段的重要类型之一。

王瑞珠先生在《国外历史环境的保护和规划》中，将历史地段划分为“文物古迹地段”(Historic Site)和“历史风貌地段”(Historic District)两种类型。

“文物古迹地段”——指由文物古迹(包括遗迹)集中的地区及其周围的环境组成的地段，其特征是地段中没有或很少有人居住、生活。

“历史风貌地段”——指在城市或乡村环境中能反映某一时期的历史、传统风貌或民族地方特色的区域，是活的历史地段[1]。

因此，相比较历史地段的两种类型，历史风貌地段更加强调历史风貌景观，而“历史街区则是在此基础上强调生活的真实性，风貌景观、历史文化价值和真实的社会生活都是它关注的对象，这就是把历史街区作为一个单独的概念提出以区别于广义上的历史地段的意义所在”。

10.2.2 历史文化保护区与历史地段

历史地段保护中最为重要的内容之一就是划定保护区，因此，历史文化保护区是为保护历史地段的整体环境、协调周边景观而划定的一定范围的建设控制地带。

王景慧先生论述过两者的关系：“对价值较高的历史地段采取法定保护措施，冠以‘历史文化保护区’的名分。这就是历史地段与历史文化保护区二者之间的关系”[2]。

由此可见，历史文化保护区是一个法定概念，实质上是已经被政府批准保护的历史地

---

[1] 王瑞珠. 国外历史环境的保护与规划[M]. 台湾：淑馨出版社，1993.

[2] 王景慧. 历史地段保护的概念和作法[J]. 城市规划，1998(3)：34～36.

段；而历史地段相对属于一个专业学术概念，既包括历史文化保护区，还包括有待批准的一般历史地段。当然，为了历史地段保护的需要，在划定保护区范围时往往大于其本身的区域[1]。

从《历史文化名城保护规划规范》中对历史文化街区的定义来看，其中所指的历史文化街区即历史文化保护区，属于法定概念。规范除了对历史文化街区作定性的界定外，还从量上进行了明确，要求历史文化街区用地面积不小于 1 万 m^2；历史文化街区内文物古迹和历史建筑的用地面积须达到保护区内建筑总用地的 60%以上。

10.3　历史地段保护与更新设计的意义[2]

1. 延续历史地段的美学价值

历史建筑和历史地段具有独特的品质，它们令人回想起一个拥有真实技艺和个性魅力的时代，历史地段本身具有其内在的美学价值。老的建筑和城镇拥有价值，因为本质上有着美的或"古董"的特征，因为古老而产生出珍稀性价值，而这些在现代工业化的建筑及建造系统中，都已消失殆尽。

2. 保护历史地段的建筑多样性

城市都是由一系列不同时期、不同形式和不同风格的建筑组成的。历史建筑的美感，应当是由许多建筑组合并列而产生的，并不是其中任何一栋特殊建筑单独作用的结果。过去的建筑与现代建筑并置一处，往往才显现出它们的价值。因此，即使是世俗的历史建筑，也会对城市景观的美学多样性做出贡献，体现出其自身的价值。

3. 促进历史地段的功能多样性

各个地段的产权状况和功能设置的不同，有可能导致相邻地段之间不同功能的协同作用。新奥尔良的弗伦奇区作为一个娱乐性地段，与附近的办公区形成一个空间整体，其效益远大于各个局部用地的代数性总和，它们分享共存共荣的协调关系。另外，历史地段也可以较低的租金，为那些经济效益较低但有重要社会意义的活动，在城市中提供一个生存空间。

西安书院门古文化街就是通过历史地段的保护与更新实现功能多样性价值的成功案例。从利用方式来看，它结合自身特点及区位环境，采取了多样化的利用方式。改造后的书院门集文化交流、特色购物和演艺等功能为一体，是西安历史文化与现代生活形态结合的代表性场所(见图 10-17)。

4. 提高历史地段的资源利用效率

建筑在未达到使用年限前，对其进行更新利用比将其全部拆掉进行重建更加节省资源。若完全以能耗水平来衡量，建筑整治比全部重建的代价相对低廉，建筑的再利用就促成了对紧

---

[1] 张松. 历史城市保护学导论——文化遗产和历史环境的一种整体性方法[M]. 上海：同济大学出版社，2008.

[2] [英]史蒂文·蒂耶斯德尔，[英]蒂姆·希思，[土]塔内尔·厄奇. 城市历史街区的复兴[M]. 张玫英，董卫，译. 北京：中国建筑工业出版社，2006.

缺资源的保护，减少了建造过程中能源和材料的消耗，提高了资源利用的效率和管理的水平。

图 10-17　西安书院门古文化街

资料来源：http：//book. china. com

5. 保持城市文化遗产连续性

文化遗产的连续性价值，不仅仅是一种美学或视觉的连续性，同时也是一种很重要的文化记忆。自 20 世纪 60 年代中期以来，这种更新和再利用的理由已变得越来越重要。良好的文化环境能使居民更有归属感和认同感，对于每个特殊地段都存在着场所认同感，但与此同时认同感本身也具有发展变化的连续性。目前，一定场所范围内所包含的生活历史的兴趣被证明在不断增长，这些地区通过保留地方记忆与遗产，使场所认同感和社区得以延续。这种兴趣，源自整个社会对现代城市趋于雷同、丧失个性以及现今文化在全球化背景下趋于同化的担忧。

6. 实现历史地段的经济与商业价值

历史地段保护首先涉及建筑物，建筑物现在属于一种特殊商品。对于投资者来说，历史地段必须具有经济和商业价值，也就是说历史地段必须具备四种特性：稀缺性、购买力、需求性和实用性。市场上总是存在着某种程度的购买力，然而各种历史建筑常常缺少的就是实用性和有效市场需求，对于实际使用者和投资者来说，必须具有功能上和财政上的实用性才能产生并满足商业需求。因此，历史建筑的更新和再利用，一定要比它们的可行替代方案有更大的经济价值，才能吸引投资者。这种机会成本包括改变其发展方向所需的成本以及开发一块类似用地时所需的成本。而历史建筑的使用和维修成本，必须低于替代方案的开发成本。

10.4　历史地段保护与更新过程中存在的问题[1]

根据我国城市更新历程以及在城市更新过程中的历史地段保护与更新的现状来看，历史地段的保护与更新设计存在的主要问题体现在以下三个方面。

---

[1] 杨雪伦，贾馥冬. 城市历史地段的更新与保护[J]. 河北建筑工程学院学报，2011(29)：36～38.

1. 经济与文化效益的矛盾

在我国，许多历史地段现在虽已破旧衰败，但大都有过繁华的经历，至今仍在城市中占有很具优势的地段，且大都是土地增值最高的黄金地段，可观的经济效益使之成为房地产开发商锁定的焦点。因此，大面积的历史地段被高利润的大型公建或高层住宅楼取而代之，而原居民则被安置在较偏远荒凉的拆迁安置区。这种方式使历史地段中的传统社会生活形态和内在的文化活力完全丧失。

2. 保留与开发利用的矛盾

开发旅游业是更新利用历史地段的一个有效的手段，许多城市把历史地段作为发展旅游事业的资本，但往往将历史地段保护、开发为旅游资源与获取经济效益紧密联系，从而造成旅游污染。例如，为了迎合游客而对历史风貌进行曲解，于是出现了拆掉真古董，新建假古董的现象，这往往只是把几个纪念性较高的历史建筑作为景点，却把作为环境背景的成片的传统历史建筑大拆大改换上了"现代"风貌，使相关的文物景点失去了应有的历史文脉，本身的意义和环境景观都受到了损害。不少地段旅游压力明显加大，出现地段原有性质的改变和传统风貌的消退，逐步损坏了历史地段的独特风貌和整体形象。过度地利用或者错误地利用，都不断威胁到历史地段本身的发展，导致媚俗，殊不知离开了特定环境，历史地段也就失去了其各种重要价值的载体和内在的活力，失去了真实性。

3. 更新与保护间的矛盾

历史的发展演化使历史地段大都呈现了衰落的状况，其物质环境和内部空间功能已远远不能满足当前社会的需要，居住在历史地段的人们也希望目前的生活质量能够得到进一步的改善和提高。原居住地的物质和环境条件的改善是居民对历史地段保护与更新设计工作的主要倾向。因此，历史地段的保护必须是以发展为前提，更新与保护并重，为历史的形式增加经济效益的功能，即同时包括物质环境的更新和在那些建筑和空间中的经济活动的振兴两个方面，这样才能为建筑本身的维修和维护提供持续的资金，并间接地为历史地段内的空间服务，而不能一味地强调原封不动的保护。

10.5　历史地段的保护、更新与城市设计的关系[1]

10.5.1　对城市设计的再认识

设计是一种创造性活动，城市设计则是人的一种复杂的、文化的创造性活动。林奇从城市的社会文化结构、人的活动和空间形体环境结合的角度提出："城市设计的关键在于如何从空间安排上保证城市各种活动的交织"。进而在城市空间结构上实现人类形形色色的价值观之共存。

城市设计的内容极为丰富，其中最重要的因素有四个方面，这就是自然、社会、文化和

[1] 张松. 历史城市保护学导论——文化遗产和历史环境保护的一种整体性方法[M]. 上海：同济大学出版社，2008.3.

人。正是由于现代城市规划在解决工业化、城市化带来的诸多城市问题之时,出发点与着眼点是"物",忽略了"人"的因素,因而导致强调以"人"为中心的现代城市设计的崛起。

对于城市设计者来说,最困难的任务之一是要在历史城市或地段中兴建一些新建筑,使新建筑与周围城市景观融为一体,非常协调。但比单幢历史建筑更为重要的是整个地区原有城市结构及其道路格局和空间之间的联系。许多欧洲的历史城镇有一个非常突出的特点,就是街道、广场与各个时代的建筑群之间的关系非常的自然、和谐,如果把整齐的街道转角简单加以拓宽,对某些房屋随意加以改建,或采用一些不协调的建筑材料,就会破坏整个环境。

历史地段的规划设计课题,包含了如何对历史上留存下来的环境空间进行继承与发展,还要考虑市民的生活,即城市社会网络的设计,这也是所谓的"整体性保护"(Integrated Conservation)理念的核心所在。拥有欧洲最古老大学和步行柱廊街道空间的意大利中世纪城市博洛尼亚,以市中心历史地段保护和平民阶层的住宅供给为手段,既继承了历史文化遗产,又培育发展了在这些历史遗产中的市民生活,直到今天这座古老的城市依然生机勃勃。

综上所述,城市设计不仅是对"城市美"的控制,更重要的是对"城市形体环境和空间场所"的设计,因此,对"场所精神"的保护是城市设计中的重要概念。在进行实体环境开发的同时,必须要对根植在当地的社会文化属性加以认真考虑,不但必须对有重要价值的建筑群的修复方针政策做出贡献,而且要对那些不符合新时代生活标准、全部拆除又比较可惜的整个历史地段的振兴政策做出贡献,以实现城市设计中历史延续性、归属感和认同感等极为重要的目标。

10.5.2 历史地段的保护与更新——另一类型的城市设计

历史地段的保护与更新可以说是另一种类型的城市设计,是保存型与社区型两种类型的结合,设计师必须反省并建立"保护"与"社区参与"的观念。

目前,世界上普遍认为:保护历史建筑和城市形态的延续性比"现代化"更重要。世界上所有魅力城市的发展过程都具有两点特征:一是在这些城市里都有着丰富多彩的、历史形成的城市形态;二是这些城市都有着丰富的建筑和城市景观,形成了完整的表达建筑和城市意象的符号系统。正如巴奈特指出的:"过去的极大的艺术手笔,关注和奉献、设计和建造出的建筑在城市更新中逐渐消失,必将给人们带来一连串的失落和空虚感。"

现代建筑运动早期,城市设计师曾忽略历史地段所特有的人性价值,20世纪六七十年代美国城市设计已越来越重视使用者的需求、公共空间、步行空间、历史保护与利用以及强化社区的特点和可识别性等问题。每一地段都有它的历史,每一空间都有其发展历史,也许有一棵老树,也许是某件事情发生在那里。当设计者把这些地段上的内容融入新的设计时,新设计一定会更丰富、更有意义。做城市设计时,要知道一个地块、一个空间原来是什么,才能知道它未来要干什么、可干什么,这样的设计才有地方性,才有自己的特色,才能形成持续发展的可识别的地段形象。因此,应借鉴已经形成的较为成熟的方法与技术,对各类历史地段实施严格和全面的设计控制,把历史地段的保护与更新纳入到社区发展,并以社区发展为主体,使保护与更新成为一种手法、一种工具,继而促进社区的发展。

10.5.3　历史地段的保护更新设计与城市生长

刘易斯·芒福德在其著作《城市发展史——起源、演变和前景》中对城市做了精辟的定义，他认为，“城市从其起源时代开始便是一种特殊的构造，它专门用来储存并流传人类文明的成果；这种构造致密而紧凑，足以用最小的空间容纳更多的设施；同时又能扩大自身的结构，以适应不断变化的需求和社会发展更加繁复的形式，从而保存不断积累起来的社会遗产……”❶。因此，从实质上来说，城市就是人类物质文明和精神文明的化身，城市是不断变化、生长的有机体，城市生长由零起步，经历了漫长的历史和一系列的演变过程。具有良好形态、人性空间和地方特色的城市无一不是经过漫长的历史阶段生长形成的，从建筑群到城市广场乃至整个城市都在历史岁月中生长形成，留下了丰富的历史文化积淀。

历史上不同时代的风格相互协调的例子并不罕见。例如，“作为奇特构图系统，中世纪城市是响应于无数个人的决策而生长出来的”(西蒙语)。只要看看威尼斯的圣马可广场建筑群，就可明白，相互协调、有机生长的原则绝不是一种空洞的美学理论和虚幻的理想。

城市空间的文化价值本身，随着时间的流逝和城市的发展变化而日趋提高，城市各个局部的统一及相互间的联系也日趋加强，又因建筑艺术是永恒的、独立的，其艺术价值不但不会随时间推移而遗失，反而会不断增值。

10.5.4　城市需要真实的历史记忆

何怀生认为，人的幸福由两部分组成：物质生活和精神生活。寻求历史的记忆则可丰富、拓展人的精神生活。把代表某时期的古建筑和历史地段保护下来，正是这种倾向的表现。一个人、一座城和一个民族，都是由三个环节组成：过去、现在和将来❷。最好的东西是经过人的、时间的和空间的考验而保留下来的，我们在规划设计未来的生活、发展新的居住环境时，应好好运用它。

正如汉宝德在其著作《现代城市的宿命》中所说，“即使在西方，特别动人的都市景观都是过去的产物。自威尼斯小巷的浪漫到巴黎大街的古典莫不是历史的遗迹，即使是波士顿与旧金山山坡上的市区也有百年或近百年的历史了。自从人类不再把建造城市当做一种艺术之后，城市的美感就消失了，西方国家的城市予人之深刻印象是因为小心保存了古代流传下来的城市与建筑。”❸

建筑是石头的史书。历史建筑，既是见证前人耕耘的凭借，也是研究文化的根据。思想与观念的变迁无不渗透于城市形态和建筑风格之中。凯文·林奇认为，古迹既是组成城市特征的重要坐标，更是辨认城市领域的关键。脱离了历史源起的空间关系，一座座在建的现代“假古董”，也是一种“建设性破坏”。它混淆了真文化遗产与伪文化复制品的是非，损害了历史遗产的独特性。

很明显，在城市建设和城市设计中，历史资产是绝佳素材。但必须在过去与现在和未来

---

❶ [美]刘易斯·芒福德. 城市发展史——起源、演变和前景[M]. 宋俊岭，倪文彦，译. 北京：中国建筑工业出版社，2005.

❷ 何怀生. 人生论：孤独的滋味——说进步[J]. Dialogue 建筑，1999(29)：60.

❸ 汉宝德. 现代城市的宿命[J]. Dialogue 建筑，1999(29)：39.

的结合上做好文章，以改善和创造城市历史文化传统得以延续和发展的环境与条件。

综上所述，历史城市或历史地段因其所拥有的真实的历史记忆，其魅力与价值是任何相似之物都不可替代的。

10.6 历史地段保护与更新设计的方法与原则

10.6.1 调查研究的内容与方法

1. 历史地段所在城市基本情况的调查研究

历史地段的城市设计工作首先是历史地段所在城市基本情况的调查研究。在具体做法上，历史地段城市设计总的趋势是在保护地段原有结构的前提下，嵌插一些小型的改造的建筑，但并不是简单的重建传统、恢复历史，城市环境建设和发展中不同时代的物质痕迹总是相互并存的。这就需要注意调查现状，深入研究所在城市的历史沿革、自然地理状况、历史文化传统、建筑特色、历史地段的分布和在城市中的地位和作用等。同时，有层次地进行城-区-街坊-组群-单体的分析。此外，还要调查城市总体规划或者分区规划、历史文化名城保护规划对该地段的规划要求，以及相邻地段的建设和规划情况等。

2. 历史地段的物质方面情况调查及研究

(1) 土地使用现状调查：不仅要调查用地性质，而且要深入到每个地块的具体内容。

(2) 社会生活现状分析：包括人口、户数、公共设施分布情况和规模，以及居民居住质量与居住环境、市政设施分布等。

(3) 建、构筑物现状：不仅包括房屋用途、产权以及建筑的面积和用地面积、高度、质量、风貌、年代、特征等状况，而且包括对建筑的墙面、屋顶、门、窗等构件的调查和分析，深度要求能够绘出现状单体建筑测绘图。

(4) 对地段环境的调查：包括铺地、水体、泊岸、树木和小品等。

(5) 文物古迹现状分析：不仅包括对各级文物保护单位的调查，还要发掘出具有明显地方特色的建、构筑物和具有地方特色的精彩独特的空间景观；还包括历史上曾经存在的历史遗迹。在历史地段中一般含有文物保护单位或需要特别划定的历史文化保护地段，各级文物保护单位就必须严格按照《文物保护法》的有关规定确定这些文物古迹的保护范围，并制定有关的保护措施。

(6) 道路交通现状分析：包括机动车道和步行街巷的情况以及交通量估测。

(7) 各项工程设施及管网现状的内容。

3. 历史地段的非物质方面情况调查

历史地段的非物质方面情况调查主要包括：

(1) 地段的历史情况：包括历史地段形成的时期，发展和兴衰的过程以及原因等；

(2) 名人轶事：指历史上与该历史地段有关的名人，以及他们在地段内的活动情况等；

(3) 纪念意义：是指在该地区发生过的重大历史事件或发生过的革命运动；

(4) 民俗文化：包括地方文艺、民间风俗、传统服饰和饮食文化等。

10.6.2　理念与原则

历史地段的保护性更新是在有限的条件下及适度的范围内，通过对房屋内部及非特色空间部位的合理改建、适度增建及使用空间调整、内部设施更新等措施，提高房屋的现代化生活质量和环境质量，创造历史空间的有机延续。

1. 历史理念与保护原则

保护性更新是以保护地段整体风貌为前提的持续性利用。重点在于保护构成地段景观中各种负载历史信息的遗产和反映景观特色的因素，包括道路骨架和空间结构，自然环境特征、建筑群特征，建筑、道路、桥梁、围墙、挡土墙、庭院、排水沟及古树名木在内的绿化体系等，从而使历史景观风貌得以延续。同时，需要保护地段历史文化内涵，包括社会结构、居民生活方式、民风民俗、传统商业和手工业等方面，保持地段真实的历史环境氛围，与其物质实体的内在统一、真实无误，呈现其历史性的状态，使城市有机生长，持续发展。因而，对历史地段的保护与更新，应该是在适应时代需要的同时保护它自身的特色，不是禁止改变，而是要对发展加以合理的引导与控制。

2. 经营理念与再生原则

历史地段由于缺乏正确的保护与管理方式，导致资源的浪费、活力的退化。因此，历史地段的保护与更新设计应在市场经济规律运行机制下，树立“经营”理念，为历史地段可持续发展提供可行的操作手段。经营理念不同于以建成环境为对象的城市管理，也不同于以土地利用为核心的城市开发，它是以包括土地、建成环境、人文景观和自然环境在内的多种资源为基础，以恢复地段活力为最终目标，因此应坚持再生的原则。

历史地段的建筑风貌资源、人文资源以及自然环境资源是经营的物质基础，而通过经营使其再生的手法则多种多样。

(1) 改善地段环境，维持良好的生态系统和环境质量是历史地段保护性城市设计中的重要内容之一。在历史地段保护与更新设计中，以维护地段及周边地区的环境生态为原则，在地段的保护开发过程中保障自然环境及生态系统的和谐稳定。提倡“设计结合自然”，尊重、强化地段用地中的自然基地特征，如濒水、临山、地形与植被变化等，以突出地段的自然风貌特色。

(2) 进行功能调整，改善地段基础设施，以适应现代社会生活的要求，例如成都的宽窄巷子的保护性更新改造以“成都生活精神”为线索，在保护老成都原真建筑风貌的基础上，形成汇聚街面民俗生活体验、公益博览、高档餐饮、宅院酒店、娱乐休闲、特色策展和情景再现等业态的“院落式情景消费街区”和“成都城市怀旧旅游的人文游憩中心”。改造后的宽窄巷子，其旧有的单一居住功能得到置换和丰富，向以“文化、商业、旅游”为核心的功能转变，其间设置的一些区域，专门用来展示一些早已失传或将要失传的古老艺术和文化，如蜀绣、蜀锦、竹编及漆器工艺等，还修建了一些具有特色的纪念馆、旧时的画馆、文馆、茶馆和戏馆等，并且邀请一些顶级艺术家以及文化名人来这里从事创作。

(3) 建筑再利用。历史性建筑的式样、高度、体量、材料和色彩等均真实记载着历史文化的印迹，通过对建筑的修复、利用，可以使历史建筑重新焕发生机与活力。

(4) 开发利用人文资源,大力发展旅游经济、文化经济等新的经济形式,促进资源的充分利用。

经营理念与再生原则是历史地段保护与更新的经济学目标。

3. 文脉理念与传承原则

历史地段的保护与更新应在保护文脉的同时,注重传统历史文脉的继承与发扬,为此,应深入挖掘、充分认识其内涵,把历代的精神财富流传下去,广为宣传和利用。例如在苏州平江历史地段中,保留了传统生活中的水上交通方式,游客还能够亲自坐着平江河里摇曳的小船听着船娘的歌声,感受两旁树阴下闲聊的老人和戏耍的孩童等江南生活。文脉理念与传承原则是历史地段保护性更新的历史学坐标。

4. 社区理念与协调原则

历史地段的社会特性将其作为一个社区来研究。社区是一定规模的人口通过特定的组织方式定居所形成的日常生活意义上心理归属的范围。社区理念反映了历史地段的社会学本质,为其可持续发展提供了精神环境的保障。社区的结构稳定性、社会关系网络化以及人口同质性要求坚持协调发展原则,以保护社区内部和谐的邻里关系和社会组织结构在地段改造中不遭受到破坏,延续地段的场所精神,使社会网络在环境更新中能够得以保存。由于社会组织结构的稳定性、和谐的邻里关系来源于有机的物质空间形态所创造的空间氛围及居民整体的“同质性”,而“同质性”包含相同层面的经济水准与文化水准、职业分工以及共同的生活方式、观念标准等。因此,历史地段在更新改造中既应保持外部环境的相对稳定,又应在一定区域范围内,在新的城市社会生活中赋予居民“同质性”新的内容,注重社会网络的保存与延续。

社区理念与协调原则是历史地段保护性更新的社会学基础。

5. 过程理念与秩序原则

历史地段的保护与更新是一个长期渐进的过程,不是无序杂乱的,是有序进行的,而且要与旧有环境、旧有建筑形成一个有机整体,以“有机更新”的观念与方式来进行更新。同时,也应该认识与把握历史地段更新阶段的非终极性,非终极性的观念是指更新改造是持续不断的、动态的,只要城市在发展,社会在进步,历史地段的更新改造就不会停止,任何改建都不是最后的完成,现在对过去的改造,或许成为将来改造的对象。这就要求对历史地段的更新发展应把握时代脉搏,留下时代的痕迹。

10.7 历史地段保护与更新的设计导则与目标[1]

10.7.1 设计导则

历史地段城市设计导则是指针对城市特殊地段的历史地段,为实现历史地段整体性保

[1] 韩高峰. 历史地段城市设计导则研究——以北京鲜鱼口地段城市设计导则研究为例[D]. 北京建筑工程学院,2008.

护和有机更新的实施途径所进行的城市设计研究，最后形成以导则为基本形式的成果。

历史地段城市设计导则属于分区级导则，研究对象是相对独立的历史地段，主要研究与上一级规划的衔接以及景观、生态与地段内的整体协调性问题。

历史地段城市设计导则与其他类型导则一样，具有“设计城市而不设计建筑”的基本特点。

历史地段城市设计导则与其他类型导则的区别在于此导则的编制和研究更具难度和复杂性，需针对历史地段的保护问题制定相关措施，针对有机更新的实施途径制定相关方法，针对历史地段城市设计的各项要素做专项研究。

10.7.2 设计目标

历史地段城市设计所要达到的目标，已经超过了地段个体环境的形成、改善与更新，而是从城市建设中多元参与决策的角度，在社会各种建设需求之间建立公众期望和社会价值取向，并在此基础上指导具有创造性的城市设计实践。根据历史地段城市设计导则的内涵，可将历史地段保护与更新设计的目标分为五个方面。

1. 文化目标

历史地段城市设计强调对历史文化资源的整体性保护，主要是指对物质文化资源和非物质文化资源的保护和合理利用，延续城市传统文脉，创造独具历史文化氛围的城市特色空间。

2. 功能目标

历史地段城市设计在保护特色和解决现状问题的基础上，为人们创造一个舒适怡人、丰富多彩的生活空间，建立延续地段特色、具有区域认同感的历史文化环境，激发人们对历史地段的保护、关心和继续使用，激励居民参与公共活动，以实现地段各种功能活动的振兴。

3. 美学目标

现代城市设计讲究城市空间的美感，美是组成物体的要素之间和谐关系的体现。历史地段保护与更新设计在保护和延续多样性、归属感和认同感等基本特征的基础上，强调可意向性、可识别性和可欣赏性等美学特征。

4. 经济目标

城市的历史文化资源越完整，也就越能凸显城市深厚的历史底蕴，越有魅力，越有竞争力。在城市发展中，历史地段的保护与更新可提高空间品质，激活历史文化资源，促进居住、购物、休闲、旅游和投资等各种经济活动的持续发生，提高地段的土地使用价值，恢复地段社会活力，使得历史地段经济活动得到复苏和发展，进而在提高城市文化品位、彰显城市特色的基础上，促进该地段及所在城市的经济发展。

5. 环境目标

历史地段的保护与更新应有效保护和利用自然资源，注重人工开发和自然环境的协调发展,维持城市的生态平衡,同时要充分考虑人文环境要素,注重历史人文要素的保护和利用,保证地段的有机更新,促使地段的可持续发展。

10.8 历史地段保护与更新设计的方式与内容

10.8.1 方式选择[1]

1. 以旅游和文化产业为先导的更新利用

以旅游或文化为先导的振兴策略,鼓励将城市中的历史地段和历史文化遗产用以旅游业的发展。它利用新的经济活动,替代或补充地段内那些已衰落甚至已经消失的功能,将旅游作为内城区一种适宜的城市活动,即利用一个地区的周围环境、场所感和历史特征,通过导入新的旅游功能来克服地段形象的过时,从而增加信心,提高投资的可能性。

将旅游业导入是一个复杂的过程。通常是已经存在一些景点,但维持在一个较低的水平,只有少量服务设施和落后的基础设施,不足以吸引游客。所以,以旅游为导向的历史地段更新与开发,往往起因于对该地区发展潜力的认可和投机行为。任何旅游策略的成功,无论是通过各种活动和开发项目的摸索而获得,还是由明确的政策所引导,通常取决于各方都认同一个共同的目标,并共同努力达到这个目标。例如,1997 年山西平遥南大街的整治,对地段的物质环境进行更新,将原来街道架空电缆入地,恢复道路的石板铺砌。与此同时,政府鼓励沿街居民开店设铺,进行经营活动,发展了旅游又繁荣了经济,取得了良好的效应(见图 10-18)。又如,在黄山市屯溪老街的保护中,由政府出资改善基础设施,居民自行出资整饰店面,同时结合旅游开发历史地段,现已成为黄山旅游的重要目的地(见图 10-19)。

图 10-18 山西平遥南大街

资料来源:http://pic.sogou.com

[1] [英]史蒂文·蒂耶斯德尔,[英]蒂姆·希思,[土]塔内尔·厄奇. 城市历史街区的复兴[M]. 张玫英,董卫,译. 北京:中国建筑工业出版社,2006.

图 10-19　黄山市屯溪老街(赵景伟 摄)

在过去 20 多年间,西方城市从以旅游为先导的振兴行动中获得了相当丰富的经验,特别是有关旅游振兴的实施原则、技术、手段和步骤等。布特拉姆韦尔(Bramwell,1993 年)指出:“在对遗产的投机开发中,规划是使旅游产品保持连贯性的必要条件”。

2. 以住宅建设为先导的更新利用

在城市历史地段中,居住功能在购物和办公时间之外有助于创造一个“活跃的中心”。为了更新和利用历史地段,许多城市都在努力发展居住功能。一些城市历史地段在努力保持其传统的居住功能的同时,寻求保护和改善建筑空间的方法,包括留住地段中的原居民。其中一些地段更力图吸引新的、愿意来此居住的人口,或将他们吸引到城市中心。

随着许多城市活动日渐分散化以及新的、高质量办公空间的开发,过剩的办公空间和闲置的工业空间可能使城市中心变得荒废衰败。将这些办公楼实行功能转化,特别是转向居住功能,是确保这些建筑得以有效利用的一种方式。通过以下两个方面的因素可吸引人们居住于城市改造地段中,其一,区位的优势;其二是城市的历史特征以及便利的居住环境。

当前,将原先的工业建筑转变为居住功能已经成为一种浪漫、迷人且带有某种特殊的社会含义和文化氛围的时尚的标榜。更多的人愿意享受城市中心的生活,因为那里总是热闹非凡而且充满吸引力。所以,那里低收入的居民或功能有可能被高收入居民或功能所取代。由调查可知,这些历史地段改造后的新居民一般由两份(或更多)收入的职业家庭所构成,因为这种家庭既要求相对中心的城市区位以提高家务活动的效率,更需要市场化的集中服务来取代家务劳动。如格拉斯哥商业城是一个由早先商业功能转变为现在的居住功能以实现振兴历史地段的典型代表(见图 10-20)。

3. 以工业和商业为先导的更新利用

那些传统意义上以工业或商业功能为主,但经受了不同历史变迁的城市历史地段,对于空间结构的过时,还有某种程度上的功能过时都能够通过整治和转型加以解决,从而为一个区域创造一种更加适宜的资产。同时,还需要对资产提出使用上的要求。这些过时通常与地段的区位过时有关,即它丧失了区位上的竞争优势,可能由于国家经济结构方面的变化以及地方经济的变化,单一地依靠传统功能很难实现经济的复苏。在城市更新过程中要注意

图 10-20 格拉斯哥商业城实行有效功能转变后的景象

资料来源：http://img.ph.126.net

历史地段的应变能力是有限的，在考虑这些地段的功能转化、重建或多样化时，应综合考虑长、短期发展，不只要考虑吸引旅游业，还要通过吸引新的工业或商业活动来实现其功能重建，以实现该地段的持续发展和长远发展。

10.8.2 设计内容[1]

历史地段保护与更新设计是一种特殊类型的城市设计，与其他城市地段的设计内容侧重点不同，也区别于一般的城市设计，更强调保护。其具体内容可细化为土地利用、整体形态、建筑风貌、细部装饰、空间环境、基础设施、居住结构和无形文化八个方面。

1. 土地利用

土地利用承载着历史地段实体环境和空间形态的内涵，也是地段进行三维形态设计的依托，具体表现为针对历史地段的特征强调土地性质的整合和开发规模大小，内容包括土地性质、地块规模和开发强度三个方面。其中，指标系统是历史地段城市设计与保护规划控制的结合点，是刚性的指标控制体系；开发规模是保证地段有机更新实施进行的基础。

(1) 土地性质。土地性质分为大类和中类，确定兼容性与否。

(2) 地块规模。地块规模不宜太大也不宜太小，太大不利于小规模保护工作的展开，太小不利于土地的高效利用和减少施工因素带来的破坏。土地规模的划分需考虑总体规划的地块划分、基本单元组成、道路系统和防火要求等因素。

(3) 开发强度。开发强度要结合总体规划以及控制性详细规划指标体系，按细分后的地块进行指标细化。指标主要包括建筑高度、容积率、绿地率、建筑密度和建筑后退红线五个方面。

[1] 宋凌. 历史街区保护规划设计的研究[D]. 合肥工业大学. 2001.

2. 整体形态

历史地段整体形态是针对于整体性保护理念所提出的，主要是指对历史地段整体结构形态进行控制。地段整体结构形态和空间形态是面向城市的外在风貌的首要表现，对于地段特色的延续和发展具有第一层次的价值。整体形态作为在地段整体尺度上的环境营造对象，成为历史地段保护性更新设计的核心基础部分。

依据历史地段的基本特征，历史地段整体形态主要分为功能形态和空间形态两个方面。因此，对地段整体的控制也主要是由对组成功能形态和空间形态的具体元素的控制所组成。具体内容如下。

1）功能形态要素

功能形态要素分为功能性质调整和风貌特征保护两个要素。

(1) 功能性质调整。历史地段通常存在着设施老化、建筑结构衰败、居住人口密集和社会活动趋于消亡等问题，因此地段功能的振兴和充实是地段保护的重要内容之一。应根据历史地段的历史特色以及在城市生活中的功能作用，合理地把握地段的功能与性质，调整地段现有功能布局，进行适当更新，形成地段整体形态构建基础的同时，使土地能更充分、更有效地利用起来。目前国内外地段保护实践一般有功能改善与功能多样化两种方式，采用两种方法的目的都是为了提高对传统空间有效利用的需求。①功能改善：保持并强化地段原有功能，即保持历史地段内用地的现状功能，但需要运作得更为高效或更有利润；②功能多样化：地段功能及性质的调整，即对历史地段内的用地布局实施一种更为克制的结构性调整，使新功能协调并扶持地段现有的经济基础。

(2) 风貌特征保护。历史地段大多都承载着丰富的功能，往往集居住、商业、文化、教育和宗教于一体。因此，历史地段的保护性更新设计应在保护地段整体传统风貌的前提下，通过体现建筑的功能特点，突出各功能区域的主题风貌，从而在协调性的基础上展现差异性，延续历史地段环境风貌多样化的特色。

2）空间形态要素

空间形态要素主要包括形态肌理、街巷格局、街巷节点、基本单元、更新规模、更新次序、门户形象、界面轮廓线和建筑贴线率等要素。

(1) 形态肌理。肌理结构是地段整体形态的基本，反映了地段形成和演变的历史过程，是历史地段保护最根本的内容。历史地段保护性城市设计要梳理出街、巷和胡同纵横交错的脉络，保证整体骨架和院落空间格局的完整性。

尊重地段自然地形。自然地形是地段生长的基底，地段的肌理形态和总体格局都要受自然地形的影响，不同的地形形成不同的城市地段肌理。如北京前门地区由于有自西北向东南穿过的三里河，所以该地区的街道顺应地形保持西北——东南的走向。这样的地段肌理形态是形成地段形象的极为有效的元素。同时，它又影响着土地使用。所以，在历史地段的保护与更新设计中，地段肌理形态的保护整治要尊重城市的地形，充分保存和利用其自然状态。

建立“步行为主、车行为辅”的交通系统。历史地段由于本身尺度比较小，且又注重对整体格局的保护，所以它的交通系统大都采用步行系统，根据地形灵活布置，格局往往不是规整的。随着社会的发展，地段中出现了人车混杂的情况。对于这种情况，可采取的措施是在历史地段周围、保护区以外设车行系统，通过分流解决地段内的机动车交通压力，提高地段内步行交通的安全性和舒适性。另外，在历史地段道路、城市公共道路和运输换乘体系连接处，都是历史地段的视觉汇集点，因此，在进行保护性更新设计时，不仅要保护原有的道路格局，还要努力提升道路的景观品质和特色。

保持街道的连续性。保护地段的街巷肌理形态的关键是保持街道的连续性和人性化，即保持街道两旁建筑的立面形式及铺地等因素的原貌，保持市井生活气息。

保护布局规整的院落格局。我国传统建筑都讲究整体布局，具体表现为对称布置、等级分明和空间层次清晰等。

(2) 街巷格局。街巷格局是与封建社会的经济、封建家庭的统治以及民居布局密切相关的，是由不同生活方式形成的历史风貌的重要体现，常常具有该地段乃至整个城市的个性，同时还作为人们形成地段整体印象的线索，对环境风貌的形成和体验起着重要的作用。此外，街巷格局还具有组织步行交通以及与城市相连接的功能。因此，进行传统历史地段的保护与更新设计时，应当抓住街巷格局这一特点进行设计。

(3) 街巷节点。街巷节点的设计以营造充满活力的开放空间为目的。街巷节点主要分为历史性节点、地标节点、交通性节点、节奏性节点、出入口节点和院落节点六类，具体到历史地段主要指以历史建筑构成的历史性节点、以标志物构成的地标节点、道路交叉口处构成的交通节点、沿街形象突变处的节奏性节点、沿街建筑出入口处的节点和以核心庭院构成的院落节点。

(4) 基本单元。基本单元是历史地段实体形态组成的最小单元，反映了地段形成的基本规律。对历史地段的保护要从最小的基本单元入手。

(5) 更新规模。更新规模指综合考虑地块规模、基本单元等因素，合理划分有机更新的适当规模。

(6) 更新次序。更新次序的确定有利于历史地段的保护和调动公众参与的积极性。

(7) 形象门户。地段的门户形象是地段特色面向城市的展现标识，是地段整体形态风貌的重要组成部分，也是地段空间环境中最为重要的节点。因此，地段门户形象的营造不仅要展现出地段的环境性格特征和风貌特征，更要与所处地段城市空间尺度相协调。

(8) 界面轮廓线。界面轮廓线按高度由上至下依次为天际线、屋面轮廓线、立面轮廓线和建筑基线四种。①天际线。天际线是表达历史地段的重要内容，地段高低错落的轮廓线与周围自然环境配合构成了地段的天际线，各区域天际线又构成了城市的天际线。天际线的变化依赖于建筑物的规模体量、屋面形式、高度和装饰等人工要素以及树木等自然要素的强调。②屋面轮廓线。屋面轮廓线是中国传统历史地段里的一个重要内容，反映了各类建筑形式的组合方式。③立面轮廓线。受技术条件所限，历史地段传统建筑的立面特征明确反映了建筑内部空间和外部空间形式的统一。④建筑基线。建筑基线即建筑红线。街道的宽度依赖于建筑红线。街道宽窄之间的细微变化有特别的保留价值，是赋予地段风貌以活力的要素。

(9) 建筑贴线率。建筑贴线率是建筑偏离红线的程度，目的是为保证街巷空间的连续性、节奏和韵律感，一般由后退红线的距离和贴线率来控制。

3. 建筑风貌

建筑风貌是历史地段的外在形象，是历史地段各单体建筑风貌组合在一起形成的整体特征。历史地段建筑风貌的保护整治会对地段的整体形象产生最直接的影响，是历史地段保护与更新设计的重要内容。

建筑风貌保护包括对整体风格的控制和对各建筑单体的控制。

1）整体控制

整体控制主要是确定历史地段风貌整治后是哪个时代的风格，以此来控制各个单体的设计，保持地段风貌的协调统一。

2）建筑单体控制

建筑单体控制主要指布局形制、风格形式、高度体量、比例尺度、屋顶形态、材料与构建以及色彩与装饰等方面。绝大多数历史地段建筑单体的保护与控制必须结合对居民生活的改善进行，这样才能保证地段始终因人的活动的存在而充满真正的内在活力。在欧洲和日本的地段保护与更新实践中，可分为立面保护、结构保护和局部保护三种方式。

(1) 立面保护。欧洲的建筑大部分是砖石结构，结构的原状容易保持，所以内部一般经过装修和重新划分后就可以满足现代生活的需求，外观立面形式的保存相对就容易些。这也是欧洲历史地段保护中普遍采用此种方法的原因。在意大利帕维亚老地段的保护过程中，将建于 16 世纪的 Borromeo 府邸改造为大学生宿舍(见图 10-21)，对外观却复原得极其严密，其立面形式也完全适合新的功能，通过这样的保护，古老的建筑又获得新的生命。

图 10-21 意大利帕维亚的 Borromeo 府邸，现改为学生宿舍

(2) 结构保护。在以木结构为主的城市地段中，以欧洲式的只对内部进行改造、重视原有外貌的方式常常是行不通的。木构住宅由于容易潮湿腐朽，不断的修补是必然的，所以应采用结构保存的方式进行保护，即企图保存其结构形式体系。日本的仓敷古镇中根据旧迹修复的建筑，完全不是新建之物，但其变化的幅度是很大的：一层部分仍保持着当初木结构梁柱的传统构造形式，但大部分都改建成了橱窗，同时，二层的墙面直到正脊之下都原封不动，保持着整个城镇的和谐与统一(见图 10-22)。

(3) 局部保护。局部保护即对旧建筑采用部分或局部复原的方法，是由于旧的建筑不

图 10-22 日本风情古镇仓敷

资料来源：http://img313.ph.126.net

再能适应现代化生活要求，立面保存或结构变更做法仍给家庭和社会生活带来很大不便时所采用的保护形式。

实际上，每个历史地段的保护与整治往往是综合采用上述几种方式。此外，建筑现状及其在地段中所处的位置也对所采用的方式起很重要的影响。因此，选择恰当的建筑单体控制方式往往对整个地段的保护起决定性的作用。此外，建筑风貌保护不仅要把对保留区域的保护以及对更新区域的控制引导区分开来，以达到历史地段整体风貌的协调统一，还要采用"有机更新"的原则，以城市设计准则来约束历史地段内的建设活动，使之与严格控制区内的保护建筑相协调，并对新建建筑的高度、体量、结构、韵律、色彩、风格和使用性质等加以控制，使新老部分在建筑形式、体量尺度、色彩材质以及空间关系上保持统一，营造整体、和谐的空间氛围。

4. 细部装饰

"千尺为势、百尺为形、十尺为质"，为中国传统的造型原则，明确表达出完善的造型序列在不同空间尺度下的不同造型对象。历史地段对外的门户形象注重空间引导形态的表达，即"百尺为形"；历史地段的内部注重强化细部装饰形态的表达，即"十尺为质"。历史地段从整体环境、建筑单体到细部装饰的序列，是城市中地段尺度的完整实体造型系统，其中的细部装饰形态是地段内部观赏的对象，在亲切宜人的尺度上具有延续地段特色和凸显传统环境氛围的价值。因此，作为地段内近人尺度上的环境营造对象，细部装饰形态成为城市设计形态塑造序列中不可或缺的内容。细部装饰形态可分为装饰主题、装饰部位、店铺匾额、招幌标志和户外广告五个要素。

5. 空间环境

空间环境作为历史地段内人们行为活动的载体，最能表现出活力和环境特征，是历史地段保护与更新设计中整治、更新环境的重要对象。针对历史地段这样的公共空间系统，将公共空间设计分为空间规模层级、空间结构形态、基地界面尺寸、垂直界面尺寸、家具小品和公共设施共六方面的内容。

1）空间规模层级和空间结构形态

在地段历史发展进程中，居住人口的集聚和环境的改造，导致地段内现状仅留存有不完善的交通空间，而缺失可以停留的公共活动空间。设计应根据人流活动的特点以及地段环境形态特点，建立起规模不同的公共空间体系，并利用不同的空间结构形态营造不同的环境氛围，体现出人们行为活动的三种类型属性（公共、半公共和半私密）。

2）界面尺寸——基地界面尺寸和垂直界面尺寸

历史地段内现状公共空间的缺失源于搭建和扩建，因其不仅侵占了空间还改变了公共空间各向界面的边界环境，导致公共空间中社会文化属性的丧失。设计应在地段现有的街巷肌理骨架上，侧重通过环境与建筑的整治、更新，明晰地段内社会生活集聚场所的边界环境，使边界环境在尺度和轮廓形态上匹配公共空间的规模和属性特征。

3）生活行为设施——环境设施和建筑小品

历史地段内的现状往往既缺失公共活动空间，也缺失承载人们行为需求的街道家具设施和小品。公共空间中生活行为设施的设置有利于人们驻留、集聚和交往，对空间活力和生机的塑造具有明显的作用。因此，设计应依据具体功能的需求和所处的公共空间的规模属性，设置相应的环境设施和建筑小品（见图 10-23）。

图 10-23　西安大雁塔广场小品

6. 基础设施

要改善历史地段的生活基础设施的条件，应增加服务设施，包括供水、供电、排水、垃圾清理、道路修整以及供气或取暖等市政基础设施，同时开辟必要的儿童游戏场地、增加绿化等，改善居民的居住环境，满足现代生活的需要，使居民可以安居乐业，继续在历史地段中生活下去，并且生活得更好。

7. 居住结构

应减少居住户数，适当调整居民结构。在对扬州老城（见图 10-24）以及北京四合院民居的居住情况调查中，发现居民对旧房屋不满的一个原因是居住户数过多导致居住面积太小；而对住宅的格局本身，多数是称赞和留恋的。因此，要迁走一定的住户以保证居民的居住面积，并且拆除自建的小屋和构筑物，恢复住宅的本来面目。通过迁走部分居民，减少地段内总体居住户数，并在内部增加卫生设备，保持传统外貌和规整有序的院落格局等，使整个居住环境既可保持地段的精华，又符合现代化生活的需要，并恢复和加强了该地区的活力和生命，成为城市有机的组成部分而不再是包袱。

图 10-24 扬州老城

资料来源：http：//www.becod.com/upfile

8. 无形文化

2003 年 10 月 17 日，联合国教科文组织第三十二届大会通过了《保护无形文化遗产公约》，其中给非物质文化遗产即无形文化遗产作了如下定义："无形文化遗产"是指那些被各地人民群众或某些个人视为其文化财富重要组成部分的各种社会活动、讲述艺术、表演艺术、生产生活经验、各种手工艺技能以及在讲述、表演、实施这些技艺与技能的过程中所使用的各种工具、实物、制成品及相关场所。无形文化具有世代相传的特点，并会在与自己周边的人文环境、自然环境甚至是与已经逝去的历史的互动中不断创新，使广大人民群众产生认同感和历史感，从而促进了文化多样性和人类的创造力的发展。历史地段的保护与更新设计主要是为无形文化的保护提供可以保持其延续的载体，如场所和表演者等。

上述八个方面内容的设计以最大限度地保持地段的历史文化价值为基础，结合地段物质环境的振兴与地区经济活力的复兴，使历史地段真正成为城市最重要的组成部分。

10.9 历史地段保护与更新设计案例

10.9.1 博洛尼亚中心区——以住宅建设为先导的更新利用[1]

1. 博洛尼亚中心区的概况

博洛尼亚中心区是一个有 8 万人生活在其中的城市历史中心区，共有 4 个街区，其中的 Storico 街区是居住区功能改建的典型代表。该地段为周长 2km 的不规则六边形，它的周边是以前城墙的位置，有些城墙现在仍保留着，在六边形内，道路形式是罗马式方格网格局，整个地段呈放射性形状。

[1] [英]史蒂文·蒂耶斯德尔，[英]蒂姆·希思，[土]塔内尔·厄奇. 城市历史街区的复兴[M]. 张玫英，董卫，译. 北京：中国建筑工业出版社，2006.

2. 博洛尼亚中心区的衰落与保护

在 20 世纪 60 年代早期，博洛尼亚中心区的物质环境很糟糕，尽管有罗马式街道景观，但大多数住宅是低标准的，由于居住条件很差，社区中越来越多的年轻人和活跃分子搬离了这里。

1969 年，政府编制了新的城市总体规划，该规划是建立在对城市建筑和开放空间的综合和深入调查基础之上的，其规划的主要目的是开始对城市现有空间结构和建筑进行全面整治和修复，主要措施包括增加完善的社会服务体系，改建公共设施，更重要的是要创造一种更宜于居住的城市环境。为了更好地整合不同的交通方式和土地使用模式，城市还将整个保护进程与维持街区原有功能及社会形态关联起来。

市政府起初提出了一个征用城市中心建筑资产的计划，用公共资金加以整治，继而将其用作公共住宅。1971 年，一项新的住宅法案获得通过，使得当局能够以低于市场价的补偿金来征收未建成和已建成的房地产项目。

第一份详细的整治规划于 1972 年 10 月颁布，然而，不仅从中央政府获得的资金不足于支撑这项活动，它还引起业主的强烈反对。博洛尼亚中心的房地产掌握在许多小业主的手中，他们靠向学生出租房子谋生。如果这些业主的城市资产被按照农村的价格征用，他们的生活就会陷入困境。

1973 年 3 月通过了一个修正方案，继续征用闲置的住宅和那些危房，这次市政府把主要目标转向街区提供补助金，并努力签订一项长期协定，以此保护租户不受租金增长和被逐出的困扰。政府保证私人业主按资产持有比例获得整治补助金，补助数量与个人资金来源和资产持有量大小成反比。要获得补助金就必须向原有居民提供修复过的住房，但只收相当于修复前房屋的租金。

3. 博洛尼亚中心区的振兴

博洛尼亚中心区的改善与振兴是抗拒绅士化及置换原有居民的一次尝试。在经过数十年的改造之后，博洛尼亚现在是意大利保护最好的历史中心之一(见图 10-25)。该地

图 10-25　博洛尼亚更新后的街道

资料来源：http：//www. xxingclub. com

区拥有各式富有特色的长达 20mile(1mile＝1609.344m)的拱廊街道、宽阔的林阴道和广场，规模仅次于威尼斯，但在物质环境整洁程度上更胜于威尼斯。大部分原有居民继续生活在这里，但在整治改造的过程中，减少了独户住宅数量而增加了公寓的数量。该地区的社会结构随着更多学生和单身家庭的涌入改变了。除此之外，博洛尼亚历史中心区同时也成为了第三产业的中心，该地段现在是一个汇集了居住、大学生活动、文化旅游、小型贸易和商业等功能的地区(见图 10-26，图 10-27)。原先位于中心区的工业已经搬到郊区，它们利用城市保护与整治的机会以城市价格卖出现有用地，再以农村价格买入农业用地。

图 10-26　博洛尼亚基于居住功能改造后布局展示

资料来源：http://image.baidu.com

图 10-27　博洛尼亚的 Storico 街区商业特色展示

资料来源：http://image.baidu.com

10.9.2　卡斯菲尔德城市遗址公园——以旅游和文化产业为先导的更新利用❶

1. 卡斯菲尔德地区的概况

卡斯菲尔德地区位于英国曼彻斯特市中心的西边，该区以铁路和运河运输体系为主导产业，是曼彻斯特工业革命的发祥地，塑造出了这座无疑是世界上第一座工业城市的历史(见图 10-28)。此外，卡斯菲尔德至今仍保留着破旧的高架铁路、锈迹斑斑的铁桥和巨型仓库，观之让人震撼不已(见图 10-29)。

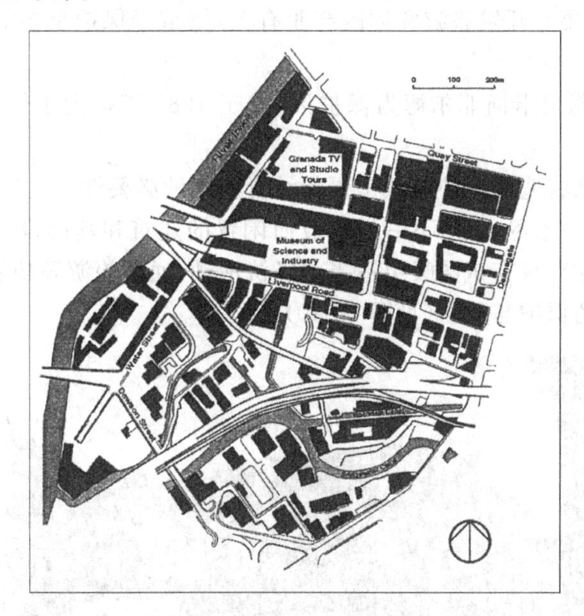

10-28　曼彻斯特的卡斯菲尔德平面(区内的铁路和运河体系占据着支配地位)

资料来源：[英]史蒂文·蒂耶斯德尔，[英]蒂姆·希思，[土]塔内尔·厄奇. 城市历史街区的复兴[M]. 张玫英，董卫，译. 北京：中国建筑工业出版社，2006

(a)　(b)

图 10-29　卡斯菲尔德城市遗址公园

资料来源：(a) http://www.hellobritain.cn；(b) http://www.take-a-trip.eu

❶ [英]史蒂文·蒂耶斯德尔，[英]蒂姆·希思，[土]塔内尔·厄奇. 城市历史街区的复兴[M]. 张玫英，董卫，译. 北京：中国建筑工业出版社，2006.

2. 卡斯菲尔德的衰落与保护

20世纪60年代开始，随着纺织工业的衰落以及物资运输和储存方式的改变，该地段开始走向衰落，从这以后地段的经济状况逐步恶化，直至最终变成市中心一块被遗弃的工业荒地。

1972年，人们的兴趣和注意力又重新集中到了卡斯菲尔德地区，因为这里发掘出了古罗马遗迹，这促使人们开始关注这个地区许多其他的工业遗迹。

1974年，曼彻斯特市议会在其《城市结构规划》中提出特殊政策，肯定了这个地区的发展潜力。这些政策主要与开发旅游和休闲产业有关，侧重于保护重要的历史建筑和挖掘运河方面。

1979年，市议会指定卡斯菲尔德为保护区，并于1985年扩大了保护范围，成为城市中心最大的保护区。

至此，人们认识到将遗产保护与城市更新结合起来的必要性。这是因为，卡斯菲尔德本地的经济功能已经丧失殆尽，只留下一批衰败而闲置的建筑和基础设施作为历史遗产。曼彻斯特市议会别无选择，只有试图吸引适当的经济活动，通过旅游等功能来实现地段的经济重建，进而实现地段的保护与更新(见图10-30)。

图10-30　卡斯菲尔德的空间特点(拥有大规模的砖砌仓库和过去的纺织工场厂房。现在许多建筑已得到更新并有了新的功能，该街区作为一个旅游区而得到了振兴)

资料来源：[英]史蒂文·蒂耶斯德尔，[英]蒂姆·希思，[土]塔内尔·厄奇. 城市历史街区的复兴[M]. 张玫英，董卫，译. 北京：中国建筑工业出版社，2006

3. 卡斯菲尔德的振兴

1982年，曼彻斯特《城市中心街区规划》(City Center Local Plan)注意到旅游业对城市的潜在影响。它指出："城市的优秀建筑和历史特色会吸引游客，促进公共设施建设和旅游需求。这些需求可以使那些较为重要但目前未充分利用的建筑发挥作用，从而使那些建筑获得租约，充满活力，保持特色。"它还认为，卡斯菲尔德在强调保持地方特色和历史关联性的同时，也鼓励其他经济活动和住宅建设，而开辟各种博物馆则有助于达到这一规划目标。街区规划设计促使一家小型科学博物馆重新选址，最终将其设置于曼彻斯特至利物浦的铁路终点站，这是一幢建于 1830 年的具有重要历史意义的建筑。博物馆后来进行了扩建，成为占地 7acre(1acre＝4046.856m^2)科学与工业博物馆，仅在 1994 年它就吸引了超过 30 万的参观者(见图 10-31)。

图 10-31　卡斯菲尔德的科学与工业博物馆

资料来源：http：//guide.test.lvren.cn

1983 年，卡斯菲尔德自封为英国第一个城市遗产公园，它试图引导历史地区的振兴，提供娱乐和休闲，通过吸引政府和私人投资，在开发过程中起到催化剂的作用。

1988 年，作为政府城市开发公司计划的一部分，曼彻斯特中心区开发公司(CMDC)成立，对卡斯菲尔德的旅游业给予了有利的推动。曼彻斯特中心区开发公司认识到，旅游业通过创造就业机会和改善地区形象(这更利于外商投资)，将继续在这个街区的经济振兴中起到重要的作用。

为了协助维护高质量的环境，1992 年 4 月卡斯菲尔德管理公司成立了，它位于卡斯菲尔德游客中心。公司的宗旨是"维护并积极开发卡斯菲尔德城市遗产公园，使之成为重要的旅游目的地。"该组织具有两个重要作用：一个是为游客提供信息服务，以及在卡斯菲尔德游客中心和露天剧场组织多姿多彩的活动项目(见图 10-32)；另一个是提供一种城市巡视服务。公司成立的目的就是维护城市遗产公园的环境、实施有组织的旅游以及充当游客的信息来源。

图 10-32　卡斯菲尔德的游客中心和露天剧场

资料来源：[英]史蒂文·蒂耶斯德尔，[英]蒂姆·希思，[土]塔内尔·厄奇. 城市历史街区的复兴[M]. 张玫英，董卫，译. 北京：中国建筑工业出版社，2006

1994 年 5 月，CMDC 提议以综合利用的方式实现卡斯菲尔德地段的经济振兴，主要措施包括：巩固和支持商业活动、强化旅游基础设施、保护和整治重点建筑、建立充满活力的居住社区、强化空间及交通节点、创造性地和审慎性地利用城市文化资产，如运河、高架桥和列入保护名录的建筑等，提出高标准的城市设计原则和建造优秀的建筑等。

卡斯菲尔德具有鲜明的历史和文化背景，工业建筑连同河流和运河体系为卡斯菲尔德的开发提供了重要的物质财富，使它能够吸引投资并改变城市地段的形象，这笔遗产最终形成了这个街区的特色，成为旅游业发展的基础，上述机遇和重大举措则把卡斯菲尔德由昔日江河日下的工业区改造成为一个传统旅游地段，吸引了大量的游客。游客数量从几乎为零增加到一年近 200 万也证明了这一点。此外，市议会与开发公司一直在采取积极措施，促进更多的住宅建设，这样有助于地段在没有游客的时候也充满活力。

综上所述，历史地段从旅游业的发展中获益匪浅，对当地的居民和商业区来说，旅游业把内城区的不利因素变成了机遇，例如锈迹斑斑的铁路高架桥与呼啸而过的新式电车形成有趣的对比，运河船坞变身河滨餐厅、酒吧及休闲步道，巨型仓库被改建为办公室和博物馆，电影福尔摩斯也曾在此取景，用来替代十九世纪工业革命时期的伦敦街景等。这些改造措施使卡斯菲尔德成为工业革命时代建筑与现代生活结合的休闲观光示范区域。

如今，卡斯菲尔德经历了一个引人注目的重建过程，已经有 700 多人在地段内找到了工作。这些工作主要集中于服务行业(饭店、餐饮和游客服务等)，是过去十年中为满足增长的游客需求而创造的就业机会。除此之外，源于对卡斯菲尔德有了更加深刻的认识，大众重新产生了在该历史地段进行商业投资的兴趣。在该历史地段，旅游业带来了就业机会、物质财富的增加和形象的改善，并使卡斯菲尔德成为了一个经济繁荣的城市，为城市的其他游览观光点带来了效益(见图 10-33)。

图 10-33 卡斯菲尔德历史地段旅游导向改造现状

资料来源：http：//www.hellobritain.cn

10.9.3 诺丁汉莱斯市场——多功能商业地段的更新利用[1]

1. 莱斯市场的概况

诺丁汉莱斯市场的历史地段内拥有一些很精致的 19 世纪工业建筑，它们作为一种独特

[1] [英]史蒂文·蒂耶斯德尔，[英]蒂姆·希思，[土]塔内尔·厄奇. 城市历史街区的复兴[M]. 张玫英，董卫，译. 北京：中国建筑工业出版社，2006.

的城市景观，在英国几乎无可比拟。在 19 世纪，该地区以制造花边成为世界最大的生产中心，于是建造了大量的工业建筑。直至维多利亚时代晚期，街道格局都没有明显的变化，地段内充满了典型的工业建筑。

2. 莱斯市场的地段特性

地段特性取决于建筑中所发生行为的性质。莱斯市场地段内的仓库和广场的结构十分实用：莱斯购买者需要在良好的光线中看到生产过程，而生产精致的莱斯产品也需要良好的光线。在石结构承受范围内开大窗是一个重要的工程成就。莱斯市场的尺度在英国城市中也很不常见。此外，用别具特色的诺丁汉橘红色砖建造的高高的仓库挺立在人行道的两边，构筑出都市的街道(见图 10-34)。

图 10-34　诺丁汉的莱斯市场

资料来源：http：//wenku. baidu. com

3. 莱斯市场的衰落

在 20 世纪五六十年代，莱斯市场坠入谷底，那时这里更像一处被遗弃的城市废墟和空旷场地上的临时停车场。然而，尽管与 19 世纪的全盛期相比它只剩下一小块面积，这里仍然较多地保留了维多利亚式的城镇景观，为该历史地段的振兴提供了一个地理中心。

虽然花边工业实际上早已从这个地区消失，让莱斯市场出名的是设在这个历史景区中的一些纺织和服装工厂，它们以相似的劳动力和技术与地段的过去保持着一种功能上的连续性。所以，应对建成环境(Built Environment)的"物质性"保护(即建筑遗产保护)和对这个地区内传统活动的"功能性"保护(与更新)(即"活着的遗产"的保护)之间做出明确的区分。这是莱斯市场案例所提出的重要议题。

4. 莱斯市场的保护

莱斯市场于 1969 年被列入历史保护区，这一举措使得该地段从毁灭性的道路修建和再开发计划中被拯救出来。1974 年，它升格为国家级的保护区，此后十几年间政府不断加大对该地区的保护力度，规划设计政策也十分明确，即努力实施"功能性保护"，不仅要保护莱斯市场的物质景观，还要保护它的传统产业特征。1979 年莱斯市场被定为"产业改良区"，这使其空间形态的保护出现一种更为积极的态势。到 1982 年,莱斯市场有 100 多座建筑通过不同的资助计划而得到更新,这对其物质空间的保护是有利的。

以上这种零敲碎打的补助方式对莱斯市场的整体保护起到的作用很小。再者,由于只是注重于建筑的整治与环境改善,这个工业改善区与其他城镇资助项目一样,是一个关注物质空间保护的例子。它的确改善了街区的物质景观,但除了暂时的稳定作用以外,对街区经济的重建没有太大的影响。

5. 莱斯市场的功能更新

20 世纪 80 年代,地区功能重组发生了,该地段由工业模式向办公功能不断转变;80 年代晚期,莱斯市场以市场为先导的地区基础经济重建已不可避免,办公功能的入侵已无法阻止,且地段功能逐渐向多样化发展,除了办公功能外,还有居住、零售业等。

1988 年 9 月,政府任命了一个由科伦·罗彻领导的顾问组为莱斯市场起草发展策略。其宗旨是采用一种有限的功能重构与物质空间保护相结合。科伦·罗彻的报告在提升资产价值的基础上,提出了四个旗舰开发项目(见图 10-35)。

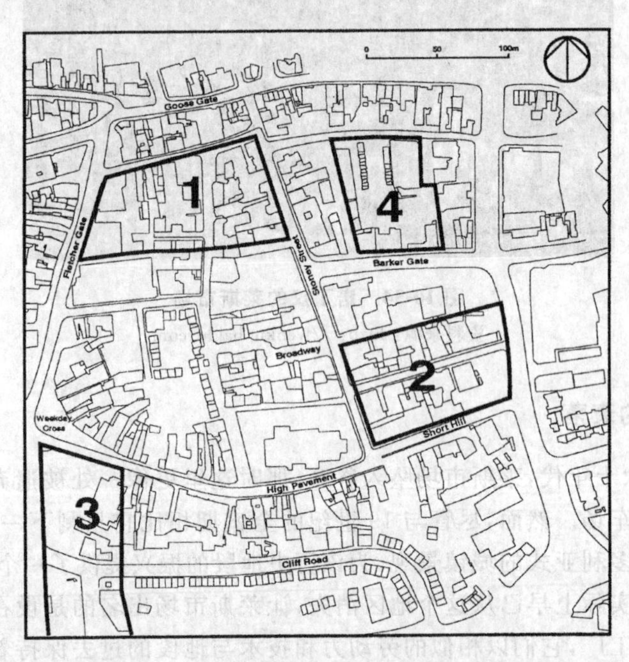

图 10-35　1988 年《莱斯市场开发策略》旗舰计划

资料来源:[英]史蒂文·蒂耶斯德尔,[英]蒂姆·希思,[土]塔内尔·厄奇. 城市历史街区的复兴[M]. 张玫英,董卫,译. 北京:中国建筑工业出版社,2006

(1) 新的莱斯市场大厦和亚当斯旅馆。莱斯市场大厦——将在莱斯市场中充当一个中心和门户的作用,开设以时尚为主题的特殊零售业(反映出诺丁汉没有一个有特色的商业街区的现实)和办公设施。临近的亚当斯工厂将转变成一个豪华旅馆,底层设有高质量的零售空间,上面是高级公寓。这两个项目之间将形成一个带地下停车场的公共开放空间。

(2) 普兰特街道纺织厂。普兰特街周围建设了一定数量的新建筑,以适当的租金安置从亚当斯工厂及其他被置换的工厂迁出的公司。

(3) 东布罗德马什。现在的布罗德马什中心向东扩展到莱斯市场的西南边，下面两层是零售，上面是公寓。

(4) 巴克盖特广场。广场以南将转变为居住区，而北边那些质量较差的建筑将被新建住宅区所替代。

直到 1992 年，通过《莱斯市场开发策略评价》认识到，规模较大的旗舰开发项目难以实行，而分阶段实行的项目、临时性功能开发和创新资金计划也可能不再需要，并且以权力继续保持工业功能的做法也已不再可行，故转而采纳了一种积极的促进商业功能的策略，强调为了适应当前的市场条件，保留并发展适当的商业功能。

由于早先一段时间政府仍然坚持保持莱斯市场的传统工业功能，因此它向功能多样化的发展起步太晚，导致到现在为止其中的工业和办公建筑仍然存在大量闲置现象。通过莱斯市场地段的更新与保护过程认识到：若原有功能已难以为继，建筑的现有功能在经济方面已经过时，则应该考虑历史地段与建筑适应变化的能力，进而去寻求新的功能，以实现历史地段的保护与更新(见图 10-36)。

图 10-36　莱斯市场的旅馆

资料来源：http://globalhotel.elong.com

思考题与习题

1. 阐述历史地段的概念及其与历史街区和历史文化保护区之间的关系。
2. 历史地段有哪些特征?
3. 历史地段保护与更新的价值意义有哪些?
4. 历史地段保护与更新的选择方式有哪些?并结合相应案例进行分析。
5. 浅析历史地段保护性更新设计与城市设计的关系。
6. 结合案例分析历史地段保护与更新设计的具体内容。

第11章

其他典型城市空间设计

11.1 城市绿地

11.1.1 城市绿地的概念

《辞海》中对绿地进行了阐述:“配合环境创造自然条件,适合种植乔木、灌木和草本植物而形成一定范围的绿化地面或区域”,或指“凡是生长植物的土地,不论是自然植被或人工栽培的,包括农林牧生产用地,均可称为绿地”。城市绿地则是指人工绿化的绿色地域系统。由各种公园绿地、街道绿地、居住绿地和机关单位绿地等共同组成的绿化地域,称为城市绿地系统。它是城市生态环境系统的重要组成部分,对美化城市、改善城市生态环境质量起着极大的作用。

而作为城市设计所关注的典型城市空间类型的城市绿地,应指具有较强的公共性、共享性和可达性,以软质景观为主要组成要素,供大众游览、休闲的空间。这类空间常被称为城市公园或游园。

11.1.2 城市绿地的历史发展[1]

文艺复兴时期才开始有定期向公众开放的城市花园。在这之前,公众多在集市、广场和街道中进行休闲娱乐活动。

工业化大生产导致城市规模急剧增大,城市卫生环境严重恶化,城市原有的绿地也遭到了侵占和破坏,各国把建设城市公园作为缓解环境问题的重要措施。1843 年英国利物浦市伯肯海德公园(Birkinhead Park,125acre)的建成标志着第一个城市公园的正式诞生。受其影响,美国纽约中央公园(Central Park of New York)于 1858 年在曼哈顿岛诞生。19 世纪下半叶,欧洲、北美掀起了城市公园建设的第一次高潮——“公园运动”。

19 世纪末期,城市公园体系出现,其中,美国波士顿公园体系的成功对城市绿地发展起到重要的影响。城市绿地开放空间理论从局部的城市空间调整转向了以田园城市(见图 11-1)为代表的重塑城市结构的阶段,并在第二次世界大战后得到很好的实践,如哈罗新城绿地系统规划(见图 11-2)和“华沙重建计划”(见图 11-3)。

---

[1] 吴人韦. 国外城市绿地的发展历程[J]. 城市规划,1998,22(6):39~43.

图 11-1　莱奇沃斯田园城市环城绿道

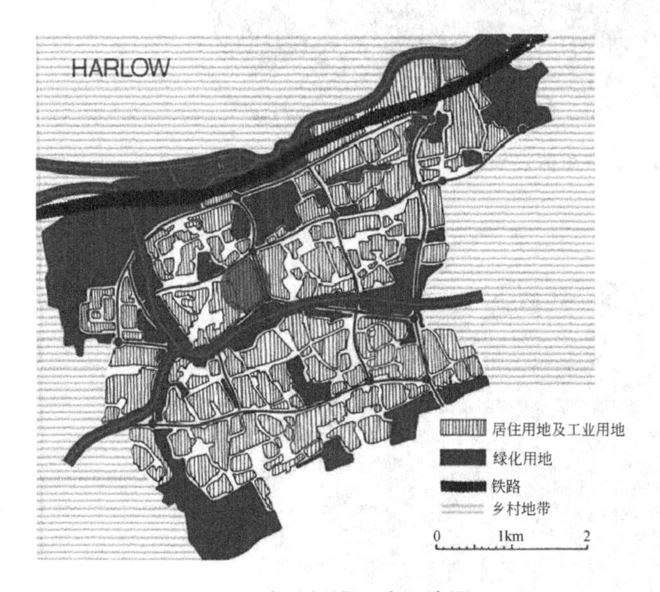

图 11-2　哈罗新城绿地系统图示

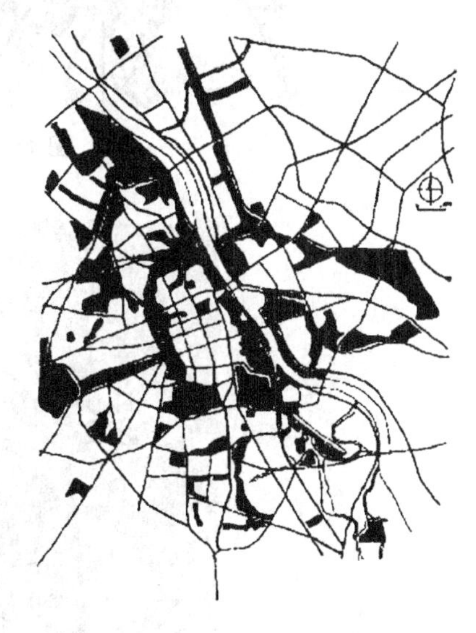

图 11-3　华沙城市绿地系统(波兰 Arszawa,1945 年)

20 世纪 70 年代初,全球兴起了保护生态环境的高潮。联合国 1972 年在斯德哥尔摩召开第一次世界环境会议,会议通过了《人类环境宣言》。之后,欧美等西方发达国家通过立法、实践展开大规模的城市绿地系统网络的建设,试图营造可持续发展的城市环境。

我国主动意义上的城市绿地建设是从建国后开始的。开始是以恢复、整理旧有公园,改造、开放私园为主,"一五"期间提出了完整的绿地系统的概念,"大跃进"期间开展"大地园林化"和"绿化结合生产"运动。北京市 1958 年的总体规划就贯彻了"大地园林化"的指导思想,为避免城市建设"摊大饼"式的发展,在城市布局上第一次提出"分散集团式"布局原则和规划方案,即将市区分成二十几个相对独立的建设区,其间用绿色地带相隔离(见图 11-4)。

“文革”期间绿地建设成果遭到破坏，如山东省至1975年全省城市公园减少到18个，总面积仅为357.7万m^2。改革开放后，随着全国园林工作会议的召开，法规及管理条例的建立，各城市开始进行城市园林绿地系统规划。20世纪90年代以后，法规逐渐健全，“园林城市”、“生态园林城市”的提法相继出现。根据2007年北京市绿地系统规划，北京中心城区绿地结构为“两轴、三环、十楔、多园”的基本结构，即：青山相拥，三环环绕，十字绿轴，十条楔形绿地穿叉，公园绿地星罗棋布，由绿色通道串联成点、线、面相结合的绿地系统（见图11-5）。

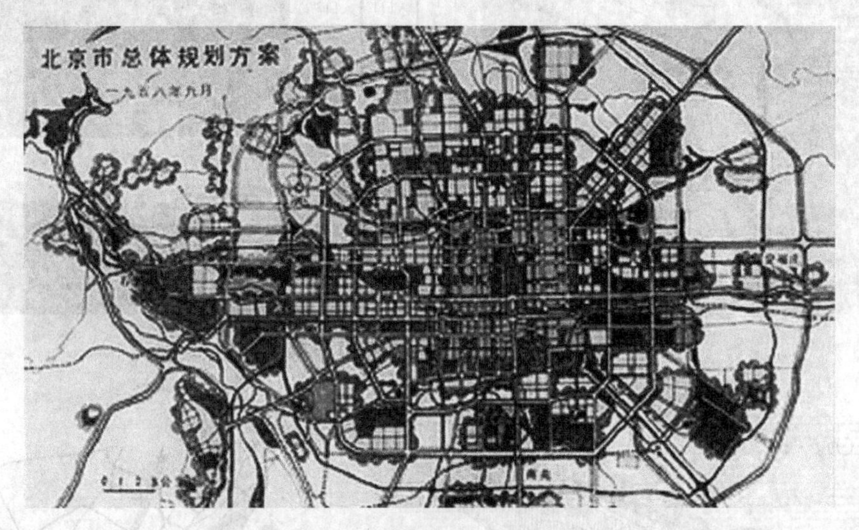

图 11-4 北京总体规划（1958 年）

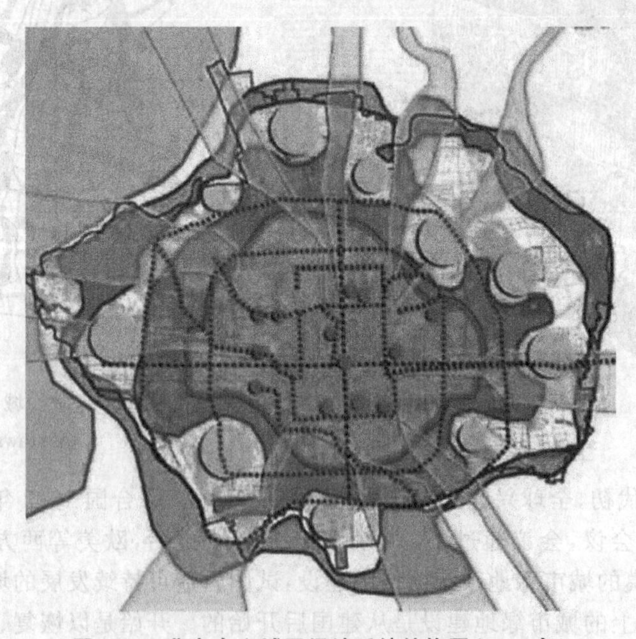

图 11-5 北京中心城区绿地系统结构图（2007 年）

随着城市绿地系统规划科学性的加强，城市绿地关联性和生态效益的提升，21世纪城市绿地系统将呈现要素多元化、结构网络化、功能生态化以及更具开放性的发展特点。

11.1.3　城市绿地设计的原则

1. 可达性原则

城市绿地是城市中全体社会公众共享的区域，在设计中应注意和城市交通系统之间的便利联系，以保证公众对其可视和便捷到达。均衡是保证可达的前提。各级各类公园绿地及附属绿地，原则上应根据人口的密度来配置相应数量，而且级别要配套，服务半径要适宜。城市绿地空间应服务至城市每个片区，尽量避免出现服务盲区。

2. 功能性原则

城市绿地设计应在充分实地调研的基础上，根据公众的年龄构成、审美要求、功能要求和活动规律等创造出景色优美、环境卫生、情趣各异、舒适方便的绿地空间，满足公众游览、休闲、游戏、健身和娱乐等功能需求。同时，根据不同的功能需求划分尺度、形状和私密程度均相对适宜的场地，辅以不同的设计手法，使之适用于人。对于支持人们休闲娱乐活动的各类活动设施和环境设施，如坐凳、花坛、栏杆、垃圾桶和健身器材等，则应按照使用者的尺度和行为心理进行设计和选择。如对于居住区绿地中的儿童活动区域，应结合儿童的心理特点，色彩应鲜艳，空间应开敞，体现轻松、欢快的景观气氛；并应兼顾看护家长和老人的需求，在活动区域的周围设置一定数量的花坛、座椅和可遮阳的树木，供休息之用（见图 11-6）。各类设施的设置应力求体现趣味性和观赏性。

图 11-6　公园儿童活动区及周围的休息设施

3. 多样性原则

生物多样性是多样性原则的第一个方面。城市绿地应满足人们对自然景观的观赏要求，具有一定的稳定性，即要保证其景观特征的长久存在和质量，因此在设计中要充分考虑群落的稳定性，通过合理的人为干预，得到较为稳定的景观。生物多样性是城市公园绿地建设水平的一个重要标志，物种越多样，城市绿地植物群落对环境的适应和自我调整能力就越强。应尽可能配置丰富的植物种群，增强绿地整体的抗干扰能力，维护生态系统的健康。

多样性原则的另一个方面是景观多样性。植物是城市绿地的主要景观要素。植物种类繁多，有草坪、灌木、乔木等；植物景观会随四季和自身生长而变化，设计者应注意让植物在每个季节可以有相似的变化；植物可修剪成几何形(见图 11-7)、动物形等多种形状，可种植在地面、花盆、石台和灯具等各种位置[1]。植物是多变和极富魅力的景观元素，设计者应针对各类植物的特征，如疏密关系及轮廓线变化等，配置得当，形成丰富多样的植物景观[2]。

图 11-7 英国花园中的修剪植物

资料来源：张斌，杨北帆．城市设计与环境艺术[M]．天津：天津大学出版社，2000

地形和建筑小品的多样变化也可营造丰富的绿地景观。设计者可根据不同的活动功能，结合地形对空间进行二次处理，如采用抬高或降低的方式(类似于城市广场的上升和下沉)，形成不同的景观效果。小品如亭、廊、舫、馆、塔、台等在城市绿地中所占的面积往往很小，但它们可为公众的活动提供风雨庇护，营造别致的空间感受，并可作为供人们欣赏的艺术品，使绿地层次感强、景观丰富(见图 11-8)。

图 11-8 南京总统府花园中的舫(张玲 摄)

---

[1] 张斌，杨北帆．城市设计与环境艺术[M]．天津：天津大学出版社，2000.

[2] 张灵博，宋力，张宁．浅谈城市公园绿地规划的生态学原则[J]．山东林业科技，2008(5)：106～108.

4. 经济性原则

生态效益和社会效益是城市绿地所追求的主要目的,但这决不意味着可以无限制地增加投入。城市绿地必须同时具有经济性,以最少的人力、物力、财力和土地的投入收获最大的生态效益和社会效益。

要充分利用现状地貌与植被。本土植物最能适应当地气候和土质,且有助于体现城市地方特色。设计应坚持以"适应本地生长的乡土树种为主,引进外来树种为辅"的原则,制定合理的乔、灌、花、草比例,以体现植物的观赏、生态和经济价值。如上海徐家汇公园的设计以生态理论为指导,以绿为主,以茂密的大乔木、各类花灌木和地被植物为构成绿地的要素。绿化配置按照适地适树的原则,适当引进外来植物,品种丰富,搭配合理。

应进行专门的树种规划,并合理控制栽植密度,以防止由于栽植密度不当引起某些植物出现树冠偏冠、畸形、树干扭曲等现象,严重影响景观质量,造成浪费[1]。

选择的植物要具备一定的抗性,对旱、涝、酸、碱及砂性土壤有较强的适应性,对城市中烟尘、尾气等污染问题有较强的抗御性[2]。

在城市绿地的设计中,以上四个原则不是孤立的,而是紧密联系、不可分割的整体。可达性是城市绿地能够满足全体社会公众休闲娱乐等需求的基本前提。单纯追求功能、经济,不考虑景观的丰富多样,城市绿地的艺术品位就会降低,失去吸引力,无法令广大群众喜爱;相反,单纯追求多样所带来的丰富与美感,不综合考虑功能和经济问题,就会沦为形式主义,没有人情味。在便捷可达的前提下,将功能适用、景观多样美观和经济高效三者结合起来,统一考虑,才能最终创造出能够满足人们使用、环境优美且有利于维护生态平衡的城市绿地。

此外,城市绿地存在于特定的城市,每个城市都有自身不同的发展历程。城市绿地作为城市中长期存在的公共空间,应传承和提升这种特色。因此,在设计中应重视传统文化及历史的传承,特别是在与历史遗迹相结合的时候,应反映当地人的精神需求与向往。

11.1.4 案例分析

1. 美国纽约中央公园(Central Park)

纽约中央公园(Central Park)是美国"景观设计之父"奥姆斯特德(Olmsted)与合伙人沃克(Calvert Vaux)于 1958 年合作设计的。它的意义不仅在于它是美国最大的公园,还在于它对美国景观建筑设计学科发展所起的重要作用。

中央公园南起 59 街,北抵 110 街,东西两侧被著名的第五大道和中央公园西大道所围合,面积达 344hm^2,且名副其实地坐落在纽约曼哈顿岛的中央闹市区(见图 11-9)。

图 11-9 中央公园全景

---

[1] 张斌,杨北帆. 城市设计与环境艺术[M]. 天津: 天津大学出版社,2000.

[2] 王建国. 城市设计[M]. 北京: 中国建筑工业出版社,2009.9.

中央公园设计采用自然式布局[1]，公园道路层次分明，根据地形高差构筑四条穿越公园的道路。它们均与城市道路立体交叉，既维持了城市的整体性，又不妨碍园内游人的活动，合理地处理好了公园与城市之间的交通（见图 11-10，图 11-11）；公园内各级道路采用回游式环路，与城市交通互不干扰，如公园内有一条长 10km 的环园大道，深受跑步者、骑自行车者以及滚轴溜冰者喜爱，已成为城市居民及外来游客锻炼身体的好地方（见图 11-12），机动

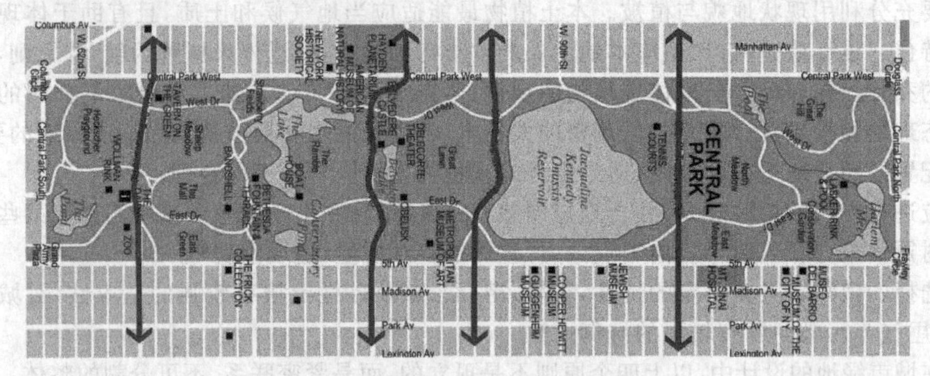

图 11-10 中央公园四条穿园道路示意图

图 11-11 穿越公园的城市道路景观

(a)

(b)

图 11-12 中央公园中的环园大道

(a) 环园大道上骑车的人们；(b) 远看环园大道

---

[1] 王建国. 城市设计[M]. 北京：中国建筑工业出版社，2009.9.

车则须按规定时间使用。中央公园内尽量避免规则式，亦或是在追求一种自然式的规则。设计者保持公园内有大面积的草坪、林地等自然景观，这种尺度超大又极度丰富的绿地空间，给人以神秘的体验，使得游人在公园中漫步时，几乎感觉不到自己是在城市中(见图 11-13)。

图 11-13　中央公园中的大尺度绿化

中央公园在自然式当中也掺杂了规则式，令人印象最深刻的是一个大的树阴道及中央林阴广场——“The Central Mall”，即毕士达喷泉(Bethesda Fountain)及广场。它位于湖泊与林阴之间，是中央公园的核心，这里平坦开阔，四周有足够的树阴，人们最喜欢在这里停留，坐在这里闲看过往的行人都是一种乐趣(见图 11-14)。

图 11-14　中央公园中央林阴广场

中央公园是规划中预留的一片绿地，得到永久性的保护，这是对于未来长远的考虑，现在很多城市都难以拥有如此大尺度的“城市绿肺”。而且中央公园具有浓厚的乡村气息，真正给市民提供了一个高质量的都市休闲开放公共空间。但是，尽管奥姆斯特德曾亲自订立了一个“禁止侵占的条例”，中央广场内仍增添了许多游乐设施、体育活动设施和商业活动设施，已经失去了许多原来的田园风味。

2. 波士顿公园(Boston Common)

波士顿公园位于波士顿市中心,面积59acre(见图11-15)。这个公园与其邻近的公共花园(Public Garden)都是波士顿城最为核心的地方。最初这里用于放牧,也曾作过军事训练场。从1830年开始,这片区域禁止放牧。从那以后,波士顿公园主要被用作一个公共开放的公园,供人们在此进行休闲娱乐活动。这个公园是典型的英国式花园,是城市中难得的绿洲。现在在这个波士顿人休闲的理想场所,还能看到音乐家、表演家和演说者的表演。

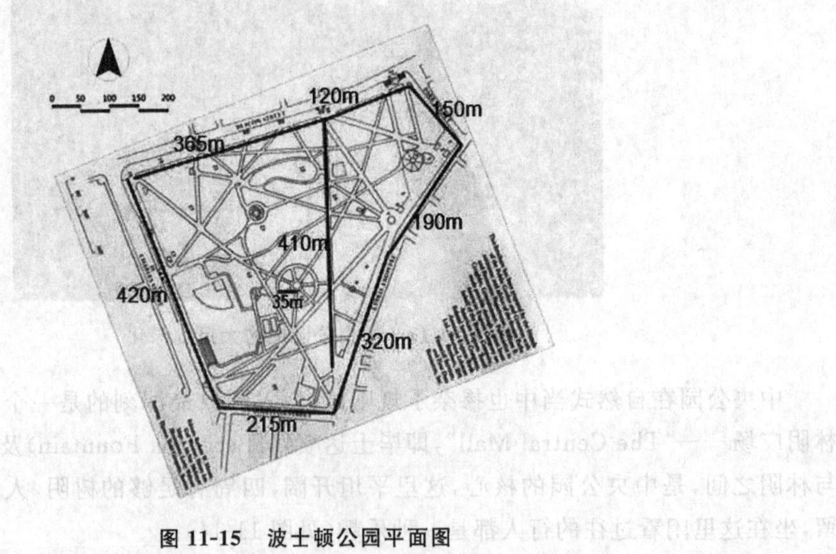

图 11-15 波士顿公园平面图

公园特莱蒙街入口小广场,设计简洁,类似于一个环形的交通岛,指引着人们到达自己要去的地方(见图11-16)。位于公园东北部的布鲁尔喷泉中心景观造型独特,有很强的可识别性,获得了人们的认同感,周围设置了可供人们休息的座椅(见图11-17)。广场北侧的洼池设计,很好地结合了自然地形,夏天可以在边上乘凉,也可以在浅水中玩耍,到了冬天变身成为一个小型滑冰场,观看的人群则可以在周围休息和交流,是一处富有情趣的所在,可满足人们的多种需求(见图11-18)。

图 11-16 特莱蒙街入口广场

图 11-17　布鲁尔喷泉景观

(a)　(b)　(c)

图 11-18　特莱蒙街入口广场北侧的洼池

(a) 夏季在浅水中玩耍的人们；(b) 冬季滑冰的人们；(c) 远看滑冰场

11.2　城市居住区

11.2.1　国内居住区规划的历史发展

居住区是主要用以满足人们居住需求的城市功能区，我国居住区规划建设历经里坊、街巷、邻里单位、居住小区和综合居住区的过程[1]。20 世纪 50 年代由于重视城市规划的科学性，勇于实践，且从苏联引进居住小区规划理论，初步形成了居住区规划思想、体制、理论和方法体系，奠定了我国小区规划理论基础。60—70 年代，由于国家处于动荡期，住宅及住区规划建设也深陷危机。80—90 年代，由于改革开放的政策，住宅及居住区无论在功能布局上，还是组织结构上都得到了更新，并增强了“以人为核心”的环境意识。1994 年，王如松对城市问题和生态城市进行深入分析，提出生态环境建设所依据的生态控制论原理。通过研究，吴良墉先生系统地阐述了人居环境理论，为我国人居环境的发展奠定了基础。

11.2.2　城市居住区的城市设计要点

城市设计所关注的居住区空间设计的重点有三个方面：居住区与城市整体风貌、居住

[1] 朱家瑾. 居住区规划设计[M]. 2 版. 北京：中国建筑工业出版社，2007.5.

区交往空间的营造、建筑布置及风格。

1. 居住区与城市整体风貌

居住区作为建筑的一种载体对城市风貌的形成有着重大的作用。城市居住区数量多、规模大、临城界面很多,对城市的肌理、色彩和空间构成都会造成深层次的影响。因此,居住区设计不应重自身特色而忽略对城市整体风貌的影响,好的居住区应既能满足功能要求,又能在风格、色彩和布局等各方面为城市特质做出贡献。

每个城市都在其长期发展过程中形成了自身的特色和风貌,居住区设计不应各自为政,应在可控的城市秩序下进行,维护和谐的城市景观。第一,保护城市已有的特色景观——天际轮廓线,尊重原有的整体格局,并为人们欣赏天际线提供良好的视觉条件。这就要求居住区建筑在一定宽度和高度范围内进行设计,建筑单体服从整体,创造优美的整体城市轮廓线。第二,居住区沿街建筑体量应与道路宽度相吻合,以达到有机与和谐。第三,居住区设计应纳入有序的城市空间体系。要先对相邻的城市公共空间作详细的分析,在明确了居住区在整个空间秩序中的位置和角色后,再进行规划布局,通过合理的结构、道路设计充分考虑并努力保持与原有城市空间的连贯性,进而保存、强化原有的空间效果。第四,居住区第五立面的设计应遵循与城市景观统一和谐、局部求变的原则,在延续传统的同时又与现代相呼应。

这就要求从业人员在充分了解地域环境的前提下进行统筹规划和设计,不能无视周边景观进行野蛮操作。以传统建筑屋顶的设计为例,古代屋顶形式有一个最显著的特征,即在一个特定的村落当中,其建筑屋顶会让人感到它们是一个统一的整体,与周边环境是协调共生的,无论其形式、尺度和材料等存在如何的差异,其中都体现了和谐的美(见图 11-19)。

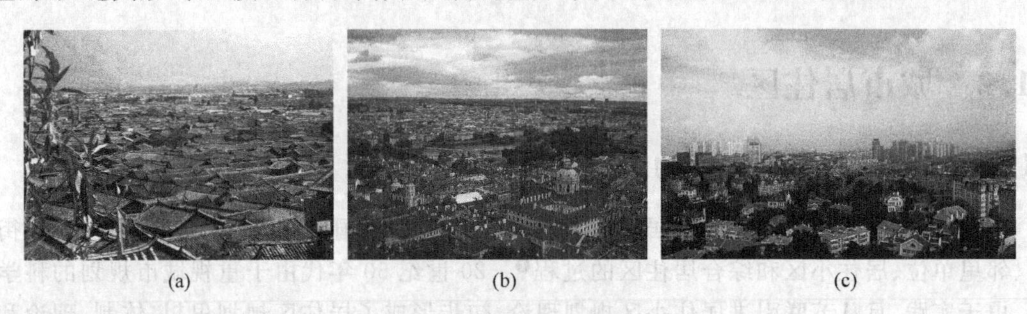

(a) (b) (c)

图 11-19 和谐统一的屋顶景观

(a) 云南丽江和谐的屋顶;(b) 捷克布拉格;(c) 青岛居民区

2. 居住区交往空间设计

居住区公共交往空间主要指居住区中的外部空间,包括以下三个方面。

1) 交通空间

从动态和静态两方面来看,交通空间包括道路空间和停车空间。

居住区道路与居民出行、邻里交往、休息散步和游戏休闲等密切相关,是居住区交往空间的主要组成部分。居住区级、小区级道路应主要考虑满足车行交通需求,设计应简洁顺畅。但由于是处在居民集中的居住区内,为适应小汽车迅速增加的趋势,二者宜通过设置中间岛、凸起和阻塞带等方式来降低车行速度和噪声(见图 11-20)[1],特别是小区级道路还应通过线形设计来降低车速并限制小区外车流的穿过,保障居民生活安全。组团级道路为小区中的半公共空间,应以考虑步行为主,通行组团内部分车辆,尺度应宜人,保障组团内静谧的居住空间,提升组团的归属感。宅间小路则应禁止车辆通行,以步行为主导进行线形、铺装设计,营造浓厚的生活气息。小区内步行道应以使用者的舒适为出发点,在满足功能的前提下,宜曲不宜直,宜窄不宜宽,充分创造居住区的休闲气氛(见图 11-21)。

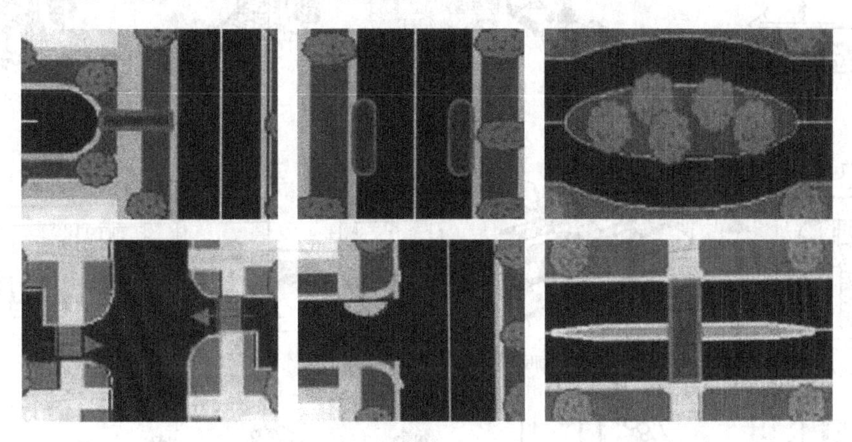

图 11-20　居住区中车行道路降低噪声和减小车速的方式

资料来源:胡纹.居住区规划原理与设计方法[M].北京:中国建筑工业出版社,2007

图 11-21　居住区中简洁流畅的车行道和蜿蜒的步行小路

资料来源:胡佳.居住小区景观设计[M].北京:机械工业出版社,2007

居住区停车方式主要有地上停车、地下停车和架空层停车。居住区内的停车空间应力求对居民具有最小视线干扰和噪声干扰。地上停车场地和地下车库的入口应尽量布置在住宅建筑的山墙处,并注意对视线和噪声的影响,若不得不在正立面处设置停车位,应采用结合绿化、对地面进行下沉处理等方式把视线、噪声干扰降到最低(见图 11-22)。

2) 绿地空间

居住区级、小区级中心绿地是居民日常活动、休闲交往的重要空间,是居住区中面积较大的公共绿地,有时还可举办集体活动,直接关系居民生活方式和环境品质。设计中多将其设置在入口处或中心处,便于全体居民到达。组团绿地也是一种集中绿地,面积较小,服务

---

[1] 胡纹.居住区规划原理与设计方法[M].北京:中国建筑工业出版社,2007.

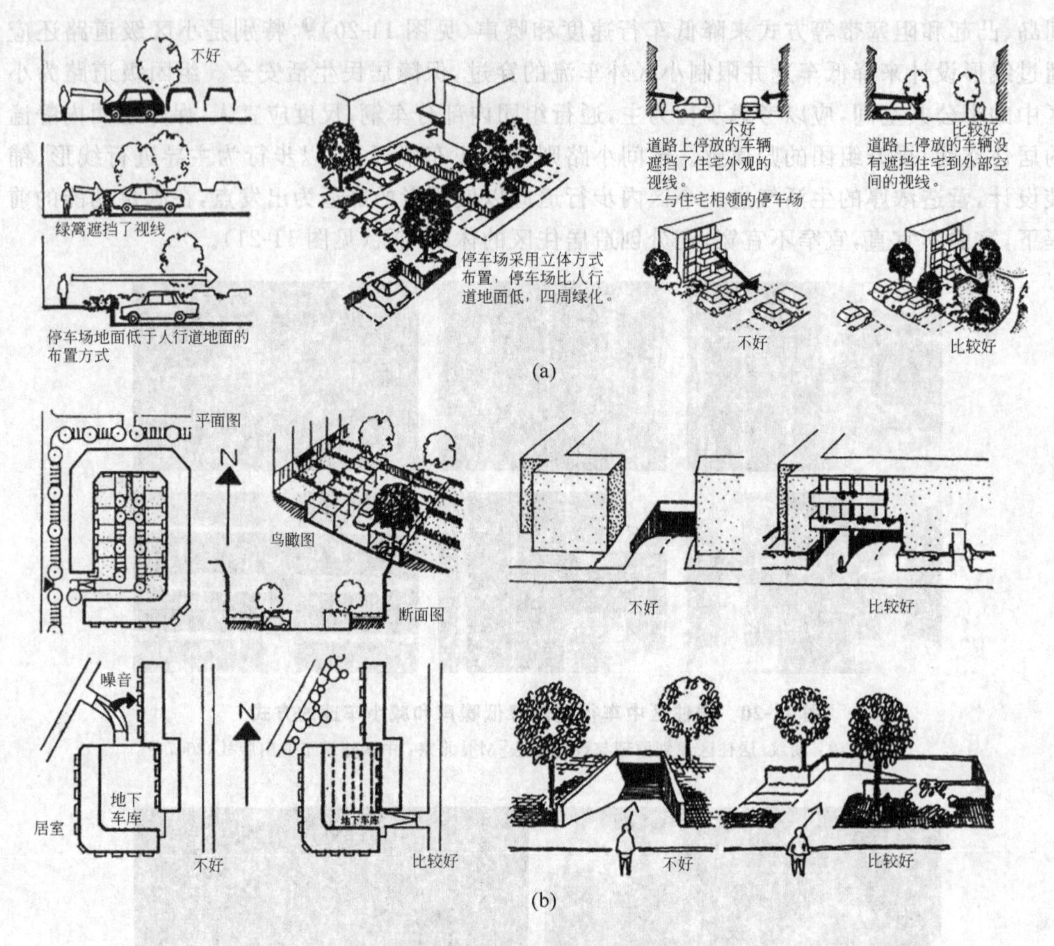

图 11-22　居住区停车分析

(a) 居住区地面停车处理；(b) 地下车库的城市设计处理

资料来源：[德]迪特尔・普林茨.城市景观设计方法[M].李维荣，解庆希，译.天津：天津大学出版社，1989

于组团内居民，满足居民日常邻里交往，是小区主要的景观节点，有半公共的性质，多设置于组团中心处，限制本组团外居民的进入，提升组团的凝聚力和归属感。宅间绿地则属于居住区中半私密性的绿地空间，仅供临近少数住宅内居民使用，尺度应宜人，景观构成宜丰富，视线不宜太通畅。道路绿化则应注重连续性和局部变化，小区道路还可用绿化遮挡视线的方法来降低车速。总的来说，居住区绿地空间设计应考虑以下方面。

(1) 强调共享和均衡，以每套住宅都能获得良好的景观效果为目的。应尽可能利用现有的自然环境创造人工景观，让人们都能够享受这些优美环境，共享居住区的环境资源；对具有一定私密性的绿地空间，应加强其领域性，丰富空间的层次，为人们提供相识、交流的场所，营造安静温馨、优美、祥和安全的居家环境。

(2) 居住区绿地设计应力求"点、线、面"结合，在小区居民日常生活的必经之路上，通过道路或步行绿化带将小区内各点状绿地、面状绿地组成网络，成为相互联系的整体，既方便居民使用，又能起到很好的降噪、降尘和水土保持的作用。

(3) 平面造景和立体绿化相结合，要有合理的搭配和种植密度，在树木配置上要兼顾常绿树与落叶树、乔木与灌木、观叶树与观花树，以及树木与花卉、草坪和地被的搭配。对植物花卉在不同季节所表现的不同形态加以利用，做到保持绿地空间季节的连续性和要素的丰富性。

(4) 营造居住区环境的文化氛围，应注重居住区所在地域自然环境及地方建筑景观特征，挖掘、提炼和发扬居住区地域的历史文化传统，并在设计中予以体现。居住区内绿地在提供视觉景观的同时应体现小区的文化特色和品味，注重发挥绿化在整个居住区生态中的深层次作用[1]。绿地中的硬质铺地设计应在满足使用的同时追求视觉形象与文化符号的陈列，体现一定的思想主题。选择合适的植物种类，以适应栽植地点的生态条件。

(5) 注意提供足够的休闲小品设施和方便设施，即符合人体尺度的亭台廊榭、座椅、垃圾桶、花坛、灯具和雕塑等。将其点缀在居住区绿地内，以新颖活泼的形态丰富居住区绿地，能让人充分地放松和欣赏周围的美景，创造舒适、富有现代感的居住区环境(见图 11-23)。若与各类活动场地结合布置，则可激发居民自发性活动，增强居民对社区的归属感、领域感与亲切感，促进邻里交往和邻里关系的和谐。

图 11-23 居住区中的休闲设施和小品

资料来源：胡佳.居住小区景观设计[M].北京：机械工业出版社，2007

3) 边界

边界指不同性质的两种空间交接的区域，有过渡的性质，如居住区边界、房前屋后和单元入口等，是公共和私密空间之间的过渡。回家经过边界时人们感到心理安全，外出经过边界时，又感到好奇心得到了满足，边界是人们乐于驻足活动的地方[2]。设计中应体现其整体性与可识别性，可将特征相似的建筑物或绿化连续布置。同时，应分析各级边界的作用和特征，体现其特色和识别性，区别设计。

3. 建筑布置及风格

住宅建筑是居住区的主要构成，在满足居住功能的同时融入外部空间，起到围合和限定空间的重要作用，也是形成居住区景观的重要元素。

---

❶ 王克涵，王宏钰.居住区环境景观设计探讨[J].科技信息，2012(18)：78.

❷ 徐文辉，韩龙.居住区交往空间设计方法[J].中国城市林业，2012，10(1)：27～29.

顺应地形的变化布置建筑，使建筑与地形之间发生某种内在的联系，使建筑与环境融合为一体。整体应协调统一，建筑单体应具备自身完整性但并不强调张扬个性，其体量、形式、色彩、尺度、比例以及平面组合等诸多要素应服务于整体秩序的和谐，融合到整体建筑群体之间，并由此获得整体的统一性。建筑应与地区的历史文化相结合，体现鲜明的时代特征和地域文化特征。应善于从传统建筑中提炼和运用传统符号，保存城市记忆，如南方水乡的白墙黛瓦。

居住区建筑用色应协调统一，但应有所变化，如用不同颜色区分不同的功能分区或组团，这样可增强可识别性，使居住区规划结构更加清晰。如果整个居住区颜色基本相同，可于公共建筑的选色上求变。但对于居住建筑，总体上应同人们安宁、舒适的心理需求保持一致，大规模住区以恬淡、柔和、愉悦和安全的色调为主，高层住宅以稳重、和谐和明朗的色调为主。

在我国当今的住宅建筑设计中，我们经常会听到“欧陆风格”、“地中海风格”和“意大利风格”等，这是建筑设计师所做的尝试[1]。但建筑风格的形成有明显的地域性和时代特性，设计时应该懂得溯源。住宅建筑风格应该是多元化的，而不应该千人一面，设计师在运用风格的同时，应该考虑风格的适应性，避免简单的模仿。风格要立足于功能适用、体现人文关怀的基础之上，否则只能沦为形式主义。

笔者认为，在居住区设计中，城市设计更多的是一种方法，在居住区功能完整合理的基础上，考虑居住区与天空、与大地之间的关系，关注对城市整体风貌造成的影响、住区建筑与建筑之间的空间构建及建筑风格的选择等空间形体环境方面的内容。不应仅寄希望于专门的城市设计，应该将这种方法应用在居住区详细规划中，作为一种有益的补充，让居住区无愧于其所在的城市和时代。

11.2.3 案例分析：杭州“亲亲家园”[2]

杭州“亲亲家园”位于杭州市西湖区三墩镇北，临近浙江大学紫金港校区，总建筑面积约80万 m^2，建筑类型以多层、小高层和高层公寓为主，是浙江省首个中国亲情住宅小区示范项目，“亲亲系”如今已成长为成熟的住区系列。

“亲亲家园”是开放的社区，它以一种积极、主动的方式参与到三墩区块的城市运营中，建设了完善的配套设施，且其配套可以向城市开放，资源可以最大限度地与城市共享。同时，富有中国传统特色的围合院落式建筑布局是“亲亲系”产品的鲜明标签。邻里的情感在围合院落内得以回归，保障了住户一定的私密性，公共意识逐渐加强，邻里关系会更加稳定和谐。“住宅-院落-街道-街坊”的居住模式形成了社区开放、邻里围合的居住形态。

1. 多层次生活空间

依照“社区空间-组团空间-邻里空间”依次递进，区别布置，并以渗透式的绿化景观联系各级生活空间。

(1) 利用地形的高差变化来丰富小区的步行公共空间。温馨舒适的邻里空间为在自家

[1] 王建国. 城市设计[M]. 北京：中国建筑工业出版社，2009. 9.

[2] 胡佳. 居住小区景观设计[M]. 北京：机械工业出版社，2007.

楼前屋后的邻居交往提供了可能；完善的组团空间富有生机，吸引不同邻里的人在此同坐；主题明确的小区空间为不同组团之间的交往提供了场所（见图 11-24）。

(a)　　(b)

图 11-24　步行交往空间

(a) 造型活泼的庭院广场；(b) 楼前绿化和彩色矮墙

(2) 通过中心绿轴、休闲商业街、滨河休闲带和架空层，再到组团内部的花园及每个宅院空间，营造了具有不同归属、各有特色的“绿色客厅”。这给老人、小孩带来了可尽情游戏、活动的安全感，也提升了住区的“情味”。

2. 符合人性的“人车共存”模式

(1) “亲亲家园”采用方格网道路系统，增加道路密度，在街坊的四周布置机动车道、地面停车位，且设置了大面积地下停车空间，机动车可以通达到每个街坊的周围，而在街坊内部庭院中禁止机动车甚至自行车进入。

(2) 以开放式商业步行街区作为景观主轴线和人行主要通道（见图 11-25），地面还设置了 500 多米长的滨河休闲带、蜿蜒曲折的中心绿轴，组团之间、架空层和入户花园等层层绿意的营造，赋予社区幽静的步行环境（见图 11-26）。

图 11-25　小区主要通道——商业步行街

图 11-26 蜿蜒的水线和层层绿意贯穿小区

此外,围合式的街坊式布局具有明显的节地效果,整个小区在容积率做到 1.65 的情况下,空间关系好于常规住宅小区,获得了经济效益、环境效益和社会效益的统一。

11.3 大学校园

11.3.1 大学校园空间的历史发展和趋势

历史上较早的大学校园空间可以追溯至欧洲中世纪的"大学街"[1]。没有固定的教学场所,街头、教堂等地都是传授知识的场所。城市街道就成为了那时的大学,后来逐渐确立大学专用土地,主要位于城市中心。随着城市生长,大学校园越来越占据城市用地的一大部分,诸如牛津大学和剑桥大学等均处于城市中心地段。这时的大学校园空间结构体系采用封闭的四边形,与城市空间分隔开来,从城市其他人文设施中割裂开来,以便更好地体现其特定的智力研究的领域感(见图 11-27)。

图 11-27 牛津大学围合的四方

工业革命兴起之时,大学的作用日益突出,对人才的培养任务更加重要。大学开始面向社会,大学教育力求贴近大众,接近生活。空间处理也趋向于开放分散式,开始有了空间轴线,并引入了街道、广场等城市空间。轴线对称式的大学校园结构对我国大学校园的建设产生了很大影响。19 世纪中期,随着资本主义的发展,科技的进步,教育需求的增长,大学又一次获得了发展壮大的机会,主要体现是对其学科教育的综合和空间的整合开放。在校园

[1] 王建国.城市设计[M].北京:中国建筑工业出版社,2009.9.

设计方面，则提倡环境对人的教化作用。

中国古代的高等教育机构主要是书院或者国子监等，其空间布局也是传统的轴线对称院落，这种院落式布局对我国后来的大学校园环境设计产生了很大影响。近代大学校园的形态特征主要分为两种，半敞开式和传统庭院式。建国后，大学校园结构受苏联影响较大，采用统一的模式，强调校园的规模宏大，严整对称。这种过分追求形式的做法造成了功能上的浪费。既不利于校园与周围环境的协调，也不利于日后信息时代高校发展对多学科渗透交流的要求。如建于 1953 年的华中工学院，即现在的华中科技大学(见图 11-28)。改革开放后随着经济的发展和眼界的提高，越来越多的建筑师和规划师着眼于新时期大学校园的设计，并不断地探索和研究。大学校园设计开始采用新的规划设计理念，营造宜人的校园空间环境，增强校园建筑的群体性，同时注重与外部环境的协调，使校园空间趋向整体性，形成一种开放式的校园空间。

图 11-28　华中科技大学对称布局

科技飞速发展的 21 世纪，如何培养更具竞争力的人才，如何能够教育出具有全面素质的人才，是每个大学面临的巨大任务。这也给大学校园的设计提出了新的要求。当今大学校园设计，应通过对空间和环境的处理手法，营造更具人性化，更加尊重人的心理和生理需求，重视对地域文化和人文个性追求的校园空间。

11.3.2　大学校园空间设计要点

1. 校园核心外部空间

校园核心外部空间的设计应注重对校园开放、交流气氛的营造。校园核心外部空间在大学校园中起到两方面的作用。一方面指核心外部空间具有标志性和仪式性的功能，是举办校园室外集体活动的主要场所，能满足校园内教学、集会等活动的需求，是校园内重要的交往空间，是校园的活力中心；另一方面指大学校园应具备的社会责任。

核心外部空间是校园中公共性最强，使用强度最大的外部空间，应具有开放性、可达性和共享性，有中心型和轴线型两种设置方式。无论哪种方式，核心外部空间都应采用开放式布局，以使其具有较强的可视性和便捷的通达性。图书馆、体育馆和行政楼等注重与社会各界交流的、有一定外向性质的建筑应结合核心外部空间布置，以保证无论从校外还是从校内都可以方便快捷地到达。为烘托交流气氛、满足多种交往需求，校园外部空间也应强调人的参与和人性化设计，可考虑局部利用树木、地台等景观要素对空间进行二次划分或空间围合。

2. 各功能区或学院组团间的外部空间

各功能区或学院组团之间的外部空间设计应注意保持领域感及其与校园空间系统之间的联系。

当然，学校功能分区不应机械化，可适当地化整为零，如在教学区中设置咖啡馆、快餐店等生活服务设施，在生活区中布置部分体育活动区，使校园空间更具人性化，提高校园各功能分区的活力。学院组团间的外部空间是各学院之间的缓冲带，常结合绿化来布置，是校园内主要的景观节点，是学生日常学习、讨论和交流的重要场所。设计中应在调查学生活动需求、分析学生行为心理的基础上，布置满足静坐、学习、交流和小型集体活动等多种需求的多样的外部空间；应注意满足各学院组团间的外部空间与校园核心外部空间的便捷联系，以将其纳入校园外部空间体系。

3. 建筑组团内的外部空间

建筑组团内的外部空间设计应注意尺度宜人，多营造小型休闲空间，给人以亲切之感，满足人心理上的安全感；应注重其可识别性，以保持领域感和归属感，同时有利于人们最快地熟悉其所在的外部空间。

4. 联系各外部空间的线性空间

联系各外部空间的线性空间指大学校园中的交通空间，应遵循步行优先的原则，正确处理车行和人行的关系。

大学校园交通组织应安全高效，快速实现各类人流的送达。第一，应保证人流相对集中的校园核心外部空间的步行化，在其外围区域设置车行道路及停车场地以减小干扰，形成安静、安全和充满学术氛围的校园环境，加之学院组团外围的车行道路，形成完善的车行系统。第二，应建立完善的步行系统，与景观结合，宜曲不宜直，联系各公共建筑。网格式的路网形式已不再是设计师们追求的主流。当前校园道路路线往往划分校园中不同的分区，联系着校园的各级景观节点，通过曲直变化，在实现交通功能的基础上，给人丰富的景观体验，构成整体的景观空间结构。

随着大学校园规模的不断加大，停车问题也不容忽视。校园停车位置应与车行交通线路的设置相结合选择。可在校园的一、二级道路临近位置布置停车空间，尽量应位于校园核心外部空间、各学院组团的外围区域。可考虑把学生的自行车停放在教学区和宿舍区布置集中的区域。当然，除采用多种方式设置停车场地外，还要力求校园各相关分区之间有便捷的联系，保证步行的可行性。

11.3.3 案例分析

1. 浙江大学东区[1][2][3]

现在的浙江大学于上世纪末由四所大学合并而成，由此，新一轮校园空间的重组拉开了

[1] 迟敬鸣. 论大学校园开放性空间[D]. 广州：华南理工大学建筑学院，2009.

[2] 王建国. 城市设计[M]. 北京：中国建筑工业出版社，2009. 9.

[3] 禾叶，曹竹. 校园景观与绿化设计(第三卷)[M]. 吉林摄影出版社，2005.

帷幕。新的浙江大学校园，采用了新的设计规划理念，运用整体化的设计方法，营造宜人的校园空间环境，校园建筑群体化、网络化和组团化，建筑组团在注重内部关系的同时，也注重与外部环境的协调，使校园空间趋向整体性，形成一种开放式的校园空间。

下面对浙江大学东区的城市设计要点进行分析。

1）功能分区

浙江大学东区用地东西宽 1km，南北长 2km，规划将校园由城市道路育英路划分为南北两个功能区——教学区和生活区（见图 11-29）。这样既保证了教学区的完整性，又有利于生活区的社会化。

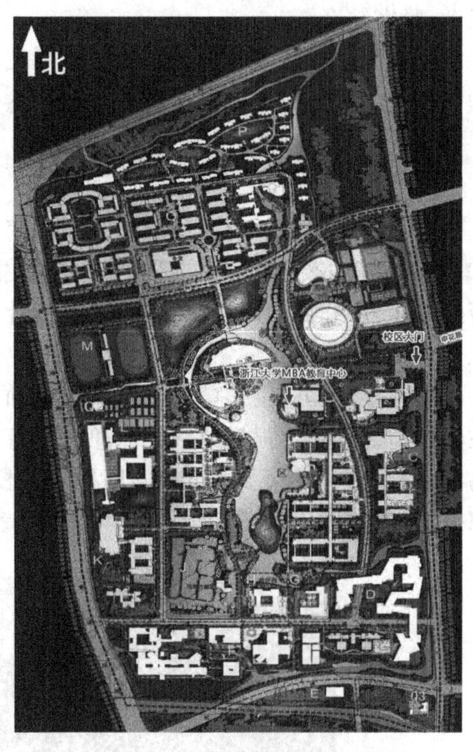

图 11-29　浙江大学东区平面图

2）有机生长的开放式模式

设计尽量不破坏原有地形，而且为了校园未来的发展，没有用尽现有的资源，网格内部尽量留空，为校园的进一步建设预留了空间，如教学区的南北两侧，建筑物可以沿着网络方式继续生长，而不破坏整个规划的构架，体现了可持续发展的理念。

3）强调整体的景观结构组织

在大尺度校园中将教学与生活对应起来，力求人性化的步行距离，对现有水系进行整合以组织生态带，将大大小小几十个园林空间串联起来。生态带从南到北贯穿整个校园。水的浪漫与校园建筑的理性、曲线空间与方形体系，在对比与冲突的统一中形成有机整体（见图 11-30）。

图 11-30　浙江大学东区理性的校园建筑、平台与弯曲自由的溪流驳岸

4）组团式建筑布局

校园采用学科群建筑组团式的构成方式，教室之间通过宽敞的长廊连接，营造不同的情感空间，提升各组团的归属感。各组团布局采取非几何化的园林式构图，建筑群与环境有机

互动，紧密结合。

浙江大学东区校园设计是我国大学校园规划方面一次十分重要的探索，整体性、可持续和开放式的规划理念体现在整个校园形态中。

2. 沈阳建筑大学新校区❶❷❸

沈阳建筑大学新校区位于沈阳市东南部的浑南新区，占地面积 6.6 万 m^2；建筑面积约 30 万 m^2，其中教学用房约 17 万 m^2，学生生活及辅助用房约 13 万 m^2。从设计招标到竣工历经 5 年多的时间。校区规划与建筑设计的主要负责人为汤桦教授，景观设计负责人为俞孔坚教授。

正对学校北向主入口的校区景观主轴，北端起始于入口广场，南面终止于体育中心，是在学校前区为学生提供的一处休憩与举行大型集会的宜人空间。它与分别坐落在水域两岸的校部行政办公楼、图书馆等共同构成了校园中心景观带。景观带将整个校区分成东西两部分：东为学生生活区，西为教学区。体育活动区则位于校区的南面(见图 11-31)。

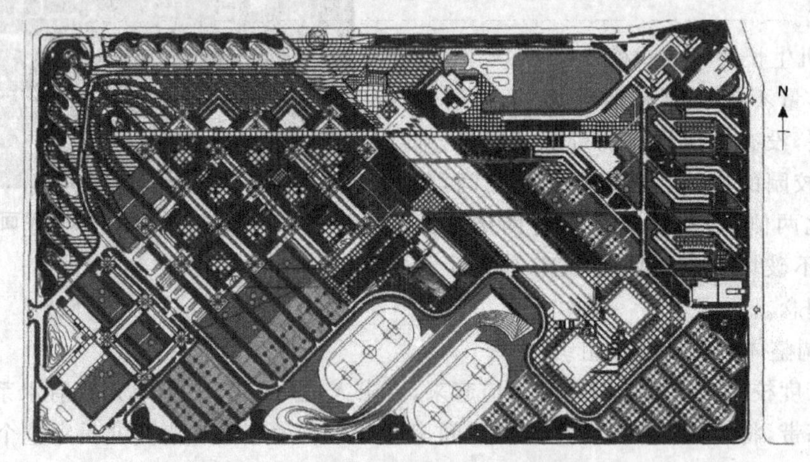

图 11-31 沈阳建筑大学新校区平面图

学生生活区位于校区的东部，几座平面呈折线形的多层宿舍楼，既争取了宝贵的南面朝向，又围合出一方具有个性且尺度宜人的室外小环境。两幢高层宿舍楼是整个校区的制高点，打破了校园整体偏于低矮的水平向构图，也提供了一处俯瞰校园全景的视点。

新校区路网体系便捷，保证了校园的步行化。遵从两点一线的最近距离法则，用直线道路连接宿舍、食堂、教室和实验室，形成穿越于稻田的便捷的路网。挺拔的杨树夹道排列，强化了稻田简洁、明快的气氛；3m 宽的水泥路面中央，留出宽 20cm 的种植带，专门供乡土野草在这里生长(见图 11-32)；座椅散布在路旁的林阴下。教学区与学生生活区通过一条全长为 756m 的“建艺长廊”联系，给人提供了室内步行的可能(见图 11-33)。体育活动区构成了一片宽阔、深远的隔离带，起到降低南侧铁路线对教学、生活声音干扰的作用。体育活动区与生活区、教学区的“品”字形布局保证了适宜的步行距离。校园南部水稻景观区避免了

❶ 陈伯超，徐丽云，王晓晶. 沈阳建筑大学新校区设计解读[J]. 建筑学报，2005(11)：27～30.

❷ 俞孔坚. 定位当代景观设计学：生存的艺术[M]. 北京：中国建筑工业出版社，2006.

❸ 俞孔坚，韩毅，韩晓晔. 将稻香溶入书声——沈阳建筑大学校园环境设计[J]. 中国园林，2005(5)：12～16.

运动场上的噪声对教学区的干扰。

图 11-32　沈阳建筑大学新校区用于道路绿化的乡土植物“蓼”

图 11-33　沈阳建筑大学新校区建艺长廊

教学区是由九个严谨的方院构成的现代建筑群，按照整体性的设计思路，以方格网围合成一个个内庭院，为各部门划分出相对独立的空间领域，避免了相互干扰。每个庭院中都有一个用于标识所在教室专业特色的雕塑和小品。四通八达的走廊为彼此之间的交流、交往提供了便利与机会。

校园稻田景观设计是一大亮点。由于受到时间、资金和建筑风格等多方面限制，设计者选择了适宜于本地生长、节约成本、见效快且有特色的稻田作为主导景观要素，辅以其他乡土植物。以稻田作基底，营造便捷的步行路网体系，四方形读书台串联其中（见图 11-34）。校园稻田具有很强的可参与性，是学校师生参与劳动而共同创造的景观，参与过程本身成为景观不可或缺的一部分。通过这种参与，校园景观的场所感和认同感油然而生（见图 11-35）。稻田景观的丰产及其随季节呈现出的动态过程，与传统城市景观的消耗性和恒定性形成鲜明对比。目前，沈阳建筑大学已经围绕校园稻田形成了独特的校园文化。校园稻田还被沈阳国际园艺博览会引进，作为博览园的一个部分。生产的大米被包装成“建大金米”，成为学校的额外供给，并作为纪念品赠与来访者，这已经成为了该大学的标志和特色。

图 11-34　沈阳建筑大学新校区稻田中的方形读书台

图 11-35　沈阳建筑大学新校区校园插秧节师生劳作的场景

沈阳建筑大学新校区规划特色鲜明，优点突出，但也存在着一些不足和问题。第一，网格式布局是该方案一个很大的成功之处，给我们提供了一个新的思路，但同时也使得交通空间过多，产生浪费。方案通过提高走廊的服务面积并赋予他们重要的附加功能来很好地弥补这种缺陷。第二，纵横交错的网格式走道系统给人的行进造成一定的定位困难，产生“迷宫”效果。第三，新校区设计对寒冷气候关注不够，偏大比例的外围护结构面积、某些部位对玻璃幕墙的大面积使用、北向阴影中的室外大台阶设置以及对水域驳岸抗冻胀设施的忽略，给建筑节能、结构寿命、日常围护与管理和正常使用都带来了一定的困难和损失。在一定意义上，设计的过程是一个权衡利弊、综合运筹的过程。对于忍痛割舍所带来的缺憾，有些可以从其他方面加以弥补，以求消除或减弱这种负面的效应。但是，这些全然不会否定它是一个十分优秀的作品，设计者在校园规划设计和景观设计中所做的尝试值得我们尊敬和思考。

11.4　城市综合体

11.4.1　城市综合体的概念与特征

1. 城市综合体的概念[1]

“城市综合体”，英文为 HOPSCA，是酒店(Hotel)、写字楼(Office)、公园(Park)、购物中心(Shopping Mall)、会议中心(Convention)和公寓(Apartment)等首个英文字母的缩写。城市综合体就是将城市中的商业、办公、会议、居住、旅店、展览、餐饮、文娱和交通等城市生活空间的三项以上的功能进行组合，并在各部分间建立一种相互依存、相互助益的能动关系，从而形成一个多功能、高效率的复杂而统一的复合化空间(见图 11-36)。

(a)

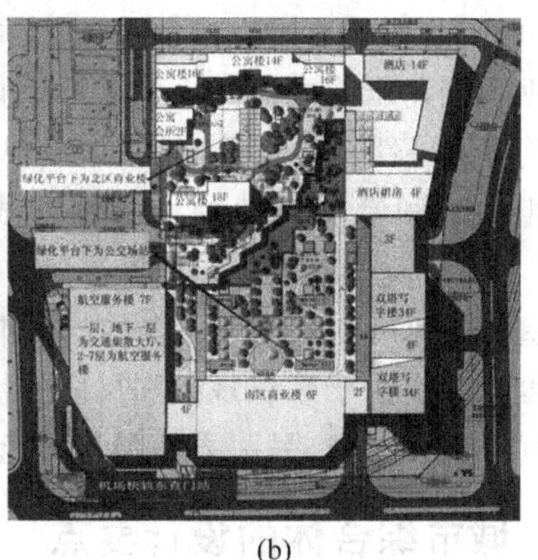

(b)

图 11-36　城市综合体

(a) 香港太古广场；(b) 北京东直门交通枢纽综合体“城市平台”概念

资料来源：http://www.ua2004.com/articledetail.aspx?id=87

城市综合体是建筑综合体的升级和城市空间的延续。建筑综合体指：①“多个功能不同的空间组合而成的建筑”(《中国大百科全书》)；②在一个位置上，具有单个或多个功能的一组建筑(《美国建筑百科全书》)。城市综合体包含各种城市功能，有商务办公、居住、酒店、休闲娱乐和纵横交叉的交通及停车体系，有些还具备会展功能和完善的街区特点，是建筑综合体向城市空间巨型化、城市价值复合化和城市功能集约化发展的结果。可以说，城市综合体是随着城市规模的扩大、城市文化程度的提高而出现的一种特殊的城市形态，是建筑综合体的高级开发阶段，是现代城市发展背景下的卓有成效的开发模式。这种开发要求建设过程更加复杂地相互配合、协同发展，它需要与社会经济发展目标和城市总体规划目标更紧密地结合，要求进行统一规划、合理布局来获得良好的经济效益、社会效益和环境效益。它除了含有建筑综合体的所有复合功能外，在表现形态上体现为更多的相邻综合体的集群，比建筑综合体更为集约、规模更大。而且，城市综合体与外界的联系比建筑综合体更为紧密，甚至其运作更加受到外部环境如交通的制约。因此，城市综合体是一个社会多生态系统概念，

---

[1] 朱凌波. 城市综合体分析[J]. 城市开发，2011，10(2)：64～68.

而不仅仅是一个建筑数量、种类和功能的叠加概念。

2. 城市综合体的特征[1]

(1) 功能复合性。城市综合体已经不单单局限于一个建筑或者几个功能,而是多个建筑和多种功能相结合的产物。由于它基本具备了现代城市的全部功能,所以也被称为“城中之城”。在功能选择上要根据城市经济特点有所侧重,一般来说,酒店功能或者写字楼和购物中心功能是最基本的组合。

(2) 高可达性。城市综合体通常位于城市交通网络发达、城市功能相对集中的区域,如位于城市CBD、城市的副中心或规划中的城市未来发展新区,拥有与外界联系紧密的交通网络和信息网络。这对周边的道路交通提出了很高的要求。

(3) 集约性。建筑高度和密度均很高,高楼林立,成为城市的标志;人口密度大,人流密集,工作日白天商务人流进出密集;晚上及周末居住、消费人流集中;昼夜人口、工作日与周末人口依据不同需求形成时间上的互补,功能全面、集中。

(4) 整体统一性。建筑风格统一,城市综合体中各个建筑单元相互配合、影响和联系,各个功能组团之间都有便捷的可达性。城市综合体中的建筑与外部空间整体环境统一协调。

(5) 超大空间尺度。城市综合体与城市规模相匹配,与现代化城市干道相联系,因此室外空间尺度巨大。由于建筑规模和尺度的扩张,建筑的室内空间也相对较大,一方面与室外的巨型空间和尺度协调,另一方面则与功能的多样相匹配,成为多功能的聚集焦点。

11.4.2 城市综合体的设计要点

1. 城市综合体的选址

城市综合体作为一种高密度、多功能、形态紧凑的城市空间组织模式,选址一般在城市中心区、城市轨道交通沿线、城郊结合部或者城市未来的经济增长点。从城市综合体的功能配比方面来看,大多数情况下商业都占到较大比重,需要大量的消费人群支持。城市中心区人口密集,有较稳定的消费基础,如北京万达广场在CBD区,济南万达广场在百年商埠区与泉城步行路之间等。而且,城市综合体能满足消费的多样性,复兴城市中心区,保持区域的活力,提升区域形象。在城市轨道交通沿线特别是站点附近建设城市综合体,能很好地整合轨道、机动车和步行等各种城市交通,形成各种服务于大众的公共空间,并进一步促进这一地段的开发和建设。城郊结合部通常土地资源较宽松,可以获得较大地块,用来开发横向发展型城市综合体,降低密度,营造良好的城市环境,如苏州工业园区等。城市未来的经济增长点则往往会发展成为城市的副中心,城市综合体的出现也将带动该区域的发展,如上海五角场,沈阳铁西城市副中心等都属于该类型。

此外,城市综合体通常体量较大,人口较为密集,选址时应考虑靠近城市主要道路和交通便捷的区域,方便人流到达和疏散。

于2005年正式营业的城市综合体东莞华南MALL运营失败的一个重要原因就是地理

---

[1] 马宗国,朱孔来.济南发展城市综合体的对策研究[J].济南大学学报(社会科学版),2011,21(1):85~88.

位置的先天不足。其所处的万江区是东莞经济发展相对滞后地区，三面环水，与市区隔江相望，属“商业生地”，对外交通也存在严重瓶颈。

2. 城市综合体的交通组织

城市综合体效益最大化的关键是大量人流的存在，因此，组织城市综合体交通是城市综合体设计的一个核心内容。

1）车行交通组织

车行交通组织包括：①保持城市综合体公共空间与城市干道的联系，即外来车流如何到达城市综合体所在区域，过境交通如何组织才能尽量减少对城市综合体的影响；②解决综合体内部一部分车行交通的需求。

城市综合体周边完善的公共交通系统，是方便人流到达，减少机动车使用，保护城市环境的有力保证。应保证公共交通站点与城市综合体之间快速便捷的联系。若公共交通线路尚在规划阶段，尤其是轨道交通，应考虑站点与综合体联合开发的可能，力求形成建筑、环境和基础设施的三向度发展，构成流动连续的空间体系。

为减小城市综合体周边的过境交通对区域步行环境的影响，可以考虑在综合体外围规划车行道路，内部不布置穿行的车行道路，车辆由外围道路直接停至地下，也可建立立体化的交通系统，用道路下穿或上跨方式来引导过境车流，实现人车分流。如巴黎德方斯新区在建设时，修建了地面平台，将主干道覆盖在地下，引导过境车流从地下通过，地面为步行空间和活动场所。

由于居住和酒店类车流均是单独组织入口和线路，城市综合体内部的部分车行多为购物消费车流和内部货运交通。

购物消费车流是城市综合体内部的主要车行流线。在设计时，应考虑其既要与外部城市道路有便捷的联系，又要与内部步行流线自然地衔接。车辆由外部进入地下或屋面停车场，人再从内部直接进入商业空间是一种比较高效的模式，人可以在短时间内到达内部商业空间。但是，通过此种模式，人直接通过建筑内部完成各种活动，势必会忽略外部的景观，从而室外景观对人身心的调节作用被弱化了。因此，在有条件的郊区，可考虑采用尽端式，即外部车辆到达城市综合体所在区域后，引导其驶向尽端路，并在尽端处设置步行景观广场，为车行、步行转换提供缓冲空间。

对于内部货运交通，应设单独出入口，避免与内部步行流线交叉。从辅助道路进入内部后可以设置卸货广场等，也可以利用地下空间，与商业建筑的地下停车场联系，进行货运和停车等活动。

2）步行系统组织

步行系统是城市综合体公共空间的主要系统，因为各功能区间联系的主导方式是步行。保持步行体系的顺畅和连贯，应从人车分流和建立完整的步行网络入手。可采用建立立体步行系统的方法，一方面可保持综合体内部区步行活动的安全性和连续性，另一方面立体步行系统与建筑空间结合后，使得户外空间和室内空间相互渗透关联，人的步行活动可与商业活动紧密结合在一起。在综合体外围设置停车场和地下车库入口，也可以起到较好维护内部步行环境的作用。

日本的博多水城，由一条线性步行街作为主线，并开辟一条人工河，其中增建了富有魅力的亲水空间，行进路线街道被划分为五个主题片区，提高了环游性。在步行街的中心，巨大半球形穹顶下面笼罩一圆形剧场，在这里，视线、景观、人流和信息集聚，线性流畅的空间豁然加大，达到了景观视觉的高潮（见图 11-37，图 11-38）。

图 11-37 博多水城鸟瞰图及内景

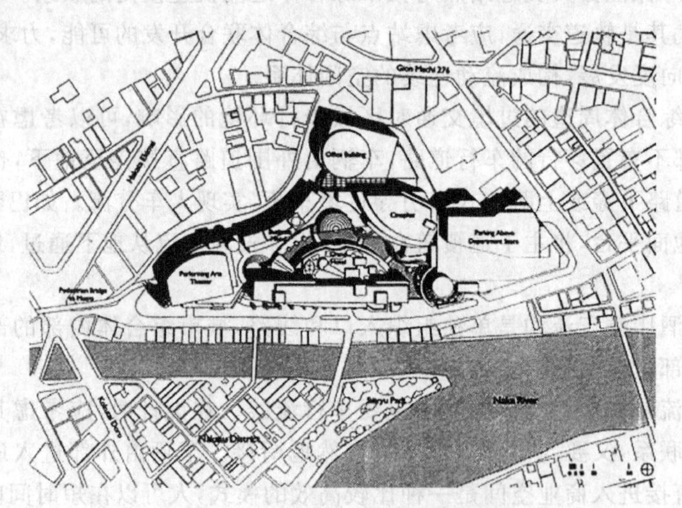

图 11-38 福冈博多水城总平面图

3）静态交通组织

综合体的停车分地面停车和地下（或屋面）停车。地面停车场沿综合体外围的车行路或入口附近布置，地下（或屋面）停车场车辆一般由城市道路直接进入综合体，以保证内部步行系统的完整和连贯。

由于综合体功能多样，居住、酒店等停车均独立布置，商业停车随时间变化差别很大，这就需要通过行政的手段进行管理和调节，停车需求不大时可利于空余停车空间进行文化娱乐活动或布置露天咖啡座等，以提高经济效益。

3. 城市综合体的公共空间序列

城市综合体的公共空间与城市中的广场、街道等不同，它是服务于综合体本身的，是综合体中不同功能转换结合的过渡，用以提供共享的景观环境。同时，它又具有一定的开放性，以多样的空间形式延伸、穿插、渗透，形成收放有致和网络化的空间序列，与城市外部空间体系相结合，成为城市空间体系的节点之一。城市综合体公共空间序列包含三个层次。

1）导入空间

导入空间是综合体的基本功能区，具有强烈的内部导向作用，是合理组织车流人流的交通核心，就像是一个大门厅一样，设置在综合体入口处。设计时应通过相应的造景手段，使人的心境摆脱周边环境的干扰，将注意力集中到设定的环境气氛和空间序列中，体现一种吸引人流的向心力。导入空间，在形态上应具有突出的提示作用，通常为形态完整的广场或醒目的景观构筑物等，提醒人们已经进入城市综合体区域。

2）联系空间

联系空间指城市综合体内联系各部分、引导使用者前进的线性空间，应走向明确，并有适当的空间指示性标志。可以通过店面装修以及地面铺装设计强调线性空间的节奏感，并保持空间形态整体的统一性。联系空间是体现综合体公共空间连续性的重要内容，可引导人们深入到商业中心区中，逐步培养人们参与到活动中的情绪。

3）高潮空间

高潮空间是城市综合体公共空间最能体现其主题的部分，也称主题空间。通常，城市综合体的高潮空间为中心广场、中庭等，进入这些空间前需要经过联系空间。要创造形象突出的高潮空间，就应保证空间界面的连续性和整体协调，空间处理变化不宜太多，而后塑造主题统一的标志性形象或景观构筑物，加深主题印象。同时，主题空间必须具备高度通达性和共享性。

以上三个空间层次相互影响，共同构成城市综合体公共空间序列，但这一序列不应太长或太曲折。太长的空间序列容易使人感觉麻木和疲惫，而路线太曲折则会降低高潮空间的可达性。另外，要注意将它们统一在城市空间的整体设计中，综合考虑，加以完善和协调。

4. 城市综合体的建筑形态

由于城市综合体具有尺度大的特点，往往占据一个或几个街区，开口朝内背朝大街的围合式布置方式是最不好的模式。如何将综合体和谐地融入城市环境，是城市设计关注的焦点之一。城市综合体天际线应受城市山体、滨水等景观已形成的特色天际线的控制；综合体建筑群体间，应留出视线通廊。王建国的《城市设计》教材中提到根据美国城市设计实践积累的经验，总结出建筑综合体设计需考虑的七点要求[1]，值得借鉴。

（1）利用开窗设计、建筑细部、后退和屋顶线的变化界定出一系列的立面模式，将连续水平长条立面分为若干具有人性尺度的单元。

（2）将建筑物超大的体量打散、分割成为一群较小体量造型的组合，减少大型结构所造成的压迫感。

（3）提供一系列与现有市街道路相连接的公共空间和人行步道。

（4）建筑的后退要能加强沿街建筑立面的延续性，并将内部的活动带到沿街人行道的边缘。

（5）主要建筑立面和进口应朝向重要的行人步行大街。

（6）在建筑的地面层，利用透明的立面和零售商业活动，将超大结构的开发在功能上与沿街其他的使用功能融合在一起。

---

[1] 王建国. 城市设计[M]. 北京：中国建筑工业出版社，2009.9.

(7) 设计新旧大小建筑物之间在高度和体量上的传承过渡。

11.4.3 案例分析：东京六本木新城综合体[1][2][3]

东京六本木新城综合体是当代国外城市综合体发展的最新成果，被称为品质最高的城市综合体，距离皇宫仅 0.5km，是日本规模最大的城区开发项目，其成功开发是目前亚洲最成功的旧城区改造范例。

1. 六本木新城再开发计划简介

六本木新城(Roppongi Hills)位于东京都会区的六本木六丁目，多年来，这个地区的街道一直非常狭窄，建筑物陈旧且密度极高。另外，该地区内林立着各式各样的 Pub 和 Club，各国人士穿梭其中，给人以灯红酒绿的印象。然而，自 2003 年 4 月六本木新城落成启用以来，这一地区有了崭新的面貌，游客络绎不绝，成为了东京新的时尚场所。

图 11-39 东京六本木新城综合体
资料来源：http://www.keguan.jst.go.jp/

再开发计划起始于 1986 年，东京都政府确定六本木地区为“再开发导入区”。其后，作为土地所有者之一的森大厦株式会社(Mori Building)与朝日电视台(Asahi TV)等共同向其他土地所有者提出建议，对此区进行街区改造。直到 1990 年，在 400 多位土地所有者经过不断的努力与协商之后，成立了“六本木六丁目地区再开发准备组合”，与东京都政府协调再开发计划。在政府、民间、企业和地方人士的合作下，六本木新城再开发改造计划于 2000 年 4 月开始建设施工，2003 年 4 月底完成，建设周期长达 17 年，这很大程度上是由于社会制度所限。

六本木新城是东京城市更新政策的代表，其再开发计划以打造“城市中的城市”为目的，并以展现其艺术景观生活独特的一面为发展重点。其总占地面积约为 11.6hm²，以办公大楼森大厦(Mori Tower)为中心，集办公、住宅、酒店、商场、美术馆、电影院、剧场、电视台、学校、寺院、历史公园和地铁车站于一体，是一个超大型复合性都会地区，几乎可以满足都市生活的各种需求(见图 11-39)。

2. 六本木新城的交通体系

六本木新城区位优越，交通便利，4 条轨道交通在此通过，在规划时就考虑到将地铁交

---

[1] 刘滨谊，王晓鸿. 复合性都会再开发计划——以六本木新城为例[J]. 规划师，2006，22(1)：99～101.

[2] 陈伟，张帆. 日本东京六本木新城建设的启示与反思[J]. 规划师，2007，23(10)：87～89.

[3] 中国建筑绿化网(http://www.a-green.cn/)

通系统与都市公共交通系统相结合，并建立了良好的区内交通体系(见图 11-40)。要到达六本木新城，主要可以经地铁日比谷线到“六本木站”、经地铁大江户线到“六本木站”或“麻布十番站”及经地铁南北线到“麻布十番站”。此外，都营公共汽车有 4 条路线、港区社区公共汽车有 2 条路线通往六本木新城。人们也可自行开车前来这里，有 12 处共计可停车 2762 辆、24 小时营业的停车场。顾客可直接将车停在不同楼层的停车场，方便、迅速地进入自己喜欢的空间，或搭乘高速电梯与电动手扶梯到达各楼层。此外，还设置了 50 辆摩托车与 332 辆自行车的停放处，以及出租车乘车处与租车服务处，为人们提供了多样化的交通选择。

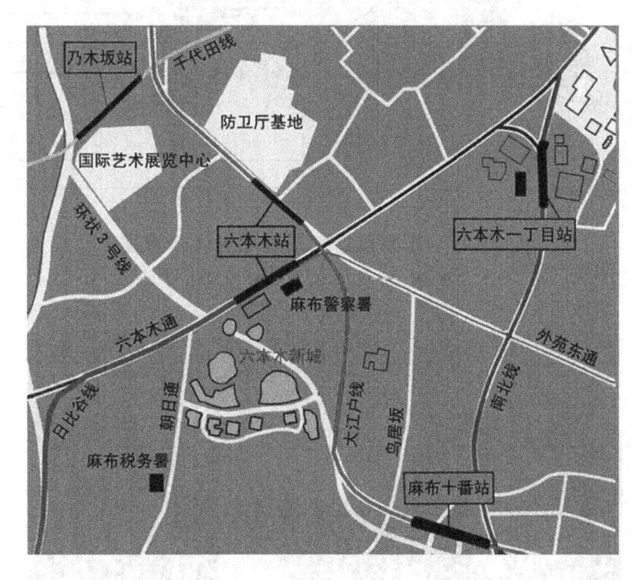

图 11-40 东京六本木区域位置图

资料来源：http://newcity.gov.cn/index.asp

六本木新城在规划时就将人的流动放在第一位来考虑，并以垂直流动线来思考建筑的构成，使整体空间充满了层次变化感。森大厦株式会社希望创造一个“垂直”的都市，将都市的生活流动线由横向改为竖向，以改变人们的居住与生活行为模式，力图创造一种更具效率和魅力的未来城市生活形态，将“高层低密度”的城市模式运用到了极致，通过建设超高层建筑来增加更多的绿地和公共空间，并缩短办公室与居住区之间的距离，减少人们的交通时间。这种新的城市结构还可以适应未来的老龄化趋势。六本木新城内的建筑就是根据这一规划理念朝垂直化方向设计的，因此，该区的户外公共空间开阔绿化率也较高。

3. 六本木新城的空间组成

六本木可划分为 4 个街区(见图 11-41)，各街区建筑的裙房都和“山边”(Hill Side)、“西街”(West Walk)、“榉树坂大道”等商业设施相连，随处可见绿地和广场，增加了街道的趣味，形成热闹的步行空间，同时加强了与都市之间的融合与协调。

A 街区。六本木山的主入口，和地铁六本木车站和地下通道相连，由地铁入口和好莱坞美容广场组成。地铁明冠是进入六本木新城的主要空间转换场所(见图 11-42)。其形状为一圆柱形玻璃帷幕建筑，简洁的外观、不断变化的内外灯光和顶部超大的电视银幕，无论在白天还是在夜晚都给人以不同的时空变幻之感。

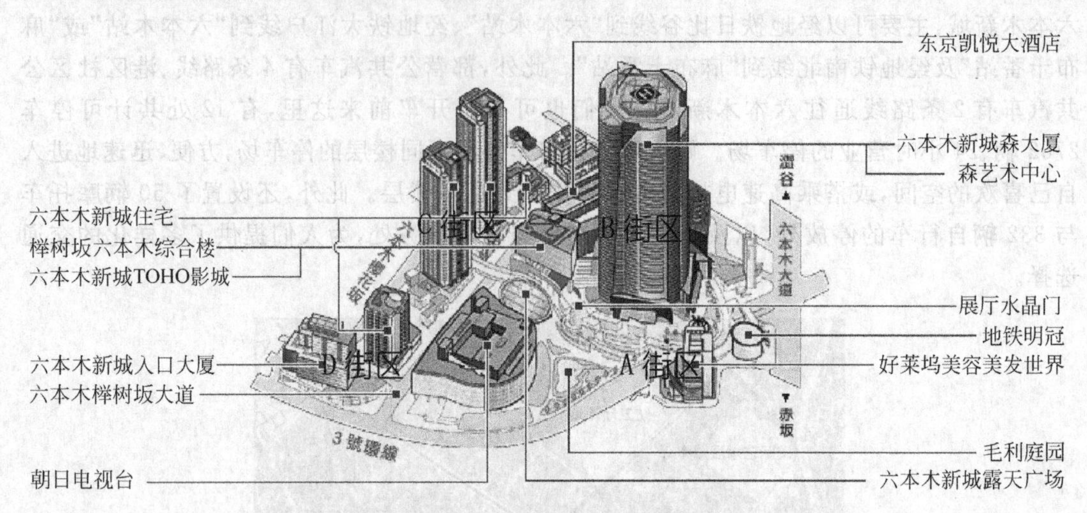

图 11-41 东京六本木新城综合体示意图

资料来源：六本木新城官方网站

图 11-42 地铁明冠与中庭广场的连接处

B街区。中央区域为地上54层的森大厦，是六本木山的标志，其顶层是作为文化核心的森艺术中心。东京城市观景台位于森大厦的52楼，拥有高11m且环绕建筑360°的落地玻璃窗，从这个充满空间开放感的场所眺望东京都市夜晚绚丽的街景，是一种非常美好的体验。B区作为商业、文化和信息中心一并设置了旅馆、榉树坂综合体和朝日电视台等。

C街区。六本木新城住宅区是4栋由6～43层的住宅大楼组成的高级居住区，提供了多种可供选择的居住单元，且住在此区的居民都在附近工作，住宅与办公地点极其接近，不需要花费大量的交通时间，减少了许多不必要的浪费。这就是森大厦株式会社森稔社长所提倡的“住职接近”理念的体现，也是森稔社长为解决东京都会区高密度居住问题所做的另一项试验。森稔社长的这一理念也受到了日本政府相关部门的关注。

D街区。六本木山入口大厦等，由店铺、办公和住宅构成。

面向毛利庭院的“山边”是半开放式的购物中心，有几段大的石墙面，充分利用原有土地的高低差组成进楼梯和斜坡，产生各种各样的序列体验，其活力动感的自由曲线引导来访者漫步其间，充分享受购物和美景(见图 11-43)。

镶嵌在森大厦和凯悦大酒店之间的“西街”采用挑高为四层楼高的空间设计，商店区一共有六层楼高，玻璃帷幕为采光屋顶，产生了丰富的空间层次变化，加上各式各样精彩有趣的亮丽店面设计，配合适当的景观与休憩服务设施，是一处既简洁明亮又令人感到开阔舒适的购物场所(见图 11-44)。

图 11-43　极富动感的“山边”

资料来源：http：//www.chla.com.cn/htm/2011/1213/108576_2.html

图 11-44　“西街”里的步行空间

“榉树坂大道”是一条长 400m 的林阴道(见图 11-45)，行人可以沿街观赏街道两旁的国际名品店和装饰艺术品，或在露天咖啡座悠闲地享用下午茶。林阴道两旁的装饰艺术品不但具有休憩座椅的功能，而且每一件都是由知名的艺术家创作的，表达出不同的设计理念，独树一帜，富有趣味性，展现了此地所具有的艺术文化气息与悠闲的生活氛围。

六本木露天广场是一处拥有可以任意开放的遮蔽式穹顶的露天多功能公共娱乐表演圆形舞台，能风雨无阻地为户外活动提供场地；配合可变换的喷水设施，满足了多样化的活动场地需求，提供了变化丰富的空间(见图 11-46)。

4. 六本木新城的艺术文化与休憩设施

大量的艺术文化与休憩设施(见图 11-47)，使六本木新城成为了东京的文化重心地区之一，这也是当初开发规划时就已经确定的目标。这些配合整体开放空间的景观系统规划，成为了六本木新城街道景观构成的重要元素。

图 11-45 榉树坂大道

图 11-46 六本木露天广场

资料来源：http：//www.nipic.com

图 11-47 遍布六本木新城各处的装饰艺术品

资料来源：http：//newcity.gov.cn/news.asp? state=show&id=922&lmid1=318

5. 六本木新城的空中花园和空中麦田

六本木新城每座高楼的顶层，几乎都有绿色植被覆盖(见图 11-48)。各种小巧的园林错落其中，成为在周边工作的白领和游人休憩漫步的楼中花园。有一部分被种上了麦子、水稻，收获季节，森大厦会组织周边的学生来收割，体验久违的乡村生活，然后由森大厦负责将粮食做成食物，送给大家共同品尝劳动成果。空中花园和空中麦田形成了市中心的绿肺，使这一区域的热岛效应大大缓解，温度较周边地区低了将近 4℃。因为环境宜人，空气清新，六本木新城中森大厦的写字楼和酒店自然租金会高一些，并且十分抢手。

图 11-48　六本木的空中花园和空中麦田

六本木新城再开发计划提出了一个新的超大型都会复合性休闲文化商业中心的生活圈提案，其规划包含了一般市民在衣、食、住、行等各方面的需求，成为另一种新的都市生活的形态指标，是“集约开发”的经典之作。在 8 万多 m^2 的土地上，建造了 70 多万 m^2 的建筑面积。六本木新城再开发计划结合了良好的艺术设计与开放空间规划，将整体空间塑造得更为艺术化与人性化。这一成功的都市再开发经验，可作为我国未来都市更新发展规划的参考范例。

11.5　城市交通枢纽

11.5.1　城市交通枢纽的概念

这里的城市交通枢纽指客运交通枢纽，通常有两种类型。一种是大型城市对外交通枢纽，如城市火车站；另一种是城市轨道交通枢纽站，一般是两条以上轨道交通线路的交汇站，或者是位于城市中心区和城市外围大型居住社区的站点。如美国旧金山的港湾枢纽是 21 世纪现代化的集轨道交通高速铁路、普通铁路、通勤铁路以及长途汽车客运、城市道路交通于一体的综合交通枢纽[1]。

交通枢纽建立后，商业建筑群以其为中心向周边发展，逐步聚集发展为城市的繁华地段，从而改变了城市结构。城市交通枢纽通常起到疏导密集人流，同时将流动人流转为优质商流的作用。其主要功能是商业、商务和交通输送。为提高换乘效率和空间利用率，城市交通枢纽设计已必须从城市设计的角度统一考虑，使其与城市进一步融合，成为结合商业和服

[1] 陈晶毅. 人民广场轨道交通换乘枢纽分析[J]. 交通与运输，2008(5)：76～78.

务业的复合式城市中心。交通枢纽的城市职能转为对已有交通中心环境进行优化和整合。武汉铁路客运枢纽汉口火车站站区综合规划在综合交通枢纽区域建设中引入城市设计的原则和方法，通过对其周边 3.24km^2 的城市区域结构周边用地功能的改造，形成集商业服务、商务服务、旅馆服务、娱乐配套和居住等功能为一体的清晰的城市结构；通过枢纽地区一体化设计、建造交通综合体和地下空间的复合利用来整合城市公共空间；通过人性化的换乘方式和立体化、无缝化的交通系统来梳理城市交通功能；通过集散广场的改造建设和体现城市文化的公共空间营造来构筑特色城市景观环境。这种整体的城市设计实践，有助于充分发挥综合交通枢纽建设对城市发展的推动作用[1]。

11.5.2 城市交通枢纽空间的设计要点

1. 城市交通地段整合[2]

(1) 发挥交通枢纽的媒介作用。交通枢纽担负着整合周边地段环境的重要使命，能带动地段环境发展，与之共同形成城市结构的中心。交通枢纽的改造或新建是城市连锁开发的催化剂，可刺激周边地段的整体发展，成为城市发展策略的一部分。

(2) 发展城市综合体模式。城市交通枢纽转向城市综合单体或群体，在用地方式上表现为联合开发，在功能组织上表现为高度聚集的功能群组，在空间组织上表现为城市空间最大限度的立体综合开发利用，在交通组织上表现为内部交通与城市地上、地面和地下立体交通流线及步行系统连接成网，在外形上表现为庞大而超人的尺度。

(3) 地段一体化设计。一是整体设计，车站设计已发展到基于地段、区域和城市的高度进行考虑。城市文脉结构的基底、周边环境和生态景观等多重元素，对建筑设计既形成制约，同时也意味着一种宝贵资源条件。交通枢纽成为城市区段的关键节点，并与城市整体文脉结构形成有机的流动、渗透、交叠等延展性关系。二是标志性设计，交通枢纽与城市的特殊关系，使其对城市景观产生重大影响，成为城市设计的重点。车站作为标志性环节，除了在外部形态上具有突出的形体特征外，应更注重外部和内部空间的整体设计，车站应与其他商业建筑及其围合的广场有机结合。车站的标志性概念，注重的不再只是一幢单体建筑的造型，而是扩大到区域环境，追求整体设计，追求地段群体景观的地标性。

2. 城市内外交通网络整合[3]

在注重效率的今天，交通枢纽已成为多种交通工具的分配平台，是城市内、外部交通网络的换乘节点。车站直接引进各种不同的交通方式，通过现代化引导设施使旅客不出站换乘。同时，铁路系统进行技术革新，提高速度和车辆编组密度，这相应地要求城市交通系统建立以其为中心、向四周辐射的交通网络，使旅客快捷换乘。

(1) 城市内交通网络。将对外交通枢纽融入城市交通网络，与城市轨道交通、高架干线、公交、出租车和地下步行通道等形成联运体系，疏解地面街道压力。同时为克服对外交通广场与市内干道交接处的“瓶颈”现象，常在地下或地面二层直接与地铁站和高架轻轨站

[1] 闵雷，黄焕. 综合交通枢纽区域的城市设计——记武汉铁路客运枢纽汉口火车站站区综合规划的设计实践[J]. 城市规划，2009(33)：76～79.

[2][3] 盛晖，李传成. 交通枢纽与城市一体化趋势[J]. 长江建设，2003(5)：38～40.

相接，地面层架空形成公交换乘站点，实现车站的车行、人行系统与城市一体化驳接。

(2) 城市对外交通网络。传统的概念是将各种对外交通站分布在城市的不同地段，而今旅客多样化选择和一体化换乘的需求迫使站房转变为多种对外交通方式有机组合的综合换乘中心。航空港、火车站和汽车站，三大主要对外交通枢纽之间应有便利的联系，以实现城市对外交通网络的一体化。

(3) 换乘系统。一是系统化。城市内外交通一体化组织的关键是系统化换乘，步行系统是各种交通换乘点之间的主要联系媒介，既是城市交通换乘系统的有机组成部分，也是车站公共空间体系能否成功运作的重要制约条件。二是立体化。城市内外交通一体化的表现形式是立体化。换乘系统向立体化发展，通过地上、地面和地下三个层次，车站内外各种垂直交通设施相互扣结，彼此补充，形成一体化的城市公共空间体系。

3. 交通功能、空间与城市一体化

(1) 功能组织一体化。车站和城市一体化的功能互动机制使车站功能组织打破了以街道和广场等交通要素为纽带的封闭状态，功能组织由传统的单元连接模式趋于综合化。第一，功能组织集约化。由于车站土地资源紧张，要求车站形成紧凑、高效、有序的功能组织模式。第二，功能的复合化。车站多种功能间相互串接、渗透，延续了城市空间的便利，满足现代城市生活的多元化和便捷性的需求。第三，功能的网络化。功能的网络化是对集约化、复合化功能组织方式的综合运用，以地面为基准对车站空间进行水平面和垂直面的综合开发，形成协调有序、立体复合的网络型功能群组。

(2) 空间一体化。车站空间打破了条块划分的桎梏，回归了城市公共空间的属性，注重交往场所气氛的营造和公共空间魅力的发挥，空间呈一体化和多元化趋势。车站中多种性质空间相互穿插，这促进了交通和多种功能的双重整合，使车站在充分利用土地资源的同时获取了最大的经济效益。比如在进出站大厅灵活布置商业，既可塑造公共区的氛围，又能获取经济效益。过去集中于地面层以公共性为主的功能元素、环境元素向地上及地下两方向延伸和推展，综合运用下沉广场、高架广场、地下步道和架空步道等建筑元素，容易实现车站地面的再造和增值。

车站立体化空间构成可分为三个层面。①地上：近地面层(2～3 层)公共性较强，包括高架广场、高架车道、高架进站设施、高架天桥、商业和联系商业廊道；远地面层(3 层以上)为旅馆和办公等商业开发。②地面层：公共性较强，主要为站前活动区、与城市衔接的步行区、上下层衔接口、车道、车辆上客区和停车场地。③地下：主要为换乘功能，指由车站地下出站通道、地铁、停车场、商业开发和联系通道等要素组成的换乘系统。

11.5.3 案例分析

1. 香港九龙交通城[1][2]

香港九龙交通城是西九龙地区核心枢纽，英国建筑师特里法雷尔将其设计成三维立体

---

[1] 张帅. 城市轨道交通枢纽内部空间交通流线设计初探[D]. 北京：北京交通大学，2011.

[2] 王建国. 城市设计[M]. 北京：中国建筑工业出版社，2009.9.

化的大型枢纽综合体。各类建筑包括购物中心、办公、商务、住宅等都建在以九龙交通枢纽站为核心的平台之上，由广场、平台公园及人行步道联系为一体。香港九龙城的建筑群体以集中秩序组织在一起，紧凑集约地利用了枢纽地区的土地，其不仅成为一个超大规模的交通换乘枢纽，更是香港西九龙地区开发的触媒核心，因此它的建成成为香港建设史上的一个里程碑(见图 11-49)。

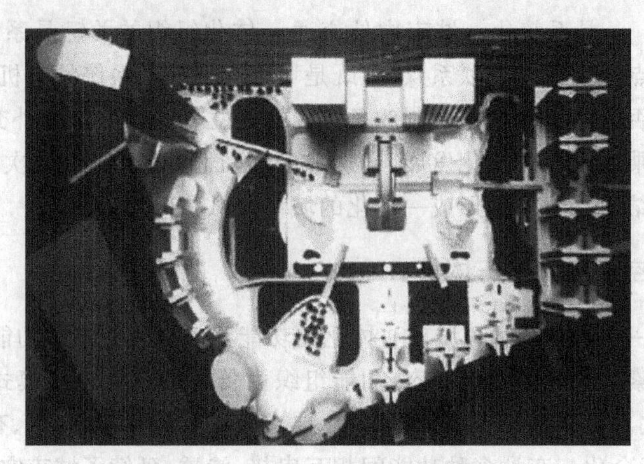

图 11-49 香港九龙交通城模型鸟瞰图

作为一个高度整合的功能综合体，香港九龙交通城主要交通结构分为三层(见图 11-50)。

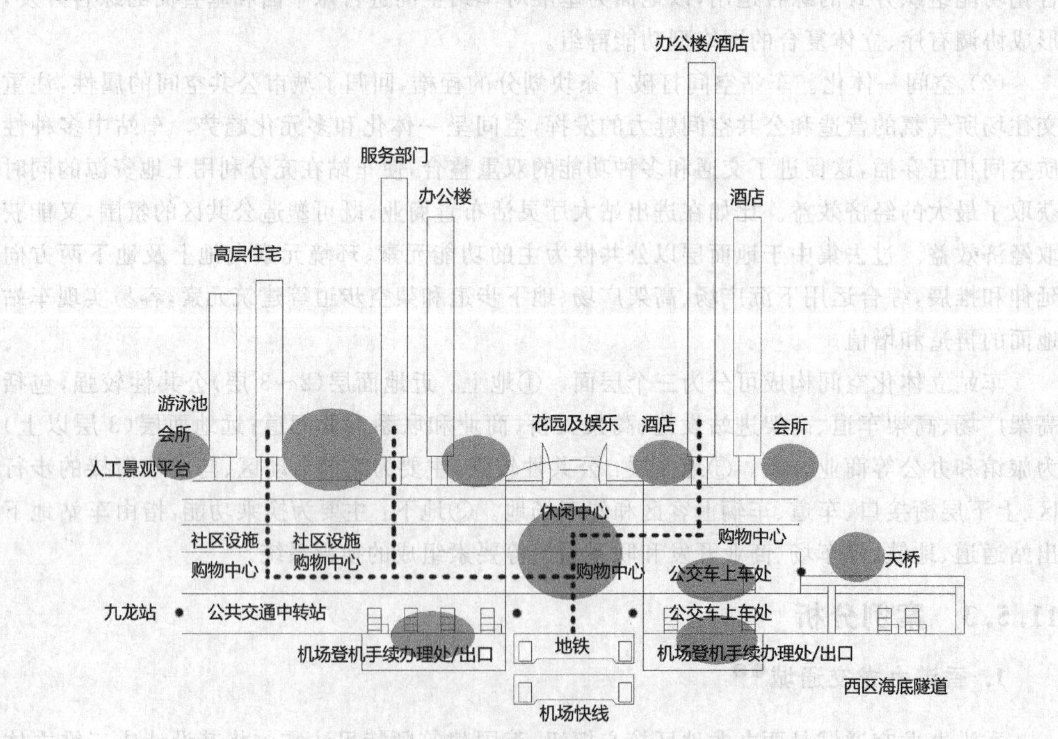

图 11-50 香港九龙交通城公共空间布局示意图

(1) 地上层：为居住办公层，通过人行街道及广场连接到购物层，行人经过人行天桥或平台通达各商业大厦。地上层主要体现枢纽的居住、办公和娱乐功能的开发。

(2) 地面层：为公交车站层，建设环绕枢纽的公共交通系统，同时布设城市基础设施，建立轨道交通出入口将人流引入地下，减少了地面交通的交叉和混乱。

(3) 地下层：为轨道交通站台层，机场线、地铁线路、公交中转站及停车场、换乘大厅分层布置，通过中心竖向扶梯进行连接，既有助于不同方向人流的分流，也有利于人流的集聚和疏散。

通过该枢纽的布局规划我们可以发现，在香港，建筑空间与城市空间已无明显界限，交通枢纽建筑内容纳了众多的城市交通空间，如步行通道、广场和公交转换站等，城市空间与建筑空间穿插、结合，各种空间要素组织成立体网络，人们在其中穿梭与停留，塑造出流动的空间网络系统，在改善了人们出行环境的同时，也促进了城市、建筑和交通的综合发展。

2. 上海铁路南站交通枢纽❶

上海铁路南站是以铁路南站站屋为中心的铁路、城市轨道交通、城市公共交通、近郊及长途公共交通为主的综合换乘枢纽(见图 11-51)，其主要设计内容包括总体规划设计、交通组织设计、建筑设计、广场绿化景观设计、标识设计等。“大交通、大空间、大绿化”是上海铁路南站规划和总体设计的根本理念。

图 11-51　上海南站平面布局和效果鸟瞰图

1) 大交通

为了真正形成大交通的格局，上海铁路南站在总体交通流线设计上突出体现了综合性和立体化。上海南站采用了“高架进站、人行广场、下沉出站”的模式，真正实现“人车分流”和机动车出发与到达的分离。地面层成为人行层，通过南北各两座人行桥与站前步行广场相连。这一模式使机动车和人流都能以最安全快捷的方式进出站。

2) 大空间

上海铁路南站建筑形象和内部空间的塑造遵循“与环境协调、反映时代性、以人为本”的原则，充分考虑旅客的心理感受，体现了“大空间”的理念。圆形主站屋的建筑形象以其向心性和均衡性，使各个方向的视觉效果更为稳定夺目，建筑与周边道路、广场的关系更为和谐。大跨度结构保证了室内空间通透的视觉联系，塑造可读性非常强的空间，使旅客具有清晰的位置感和明确的空间导向，这成为上海南站的特色标识系统(见图 11-52)。

---

❶ 郑刚，陈雷，华绚. 形象源于理念——上海南站的“大交通、大空间、大绿化”设计理念[C] //中国铁路客站技术国际交流会论文集，2007：156～172.

图 11-52 通透的室内空间

3）大绿化

上海铁路南站的建筑与广场环境统一设计和实施，广场以景观绿化衬托主站屋，使其与环境更为协调，体现了“大绿化”的理念。为达到建筑、基础设施和自然景观的完美统一，枢纽设计采取开敞绿地草坪化，硬地绿地林阴化，围合绿地多层次化的设计原则，将绿化中的点、线、面连接成片。上海南站实施方案以“车轮滚滚、与时俱进”的寓意塑造圆形火车站，成为上海 21 世纪标志性建筑。为了突出圆形建筑物，使之在整个广场上成为视觉上的一个引人注目的核心和主题，广场的景观设计由主站屋向纵深同心圆式辐射，景观广场以同心圆形状环绕主站屋四周，以环形灯带道路和四条放射形大道为主要骨架，共同构筑整个南站广场，使景观设计更好地衬托建筑主体，形成与主体建筑相辅相成、动静态结合的标志性景观广场，许多细部都结合地形地貌综合处理。

思考题与习题

1. 各典型城市空间的城市设计要点是什么？
2. 谈谈在居住区设计中，如何使人车交通和谐共存。
3. 试比较城市综合体和建筑综合体。
4. 在你所在的城市选择一到两个典型城市空间，分析其设计的优劣。
5. 对你所在学校的校园空间进行调研，分析其空间层次和构成。

第12章

城市设计的分析方法

城市设计应建立在对用地现状科学严谨的分析研究基础上，不仅关注物质形态要素，也要研究城市的社会要素，并应充分利用当代计算机技术，采用定性研究和定量研究相结合的方法。

12.1 城市设计的空间分析方法

针对城市物质空间环境及其相关要素的分析研究是城市设计的本质内容，也是进行具体项目实践和设计研究的必要基础。随着城市设计领域本身的发展演变，逐渐形成了各种具有代表性的现代城市设计空间分析方法和分析技艺，为城市设计研究工作的开展提供了有效的技术手段。

第2章已经介绍了城市设计的三种理论：图底关系理论、联系理论和场所理论。作为城市设计基础理论，它们都是经过对传统城市空间以及近现代城市空间发展变迁的研究分析之后，提出的城市设计分析方法，视角不同，思想各异，但综合归纳之后，有助于我们建立一种整体性的城市设计分析方法。

12.1.1 物质-形体分析方法

物质-形体分析方法是指那些以城市物质空间为对象的分析方法，其倡导者认为，城市建设和规划设计最终要落实到具体的物质空间和建筑形体上，落实到城市效率和使用合理性上。

1. 视觉秩序分析

视觉秩序(Visual Order)是对城市环境进行美学评价的重要内容。在西方文艺复兴时期，城市履行规划、设计完全建立在城市空间美学的基础上，而且是以城市作为尺度的，系统的和意象性的改造……在形状和规划上明显表述出一种对意象性的美学形态和理论假设的价值取向。文艺复兴时期的城市理论家和统治者在设计和规划城市时都怀着一个崇高而美好的愿望，也就是建造能与古代城市相媲美的完美城市。受15世纪和16世纪崇尚古典文化氛围的影响，他们尽可能地从古代城市的废墟中汲取灵感，然后用自己的想象力规划心目中的蓝图，他们想象中的完美城市总是如几何图形一般的规整和完美。它所追求的是视觉的唯美主义，表现为精神象征的体现，对轴线、轮廓和对景等视觉效果的追求、崇拜，“城市可作为一个艺术品来加工”。

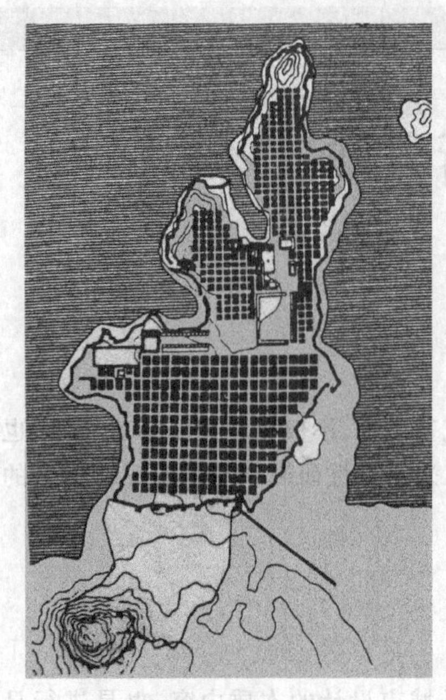

图 12-1 米利都城

希波丹姆斯的规划思想，在米利都城建设工作中得到完整的体现(见图 12-1)。米利都城三面临海，四周筑城墙，城市路网采用棋盘式。两条主要垂直大街从城市中心通过。中心开敞式空间呈“L”形，有多个广场。市场以及城市中心位于三个港湾的附近，将城市分为南北两个部分。北部街坊面积较小，南部街坊面积较大。最大街坊的面积亦仅 30m×52m。城市中心划分为 4 个功能区。东北及西南为宗教区，其北与南为商业区，其东南为主要公共建筑区。城市用地的选择适合于港口运输与商业贸易要求。城市南北两个广场呈现一个规整的长方形。周围有敞廊，至少有 3 个周边设置了商店用房。

元大都以后的北京城建设，追求完整和谐的整体空间视觉景观秩序，体现封建都城营造的型制要求。朗方的华盛顿规划设计更是将整个城市作为艺术品来加以塑造(见图 12-2)。在巴黎的城市改造(Georges Eugene Haussmann 主持，1853—1870 年改造)、堪培拉规划设计(见图 12-3)和巴西利亚的规划设计项目中，城市空间环境的视觉秩序分析得到了广泛运用。

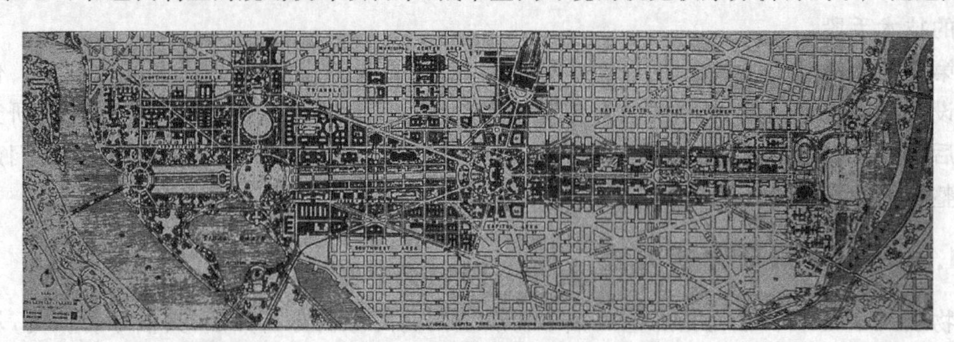

图 12-2 华盛顿规划

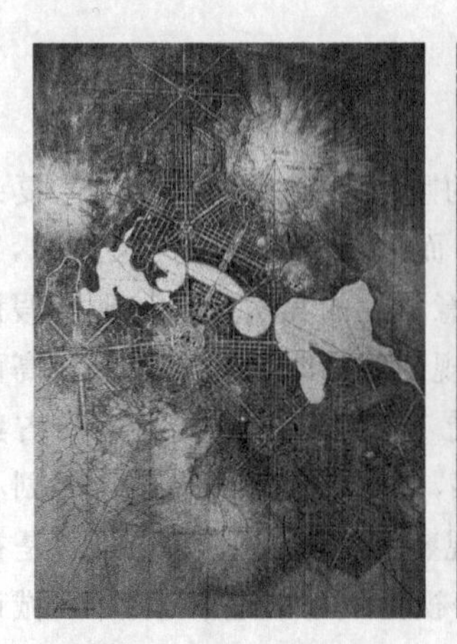

图 12-3 格里芬完成的堪培拉规划：以首都山为中心规划了 3 条主要的城市空间轴线

视觉秩序分析是从视觉角度来探讨城市空间的艺术组织原则。在此方面最具代表性的是古典城市美学派人物西特(Camillo Sitte)。西特认为“整个城市应是一种激奋人心的、充满情感的艺术作品，城市设计者就是表达社会抱负、激情洋溢的艺术家”，城市设计者可以直接驾驭和创造城市环境里的公共建筑、广场与街道之间的视觉关系。通过运用视觉秩序分析方法，他总结出欧洲中世纪城市街道和广场的一系列艺术设计原则：围合、独立的雕塑群、形状和纪念碑。

西特的分析方法着重于城市物质空间形态中各实体要素之间的视觉关系，但也并未忽略其他因素。他认为城市设计是地形、方位和人的活动的组合，应对自然予以充分尊重。而在实践中，视觉分析方法通常是由政治家、建筑师或规划师等驾驭贯彻的，必然会受到社会政治形势变革的影响，体现特定的美学标准和价值取向，也就是城市规划历史上非常著名的“城市美化运动”。城市美化运动强调规则、几何、古典和唯美主义，而尤其强调把这种城市的规整化和形象设计作为改善城市物质环境和提高社会秩序及道德水平的主要途径。在上个世纪初的前十年中，城市美化运动不同程度地影响了美国和加拿大几乎所有的主要城市[1]，城市美化运动的核心思想就是恢复城市中失去的视觉秩序和和谐之美。

城市美化运动“最为壮观的表现”是在 1910—1935 年期间英国殖民统治地，例如印度新德里规划，利用“土地使用和住区结构”，将白人与印度人、非洲人等完全隔离开来，尽可能远地与欧洲区分隔，规划的纪念性意义无比重要(见图 12-4)。城市美化运动在回到欧洲后进入到大独裁者的时代，意大利的墨索里尼、德国的希特勒以及苏联的斯大林等都成为这一时期的“城市美化”运动的直接发起者。在整个 20 世纪 40 年代，它使自己表现出众多不同的经济、社会、政治和文化状况：作为金融资本主义的“侍女”，帝国主义的代理人，无论左派还是右派的个人极权主义的工具。所有这些宣言的共同之处在于完全集中强调纪念性和表面化，强调建筑作为一种权力的象征[2]。

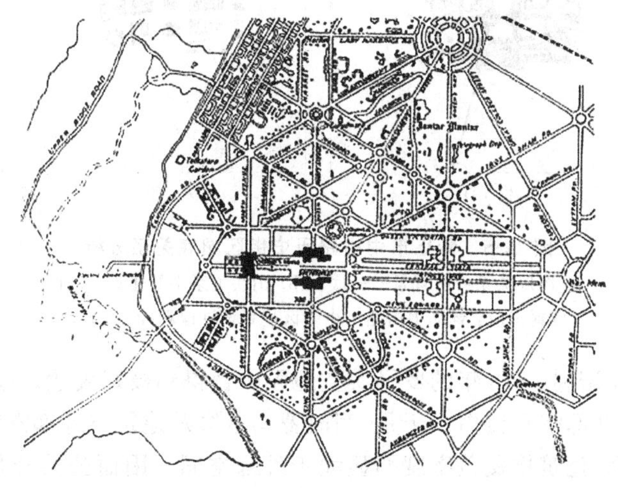

图 12-4　勒琴斯-贝克规划：与当地城市的有机生命没有任何关联

资料来源：[英]霍尔．明日之城[M]．童明，译．上海：同济大学出版社，2009.11

---

❶ 俞孔坚，吉庆萍．国际“城市美化运动”之于中国的教训(上)：渊源、内涵与蔓延[J]．中国园林，2000(1)：27～33.

❷ [英]霍尔．明日之城[M]．童明，译．上海：同济大学出版社，2009.11.

综上所述，视觉秩序分析以三维空间的静态上的视觉感受和美学价值为角度，注重对图形的感觉、对韵律和节奏的理解、对均衡的识别、对比例等和谐关系的敏感和对透视效果上的形体感观，强调空间形体在视觉上的协调性、一致性、清晰性和易识别性❶。其缺点是对视觉艺术和形体秩序的片面追求，只看到视觉艺术和形体秩序，而掩盖了城市实际空间结构的丰富内涵和活性，特别是社会、历史和文化诸方面对城市设计的影响。

2. 图底分析

图底分析途径始于18世纪诺利地图，从城市设计角度看，这个方法实际上是想通过增加、减少或变更格局的形体学来驾驭空间的种种联系。其目标旨在建立一种不同尺寸大小的、单独封闭而又有序相关的空间等级层次，并在城市或某一地段范围内澄清城市空间结构。正如学者罗杰所说：一种预设实体和空间构成的场决定了城市格局，这常常称为城市组织结构，它可以通过设置某些目标性建筑物和空间，如"场"，提供焦点中心的建筑和开敞空间。而表达剖析这种城市组织结构的最有效的工具就是"图底分析"，这是一种简化城市空间结构和次序的二维平面抽象分析，城市在建设时的形态意图便被清楚地描绘出来（见图12-5）。

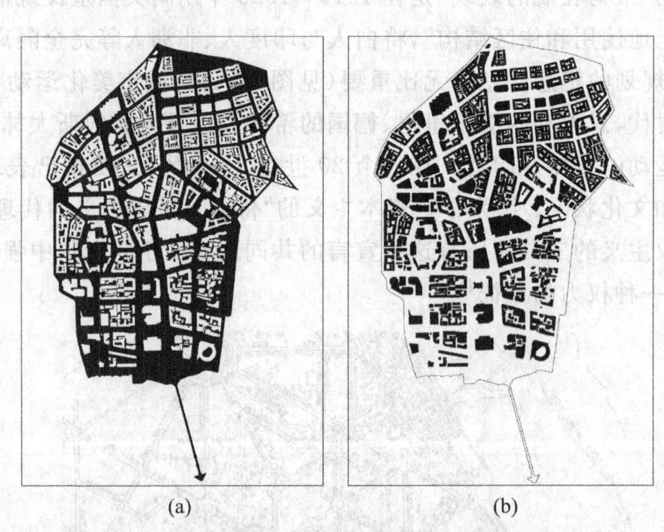

(a) (b)

图12-5 青岛市中山路历史街区图底关系分析

(a) 图底关系中的背景——底；(b) 图底关系中的建筑——图

资料来源：青岛中山路历史街区规划设计课题（2012年）

这一分析途径在诺利1748年的罗马实空地图中曾得到极好表达。地图把墙、柱和其他实体涂成黑色，而把外部空间留白。于是，当时罗马市容及建筑与外部空间的关系便和盘托出。从图中我们看到，建筑物覆盖密度明显大于外部空间。因而公共开敞空间很容易获得"完形"创造出一种"积极的空间"的整体特质；而在现代建筑概念中，建筑物是纯图像化的、独立的，空间则是一种"非包容性"的空间。图底理论是对城市人类行为剖析的一种方法，是用来发现特定城市或聚落的人类聚居偏好的一种方式（图底是这种偏好在空间上的投影），

❶ 王建国. 城市设计[M]. 北京：中国建筑工业出版社，2009.9.

是从现象学的角度出发，最后形成设计类型学的理论（详见第 2 章）。

3. 芦原义信的外部空间分析

视觉感受是人们对城市空间环境认知的主要途径，而空间形态构成不仅具有视觉审美意义，也直接影响着人对空间环境的心理感受和在空间中的活动。芦原义信自 1960 年起开始研究外部空间问题，提出了积极空间、消极空间、加法空间和减法空间等一系列的概念，并结合建筑实例，对庭园、广场等外部空间的设计提出了一些独到见解。在他的代表著作《外部空间设计》（1975 年）、《街道的美学》（1978 年）和《续街道的美学》（1983 年）中，都集中体现了他以“外部空间设计”为中心的建筑美学思想。

芦原义信通过将芬兰著名建筑师阿尔瓦·阿尔托的作品与现代建筑大师勒·柯布西耶的作品加以对比，将建筑空间分为两种类型：一种是把重点放在从内部建立秩序离心地建造建筑上，一种是把重点放在从外部建立秩序向心地建造建筑上。即一种是加法创造的空间，一种是减法创造的空间。前者首先确定内部，再向外建立秩序，在对内部功能及空间理想状态充分研究的基础上，把它加以组织扩展，逐步扩大规模而构成一个有机体，每个局部都是十分人性化的、亲切的。后者首先确定外部再向内建立秩序，基于与城市尺度有关的大前提，再对整体构成规模及内部布置方法进行研究。

芦原义信认为，“空间基本上是由一个物体同感觉它的人之间产生的相互关系所形成”。他引用了中国古代哲人老子的一句话：“挺植以为器，当其无，有器之用。凿户墉以为室，当其无，有室之用。故有之以为利，无之以为用。”就是说，捏土造器，其器的本质已不再是土，而是在它当中产生的“无”的空间。

虽然空间与人的各种感官均有关系，但通常主要还是依据人的视觉来确定的。他分析了意大利与日本传统城镇空间在文化上的差异，比较了建筑师与景园建筑师不同的空间概念，指出建筑外部空间不是一种可以任意“延伸的自然”，而是“没有屋顶的建筑”。在此基础上，从人对空间的视觉和知觉心理的具体感受出发，解析墙体、地面等空间围合要素及其形态对人感知空间和进行穿越、停留、交谈、休憩等行为活动的影响，归纳出积极空间和消极空间的分析结论，并指出“外部空间设计就是把大空间划分成小空间，或还原，或是使空间更充实、更富有人情味的技术，也就是尽可能将消极空间积极化。”芦原义信从视觉和运动的基本特征出发，研究外部空间中建筑和空间界面的形体、质感与人的感知距离的关系，引申发展出“十分之一理论”（即外部空间可以采用内部空间尺寸 8～10 倍的尺度）和“外部模数理论”（即外部空间可采用一行程为 20～25m 的模数）。进行外部空间设计时，即将内部空间尺寸加大至 8～10 倍，并以步行者的感受为依据，使外部空间接近可识别人脸的尺度，20～25m 的坐标网格重合在图面上，就可以估计出空间的大体广度❶。

12.1.2 场所-文脉分析方法

场所理论（第 2 章）认为，只有当物质性的空间从社会文化、历史事件、人的活动及地域特定条件中获得文脉意义时才能称为场所。场所理论是一种以现代社会生活和人为根本出发点，注重并寻求人与环境有机共存的深层结构的城市设计理论。

---

❶ 谷溢，陈天. 芦原义信与黑川纪章的城市空间理论[J]. 河南科技大学学报（社会科学版），2006，24(3)：71～73.

1. 场所结构分析

《雅典宪章》以后的城市规划基本上都是依据功能分区的思想展开的，尤其在第二次世界大战后的城市重建和快速发展阶段中，按规划建设的许多新城和一系列的城市改造中，过于强调功能分区而导致了许多问题。人们发现经过改建的城市社区竟然不如改建前或一些未改建的地区充满活力，新建的城市则又相当的冷漠、单调，缺乏生气。20世纪50年代就已经开始对功能分区的批判，认为功能分区并不是一种组织良好城市的方法，而最早的批评来自于国际现代建筑协会(CIAM)的内部，即Team 10。

1954年现代建筑师会议中的第10小组在荷兰发表了《杜恩宣言》，明确地对《雅典宪章》的精神进行了反思，提出以人为核心的"人际结合"(Human Association)思想。该小组指出"要按照不同的特性去研究人类居住问题，以适应人们争取生活意义和丰富生活内容的社会变化要求……城市的形态必须从生活本身的结构中发展而来……城市规划工作者的任务就是要把社会生活引入到人们所创造的空间中去……"。他们认为柯布西耶的理想城市"是一种时尚、文雅、有诗意、有纪律、机械环境的机械社会，或者说，是具有严格等级的技术社会的优美城市"。他们提出的以人为核心的人际结合思想以及流动、生长、变化的思想为城市规划的新发展提供了新的起点。

Team 10是注重社会文化和人类自身价值的城市规划思想的先驱和代表，其主要观点是质疑"美导致善"，认为城市形态必须从生活本身结构发展而来；强调城市设计的文化多元论；主张城市设计是一个连续动态的渐进决定过程，城市是生成的，不是造成的；过去-现在-未来是一个时间连续系统，设计者应尊重人的精神沉淀和深层结构相对稳定性，积极解决好城市环境中必然存在的时空梯度问题。

Team 10的城市设计理论主要有以下要点。

流动(Mobility)——现代城市的复杂性表现为各种流动形态的和谐交织，建筑群与交通系统有机结合。

簇群(Cluster)生长——任何新东西都是在旧机体中生长出来的，它以簇群的形式出现，人们只能因势利导，加以整治和改造。

变化(Change)——一座城市需要一些比较固定的东西，这是一些改变周期较长、能起到统一作用的点，如一些重要的建筑等，依靠它们可使城市景观能延续下去并获得统一。

Team 10中的代表人物英国的史密森(Smithson)夫妇提出了"后现代主义(Postmodernism)"特征的新城市形态概念(见图12-6)。

Team 10所进行的工作主要仍限于建筑学范围，但他们所提出的"变化的美学"、"空中街道"和"簇状城市"等概念，则是从城市设计角度提出、对城市规划产生重要推动力的新思想。

日本著名建筑师丹下健三认为："不引入结构这个概念，就不能理解一座建筑，一组建筑群，尤其不能理解城市空间"，而且"结构可能是结构主义作用于我们思想所产生的语言概念，它直接有助于检验建筑和城市空间"。槇文彦的"奥"空间强调发掘城市形态表层背后的深层结构，也是一种典型的场所结构分析方法。以菊竹清训、黑川纪章等为代表的日本的新陈代谢(Metabolism)学派认为，从宇宙星空到生物和人类发展，都离不开新陈代谢这一客观规律，设计师的任务是在城市发展和规划中积极运用这种规律，促进新陈代谢的实现，要体

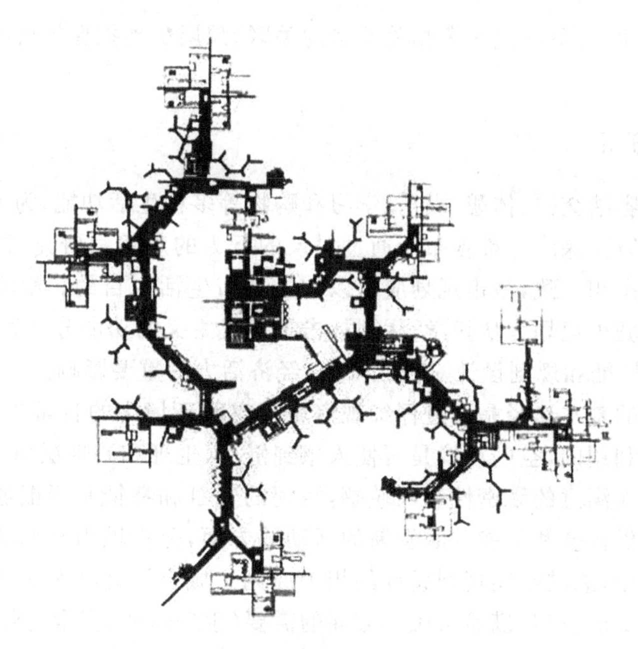

图 12-6 簇群城市——“茎”十“巢”

“茎”：多层人行道系统伴以城市公共服务设施（包括行政、商业、服务业和文化教育设施等）和基础设施；“巢”：居住单元，体现了组群流动、生长变化的规划设计思想

现流动、生长的开放型城市结构、考虑比较永久性的支撑体系和可变性的生活体系（见图 12-7）。

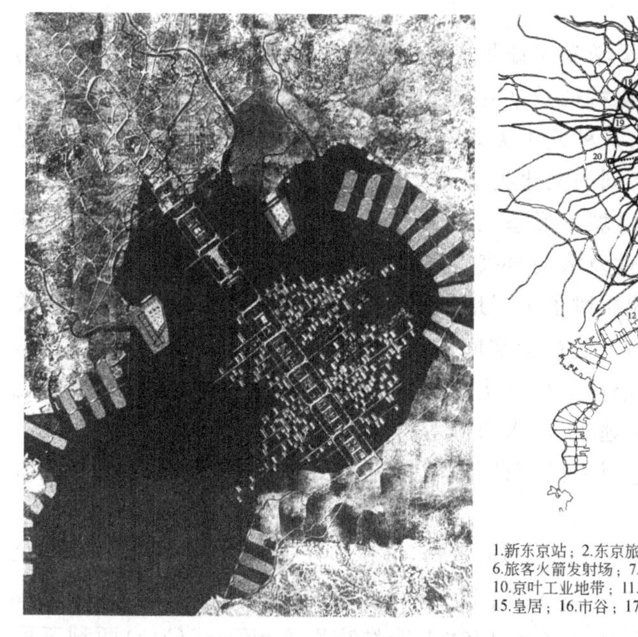

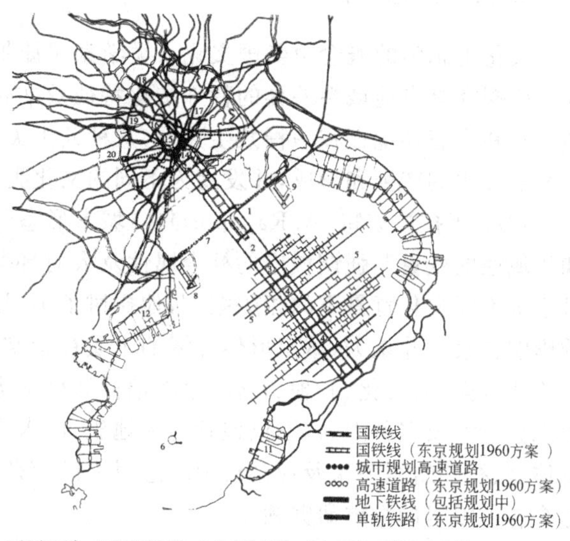

1.新东京站；2.东京旅客港；3.中央政府区；4.办公区；5.海上住宅区；6.旅客火箭发射场；7.新东海道线，地下高速路；8.羽田国际空港；9.国内空港；10.京叶工业地带；11.木更津工业地带；12.京滨工业地带；13.晴海；14.银座；15.皇居；16.市谷；17.上野；18.池袋；19.新宿；20.涩谷

图 12-7 丹下健三的东京规划（1960 年）

作为一种城市空间分析方法，场所结构分析往往通过探寻城市空间在时间演化过程中相对不变的基本特征和结构关系而展开。通过场所结构分析，设计者可以了解物质空间在

其形成过程中与活动、历史和记忆等相关要素的关联，深层次地把握场所的形态延续性和社会文化内涵。

2. 城市活力分析

城市公共空间容纳交往、休憩、娱乐、学习和购物等多种生活功能，为创造生机勃勃的城市生活方式提供物质性保障。雅各布斯通过对人的行为的观察和研究，提出城市空间应和城市生活与城市形态相一致，城市规划应当以增进城市生活为目的。她驳斥在物质空间决定论基础上形成的城市规划为伪科学，猛烈抨击了现代主义的功能分区思想，阐述了城市多样性(Diversity)的特征和规划设计对街区社会、经济活力的重要影响。

城市活力分析的基本途径是通过仔细观察城市空间环境中的日常生活场景和事件，从空间是如何被人们利用的，空间环境是否使人感到舒适(生理和心理层面)，空间环境的形态构成是否提供了令人满意的私密性和领域感，空间的气氛和特征是否能够为人们参与社会活动和人际交往提供机会和可能并激发新的活动等方面，分析城市空间的设计和组织对城市生活的影响和作用，总结空间规划设计的相关原则。城市设计必须为人们创造适应于多样化活动和使用方式的空间，满足市民多方面的需要(生理需要、安全需要、尊严需要和自我实现需要等)，提升和促进城市的社会和经济活力。城市设计不仅要为他们提供安全、有利健康、方便、舒适的物质与精神生活的城市环境，确保生活的私密性和愉快的社会活动，而且必须考虑城市环境(空间、风貌和形象)给人的感受，包括文脉的、时空的、文化的、心理的、审美的……，提高城市环境的质量，形成具有美感、时代感和整体感的城市空间。

3. 文化生态分析

文化生态学的概念由美国文化人类学家司徒尔德(J. H. Steward)于1955年首次提出，他主张探究具有地域性差异的特殊文化特征及文化模式的来源。文化生态学理论认为，人类文化和生态环境存在一种共生关系，这种共生关系不仅影响人类一般的生存和发展，而且也影响文化的产生和形成，并发展为不同的文化类型和文化模式。

1977年拉波波特(A. Rapoport)在《城市形态的人文方面》中把城市定义为“社会、文化和领域性的变量”，强调城市的社会属性及人对环境的感知。通过研究非洲、欧洲、伊斯兰、日本等不同文化背景下的相关案例，他探讨了不同地域条件下，与城市物质环境的变化相关的影响要素。他认为，城市形体环境的本质在于空间的组织方式，而不是表层的形状、材料等物质方面，而文化、心理、礼仪、宗教信仰和生活方式在其中扮演了重要角色。因此，文化生态分析涉及多种因素，不仅包括地形地貌、山水形胜等自然环境要素，还包括科学技术、经济体制、社会组织关系及社会价值观念对人的聚落形态、生活方式的影响(见图12-8)，强调综合各种因素的整体研究视角。

在克里斯多夫·亚历山大(Christopher Alexander)1965年发表的《城市并非树形》(A City is not a Tree)的文章中，以及他在20世纪70年代出版的《模式语言》(A Pattern Language)中，他区分了“天然城市”(Nature City)和“人造城市”(Artificial City)两种不同类型和形态的城市。他认为天然城市有着半网格(Semi-lattice)结构，而人造城市则具有树形(Tree)结构，主张用半网格形的复杂模式来取代树形结构的理想模式，允许城市各种因素和功能之间有交错重叠。

图 12-8　海上人家——疍家人(赵景伟 摄)

城市是由自然要素和人文要素共同构成的。自然要素主要包括地理位置(经纬度)、气象风向、温度、湿度、山川走向、坡度坡向、自然地形和自然植被等;人文要素包括城市形态的演变过程、重大历史事件、古树名木、文物古迹、居民的生活习惯和文化偏好、地方戏曲以及手工艺等无形文化遗产。在城市设计过程中,城市特色的塑造尤为重要,需要从城市的形态演变中发现城市的成长脉络,找出城市的重要地理坐标,并加以挖掘、保护和利用(见图 12-9,图 12-10)。

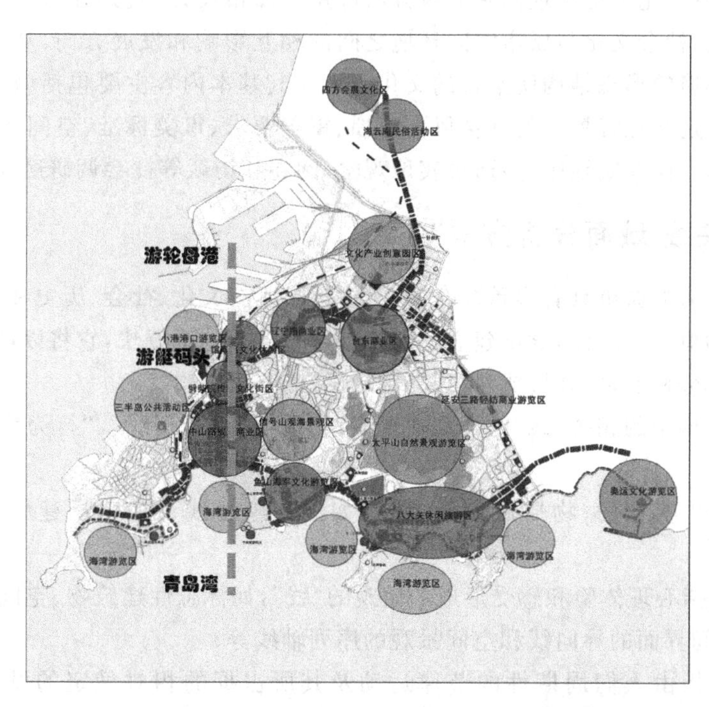

图 12-9　青岛市中山路历史街区的文化生态分析示意图

资料来源:青岛中山路历史街区规划设计课题(2012 年)

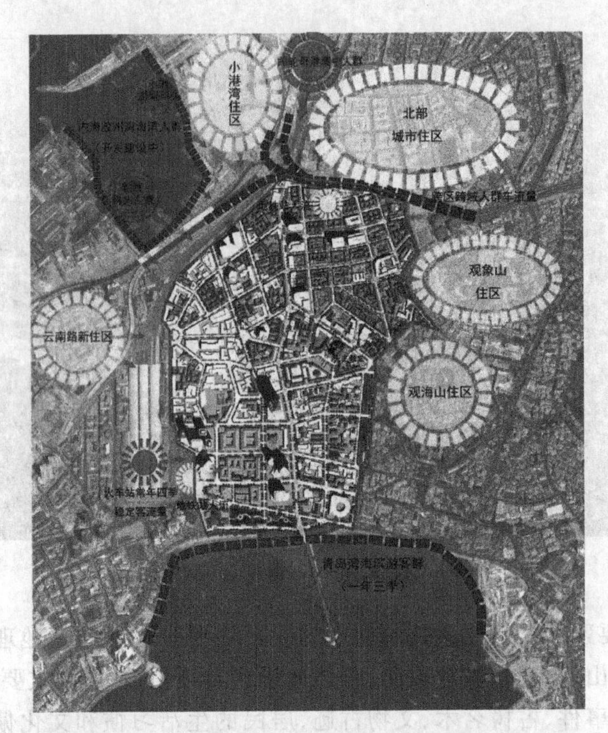

图 12-10　青岛市中山路历史街区基地分析
资料来源：青岛中山路历史街区规划设计课题(2012 年)

综上所述，将文化生态学理论和分析方法应用于城市设计，就是在特定的文化背景下，探寻城市中的人、社会文化与城市空间环境之间的相互影响和发展方向，从而理解、认识和组织城市空间环境的形态结构所蕴含的文化内涵。其基本内容主要包括城市空间结构、景观形态特征与特定文化背景下的社会风俗习惯、审美要求、审美标准、空间环境评价和使用模式差异等方面。而在实践中，多通过实地观察、问卷和访谈等社会调研途径展开。

12.1.3　相关线-域面分析方法[1]

一个有生命力的城市具有多重复合的本质特征，既有文化、社会、历史和艺术的概念，又有工程和技术的概念。因此，尝试建立一种综合和整体的分析方法，它将以城市空间结构中的“线”作为基本分析变量，并形成从“线”到“域面”的分析逻辑。

城市空间结构中的相关“线”的类型主要有“物质线”、“心理线”、“行为线”和“人为控制线”四种。

物质线：是指实存的、物质层面的“线”，如线状工程线、道路线、建筑线和单元区划线等；

心理线：是指心理体验和感受形成的虚观的“线”，如标志性建筑物、空间景观节点的空间影响线域、空间界面的导向线和空间景观的序列轴线等；

行为线：是指由人们周期性的节律运动及其所占据的相对稳定的城市空间所构成

[1] 王建国．城市设计[M]．北京：中国建筑工业出版社，2009.9.

的“线”；

人为线：是指城市建设实践活动形成的各种控制线，如规划控制红线、视廊和空间控制线，它具有主观能动性和积极意义，是设计干预的结果。

12.1.4　城市空间分析的技艺

优秀的城市设计必须以对研究对象的全面系统分析和正确的评价方法为基础。城市空间分析方法和相关理论有助于设计者从宏观上把握研究对象，而面对现实具体的城市设计问题，为了确保研究成果和设计方案的整体质量，必须进行完备的资料收集和有效的综合分析，需要熟练运用各种具有实效性的空间分析技艺。

1. 基地分析

基地分析指对城市设计地段相关的各种外部条件的综合分析，亦是前述城市整体空间的具体深化内容之一，涉及社会、文化、自然、地理、形体和心理等广泛的要素。基地分析的作用主要体现在两个方面：一是确定合理的功能用途，二是充分认识原有基地使用和空间组织方式(见图 12-11)。

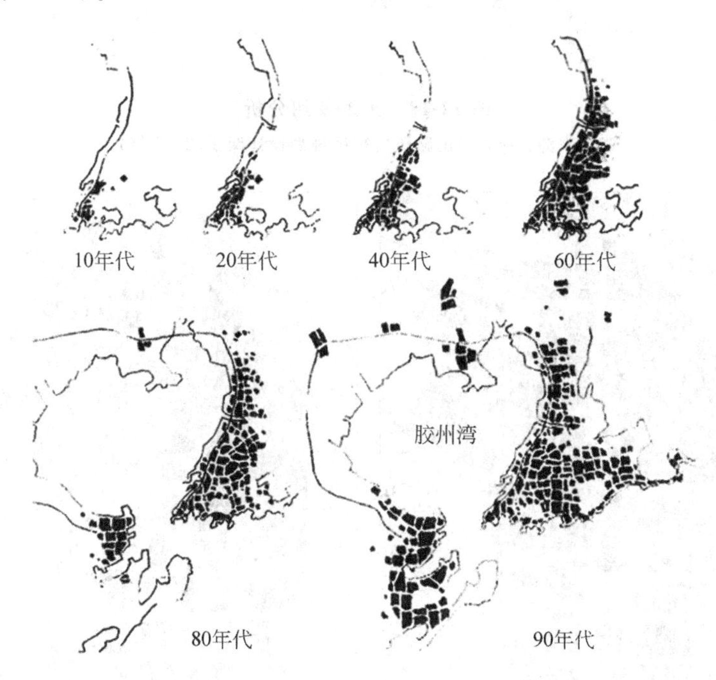

图 12-11　20 世纪青岛城市空间形态演变

资料来源：刘敏．青岛历史文化名城价值评价与文化生态保护更新[D]．重庆大学，2003

在地段层次，基地分析技术多运用于局部的城市更新改造，其重点往往在于具体的物质型环境要素。例如，在青岛市中山路历史街区规划设计中，进行了区位分析(见图 12-9，图 12-10)、基地本身的土地使用分析(见图 12-12)、基地土地使用强度分析(见图 12-13)和基地建筑分析(见图 12-14)等。

图 12-12 土地使用分析

资料来源：青岛中山路历史街区规划设计课题(2012 年)

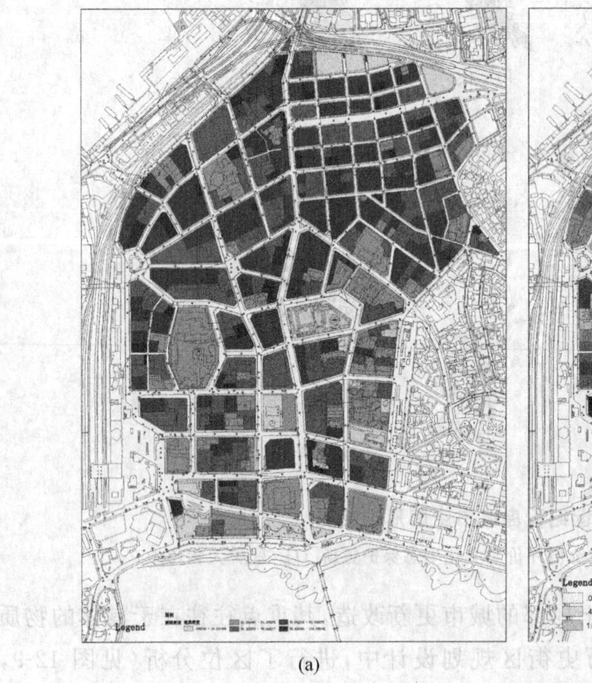

(a)

(b)

图 12-13 土地使用强度分析

(a) 建筑密度分布图；(b) 容积率分布图

资料来源：青岛中山路历史街区规划设计课题(2012 年)

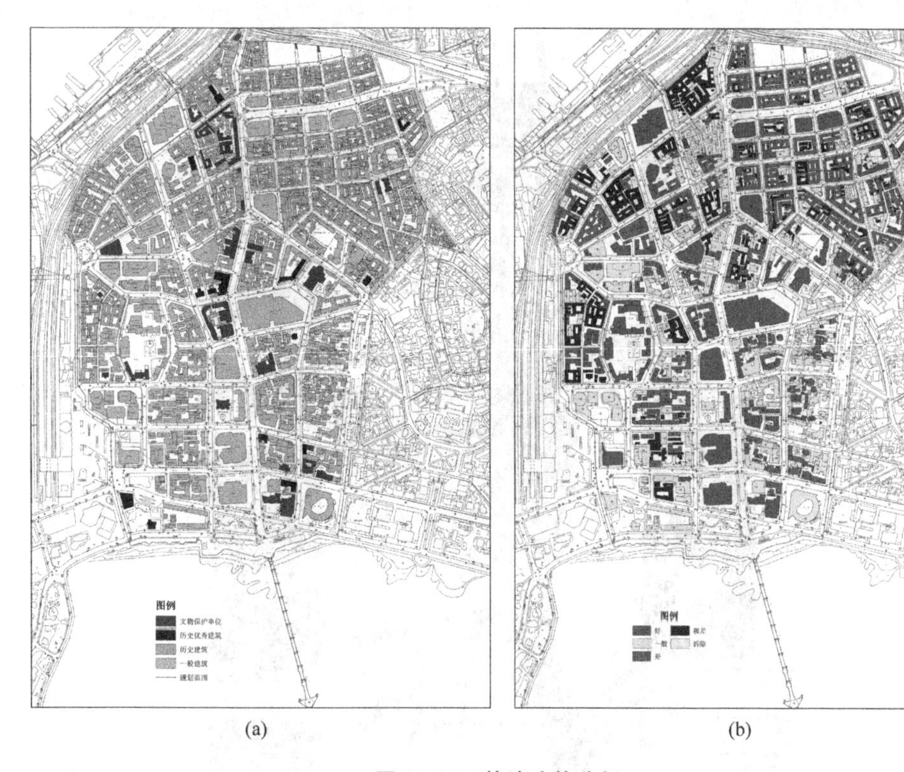

图 12-14 基地建筑分析

(a) 保护建筑分级图；(b) 建筑质量评价图

资料来源：青岛中山路历史街区规划设计课题(2012 年)

2. 空间序列视景分析

对于城市环境的体验是包含运动和时间因素的动态活动，穿越空间的动感体验是空间分析的重要内容，具有两个方面的意义。一是生理学上的意义，视觉是感觉信息的最主要渠道，约占人们全部感觉的 83%；二是心理学上的意义，城市空间体验的整体是由于运动和速度相联系的多视点景观印象复合而成，而不是简单的叠加。

戈登·卡伦首创的序列视景分析技术就是从视觉角度对包括时间维度在内的空间体验而展开的，通过这种分析，环境以一种动态的、外显的方式随着时间而逐步展现。序列视景分析的过程是：在待分析的城市空间中，有意识地利用一组运动的视点和一些固定的视点，选择适当的路线对空间视觉特点和性质进行观察，并进行图纸标注，注明视点位置，并记录视景实况，对空间艺术特点和构成方式进行分析，记录的常规手段是拍摄序列照片、勾画透视草图和作视线分析，并利用电脑或模型-摄影结合的模拟手段取得更连续、直观和可记载比较的资料(见图 12-15，图 12-16)。

3. 认知地图分析[1]

认知地图法是探求人们如何把握空间和空间要素的方法。它应用于调查认知的结构，

---

[1] 戴菲，章俊华. 规划设计学中的调查方法 5——认知地图法[J]. 中国园林，2009(3)：98～102.

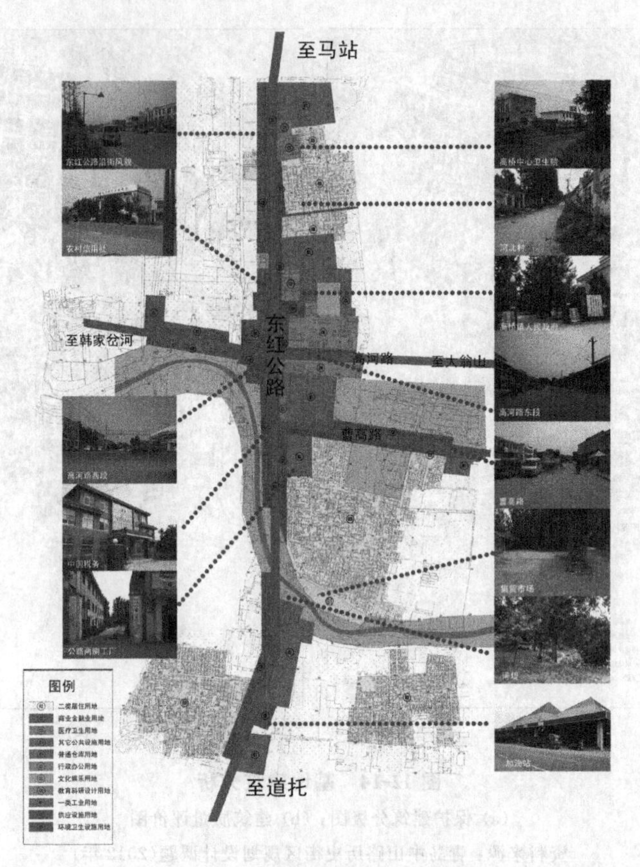

图 12-15　空间序列视景分析

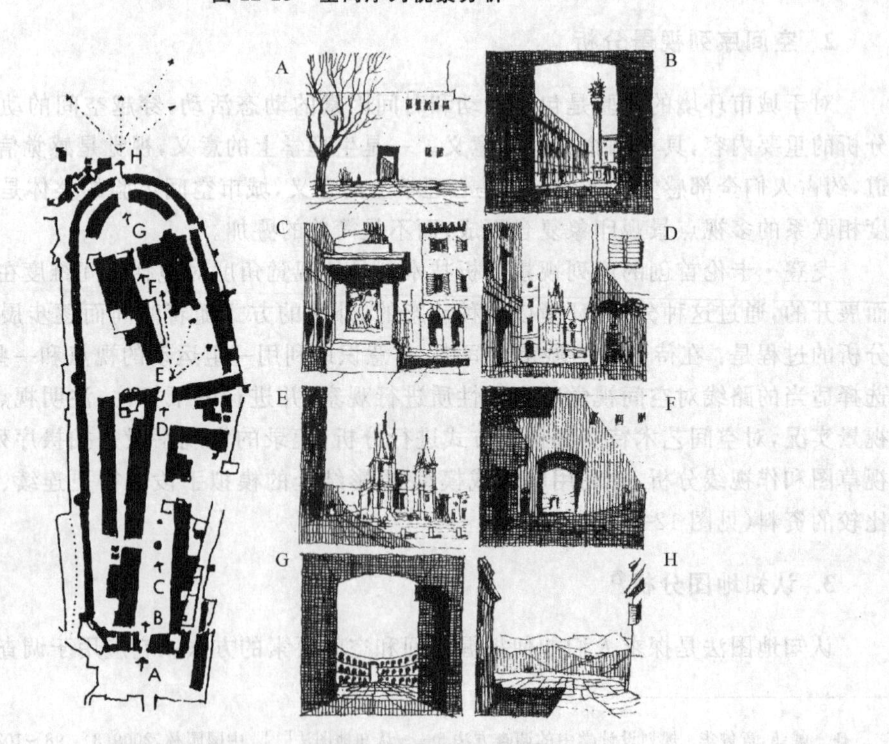

图 12-16　戈登·卡伦的城镇景观序列视景分析

弄清人们把握空间的过程，明确建筑或地域空间的构成。在规划与设计领域，作为从心理角度探求的方法，具有十分重大的意义。

1948 年，认知地图的概念被心理学家托曼(Tolman)引入，用于说明人和动物不但对具体而连续的环境刺激产生反应，而且也能感知环境的整体氛围。此外，林奇(Lynch)在 1960 年研究了城市的意象，罗文森(Lowenthal)在 1961 年研究了环境的意象，沃尔波特(Wolpert)在 1964 年研究了空间选择产生的过程。实际上正是这些研究在 20 世纪 60 年代后期、70 年代前期建立了行为地理学和空间认知概念的基础。

认知地图法是使用某种工具材料，在纸上或图上将空间意象记录下来的方法。在我国广泛应用的意象地图(Image Map)是从林奇的调查发展而来的方法，它仅仅是指在白纸上自由描画的方法。此外，还有心智地图(Mental Map)、草图地图(Sketch Map)、示意地图(Sign Map)和记忆地图(Memory Map)等常用语。

认知地图分析是从认知心理学领域中吸取的城市空间分析技术，具体过程则借鉴了城市社会学的调查方法。其具体做法是：通过询问或书面方式对居民的城市心理感受和印象进行调查，由设计者分析，并翻译成图的形式。或者更直接地鼓励被调查者本人画出有关城市空间结构的草图。这样的地图可以识别出重要的和明显的空间特征和联系，从而为城市设计提供一个有价值的出发点。

这一空间分析技术有两个基本特征。第一，它建立在外行和儿童而不是设计者对环境体验的基础上，因而具有相当的“原始性”和“直观性”，是一种“真实的”感受意象。第二，从形式上看，认知地图可能比较粗糙，逻辑性较差，但经比较分析，甚至可让被调查者自己讨论，这样发现的空间关系及多人的认知内容最终会达到统一。人的空间感受虽然有差异，但在对生活环境的熟悉过程中，城市痕迹会逐渐深入人的记忆中(见图 12-17)。但是，仅靠认知地图进行城市设计是不够的。同时，设计者若能调查到文化水准较高的相关专业人员，则可大大简化最后的分析综合工作。对于大城市来说可能内容较多，全部回忆起来比较困难，则可将分析调查范围缩小到分区或街区范围。

4. 空间节点影响分析

在“心智地图”分析基础上，可进一步调查分析居民对城市某些标志性节点，如塔、教堂、庙宇和广场等标志性建筑物及其空间的主观感受。这些标志性节点在所在城市中一般都有相当的空间影响范围，并且在城镇景观、居民生活和交通组织方面具有一定的集聚功能(见图 12-18)。这一调查途径可视为“心智地图”技术的部分具体化，即由城市整体空间分析转移到局部空间分析。这些标志性节点具有很强的可识别性，在城市中起着城市坐标的作用，有些就成为恋人约会或朋友聚会的理想地点。

这一分析途径还适宜于城市中具有历史和文化整合意义的空间地段，调查分析结果将表明和揭示该地段与周围环境现存的视觉联系及其本身的场所意义，同时也客观反映出该地段在含义表达和空间质量等方面的优缺点，从而为城市更新改造提供依据。

5. 空间注记分析

空间注记分析是现代城市设计分析中的重要方法，综合吸取了基地分析、序列视景、心理学和环境行为学等环境分析的优点，借助于图示、照片和文字手段，将在体验城市空间时

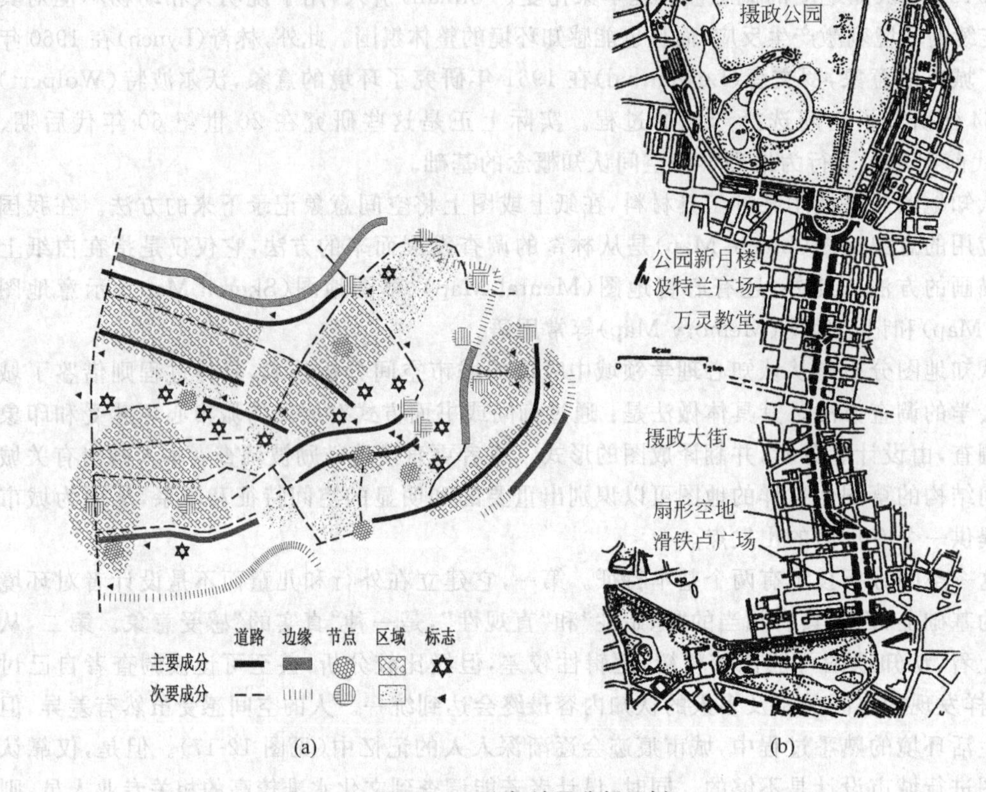

图 12-17 心智地图分析示例

(a) 波士顿地区心智地图分析；(b) 伦敦心智地图分析

资料来源：(a) [美]凯文·林奇. 城市意象[M]. 方益萍，何晓军，译. 北京：华夏出版社，2001.4；

(b) 王建国. 城市设计[M]. 北京：中国建筑工业出版社，2009.9：277

图 12-18 城市标志性节点空间

资料来源：http：//www.nipic.com

的各种感受(包括重要建筑、相关形态要素和人的活动、心理等)加以记录并进行分析。

在具体运用中,常见的有以下三种。

1) 无控制的注记观察

这源自基地分析的非系统性分析技术,观察者可以在指定的城市设计地段中随意漫步,既不预定视点也不设定目标,一旦发现你认为重要或有趣味的空间就迅速记录下来,如那些能诱导你、逗留你或阻碍你的空间,那些有趣的视景、标志点和人群等。注记手段和形式亦可任意选择,但有时需要排除无用信息的干扰。

2) 有控制的注记观察

这通常是在给定地点、参项、目标、视点并加入了时间维度的条件下进行的。有条件的还应重复若干次,以获得"时间中的空间"和周期使用效果,并增加可信度和有效性。例如,观察建筑物、植物、空间及其使用活动随时间而产生的变化(一天之间和季节之间的变化)。其中,空间使用还需要周期的重复和抽样分析。

3) 部分控制的注记观察

部分控制的注记观察如规定参数而不定点、不定时等。就表达形式而言,常用的有直观分析和语义表达两种,前者包括序列照片记述,图示记述和影片,但一般情况是,以前者为基础,加上语义表达作为补充。语义可精确表述空间的质量性要素、数量性要素及比较尺度(如空间的开敞封闭程度、居留性、大小尺度及不同空间的大小比较、质量比较等)。

Albert J. Rutledge 在《大众行为与公园设计》一书中对美国中西部某街区公园进行了观察记录,图中分析了人员的聚集状态、不同性格人的行为模式以及何种人喜欢何种空间类型,站在"行为心理学"角度分析了公园设计中应该采取的对策(见图 12-19)。

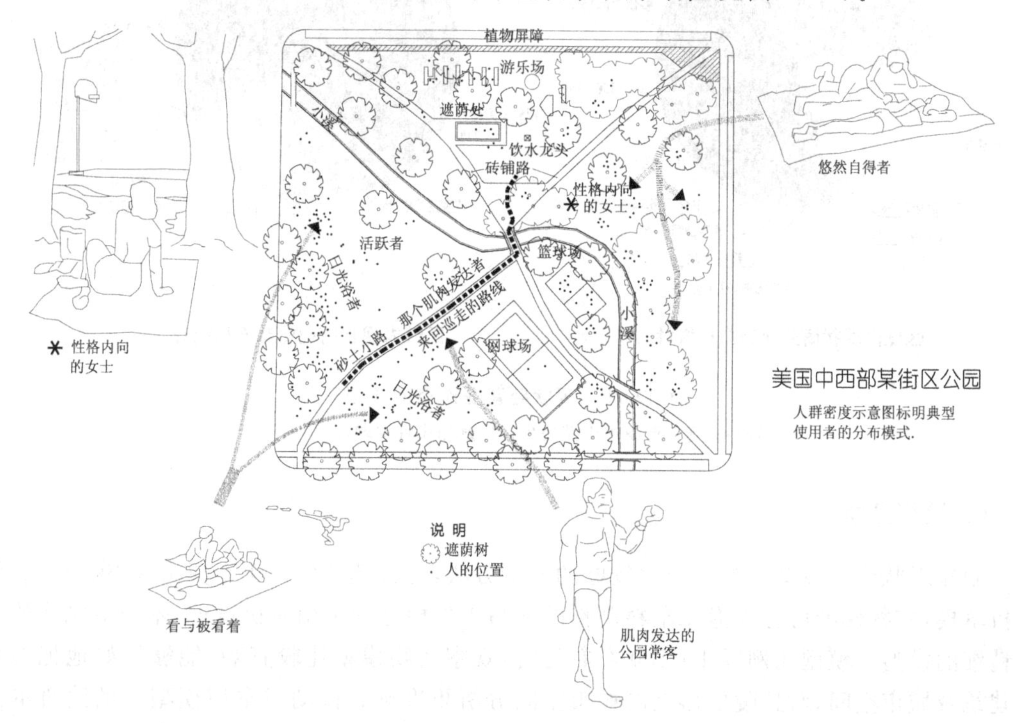

图 12-19　公园人群密度分析

资料来源:RUTLEDGE A J. 大众行为与公园设计[M]. 王求是,高峰,译. 北京:中国建筑工业出版社,1990

青岛市中山路历史街区规划设计也采用了空间注记方法，沿中山路历史街区的主要街道分别标注了各种商业业态，不同的业态用不同的颜色，全部业态的分布规律及主要业态的位置能够清晰地表达出来。有些道路餐饮店家较多，有些街道零售商铺较多，而有的街区服饰和海产品较为集中（见图 12-20）。

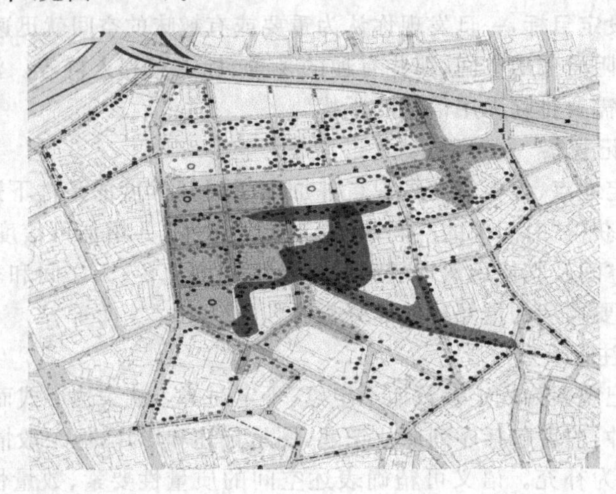

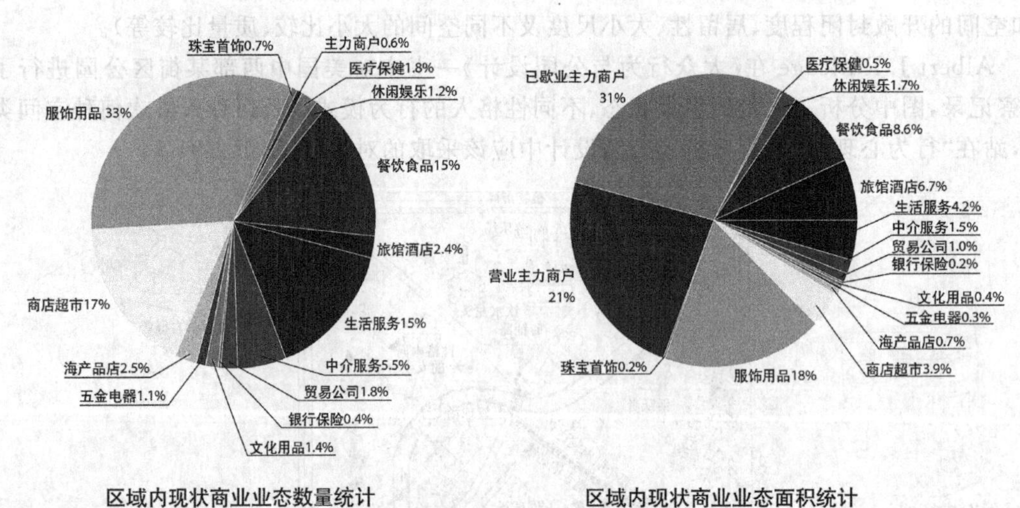

图 12-20　现状经营业态空间注记

资料来源：青岛中山路历史街区规划设计课题（2012 年）

6. 模型分析

制作现状建筑模型也是一个比较好的分析方法，现状模型分为实物模型和 Sketchup 计算机草模，实物模型可分为泡沫塑料制作的简易工作模型和利用有机玻璃、木料等制作的相对精细的模型。模型比例以 1∶500 左右为宜，观察实物模型比较直观，能够很好地把握现状建筑及城市空间，对丘陵地形上的城市空间分析更准确。挪动或拿掉模型上的建筑本身就是规划设计工作的组成部分，从主观上为工作的进一步开展打下基础（见图 12-21）。此外，随着数字革命的发展，利用微型数码摄像机，在实物模型上铺设摄录路径轨道，就可以模拟汽车或行人的视点拍摄影片。通过对影片的分析,就可以对感觉较差的城市空间进行规划设计优化。

(a)　　(b)

图 12-21　模型分析

(a) 规划设计实物模型;(b) 规划设计计算机模型

资料来源:青岛中山路历史街区规划设计课题(2012 年)

12.2　城市设计的社会调查方法

社会调查是指有目的、有意识地对城市生活中的各种城市社会要素、现象和问题,进行考察、了解、分析和研究,以认识城市社会系统、现象和问题的本质及其发展规律,进而为科学开展城市规划的研究、设计、实施和管理等提供重要依据的一种自觉认识活动。城市设计的对象是包括政治、经济、文化和社会因素在内的城市空间环境。在城市设计中运用社会调查方法,不仅有利于设计者和决策者获取城市居民对于空间环境的评价、态度和意愿等相关社会信息,而且通过与城市空间分析及调研技艺相结合,可以帮助设计者全面认识和探究城市物质空间环境的本质特征、发展规律及其与人的关系,为城市设计提供必要的依据和保证。

12.2.1　城市设计社会调查的一般程序

在城市设计中运用社会调查方法,必须严格遵守科学的程序。一般情况下,社会调查研究可以分为四个阶段(见图 12-22)。

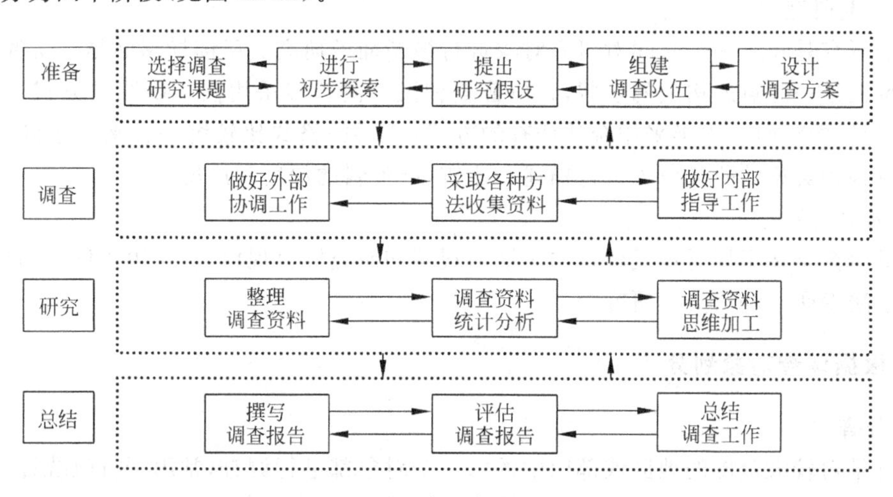

图 12-22　社会调查的一般程序

准备阶段：根据设计的具体任务，制订调查研究的总体方案，确定研究的课题、目的、调查对象、调查内容、调查方式和分析方法，并进行分工分组，同时进行人、财、物方面的准备工作。

调查阶段：是调查研究方案的执行阶段，应贯彻已经确定的调查思路和调查计划，客观、科学、系统地收集相关资料。

研究和总结阶段：对调查所收集的资料信息进行整理和统计，通过定性和定量分析，发现现象的本质和发展规律。

12.2.2 城市设计社会调查的基本类型

只有根据不同的研究类型，才能有效地选择研究方法或研究途径。因此，社会调查研究应当首先从各种角度确定研究类型，并制订出相应的策略。从设计的角度看，主要可以从研究目的、研究的时序性以及调查对象的范围和性质这几方面来划分和确定研究类型。

1. 根据目的划分

1）描述性研究

城市设计社会调查研究的主要目的之一是对城市现象的状况、过程和特征进行客观、准确的描述，即描述城市现象是什么，它是如何发展的，它的特点和性质是什么。描述性研究同探索性研究一样都没有明确的假设，它也是从观察入手来了解并说明研究者感兴趣的问题。

2）解释性研究

解释性研究的主要目的是说明城市现象的原因、预测事物的发展趋势或后果，探寻现象之间的因果联系，从而解释现象为什么会产生，为什么会变化。解释性研究主要运用假设检验逻辑，它在研究之前需要建立理论框架（理论假设）并提出一些明确的研究假设，然后将这些假设联系起来，构成一个因果模型。

2. 根据时序划分

1）横剖研究

横剖研究是在某一个时间对研究对象进行横断面的研究。所谓横断面是指研究对象的不同类型在某一时点所构成的全貌，人口普查和民意测验多采用横剖研究的方式。横剖研究的优点是调查面广，多半采用统计调查的方式，资料的格式比较统一且来源于同一时间，因而可对各种类型的研究对象进行描述和比较，但资料的深度和广度较差。

2）纵贯研究

纵贯研究是在不同时点或较长的时期内观察和研究社会现象，多应用于城市历史研究、城市形态演变研究和人类学研究等。

3. 根据调查对象划分

1）普查

普查是对较大范围的地区或部门中的每一个对象都进行调查，常用于行政统计工作，如人口普查、农业普查等。普查能够对现状作出全面、准确的描述，把握整体的一般状况，得出具有普遍性的概括。但调查的内容较有限，缺乏深度，工作量很大，所花费的时间、人力和经费很多。

2）个案调查

个案调查是从研究对象中选取一个或几个个体（如个人、家庭、企业、社区和班组等）进行深入、细致的调查。与抽样调查相比，个案调查不是客观地描述大量样本的同一特征，而是主观地洞察影响某一个案的独特因素。

3）抽样调查

抽样调查是从研究对象的总体中抽取一些个体作为样本，并通过样本的状况来推论总体的状况。它比普查要节省时间、人力和经费，资料的标准化程度较高，可以进行统计分析和概括，能了解总体的一般状况和特征，调查结果具有一定的客观性和普遍性，应用范围广泛。但它的调查内容不如个案调查那样深入、全面，工作量也较大，在资料的处理和分析上需要运用较复杂的技术。

4）典型调查

典型调查也是从研究对象中选取若干具有代表性的个体，并对其进行深入调查。它试图通过深入地"解剖麻雀"，以少量典型来概括或反映总体，从特殊性中发现一般性。与个案调查不同，典型调查要求被调查的对象具有典型性，所以，选取典型是这种方法的关键。

典型调查试图解决由个别推论一般、由个性概括出共性的任务，它在这一方面有很大的独创性和应用价值。但它的局限在于，研究者所选择的典型是否具有代表性是很难判断的，因此由这种主观选择的典型而得出的研究结论并不一定能适用于总体或全局。

此外，还可以根据调查性质的不同，把城市设计社会调查分为定量研究和定性研究两种类型。运用定量方法就是要对多少可比较的一组单位进行观察，这些单位可以是个人，也可以是群体或机构。定性方法则无法对不同单位的特征作数量上的比较和统计分析，它只是对观察资料进行归纳、分类和比较，进而对某个或某类现象的性质和特征作出概括。

12.2.3　城市设计社会调查方法

城市设计社会调查研究具有一整套的方法体系（见图 12-23），在这套体系中经常使用的社会调查方法主要有文献调查法、实地观察法、访谈法和问卷调查法等，其中访谈法和实地观察法属于直接调查方法，而文献调查法和问卷调查法则属于间接调查方法。

1. 访谈法

1）含义及特点

访谈法是一种研究性交谈，由访谈者根据调查研究的要求与目的，通过口头交谈的方式，了解访问对象对城市中存在的问题及解决方法的观点和态度，从被研究者那里收集第一手资料的调查方法。访谈法的优点是具有很高的灵活性，适用范围较广，并且具有较高的成功率和可靠性。缺点是受被调查者主观因素、环境因素的影响，回答问题的真实性存在偏差。另外，调查者在时间、人力、物力上的投入成本较高，还常常因环境因素的影响而导致出现偏差。

2）分类

（1）标准化访谈。标准化访谈指根据已设计好的访谈问卷向被访者提出问题，然后将

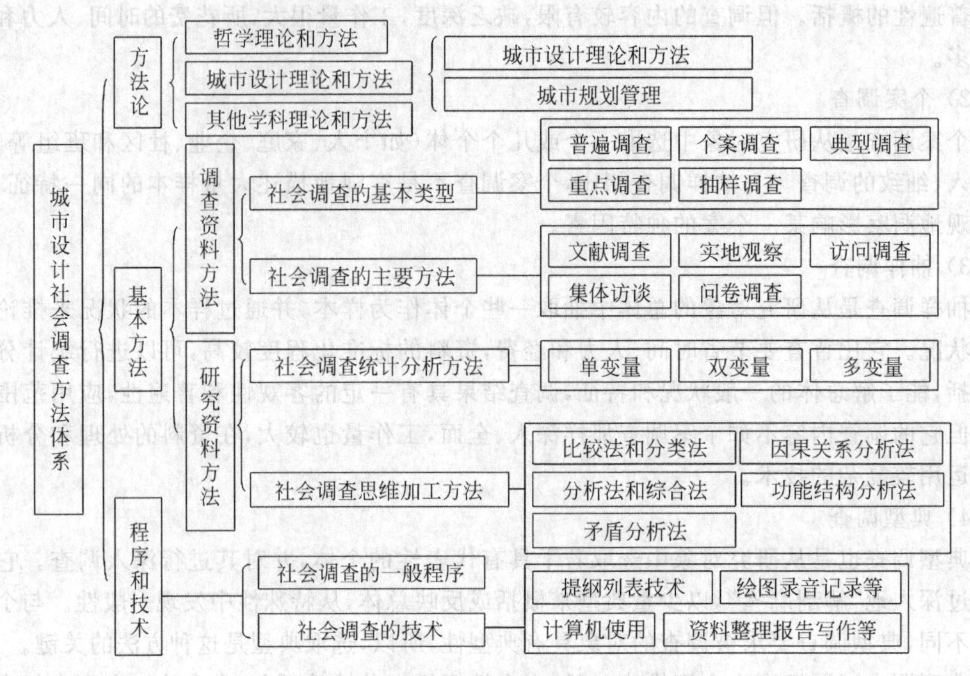

图 12-23 城市设计社会调查方法体系

其答案填写在问卷上的方法，是一种高度控制的访谈方法。标准化访谈对在访谈中涉及的所有问题，如选择访谈对象的标准和方法、访谈中提出的问题、提问的方式和顺序、被访者回答的记录方式、访谈时间和地点等都有统一规定。在访谈过程中，要求访谈者不能随意更改访谈的程序和内容。

(2) 非标准化访谈。非标准化访谈指事先不制定统一的问卷，只是根据拟定的访谈提纲或某一题目，由访谈者与被访谈者进行自由交谈获取资料的方法。与标准化访谈相比，这种访谈几乎无任何限制，访谈者可随时调整访谈的内容、深度和广度。非标准化访谈常用的有两种类型，有重点访谈和深度访谈。重点访谈是根据事先确定的题目和假设，重点就某个方面的问题进行有针对性的访谈；深度访谈又称临床式访谈、个人案史访谈，是为了取得某种特定行为及行为动机的主观资料所做的访谈，经常用于对特殊人群的个案调查中。

(3) 集体访谈。集体访谈指将若干访谈对象召集在一起同时进行访谈的方式。集体访谈应注意以下的原则：参加人员要有代表性，要求被访谈者有必要的能力和修养，并熟悉访谈的内容；参加集体访谈的人数最多不宜超过 10 人，以 5～7 人为宜；要提前确定访谈提纲，并提前通知参加访谈的人做好准备；集体访谈应是讨论式的，允许参加访谈的人发表不同的看法。

(4) 间接访谈。间接访谈是指访谈者通过电话或互联网向被访者就某一研究课题进行访问，收集研究资料的调查方法。

3) 实施

多数情况下，城市设计者应深入到被访者生活的环境中进行实地访问，有时也可请被访者到事先安排的场所进行交谈，谈话的对象既包括城市空间的使用者、当地的普通居民和外来人员等特定人群，也包括开发商、运营商等利益相关部门和政府官员等行政管理者。

（1）访谈准备。访谈的准备工作应结合调查目的，确定访谈对象、访谈目的、访谈方式、访谈提纲、访谈时间和地点、访谈进程时间表、对调查对象所作回答的记录和分类方法等，必要时还需要对可能出现的不利情况设计必要的备用方案。这一阶段需要掌握被访者两个方面的情况——被访者个人的基本情况和他们所处的环境情况，以便更好、更全面地对被访者谈话作出解释和说明。

（2）进入访谈现场。在开始访谈时，调查者应该采用正面接近（开门见山）、求同接近、友好接近、自然接近和隐蔽接近等谈话技巧，逐渐熟悉、接近被访者，以表明来意，消除顾虑，增进双方的沟通了解，求得被访者的理解和支持。

（3）谈话。调查者在进行谈话时，除了应熟练把握各种谈话内容外，还要通过表情与动作（非语言行为）控制来表达一定的思想、感情，从而达到对访谈过程的控制。应当注意以下事项：要表现出礼貌、虚心、诚恳和耐心；要对被访者的谈话表示关注，即使当被访者说走了题，或者语言表达效果较差时也应如此；既不能只顾低头记笔记，忽视被访者的存在，也不能一直盯着被访者；可以就受访者前面所说的某一个观点、概念、语词、事件和行为进行进一步探询，将其挑选出来当场或事后进行追问。

（4）记录。在调查过程中，应采用速记、详记和简记等方式记录，也可采用录音、录像或进行事后补记，而且应尽可能记录原话，并及时进行分类排列、编号归档等整理工作。一般当场记录应征得被访者的同意，记录下的内容要请被访者过目并核实签字，以免使谈话内容对被访者构成损害。事后记录的优点是不破坏交谈气氛，使访谈能自由顺利进行，缺点是有些内容可能会记不住或记不准而损失了有用的资料。

（5）结束访谈。如果访谈计划已经顺利完成，或者访谈已经超过了事先约定的时间、受访者面露倦容、访谈的节奏变得有点拖沓、访谈的环境正在往不利的方向转变等，调查者应该结束访谈。在访谈结束、准备离开时，一定要热忱地向被访者表示感谢，并为下一次访谈进行铺垫。

在城市设计中，访谈法是一种行之有效的调查研究方法。通过访谈，可以把握使用者对空间环境质量的满意程度，明晰空间环境的历史变迁，广泛收集公众意愿，全面了解社会、行为与空间环境的相互影响等城市设计的相关内容。

2. 实地观察法

1）含义及特点

观察法是有计划地运用自己的感官或借助科学的观察仪器与装置，对所要研究的对象进行系统的观察获得研究资料的方法。运用自己的感官获取资料，称为直接观察；运用科学仪器，称为间接观察。观察法的特点：有明确的研究目的或研究方向；有计划、有系统的感知活动；较系统的观察测量记录；结果可以重复验证；观察者经过一定的专业训练。

依据研究目的的需要，从观察者的视点来看，动作观察主要有鸟瞰和虫瞰的方法[1]。

鸟瞰的方法指通过从空中或较高的地方观察。这个方法适合观察使用者行为活动的整体面貌，特别是群体流动的模式和分布模式等。该方法的优势在于容易达到非参与性观察（Non-participant Observation）的效果，有利于观察结果的客观准确。但是由于距离较远，

[1] 戴菲，章俊华．规划设计学中的调查方法4——行动观察法[J]．中国园林，2009，25(2)：55～59．

该方法难以观察到行动产生的原因和诸多细节现象。

虫瞰指密切接触被观察者的行为活动，甚至可以观测到身体语言、表情等丰富细节内容的方法，即参与性观察(Participant Observation)。该方法的不足之处在于观察者容易对被观察者的行动产生干扰。为了避免此类负面影响，需要通过延长时间，使被观察者逐渐忽略观察者的存在。

2) 分类

根据观察场所、对象等的不同，观察法可以分为直接观察和间接观察、自然观察和实验室观察、参与观察与非参与观察、结构式观察与非结构式观察以及抽样观察与跟踪观察等(见表 12-1)。

表 12-1 观察的分类

分类标准	类型	特点
以是否通过中介物为标准	直接观察	指通过感官(眼、耳、鼻、舌、身)在事发现场直接观察客体
	间接观察	一是指感官通过某些仪器来观察客体，二是指对某事后留下的痕迹进行推测的观察
以观察者是否参与被观察者的活动为标准	参与观察	观察者不同程度参与观察者的群体和组织中，共同生活并参与日常活动，从内部观察并记录观察对象的行为表现与活动过程
	非参与观察	观察者不参与被观察者活动，不干预其发展变化，以局外人身份从外部观察并记录观察对象的行为表现与活动过程
以观察对象是否接受控制为标准	实验观察	观察者对周围条件、观察环境和观察对象等观察变量作出一定的控制，采用标准化手段进行观察
	自然观察	对观察对象不加控制，在完全自然条件下精心的观察
以是否有目的、有计划为标准	结构性观察	有目的的、有计划的、有规律的观察与记录一定时间内观察对象的行为
	非结构性观察	偶然的、无目的的、无计划的发现与记录一些事实，观察所得资料不全面、不完整，无系统，科学性不强
以观察的历时与频率为标准	抽样观察	在大面积对象中抽取某一样本进行定向的观察，包括时间抽样、场面抽样和阶段抽样
	跟踪观察	长期、定向地观察对象的发展演变过程

3) 实施

通过综合运用多种类型的观察方法，城市设计者可以考察城市空间环境的实体形态及客观存在的社会现象。在观察之前需要确定观察的问题，制定详细的观察计划与提纲，确定6W：谁/何地/何时/什么/如何/为什么(Who/Where/When/What/How/Why)。实地观察法的调查成果应当力求全面完整、客观真实、目的明确，调查过程应力求深入细致和合理合法。常用的观察记录技术主要有观察记录图表、观察卡片、调查图示和拍照摄像等，拍照摄像则因其记录快速便捷，所以作为辅助手段被广泛地使用。

城市设计及规划活动中经常运用的调查记录方式是调查图示，调查图示的形式多种多样，适合反映被观察者所处的空间环境要素和表达行为活动的方式和位置(见图 12-24)。调查开始前，调查人员应先制作观察记录图和表，在现场勘查中，以符号或文字、数字等对调查记录图和表进行标注，也可采用绘图、速写等图示方法进一步记录地形、地貌和建筑与空间环境的形态关系、人群的活动状况等(见图 12-25)。

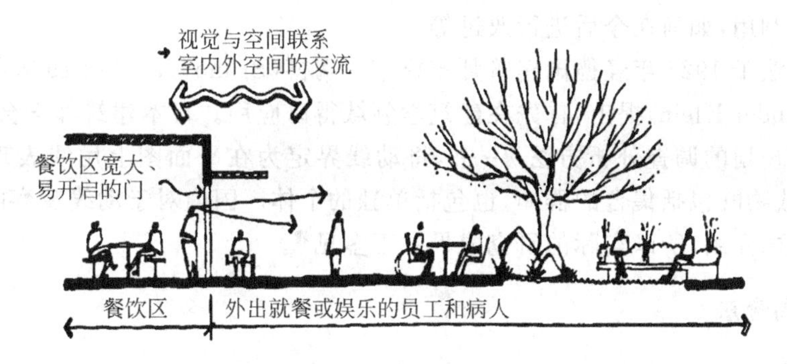

图 12-24 剖面图反映靠近餐饮区的户外空间常会被频繁地使用

资料来源：[美]克莱尔·库珀·马库斯，[美]卡罗琳·弗朗西斯．人性场所——城市开放空间设计导则[M]．俞孔坚，孙鹏，王志芳，等，译．2版．北京：中国建筑工业出版社，2001：300

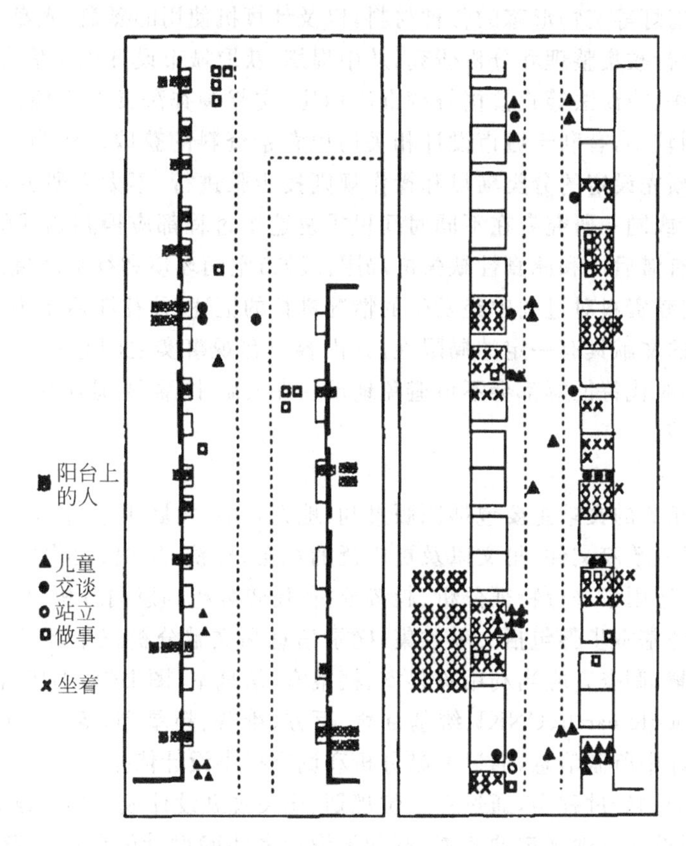

图 12-25 平面图反映右边的街区带有前院，为户外逗留创造了很好的条件

资料来源：[丹麦]扬·盖尔．交往与空间[M]．何人可，译．北京：中国建筑工业出版社，2002.10：39

此外，在国际上广泛地应用于建筑、城市设计和风景园林等领域的动线观察法（Trace Observation），其研究成果可以应用在规划与设计的各个阶段，在规划设计前期的现状把握和后期的平面方案评价中应用较多。比如在室外公共活动空间的设计中，动线观察可以使规划设计人员及管理维护人员了解什么样的地方是人流聚集的场所，规划设计的使用设施是否充足及管理维护是否充分，什么样的地方是人们疏于光顾的场所，当初设计的使用设施为何没有充分利用，如何在今后进行改进等。

动线观察法于1927年经德国建筑师布鲁诺·陶德(Bruno Taut)和1928年亚历山大·克莱恩(Alexander Klein)提出，首先在建筑学领域得以应用。日本建筑师学会编著的《应用于建筑·城市规划的调查分析方法》一书，将动线界定为在平面图上用线表现人或物的运动，这里的人或物既包括集合的群体，也包括单独的个体。国内对于动线观察的调查方法及应用缺乏系统的介绍，所以实际的研究成果并不多见[1]。

3. 文献调查法

1）含义及特点

文献调查法是指根据一定的调查目的，对利用文字、图形、符号、声频和视频等手段记录下来的所有资料，包括图书、报刊、学位论文、档案和科研报告等书面印刷品，也包括文物、影片、录音、录像和幻灯等实物形态的各种材料，以及计算机使用的磁盘、光盘和其他电子形态的数据资料等，进行收集整理和分析研究，从中提炼、获取城市设计相关信息的方法。

与实地观察法、访谈法等直接接触调查法相比，文献调查法具有方便、自由和费用低等优点，受时空限制较小，有利于城市设计相关历史背景资料的获取。作为一种规范的方法，要求研究者根据预先设定的分类项目和操作规则按步骤进行，不太受研究者的主观因素影响，不同的研究者或同一研究者在不同时间里重复这个过程都应得到相同的结论[2]。但是，文献调查法也具有滞后性和原真性缺失的局限。城市空间环境和社会环境总是处在持续演变过程中，很多文献资料对过去曾经发生的情况进行的记述，往往滞后于现实情况。某一历史阶段保留下来的文献具有一定的局限性，其内容与客观事实之间总存在一定的差距。因此，历史局限性和时代特征等都会不可避免地反映在文献中，需要调查者对资料的可靠性进行判定和全面校核。

2）实施

与城市设计相关的文献主要包括原版书刊、地方志书、发展年鉴、相关上位规划、城市设计及建筑设计成果、政府文件、批文以及更广泛的社会、经济、历史、文化方面的文字资料和相应的图纸资料，适用于进行特征分析、趋势分析、比较分析和意向分析等。

文献调查法的基本步骤包括文献收集、摘录信息和文献分析三个环节。文献收集包括文献的检索和收集，调查者应当利用资料室、档案室、信息室、图书馆、书店、国际互联网搜索平台(Google、Google earth、CNKI、维基百科、万方、维普、超星等)等，通过顺查法、倒查法和溯源法摘录设计中所需信息，通过文献分析和调查提供设计依据。

在城市设计的调研过程中，通过对上位规划、相关规划设计成果的解读以及对相关的法律法规、地方规划设计管理规定的调查，有助于设计者明确设计的前提和背景，确定设计研究的课题、重点和目标，寻求解决问题的建议和改进策略；通过对相关案例和文献资料的整理，可以为设计者提供必要的经验和依据；而对历史文献的阅读有助于梳理和分析城市空间环境发展演变的基本脉络和主导方向[3]。

---

[1] 戴菲，章俊华．规划设计学中的调查方法2——动线观察法[J]．中国园林，2008，24(12)：83～86．

[2] 戴菲，章俊华．规划设计学中的调查方法6——内容分析法[J]．中国园林，2009，25(4)：72～77．

[3] 王建国．城市设计[M]．北京：中国建筑工业出版社，2009.9．

4. 问卷调查法[1]

1）含义及特点

问卷调查法最初是社会学、社会心理学使用的调查方法，之后逐步推广，在各专业领域都有着广泛的应用。问卷调查法适合于调查人们对空间利用的倾向性和态度，这是观察类的调查方法所无法替代的。在近年来城市规划的重大项目中，尤其是城市总体规划，问卷调查法作为一种公众参与的手段，得到越来越广泛的采用。它是以书面形式，围绕研究目的设计一系列有关的问题，请被调查者作出选择或回答，然后通过对问卷的回收、整理和分析，从而获取有关社会信息的资料收集方法，在城市设计中具有广泛的应用。

问卷调查是一种结构化的调查，其调查问题的表达形式、提问的顺序、答案的方式与方法都是固定的，而且是一种文字交流方式。因此，任何个人，无论是研究者还是调查员，都不可能把主观偏见带入调查研究之中，其调查的统计结果有利于进行定量分析和研究。此外，问卷调查可以周期地进行而不受调查研究人员变更的影响，能够节省时间、经费、人力和物力，调查对象往往以匿名状态完成答卷，利于对某些敏感问题的调查，可以最大限度地避免人为因素和主观因素的干扰，提高调查结果的真实性和准确性。

但是，由于问卷调查法会受制于调查人员和被调查者等主观因素的影响，其数据的客观性不如观察类的调查方法。调查问卷的主体内容设计的优劣，将直接影响整个城市设计调查的结果，不同的人针对同一个问题，尤其是面向思维的问题，设计问卷差别可能会很大。另外，问卷调查对被调查者的文化水平有一定要求，被调查者必须能够看懂问卷，理解问题的含义，掌握填写问卷的方法。再者，问卷的回收、问题的回答率以及填答问卷的环境和填答的质量有时难以保证，这都会影响调查资料的真实性和代表性。

2）分类

问卷调查的种类很多，按照问卷的填写方式，问卷调查可以分为自填问卷和代填问卷两类。自填式问卷按照问卷传递方式的不同，可以分为邮寄问卷、报刊问卷、送发问卷和网络问卷（见图 12-26）等；代填式问卷常见的有访谈调查和电话调查两种。

自填式问卷是指直接交给受访者填写的问卷。其中，送发问卷调查是指调查人员将问卷送给被选定的对象，等待受访者将问卷填写完毕再回收的方式，这种方法的回复率往往较高，在问卷调查时被广为使用。

代填式问卷是指在征询受访者意见之后，由调查人员代为填写的问卷。根据问卷的有无，访谈调查也分为两种形式。没有问卷的访谈调查经常作为预备调查的普遍方法而使用，这种调查对调查者的能力和技巧要求较高，通过访问交谈以发现问题、总结问题，作为接下来制作统一问卷的基础；持有问卷的访谈调查，开始之前需要向受访者说明调查的目的，并取得受访者的良好印象。

3）实施

（1）调查问卷的设计。调查问卷的设计是决定问卷调查成功与否的核心问题之一。调查问卷需要十分精炼清晰，不宜冗长。一般而言，问卷的容量宜在 2 页以内，或者以 20min 以内答完为宜，否则会引起被调查者的厌烦情绪和畏难情绪，影响调查质量。

---

[1] 戴菲，章俊华. 规划设计学中的调查方法 1——问卷调查法（理论篇）[J]. 中国园林，2008，24(10)：82～87.

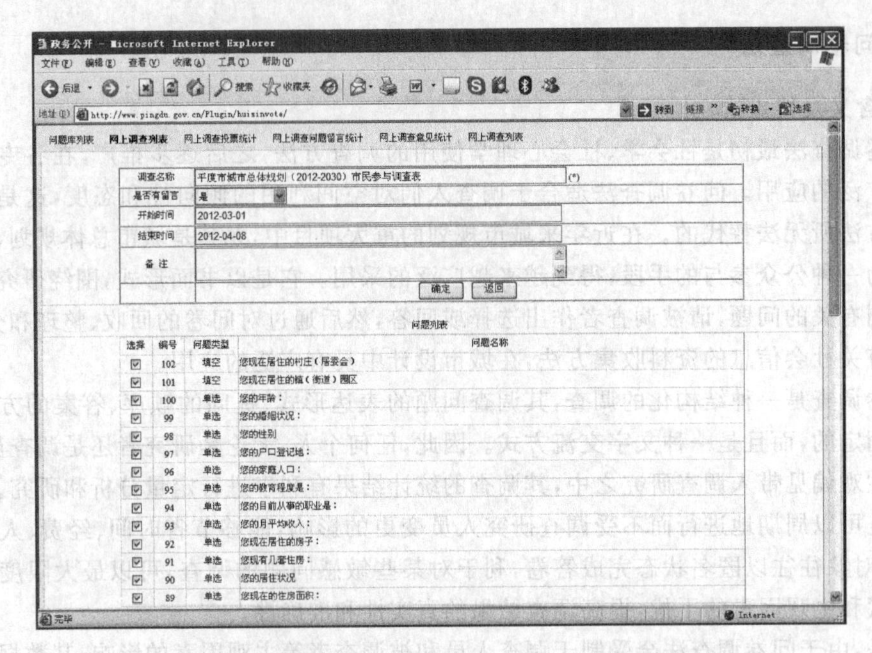
政务公开 - Microsoft Internet Explorer

http://www.pingdu.gov.cn/Plugin/huisinvote/

问题库列表 网上调查列表 网上调查投票统计 网上调查问题留言统计 网上调查意见统计 网上调查列表

调查名称	平度市城市总体规划（2012-2030）市民参与调查表 (*)
是否有留言	是
开始时间	2012-03-01
结束时间	2012-04-08
备 注	
	确定 返回

问题列表

选择	编号	问题类型	问题名称
☑	102	填空	您现在居住的村庄（居委会）
☑	101	填空	您现在居住的镇（街道）园区
☑	100	单选	您的年龄：
☑	99	单选	您的婚姻状况：
☑	98	单选	您的性别
☑	97	单选	您的户口登记地：
☑	96	单选	您的家庭人口：
☑	95	单选	您的教育程度是：
☑	94	单选	您的目前从事的职业是：
☑	93	单选	您的月平均收入：
☑	92	单选	您现在居住的房子：
☑	91	单选	您现有几套住房：
☑	90	单选	您的居住状况
☑	89	单选	您现在的住房面积：

图 12-26　平度市城市总体规划（2012—2030 年）市民参与调查表

资料来源：http://www.pingdu.gov.cn/Plugin/huisinvote/

① 问卷的结构。调查问卷通常由卷首语、指导语、问题与答案、编码和其他资料五部分组成。

卷首语是写给被调查者的自我介绍信，主要用于说明调查的目的和意义，引起被调查者的重视和兴趣。卷首语通常包括调查者的身份、调查的目的与内容、调查对象的选取方法、对调查结果的保密措施、致谢与署名。

指导语是用来指导被调查者科学、统一填写问卷的一组说明，包括填写方式、注意事项和专业术语的解释限定等（见表 12-2）。当有些问题还需要特殊提示来促成有效答案，或者某个特定问题有别于问卷的总体说明时，可在该问题前进行单独说明。

表 12-2　问卷指导语示例

请在每一个问题后面的＿＿＿＿上填写您的答案，或在您认为正确的“□”中打“√”；若您希望的答案没有列出的话，请在答案选项“其他”后面的＿＿＿＿上填写您的回答。

问题与答案是调查问卷的主干，通常包括两部分：背景性问题和主题性问题。背景性问题主要针对被调查者的个人资料，可包括年龄、性别、学历、收入、职业、居住地和居住年数等，分析时可能影响主题性问题的各项因素。主题性问题依据各调查目的不同，内容非常广泛。

编码和其他资料是调查问卷的附属内容。编码是指问卷调查中的每一份问卷、问卷中的每一个题目和问题的每一个答案，都需要编制一个惟一的代码，这样做是为了便于输入计算机，用相关软件对问卷进行数据处理和统计分析。为了方便计算机的输入，一般编码都是由 A、B、C 等字母或 1、2、3 等数字组成。其他资料包括问卷名称、被调查者的地址或单位（可编号）、调查员姓名、调查时间和结束语等。

② 问题与答案的设计。设计问题之前，需要调查者根据调查的内容与目标以非常自然

的方式，同各种类型的回答者交谈，把研究的各种设想、各种问题和各个方面的内容，在不同类型的回答者中进行尝试和比较，即进行问题设计前的探索性研究，这一步对于我们把自由回答的开放式问题转变成多项选择的封闭式问题具有十分重要的作用。

调查问卷的问题有开放式与封闭式两种类型。开放式问题让被调查者自己提供答案，能更大限度地发挥被调查者的想象力，让其畅所欲言，但是不便于直接输入计算机进行数据统计，大量使用会造成数据统计、分析的困难。封闭式问题则因为答案方式统一，便于数据的录入、统计和分析，所以应用更为普遍，但是答案是问卷设计者自己总结的，容易忽略答题者认为重要的方面。因此，在设计答案时，首先应考虑充分，使选项完备，保证答案具有穷尽性和互斥性，其次还可通过增列一个“其他( )”的选项，供被调查者补充答案。有时根据需要会将开放式与封闭式结合在一起进行设计，形成混合式的问题。

在调查问卷的设计中，众多问题之间组织排列的先后顺序，也需要问卷设计者精心安排。这方面虽然没有规定的原则，但是一般而言，可参照如下经验：容易回答的问题在前，难于回答的问题靠后；与某方面问题相关的问题群尽量组织在一起；尽量避免前面回答的问题对后面的问题造成影响；关于事实提问的问题放在前面，关于意识提问的问题放在后面；提问的问题不要过多，不是很重要的问题尽可能省略。

另外，自填式问卷与访谈式问卷也存在着差别。自填式问卷因为是直接交给受访者填写，最好从比较有趣的项目开始，给受访者良好的第一印象，并激起他们继续深入的兴趣。那些针对个人信息的背景性问题(如年龄、性别和学历等)，最好放在自填式问卷的最后，避免问卷开头给人千篇一律的印象。访谈式问卷因为是访谈员持问卷向受访者提问，所以一开头就需要建立访谈员与受访者之间的融洽关系。访谈员在短暂的自我介绍后，适宜从比较容易回答和不太敏感的问题开始。一旦建立初步的融洽关系，访谈员就可以深入了解有关态度和比较敏感的问题。

(2) 问卷的试用和修改。问卷设计完成后，还不能直接应用于城市设计调查过程中，必须要经过试用和修改两个环节。可以通过客观检验法和主观评价法对问卷进行检查和分析。客观检验法是将设计好的问卷初稿打印几十份，然后在正式调查的总体中选择一个小样本来进行试用，用以检查问卷的回答时间、回收率、有效回收率、回答率和有效回答率等，从中既可以发现自己难于觉察的问题、受访者对问卷的理解差异，也可以测试受访者填写该份问卷所需的时间，把握问卷的容量控制；主观评价法是问卷设计者利用自身或专家的审查结果对问卷进行检查和分析。在实际城市设计调查研究中，除了某些小型问卷调查仅仅采用主观评价方法外，大部分问卷调查都采用客观检验法，还有一些调查同时采用两种方法进行试用。问卷的试用和修改过程，对提高整体调查质量非常有帮助，在时间和条件许可的情形下，不应该被忽视或省略该过程。

(3) 选择调查对象。选择问卷调查对象的范围和方法，主要取决于调查研究的目的。就空间形态的专业研究领域而言，一般会从人的因素和空间的因素两方面进行考虑，选择符合调查目的的对象。作为空间的使用者和管理者，人的因素可以从性别、年龄、职业和社会经济状况等方面进行考虑；而空间的因素可以从居住地区、居住户型、空间体验经历和空间构成要素等方面进行考虑。如凯文·林奇研究城市意象时，所选取的问卷访谈对象，被要求熟悉调查对象所在地的环境，但排除城市规划工程师、建筑师这样的专业人士，年龄、性别比例均衡，居住地和工作地随机分布等。

(4) 分发问卷。问卷发放的方式应有利于提高问卷的填答质量和回收率。在城市设计调查中,一般情况下由调查者本人亲自到现场发放问卷,并亲自进行解释和指导,有时在征得有关组织和部门的支持和配合下,也会委托特定的组织或个人发放问卷。

(5) 回收问卷和审查整理。提高回复率是问卷调查中受到普遍关注的热点问题。影响回复率的因素有很多,比如问卷的回收方式、问卷的篇幅及难度等,必要时也可以采用赠送小礼品等奖励方法来刺激调查对象的兴趣和积极性。此外,在回收问卷过程中,应当场检查问卷的填写质量,检查并及时纠正空缺、漏填和错误。在问卷回收后,应及时对其进行整理和收录。

(6) 统计分析和理论研究。在审查问卷调查资料和查漏补缺的基础上,调查者可以对调查获取的信息进行统计分析,并根据统计分析结果进一步展开理论研究。

12.2.4 调查资料整理与分析

在运用各种方法收集到一批调查资料后,接下来的任务就是要对这些原始资料进行某种特定方式的处理,使其成为进行统计分析的基本数据。调查资料的信度和效度是衡量调查研究工作成功与否的重要指标。信度主要是指调查过程中所运用的手段和取得资料的可靠性或真实性;效度是指调查方法及其所取得的资料的正确程度和准确性。

1. 资料的审核与复查

资料的审核是在着手整理调查资料之前,对原始资料进行审查与核实的工作过程,目的在于保证资料的客观性、准确性和完整性,为资料的整理打下坚实的基础。资料的审核方法可分为以下三种:

实地审核:指审核工作和收集工作同步进行,边收集边审核,也叫收集审核;

系统审核:指在收集资料后集中时间审核;

多次审核:指对重要资料进行的反复的各种形式的审核。

资料的复查是指研究者在收回调查资料后,由其他人对所调查的样本中的一部分个案进行第二次调查,以检查和核实第一次调查的质量。

通过审核和复查,研究者可以发现并纠正原始资料中存在的一些错误,剔除一些无法进行再调查,但又有明显错误的问卷,还可以初步了解整个资料收集工作的质量。

2. 资料的整理

资料的整理是根据研究目的将经过审核的资料进行分类汇总,使资料更加条理化和系统化,为进一步深入分析提供依据,也是从调查阶段过渡到研究阶段、从感性认识上升到理性认识的一个必经的中间环节。

条理化:对资料进行分类,可使大量的资料条理化,分类系统实际上是资料的存取系统,便于资料的存取利用,从而为进一步的分析创造条件。

系统化:从整体上考察现有资料满足研究目的的程度,有无必要吸收补充其他资料,以及对调查中出现的新问题如何处理等。

条理化原则是从对事物分类归纳着手,系统化原则是从整体综合的角度考虑问题。

3. 调查资料统计分析

运用统计学原理和方法来处理资料，解释变量之间的统计学意义和关系，是调查研究过程中必不可少的关键环节。随着城市设计内涵和对象的拓展和深化，传统的定性分析往往难以满足现实的要求，而统计分析是对调查所得资料中信息的定量分析，是调查研究科学性的有力保证。

4. 调查资料理论分析

理论分析是城市设计社会调查研究过程的最后一个步骤。通过理论分析，调查者运用科学思维方法和知识，按照逻辑程序和规则，对整理和统计分析后的资料进行研究，透过事物的表面和外部联系来揭示事物的本质和规律，由具体的、个别的经验上升到抽象的、普遍的理论认识，从而得出调查研究的结论。

12.2.5　一种城市设计调查方法——KJ 法[1]

KJ 法与问卷调查法一样，同属于访问类的方法。问卷调查按照预先设计好的问卷内容，逐个问题向被调查人员征询意见。而 KJ 法的形式更为开放，往往就某一主题请被调查人员自由地发表意见，有时也用于研究者自己整理思路。该方法在规划设计的不同阶段都有着广泛的应用前景，比如前期征询市民或相关部门规划设计意向，中期项目组成员内部集思广益，后期汇集整理针对项目成果的公众意见等。

KJ 法是将错综复杂的问题、事件、意见、设想之类的丰富信息，以语言文字的方式表达并收集起来，然后利用其内在的相互关系做成归类合并图，以便从复杂现象中整理思路，抓住实质，找出解决问题方案的一种方法。特别是在把握定性的、多样而丰富的信息内容的结构时，该方法比较有效。

KJ 法在操作中将各种意见、想法和经验，不加取舍与选择地统统收集起来，追踪它们之间的相互关系而予以归类整理。其过程与研究者在头脑中总结整理思绪的过程颇为相似，有利于激发创造性思维，也有利于协调人们的不同意见，采取协同行动，求得问题的解决。

该方法是日本的人类文化学家、东京工业大学教授川喜田二郎创立的，KJ 是他姓氏川喜(Kawaji)的英文缩写。他在长期的野外考察中总结发现了一套科学方法，并于 1964 年发表。此后，KJ 法作为一种有效的创造技法得到推广，成为应用于多种领域、非常流行的一种方法。

KJ 法的主要特点是在比较、分类的基础上由综合求创新。在对卡片进行综合整理时，既可由个人进行，也可以集体讨论。另外，因为 KJ 法整理卡片所用的工具是 A 型图解(即把收集到的某一特定主题的大量语言资料，根据它们相互间的关系而分类综合的图示方法)，所以 KJ 法又被称为 A 型图解法(Affinity Diagram)、亲和图法。

1. 适用领域

KJ 法一般用于整理创造性的意见。当问题复杂，情况混淆不清，牵涉部门众多，协商起

---

[1] 戴菲，章俊华. 规划设计学中的调查方法 7——KJ 法(理论篇)[J]. 中国园林，2009，25(5)：88～90.

来各说各话时特别适用。具体而言，该方法可以用于：认知新事物（新问题、新办法），在无经验或未知的情况下，收集杂乱无章的客观事实而分析彼此关系；用于形成构思，从零起步形成方案，此时不仅包括事实，想法和意见等主观素材也应纳入图解分析的体系；用于打破现状，尽管过程与形成构思相同，但基础不是从零起步，而是冲破旧的体系；用于提出新体系，在阅读前人的著作和文献基础上，融会贯通后用 KJ 法归纳出新的观念，形成自己独立的观念；用于筹划组织工作，按照 KJ 法向团队成员说明情况，以达到相互理解、促进工作的目的；用于贯彻上级方针，根据讨论所得到的语言资料做出归类合并图，并向下级传达该方针，使上级的方针变成下属的主动行为。

2. 操作方法

一般而言，KJ 法可以依照如下四个阶段操作完成：记录、编组、图解和成文。当成文不是必要的结果时，也可以到阶段三图解为止。在操作过程中，卡片作为不可或缺的辅助工具，在不同阶段都扮演着重要角色。

1）记录

记录阶段有两大步骤：收集资料和记录卡片。首先是收集资料，根据确定的主题，以语言、文字方式将相关事实或意见尽可能完整地收集起来。收集这种资料的方法有三种：

（1）直接观察法：即到现场去看、听、摸，汲取感性认识，从中得到某种启发，立即记下来。

（2）面谈阅览法：即通过与有关人谈话、开会、访问，查阅文献、集体 BS 法（Brain Storming，“头脑风暴”法）来收集资料。

（3）个人思考法（个人 BS 法）：即通过个人自我回忆、总结经验来获得资料。

通常，应根据不同的使用目的对以上收集资料的方法进行适当选择。接下来，将收集到的资料记录成卡片。记录时需要注意将内容分开记载，使一条内容记录在一张卡片上，不要出现一张卡片上含有多条内容的情况。

例如：在通过会议收集并记录资料的过程中，可以按如下方法操作。①准备：主持人和与会者 4～7 人，准备好黑板、粉笔、卡片、大张白纸和文具。②“头脑风暴”法会议：主持人请与会者提出 30～50 条设想，将设想依次写到黑板上。③制作卡片：主持人同与会者商量，将提出的设想概括成 2～3 行的短句，写到卡片上，每人写一套。这些卡片称为“基础卡片”。

2）编组

编组阶段是整理分类这些“基础卡片”的过程。编组阶段有如下五个步骤。①将记录后的卡片全部平面摊开于一个大空间，比如桌子或黑板。②将意思相近的卡片放在一起，形成小组。形成小组卡片时，不需要强求各组卡片数量的均匀。不能归类的卡片，每张自成一组。③仔细阅读小组中各卡片的内容，以一个适当的标题概括它们的共同点。将此标题写在一张卡片上，称作“小组标题卡”。④将命名后的小组卡片当作一个整体看待，与自成一组的卡片放在一起，再次将内容相似的小组卡片归在一起，并取一个适当的标题，称作“中组标题卡”。不能归类的仍然自成一组。⑤经讨论分析再把中组标题卡与上述那些步骤里不能归类而自成一组的卡片，按内容的相似性归纳成大组，加一个适当的标题，称作“大组标题卡”。通过上述步骤的操作，卡片将被归类整理为几个大组。

过程中重要的是仔细地读取卡片的内容,不要被表面的东西所迷惑,不要按既定思维去分类,也不要为了串联卡片而自己臆造彼此的联系。

3) 图解

对于被分类编好的组,基于各组之间的关系,可以在平面范围较大的背景纸或黑板上,用图式的方法将彼此之间的关系标示出来。

首先,经整理命名了组标题的各组,向上的层次可以留意寻找组与组之间的关系,向下的层次可以寻找卡片与卡片之间的关系。这时,各卡片和各组之间,因为会考虑先前被下意识放在一起的编组理由,所以它们的相互关系会逐渐清晰化。而且,在与周边的组或卡片相协调的过程中,各自合适的位置关系就会被逐步编排好。

接下来,将卡片在大背景纸上移动或粘贴,直到整理出合适的位置关系。然后,用箭头等符号标记出各卡片和各分组之间的关系(见图 12-27)。

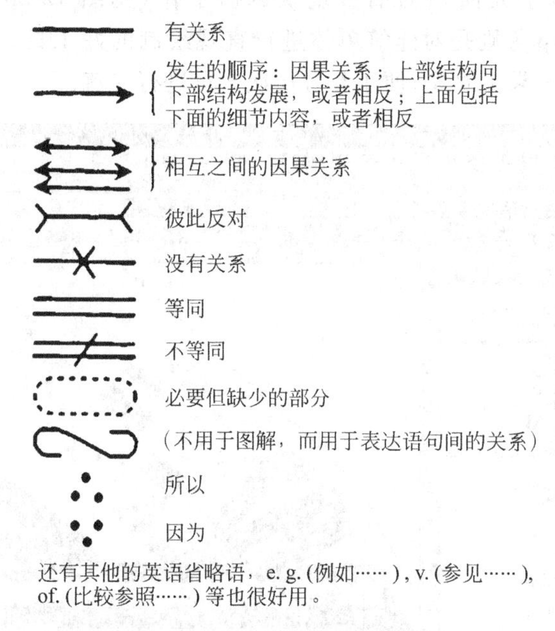

图 12-27 KJ 法图解常用符号

4) 成文

成文阶段是指一边看图解,一边将主题内容以文章的方式表达出来的过程。①开始成文后,位置相近的数个卡片需要同时考虑。②文章的表述需要清楚地区分叙述部分(即从卡片上直接读取的信息数据)和解释部分(由卡片上的信息数据而激发、领会或联想的内容),使无论谁阅读都不会产生误解。

另外,在这个阶段如果有不能顺利成文的情形,就应该从图解阶段开始找原因,需要从图解阶段来改正。不过,尽管上述内容反映了操作顺序的概要,但是操作一旦顺利展开,在各阶段都能得到各种各样的启发。这些在作业途中发现的火花,重新记录在卡片上,作为数据。这些卡片重新按照 1～4 阶段的顺序被反复操作,内容可以向纵深化发展,被称为累积 KJ 法。

12.3 城市设计数字化辅助技术

12.3.1 计算机辅助设计软件

计算机辅助设计软件从处理数据格式的方式划分有：以处理矢量数据为主的软件，如AutoCAD等；以处理图像（位图，非矢量数据）为主的软件，如Photoshop等；矢量数据和非矢量数据均能较好处理的软件，如Coreldraw、Illustrator和Arcgis等软件。

利用Arcgis可以很好地将数据处理与图形绘制结合起来，前期是数字化编辑处理，成图放到了后期，只要数据准确，彩色图纸可以在瞬间完成，既提高了绘图的精确度，又大大简化了绘图时间。设计师只需专注于数据的录入和分析，现状各种分析图即可由计算机自动生成，该方法尤其有利于大面积的旧城现状调研工作（见图12-28）。其他如3DsMax、Lightscape和SketchUp等则是对建筑单体进行直观绘制的好工具，通过对材质、相机、场景和光线的塑造，设计成果更真实，便于与各层次人员进行交流。

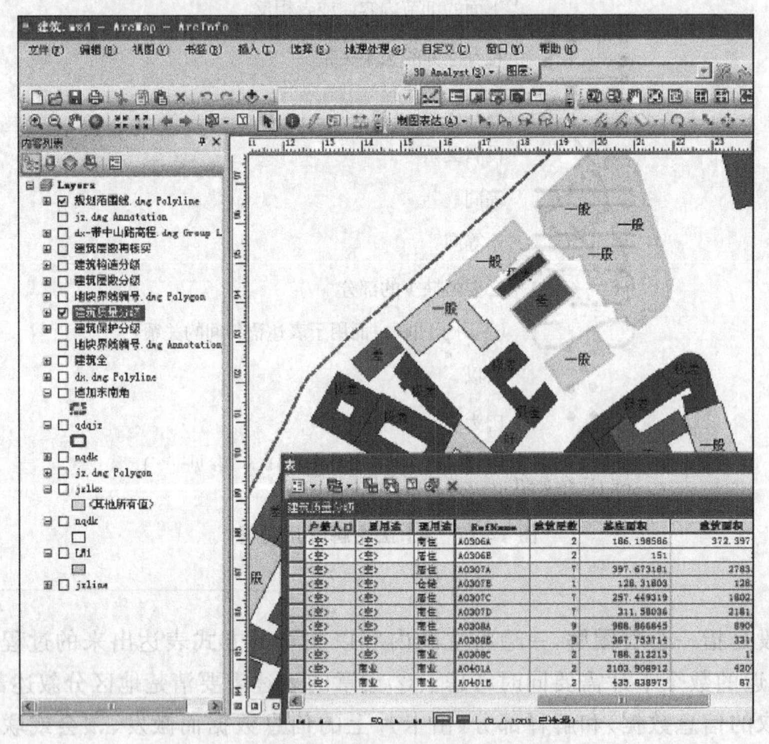

图12-28 Arcgis中建筑质量表达示意图

资料来源：青岛中山路历史街区规划设计课题（2012年）

1. CAD等软件技术

自从Autodesk公司1982年发布AutoCAD以来，至今已经开发了多个版本，从最早的DOS系统下的CAD1.0～12.0，到后期的窗口（Windows）AutoCAD 2012版，从最早的16位到现在的64位，内容越来越复杂，功能越来越强大，软件体积也变很庞大。但其核心编辑功能并没有变，就是在它自己建立的数字空间中，把各种设计要素用点、线及面的形式表达出来。不仅可以绘制线条图也可以绘制彩色图，如利用湘源CAD就可以制作色块填充图（土地利用图），还可以对色块进行面积统计，自动生成的用地平衡表可以导出到Excel文件中。

利用CAD的三维建模功能可以利用其线框图分析建筑高度、室外空间和通视走廊等。建立在CAD软件平台上的二次开发工具也极其丰富，国内各大论坛都有专门讨论，国内各大建筑类院校也将AutoCAD作为专业基础课列入培养计划中。

2. Photoshop等软件技术

Photoshop软件处理图像功能异常强大，尤其是苹果版的Photoshop软件运行非常流畅。作为建筑类学生应掌握的是其基本功能，如后期的图像处理，对图像的修饰、裁剪、色彩的平衡以及整体构图的协调等。如果打算用Photoshop进行出图排版，并不是个好主意。Photoshop虽然上手容易，但是其文件太大，对计算机硬件要求较高。而且，后期修改繁琐，由于采用的不是矢量文字（转成Jpg格式以后，如用PSD格式打印，文件太大），打印大图会产生锯齿现象。排版软件应该选择Indesign、QuarkXPress、Coreldraw或Powerpoint等。另外如ACDSee和Powerpoint等也可以完成部分图纸的绘制、修改和编辑工作。

3. Coreldraw等软件技术

Coreldraw软件是广告印刷行业的流行软件，其优点是在计算机硬件配置不是很高的条件下，也可完成高质量的彩色图纸的绘制及编辑工作，缺点是不如CAD精确。该软件对二位图（黑白Tiff格式）中的背景部分是透明的，对于转成的黑白地形图而言可以放到所有图层上面，而对绘制内容不会有所遮盖，符合规划设计师的绘图习惯。通过图形压缩，其文件较小，绘图效率高，对于几平方千米到几百平方千米的规划设计，而且要在地形图上完成的工作，相比其他软件较为容易。另外其矢量编辑功能与CAD有很好的接口，可以与CAD互换数据，其成图也与Photoshop有很好的兼容性，后期色彩的调整优化可在Photoshop中轻松完成。Coreldraw的彩色图的修改比CAD和Photoshop灵活，颜色可以叠压，可以分层编辑。其主要功能不仅是彩图的制作，彩色印刷也是其特长，可以分色印刷出版物，为文本的精良制作提供了便利。

4. GIS等软件技术

GIS即地理信息系统（Geographic Information System），是以地理空间数据库为基础，在计算机软硬件的支持下，运用系统工程和信息科学的理论，科学管理和综合分析具有空间内涵的地理数据，以提供管理、决策等所需信息的技术系统。GIS是综合处理和分析地理空间数据的一种技术系统，是在数字化地形图上，以计算机编程为平台的全球空间分析即时技术。地理信息系统作为获取、存储、分析和管理地理空间数据的重要工具，近年来得到了广泛关注和迅猛发展，全国各类建筑规划类院校也都开展了GIS的教学，成立了以遥感技术（RS）、全球定位（GPS）和地理信息系统（GIS）为核心的3S实验室。

GIS的空间分析技术方法为城市规划空间研究提供了新的技术手段。在数据的分析处理方面，基于GIS的空间分析技术，不仅能够管理海量空间数据，存储、检索和查询城市规划相关信息，而且可以对空间数据进行综合性分析处理，获得对规划设计所需要的有用信息，同时还能将分析结果用可视化方法表达出来，便于规划设计师的理解和运用。

在空间分析研究的深度方面，实现了空间数据和非空间数据的一体化处理，因此，能够透过城市空间现象的表象，深入分析城市空间关系的深层次内容。通过研究城市空间演变机制，预测城市的未来发展趋势，优化调整城市空间布局，从而改变以往城市设计单纯的定性分析，使定量分析层次上升到一个新高度，使规划设计更科学合理。

对于建筑类学生来说，使用 GIS 软件进行城市空间分析，需要做好与 CAD 及数据库软件(特别是 Excel)的对接。如用 CAD 处理基础地形图，应分层设置闭合多义线、文字标注和多段线等，在 GIS 软件中对 CAD 导入的数据进行数据分层和优化。再结合 GIS 与外部数据库的连接功能，实现图纸的快速生成。

如在制作旧城区建筑分析时，可以在 CAD 中画出建筑外轮廓线(闭合多义线)，并标注每栋建筑的编号。导入 GIS 后就会形成以闭合多义线(GIS 中称之为“面”)的集合。而对应的建筑编号会对应在各个面上。这个与面对应的建筑编号数据库，可以从 GIS 导出，也可以与外部的 Excel 连接，从而形成对 GIS 面(建筑线)的外部编辑。只要在外部 Excel 编辑中定义了各个建筑编号的数据，将来就可以在 GIS 中生成相对应的分类。

12.3.2 虚拟现实技术

虚拟现实(Virtual Reality，VR)是集成了计算机图形学、多媒体人工智能多传感器等技术的一项综合性计算机技术。它利用计算机生成模拟环境和逼真的三维视、听、嗅觉等感觉，通过传感设备使用户与该环境直接进行自然交互式体验，主要代表性计算机软件有 Multigen 和 Vrml 等。

思考题与习题

1. 城市设计的空间分析方法有哪几种类型？
2. 视觉秩序分析的重点内容是什么？
3. 请简述相关线-域面分析方法的基本思路、分析内容。
4. 城市设计调查研究方法包括哪些类型？并简述其含义、类型、特点以及实施要点。
5. 问卷调查法中应当怎样考虑问题与答案的设计？
6. 城市设计数字化辅助技术有哪些常用的软件？各有何特点？

主要参考书目

[1] [美]安德鲁斯·杜安伊.新城市艺术与城市规划元素[M].大连：大连理工大学出版社,2008.

[2] [美]艾瑞克·J.詹金斯.广场尺度：100个城市广场[M].李哲,译.天津：天津大学出版社,2009.3.

[3] JACOBS A B.伟大的街道[M].王又佳,金秋野,译.北京：中国建筑工业出版社,2009.

[4] JACOBS A B. MACDONALD E, ROFE Y. The Boulevard Book: History, Evolution, Design of Multiway Boulevard[M]. Mit Pr, 2005.7.

[5] RUTLEDGE A J.大众行为与公园设计[M].王求是,高峰,译.北京：中国建筑工业出版社,1990.

[6] BARNETT, JONATHAN.开放的都市设计程序[M].舒达恩,译.尚林出版社,1983.5.

[7] 包纯.交叉路口的建筑形态研究[D].重庆大学,2004.

[8] MARSHALL B. All That Is Solid Into Air. New York: Viking Penguin, 1982.

[9] 蔡永洁.城市广场[M].南京：东南大学出版社,2006.3.

[10] 北京市城市规划设计研究院.城市规划资料集第6分册城市公共活动中心[M].北京：中国建筑工业出版社,2003.

[11] 陈纪凯.适应性城市设计：一种实效的城市设计理论及应用[M].北京：中国建筑工业出版社,2004.1.

[12] COMMISSION FOR ARCHITECTURE & THE BUILT ENVIRONMENT. By Design: Urban Design in the Planning System: Towards Better Practice. London: Thomas Telford Publishing, 2000.

[13] [瑞士] FINGERHUTH C.向中国学习——城市之道[M].张路峰,包志禹,译.北京：中国建筑工业出版社,2007.

[14] 曹文明.城市广场的人文研究[D].北京：中国社会科学院研究生院,2005.

[15] 陈一新.中央商务区(CBD)城市规划设计与实践[M].北京：中国建筑工业出版社,2006.9：57.

[16] 陈宇.城市街道景观设计文化研究[D].东南大学,2006.

[17] 陈其浩.城市滨水区环境设计初探[D].天津大学,1997.

[18] 柴彦威.城市空间[M].北京：科学出版社,2001.

[19] 迟敬鸣.论大学校园开放性空间[D].广州：华南理工大学,2009.

[20] 段汉明.城市设计概论[M].北京：科学出版社,2006.

[21] [德]迪特马尔·赖因博恩.19世纪与20世纪的城市规划[M].虞龙发,译.北京：中国建筑工业出版社,2009.

[22] [德]迪特尔·普林茨.城市景观设计方法[M].李维荣,解庆希,译.天津：天津大学出版社,1989.

[23] 高源.美国现代城市设计运作研究[M].东南大学出版社,2006.10.

[24] GOLANY S G, OJIMA T. Geo-Space urban design[M]. BeiJing: China Architecture & Building Press, 2005.

[25] 郭莹莹.城市商业步行街的人性化设计研究[D].山东建筑大学,2010.

[26] 洪亮平.城市设计历程[M].北京：中国建筑工业出版社,2002.

[27] [日]黑川纪章.黑川纪章城市设计的思想与手法[M].覃力,黄衍顺,徐慧,译.北京：中国建筑工业出版社,2004.

[28] 雪瓦尼 H.都市设计程序[M].谢庆达,译.创兴出版社,1988.

[29] 扈万泰.城市设计运行机制[M].南京：东南大学出版社,2002.1.

[30] [德]华纳.德国建筑艺术在中国[M].Berlin Ernst&Sohn,1994.

[31] 郝志强.城市广场设计定位研究[D].南京：南京林业大学,2010.
[32] 韩高峰. 历史地段城市设计导则研究——以北京鲜鱼口地段城市设计导则研究为例[D]. 北京建筑工程学院,2008.
[33] 胡纹.居住区规划原理与设计方法[M].北京：中国建筑工业出版社,2007.
[34] 禾叶,曹竹.校园景观与绿化设计(第三卷)[M].吉林摄影出版社,2005.
[35] 金广君. 国外现代城市设计精选[M]. 哈尔滨：黑龙江科学技术出版社,1995.11.
[36] [英]吉伯德. 市镇设计[M]. 程里尧,译. 北京：中国建筑工业出版社,1983.
[37] [加]简·雅各布斯. 美国大城市的死与生[M]. 金衡山,译. 南京：译林出版社,2006.8.
[38] LANG J. Urban Design：The American Experience. V. N. R, New York, 1994.
[39] LYNCH K. A Theory of Good City Form[M]. MIT Press, 1977.
[40] [美]凯文·林奇. 城市形态[M]. 林庆怡,陈朝晖,邓华,译. 北京：华夏出版社,2001.
[41] [英]克利夫·芒福德. 街道与广场[M]. 张永刚,陆卫东,译. 2 版. 北京：中国建筑工业出版社,2004.
[42] [美]柯林·罗,弗瑞德·科特. 拼贴城市[M]. 童明,译. 北京：中国建筑工业出版社,2003.
[43] [美]凯文·林奇. 城市意象[M]. 方益萍,何晓军,译. 北京：华夏出版社,2001.4.
[44] [美]克莱尔·库珀·马库斯,[美]卡罗琳·弗朗西斯. 人性场所——城市开放空间设计导则[M]. 俞孔坚,孙鹏,王志芳,等,译.2 版.北京：中国建筑工业出版社,2001.
[45] [美]理查德·马歇尔,沙永杰. 美国城市设计案例[M]. 北京：中国建筑工业出版社,2004.2.
[46] 李约瑟. 中国科技技术史第一卷第一册[M]. 北京：科学出版社,1990.
[47] 刘宛. 城市设计实践论[M]. 北京：中国建筑工业出版社,2006.6.
[48] 刘永德. 建筑空间的形态、结构、涵义、组合[M]. 天津：天津科学技术出版社,1998.
[49] 刘平. 城市道路平面交叉口景观设计研究——以福州市为例[D]. 福建农林大学,2010.
[50] [美]罗杰·特兰西克.寻找失落空间——城市设计的理论[M]. 朱子瑜,张播,鹿勤,等,译.北京：中国建筑工业出版社,2008.
[51] [美]刘易斯·芒福德. 城市发展史——起源、演变和前景[M]. 宋俊岭,倪文彦,译. 北京：中国建筑工业出版社,2005.
[52] 刘琼. 历史地段保护机制探讨[D]. 重庆大学,2003.
[53] 李路轻.历史地段保护性城市设计研究——以河南赊店瓷器街城市设计为例[D].北京建筑工程学院,2009.
[54] [日]芦原义信. 街道的美学[M]. 尹培桐,译. 天津：百花文艺出版社,2006.
[55] 吕超. 北京城市道路交叉口建筑及空间形态研究[D]. 北京工业大学,2009.
[56] 廖妍珍."休闲经济"下步行街更新的研究——以上海南京路步行街为例[D].中南大学,2010.
[57] [英]梅尔·希尔曼.支持紧缩城市[G].紧缩城市——一种可持续发展的城市形态.周玉鹏,龙洋,楚先锋,译.北京：中国建筑工业出版社,2009：38～47.
[58] [英]CORMONA M,HEATH T,OCT,等. 城市设计的维度：公共场所——城市空间[M]. 冯江,袁粤,万谦,等,译. 南京：江苏科学技术出版社,2005.
[59] [美]E. N. 培根. 城市设计[M]. 黄富厢,朱琪,译. 北京：中国建筑工业出版社,1989.
[60] [英]霍尔. 明日之城[M]. 童明,译. 上海：同济大学出版社,2009.11.
[61] 祁巍锋.紧凑城市的综合测度与调控研究[M].杭州：浙江大学出版社,2010.
[62] RUEDA S. City models：basic indicators[M]. Quaderns：[s. n.], 2000.
[63] 沈磊,孙洪刚. 效率与活力现代城市街道结构[M].北京：中国建筑工业出版社,2007.
[64] [英]史蒂文·蒂耶斯德尔,[英]蒂姆·希思,[土]塔内尔·厄奇. 城市历史街区的复兴[M]. 张玫英,董卫,译. 北京：中国建筑工业出版社,2006.

[65] 疏良仁.整体形态与情感空间——上海同异城市设计有限公司作品集(2002—2004年)[M].香港:香港科讯国际出版有限公司,2005:62.
[66] 宋凌.历史街区保护规划设计的研究[D].合肥工业大学.2001.
[67] 孙成仁.城市景观设计[M].黑龙江科学技术出版社,1999.
[68] 孙靓.城市步行化——城市设计策略研究[M].南京:东南大学出版社,2012.
[69] 孙俊.城市步行空间人性化设计研究——以烟台为例[D].同济大学,2007.
[70] 孙蔚蔚.城市商业综合体与周边城市环境关联的研究[D].合肥工业大学,2010.
[71] 田云庆.室外环境设计基础[M].上海:上海人民美术出版社,2007.4.
[72] 童林旭.地下空间与城市现代化发展[M].北京:中国建筑工业出版社,2005.
[73] 王建国.城市设计[M].2版.南京:东南大学出版社,2004.8.
[74] 王建国.现代城市设计理论和方法[M].南京:东南大学出版社,2001.
[75] 王建国.城市设计[M].北京:中国建筑工业出版社,2009.9.
[76] 王一.从城市要素到城市设计要素——探索一种基于系统整合的城市设计观,城市更新与设计研究[M].北京:中国建筑工程出版社,2010.8.
[77] 王世福.面向可实施的城市设计[M].北京:中国建筑工业出版社,2005.6.
[78] 王超.面向市民的现代多功能城市广场设计手法探析[D].西安建筑科技大学建筑学院,2004.
[79] 王德,朱玮.商业步行街空间结构与消费者行为研究[M].上海:同济大学出版社,2012.
[80] 王瑞珠.国外历史环境的保护与规划[M].台湾:淑馨出版社,1993.
[81] 汪德华.中国城市设计文化思想[M].南京:东南大学出版社,2009.1.
[82] 吴志强,李德华.城市规划原理[M].4版.北京:中国建筑工业出版社,2010.
[83] 邬建国.景观生态学——格局、过程、尺度与等级[M],高等教育出版社,2000.
[84] 吴雅萍.城市中心区滨水空间形态要素研究[D].浙江大学,1999.
[85] 项秉仁.赖特[M].北京:中国建筑工业出版社,1992.
[86] 谢佩.大学校园户外空间设计初探[D].北京:北京林业大学,2009.
[87] 徐思淑,周文华.城市设计导论[M].北京:中国建筑工程出版社,1991.11.
[88] 徐健生.浅议居住区设计中如何体现对城市风貌的尊重——以西安曲江金猫项目为例[D].西安:西安建筑科技大学,2009.
[89] [丹麦]扬·盖尔.交往与空间[M].何人可,译.北京:中国建筑工业出版社,2002.10.
[90] [丹麦]扬·盖尔,拉尔斯·吉姆松.新城市空间[M].何人可,张卫,邱灿红,译.2版.中国建筑工业出版社,2003.1.
[91] 杨继霞.城市滨水地区开发研究[D].西安建筑科技大学,2008.
[92] 杨锐.城市滨水区规划设计及开发探析[D].南京林业大学,2004.
[93] [加]约翰·彭特.美国城市设计指南——西海岸五城市的设计政策与指导[M].庞玥,译.北京:中国建筑工业出版社.2006.8.
[94] 俞元吉.城市商业步行街的街具设计研究——以上海市南京东路步行街为例[D].同济大学,2008.
[95] 俞孔坚.定位当代景观设计学:生存的艺术[M].北京:中国建筑工业出版社,2006.
[96] 于寰.城市综合体设计研究及实例分析[D].青岛:青岛理工大学,2010.
[97] 赵景伟.三维形态下的城市空间整合[M].北京:北京航空航天大学出版社,2013.2.
[98] 张京祥.西方城市规划思想史纲[M].南京:东南大学出版社,2005.
[99] 张俊贤.基于保护视角的历史地段旅游开发研究——以西安鼓楼历史地段为例[D].南开大学,2009.
[100] 张松.历史城市保护学导论——文化遗产和历史环境的一种整体性方法[M].上海:同济大学出版社,2008.

[101] 张晓佳. 城市规划区绿地系统规划研究[D]. 北京：北京林业大学，2006.
[102] 张斌，杨北帆. 城市设计与环境艺术[M]. 天津：天津大学出版社，2000.
[103] 张帅. 城市轨道交通枢纽内部空间交通流线设计初探[D]. 北京：北京交通大学，2011.
[104] 臧玥. 城市滨水空间要素整合研究[D]. 同济大学，2008.
[105] 庄宇. 城市设计的运作[M]. 上海：同济大学出版社，2004.5.
[106] 中国大百科全书(建筑、园林、城市规划卷)[M]. 北京：中国大百科全书出版社，1988.
[107] 中国城市科学研究会. 中国低碳生态城市发展战略[M]. 北京：中国城市出版社，2009.
[108] 中国城市规划设计研究院，建设部，上海市城市规划设计研究院. 城市规划资料集第 5 分册：城市设计(下)，2005(1).
[109] 朱家瑾. 居住区规划设计[M]. 2 版. 北京：中国建筑工业出版社，2007.5.